中国轻工业"十三五"规划教材

食品试验优化设计
（第二版）

杜双奎　师俊玲　主编
李志西　主审

中国轻工业出版社

图书在版编目（CIP）数据

食品试验优化设计/杜双奎，师俊玲主编 . —2 版 .
—北京：中国轻工业出版社，2024.1
普通高等教育"十三五"规划教材
ISBN 978 – 7 – 5184 – 1652 – 3

Ⅰ.①食…　Ⅱ.①杜… ②师…　Ⅲ.①食品工业—试
验设计—高等学校—教材　Ⅳ.①TS2 – 33

中国版本图书馆 CIP 数据核字（2017）第 249142 号

责任编辑：马　妍
策划编辑：马　妍　责任终审：张乃柬　封面设计：锋尚设计
版式设计：锋尚设计　责任校对：吴大鹏　责任监印：张京华

出版发行：中国轻工业出版社（北京鲁谷东街5号，邮编：100040）
印　　刷：三河市国英印务有限公司
经　　销：各地新华书店
版　　次：2024 年 1 月第 2 版第 6 次印刷
开　　本：787×1092　1/16　印张：23.75
字　　数：540 千字
书　　号：ISBN 978 – 7 – 5184 – 1652 – 3　定价：55.00 元
邮购电话：010 – 85119873
发行电话：010 – 85119832　010 – 85119912
网　　址：http://www.chlip.com.cn
Email：club@ chlip.com.cn
如发现图书残缺请与我社邮购联系调换
232032J1C206ZBQ

本书编审委员会

主　　编　杜双奎（西北农林科技大学）
　　　　　师俊玲（西北工业大学）

副 主 编　刘书成（广东海洋大学）
　　　　　于修烛（西北农林科技大学）
　　　　　张　华（郑州轻工业学院）

参编人员　（按姓氏拼音字母排序）
　　　　　丛海花（大连海洋大学）
　　　　　卢慧甍（西北工业大学）
　　　　　吕新刚（西北大学）
　　　　　杨海花（西北农林科技大学）
　　　　　赵胜娟（河南科技大学）

主　　审　李志西（西北农林科技大学）

第二版前言 | Preface

为适应新时期的教学改革需求，我们对《食品试验优化设计》进行了修订。

本次修订的特点：在不影响教材内容的科学性、系统性的基础上，对各章节内容进行了压缩，压缩比例达 20%；增加了多因素试验结果的方差分析、非参数检验内容，删除"均匀设计"内容，强化正交试验设计内容。

本书共分为八章。由西北农林科技大学杜双奎、西北工业大学师俊玲担任主编，西北农林科技大学李志西教授担任主审。修订编写分工如下：第一章由张华负责，第二章由卢慧甍负责，第三章由吕新刚负责，第四章由于修烛负责，第五章由刘书成负责，第六章由杨海花负责，第七章由杜双奎负责，第八章由师俊玲负责，附表由赵胜娟、丛海花负责，全书由杜双奎统稿。

在教材修订过程中，引用和参考了有关中外文献和专著，在此对原作者表示衷心的感谢，对各参与院校的有关领导及其他有关方面的大力支持，谨致谢意。

本次修订由于编写人员水平有限，书中错误、缺点在所难免，敬请各位专家、读者批评指正，以便修订完善。

编　者
2018 年 1 月

第一版前言 | Preface

　　试验优化设计是以数理统计为基础，对试验进行优化设计与统计分析的科学方法，是科技工作者必备的基本技能。

　　本书在保持本学科的系统性和科学性的前提下，注意引入学科发展的新知识、新成果，注重拓宽学生的知识面和提高实践能力以及统计分析与计算机科学的结合；力求体现强基础、重应用和当前进行的素质教育和创新教育的教学目标。

　　本书主要介绍了工程研究中常用的试验设计与分析方法及其在生物工程、食品工程、化学工程等技术领域中的应用。全书共分八章，由西北农林科技大学杜双奎、李志西担任主编，江苏大学蔡健荣教授担任主审。参加编写的人员分工如下：第一章由李志西、张华编写，第二章由乐素菊编写，第三章由赵胜娟编写，第四章由程江峰编写，第五章由林颢编写，第六章由艾对元编写，第七章由杜双奎编写，第八章由陈全胜编写，附表由于修烛、王鑫组织，全书由杜双奎统稿。本书在系统介绍常用试验设计及其统计分析方法的同时，重点介绍了试验优化设计方法在工业生产与工程技术中的实际应用，列举了大量实例，做到理论与实际的联系，便于理解和自学。深入浅出，通俗易懂，可读性强。

　　本书可作为轻工院校、农业院校、商学院、水产学院、粮食学院等高等院校的食品科学、食品工程、发酵工程、生物工程、食品质量与安全以及化工等专业教学用书，也可用作相关专业的成人教育教材，可供科研人员、工程技术人员和试验工作者学习和查阅。

　　在编写大纲修订与完善过程中，江苏大学蔡健荣教授提出了宝贵意见，在此表示诚挚谢意。编写中引用和参考了有关中外文献和专著，编者对这些文献和专著的作者、对大力支持编写工作的中国轻工业出版社一并表示衷心的感谢！在编写过程中，也得到了各参编院校有关领导及其他有关方面的大力支持，谨此致谢。

　　由于编写人员水平有限，书中错误、缺点在所难免，敬请广大读者批评指正，以便修订、补充和完善。

编　者
2011 年 1 月

目录 | Contents

第一章

CHAPTER 1

试验设计与数理统计基础

第一节 统计常用术语

一、 总体与样本

在数理统计中，根据研究目的确定的研究对象的全体集合称为总体（population），其中每一研究单位（元）称为个体（individual）；依据统计原理由总体中抽取的部分个体组成的集合称为样本（sample）。样本是测定、分析、研究的直接对象，要求具有一定的数量和代表性。只有从总体中采用随机抽样方法获得的样本才具有代表性。所谓随机抽样是指总体中的每一个个体都有同等机会被抽取组成样本。例如，某方便面企业的质检部门为检测某班次当天生产的盒装方便面质量，从中随机抽取 50 份进行分析检测，那么这个班次当天生产的所有盒装方便面就是质检的研究总体，每 1 份盒装方便面就是一个个体，质检人员随机抽取的 50 份就是一个研究样本。含有有限个个体的总体称为有限总体（finite population）。含有无限个个体的总体称为无限总体（infinite population）。样本中所包含的个体数目称为样本容量或大小（sample size），记为 n，通常 $n < 30$ 的样本为小样本，$n \geqslant 30$ 的样本为大样本。

二、 参数与统计量

用来描述总体特征的量称为参数（parameter），常用希腊字母表示，如用 μ 表示总体平均数，用 σ^2 表示总体方差，用 σ 表示总体标准差。

用来描述样本特征的量称为统计量（statistic）或统计数，常用拉丁字母表示，例如用 $\bar{x}$ 表示样本平均数，用 S^2 表示样本方差，用 S 表示样本标准差。总体参数通常无法获得，常由相应的统计量来估计，例如用 $\bar{x}$ 估计 μ，用 S^2 估计 σ^2 等。

三、 准确性与精确性

准确性（accuracy）也称准确度，是指试验中某一指标或性状的观测值与其真值接近的程度。假设某一指标或性状的真值为 μ，观测值为 x，那么二者相差的绝对值 $|x - \mu|$ 越小，表明观测值 x 的准确性越高，反之越低。

精确性（precision）也称精确度，是指同一指标在重复试验中，其观测值之间彼此接近的程度。若观测值彼此接近，即任意两个观测值 x_i、x_j 相差的绝对值 $|x_i - x_j|$ 越小，则观测值精确性越高，反之越低。准确性、精确性的意义如图 1-1 所示。

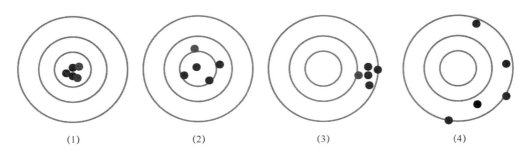

(1)   (2)   (3)   (4)

图 1-1   准确性与精确性示意图

假如试验理论真值 μ 在同心圆的中心，那么，图 1-1（1）中观测值密集于真值 μ 附近，其准确性高、精确性亦高；图 1-1（2）中观测值较稀疏地分布于真值 μ 周围，其准确性高，但精确性低；图 1-1（3）中观测值密集于真值 μ 的一侧，但远离真值 μ，准确性低，精确性高；图 1-1（4）中观测值稀疏地分布于远离真值 μ 的一侧，其准确性、精确性都低。

四、 随机误差与系统误差

在科学试验中，试验结果除受试验因素影响外，还会受到许多其他非试验因素的干扰，从而产生误差。试验误差有随机误差（random error）与系统误差（systematic error）之分。

随机误差也叫抽样误差（sampling error），这是由许多无法控制的内在和外在的偶然因素所造成的，在试验中，即使十分小心，也难以消除。随机误差不可避免，但可减少。随机误差影响试验结果的精确性。统计上提到的试验误差通常指随机误差，这种误差越小，试验的精确性越高。

系统误差也称片面误差（lopsided error），这是由于试验对象相差较大，或试验周期较长，试验条件控制不一致，或测量仪器不准，或标准试剂未经校正，以及观测、记载、抄录、计算中的错误所引起。系统误差影响试验结果的准确性，但可以通过改进试验方法和试验设计方案来避免或消除。图 1-1（3）所表示的情况就是由于出现了系统误差的缘故。通常，只要试验工作做得精细，系统误差就可以克服。图 1-1（1）为理想的试验结果，准确性高，精确性也高，这是克服了系统误差、降低了随机误差而获得的。

第二节   统计特征数

一、 平　均　数

平均数是度量数据资料集中性的统计特征数，有算术平均数、几何平均数、调和平均数、中位数和众数等。其中最常用的是算术平均数，简称平均数。

（一）　算术平均数　（arithmetic mean）

算术平均数为观测值的总和除以观测值个数所得数值，记为 $\bar{x}$。

假设 $\bar{x}$ 为 x_1，x_2，$\cdots$，x_n n 个观测值的算术平均数，则

$$\bar{x} = \frac{x_1 + x_2 + \cdots + x_n}{n} = \frac{\sum_{i=1}^{n} x_i}{n} = \frac{1}{n} \sum_{i=1}^{n} x_i \tag{1-1}$$

$\sum_{i=1}^{n} x_i$ 表示由第 1 个观测值 x_1 累加到第 n 个观测值 x_n，即 $x_1 + x_2 + \cdots + x_n$ 的总和。在计算意义明确时，$\sum_{i=1}^{n} x_i$ 可简写成 $\sum x$。

对于数据较多的样本资料，也可采用加权法计算平均数：

$$\bar{x} = \frac{f_1 x_1 + f_2 x_2 + \cdots + f_k x_k}{f_1 + f_2 + \cdots + f_k} = \frac{\sum_{i=1}^{k} f_i x_i}{\sum_{i=1}^{k} f_i} = \frac{\sum fx}{\sum f} \tag{1-2}$$

式中　x_i——第 i 组的组中值；

　　　f_i——第 i 组的次数；

　　　k——分组数。

由上式计算的平均数也称为加权平均数（weighted mean）。f_i 是变量 x_i 所具有的"权"。由于 $\sum_{i=1}^{k} f_i = f_1 + f_2 + \cdots + f_k = n$，故 $\bar{x} = \frac{1}{n} \sum_{i=1}^{k} f_i x_i = \frac{1}{n} \sum fx$。

（二）　几何平均数　（geometric mean）

在统计分析中，当资料中的观测值呈几何级数变化趋势，需要计算平均增长率时，常以几何平均数表示其平均值，以 G 标记。

假设 G 为 x_1，x_2，$\cdots$，x_n n 个数据的几何平均数，则

$$G = (x_1 \times x_2 \times x_3 \times \cdots \times x_n)^{\frac{1}{n}} \tag{1-3}$$

对式（1-3）取对数，得

$$\lg G = \frac{\lg x_1 + \lg x_2 + \cdots + \lg x_n}{n} = \frac{\sum \lg x}{n} \tag{1-4}$$

由式（1-4）可以看出，几何平均数是观测值对数的算术平均数的反对数值。

如果研究资料仅有最初观测值 a_1 和最末观测值 a_n 时，则其几何平均数为：

$$G = \sqrt[n-1]{\frac{a_n}{a_1}} = \left(\frac{a_n}{a_1}\right)^{\frac{1}{n-1}} \tag{1-5}$$

式中　n——数列中的项数。

（三）　调和平均数　（harmonic mean）

计算平均速率时需用调和平均数，用 H 表示。

若 H 为 x_1，x_2，$\cdots$，x_n n 个数据的调和平均数，那么

$$H = \frac{n}{\sum \left(\frac{1}{x}\right)} \tag{1-6}$$

可见，调和平均数是变量倒数的算术平均数的倒数。

（四）　中位数 （median）

中位数是指资料中的观测值由大到小（或由小到大）依次排列后，居于中间位置的那个观测值。中位数也称为中数，记作 M_d。

当观察值 n 为偶数时，则第 $\frac{n}{2}$ 与第 $\frac{n}{2}+1$ 两个观察值的平均数为中位数；当观察值的个数 n 为奇数时，中位数的位次可用 $\frac{n+1}{2}$ 来确定，即 $x_{(n+1)/2}$ 为中位数。

（五）　众数 （mode）

众数是数据资料中出现次数最多的那个数值，记作 M_0。在非对称的资料数据分布中，平均数 $\bar{x}$、中位数 M_d 和众数 M_0 三者并不重合。平均数、中位数和众数均可反映数据的集中性，在实际中应根据具体情况而选择应用。平均数简明易懂，便于运算，因此使用最多。但当数据资料有异常大（小）值时，平均数易受其影响，失去代表性。这时，常考虑使用中位数 M_d，而众数 M_0 在市场销售中会用到。

二、变 异 数

度量数据离散性（分布范围）的统计特征数称为变异数，通常有极差、方差、标准差和变异系数等。

（一）　极差 （range）

数据资料中最大值与最小值之差，表示资料中各观测值离散程度大小最简便的统计量，记为 R。

$$R = \max(x_1, x_2, \cdots, x_n) - \min(x_1, x_2, \cdots, x_n) \tag{1-7}$$

极差越大，表明数据资料中的观测值离散程度越大；极差越小，观测值的离散程度越小。但是极差仅仅利用了资料中的最大值和最小值的信息，并不能准确地表达出数据资料中各个观测值的变异程度，比较粗略。当数据很多而又要迅速对数据的离散程度作出判断时，可利用极差这一统计量。

（二）　方差 （variance）

为了能够准确地反映样本内各个观测值的变异程度，我们以平均数为标准，求出各个观测值与平均数的离差，即 $(x-\bar{x})$，称为离均差。离均差能表达每一个观测值偏离平均数的性质和程度，但离均差之和为零。为了合理地计算出平均差异，我们将各个观测值的离均差进行平方计算，即 $(x-\bar{x})^2$，再将离均差平方加和，求其总离均差平方和，即 $\sum(x-\bar{x})^2$，也称为偏差平方和，简称平方和，记为 SS。

为消除样本大小对离均差平方和的影响，可用平方和除以样本大小，即 $\sum(x-\bar{x})^2/n$，称为平均离均差平方和。统计学证明，$\sum(x-\bar{x})^2/(n-1)$ 是相应总体方差（σ^2）的无偏估计值，可以度量资料的变异程度。所以，统计量 $\sum(x-\bar{x})^2/(n-1)$ 称为均方（mean square，缩写为 MS），也称样本方差，记为 S^2，即

$$S^2 = \frac{\sum(x-\bar{x})^2}{n-1} \tag{1-8}$$

相应的总体参数称为总体方差，记为 σ^2。对于有限总体而言，

$$\sigma^2 = \frac{\sum(x-\mu)^2}{N} \tag{1-9}$$

（三）标准差 （standard deviation）

统计学上把方差 S^2 的正平方根值称为标准差，记为 S，其单位与观测值的度量单位相同。由样本资料计算标准差的定义公式为：

$$S = \sqrt{\frac{\sum(x-\bar{x})^2}{n-1}} \tag{1-10}$$

$n-1$ 在统计上称为自由度，是指独立观测值的个数，用 df 表示。其统计意义是指样本内独立而能自由变动的离均差个数。如一个样本含有 n 个变数，从理论上说，n 个变数与 $\bar{x}$ 之差得到 n 个离均差，但是，其中 $n-1$ 个是可以自由变动的，最后一个离均差受 $\sum(x-\bar{x})=0$ 这一条件的限制而不能自由变化，所以自由度为 $n-1$。若计算其他统计量时，如果受到 k 个条件的限制，则其自由度为 $n-k$。若样本容量很大时，可不用自由度，直接用 n 亦可。

由于

$$\sum(x-\bar{x})^2 = \sum(x^2 - 2x\cdot\bar{x} + \bar{x}^2) = \sum x^2 - 2\bar{x}\cdot\sum x + n\bar{x}^2$$

$$= \sum x^2 - 2\frac{(\sum x)^2}{n} + n\left(\frac{\sum x}{n}\right)^2$$

$$= \sum x^2 - \frac{(\sum x)^2}{n}$$

所以，

$$S = \sqrt{\frac{\sum x^2 - \frac{(\sum x)^2}{n}}{n-1}} \tag{1-11}$$

相应的总体参数称为总体标准差，记为 σ。对于有限总体，σ 可根据下列公式计算：

$$\sigma = \sqrt{\frac{\sum(x-\mu)^2}{N}} \tag{1-12}$$

在统计学中，总体标准差 σ 常用样本标准差 S 来估计。

（四）变异系数 （coefficient of variation）

变异系数，也称相对标准偏差，是指标准差相对于平均数的百分数，用符号 CV 表示。当两个或多个资料变异程度相互比较时，如果度量单位和（或）平均数不同，需采用标准差与平均数的比值（相对值）来比较，这个比值就是变异系数。变异系数可以消除单位和（或）平均数不同对两个或多个资料变异程度比较的影响，用 CV 可以比较不同样本资料相对变异程度的大小。

变异系数的计算公式：

$$CV = \frac{S}{\bar{x}} \times 100\% \tag{1-13}$$

式中　CV——变异系数；

　　　S——标准差；

　　　$\bar{x}$——平均数。

三、 平均数和标准差的性质

（一） 平均数的性质

（1） 变量 x 的各观测值与其平均数 $\bar{x}$ 之差的总和（离均差和）等于零，即 $\sum\limits_{i=1}^{n}(x - \bar{x}) = 0$。

（2） 样本中各个观察值与其平均数离差平方和为最小，即离均差平方和最小。设 a 为任意常数，则有 $\sum (x - a)^2 \geqslant \sum (x - \bar{x})^2$。

（二） 标准差的性质

（1） 标准差的大小受每个观测值的影响，如观测值间变异大，其离均差亦大，由此求得的标准差必然大；反之则小。

（2） 变量 x 各个观察值加上或减去一个常数 a，其标准差不变，常数的标准差等于零。

（3） 当样本资料中每个观察值乘以或除以一个不等于零的常数 a 时，则所得的标准差是原标准差的 a 倍或 $1/a$。

（4） 标准差主要用以衡量资料的变异程度，评定平均数的代表性，估计资料中变量的分布情况。当数据资料为正态分布时，以平均数为中心左右各取 1 个标准差，即 $\bar{x} \pm 1S$ 范围内可包括全部数据的 68.27%；$\bar{x} \pm 2S$ 范围内可包括全部数据的 95.46%，$\bar{x} \pm 3S$ 范围内可包括全部数据的 99.73%。

第三节　试验数据的分类与整理

一、 试验数据分类

（一） 数量资料

数量资料是指通过测量、计量或计数方式而获得的数据，有计量资料（连续性变数资料）和计数资料（间断性变数资料）之分。

（1） 计量资料　计量资料指用度、量、衡等计量工具直接测定而获得的数据资料。各个观测值不一定是整数，两个相邻的整数间可以有带小数的数值出现，各个观察值间的变异是连续性的。因此，计量资料又称为连续性变异资料。如食品中各种营养成分的含量、苹果个体的质量、小麦中淀粉的含量等。

（2） 计数资料　计数资料指用计数方式得到的数据资料。在这类资料中，各个观察值只能以整数表示，各个观察值不是连续的，因此该类资料也称为不连续性变异资料或间断性变异资料。如盒装方便面的份数、一箱饮料的瓶数、腐烂果品的个数、产品合格率、微生物污染率等。

（二） 质量资料

质量资料是指不方便直接测量，只能通过观察，用文字来描述其特征而获得的资料，如食品颜色、风味、酒的风格等。这类特征不能直接用数值表示，要获得这类特征的数据资料，需对其观察结果作必要的数量化处理。常用的数量化处理方法如下：

（1）评分法　这是食品感官评价中常用的一种方法。一般请若干有经验的人，根据相关评判标准，对试验产品的指标综合评判打分，用评分进行统计分析。例如，分析面包的质量时，可以按照国际面包评分细则进行打分，综合评价面包质量。

（2）统计次数法　在一定的总体或样本中，根据某一质量性状的类别统计其次数，以次数作为质量性状的数据。例如，在研究批次产品合格数与次品数时，可以统计其合格与次品个数。这种由质量性状数量化得来的资料又叫次数资料。

（3）分级法　将变异的性状分成几级，每一级别指定以适当的数值表示。例如食品褐变程度按深浅分为五级，由这种方法所得到的数据类似于间断性资料。

（4）秩次法　将各种处理按指标性状的好坏依次排队，排队的顺序为秩，用处理的秩和进行统计分析，这在食品感官评定过程中常用到。

（5）化学分析法　对于某些质量指标，虽然用分级法、评分法、统计次数法也能得到数量资料，但得到的多数是次数资料。若借助化学分析手段即可得到计量资料。例如果汁的色泽可通过测定果汁中花青苷的光密度来表示，澄清度可用测定其透光率来表示等。这种资料属于计量资料，易于分析。

除以上几种方法以外，也可以借助必要的先进仪器来评价质量指标，获得数量资料。如质构仪、色差计、电子鼻、电子舌、质谱仪等。

二、　试验数据整理

当资料观测值较少（$n \leq 30$）时，不必分组，可直接进行统计分析。当观测值较多（$n > 30$）时，需将观测值分成若干组，以便统计分析。

[例 1-1]　国家质检部门对某企业生产的小包装豆粉净质量进行抽检，随机抽取 100 份样品，其测定结果见表 1-1，试整理分析。

表 1-1　　　　　　　　　　　　　　100 份样品的净重　　　　　　　　　　　　　单位：g

49.8	49.7	50.4	50.2	49.9	49.9	50.2	49.7	50.0	50.4
50.2	50.2	49.6	50.0	49.8	50.0	50.1	49.7	50.0	50.0
50.0	50.0	49.9	50.0	50.2	49.5	50.6	49.3	50.1	51.4
50.0	50.2	48.7	49.8	49.8	49.7	50.6	49.9	50.3	49.6
50.0	50.9	49.6	49.2	50.5	49.6	51.2	50.2	50.2	50.2
49.7	49.6	49.8	50.9	49.9	50.6	50.5	50.0	50.6	49.1
49.6	49.4	50.2	50.2	50.5	49.3	49.8	49.4	50.0	50.0
49.7	50.3	49.9	50.6	50.0	50.2	50.1	50.5	50.0	49.7
50.3	50.6	49.6	50.3	49.6	50.0	50.2	49.4	49.7	50.3
50.3	49.6	50.0	50.3	49.7	49.7	49.9	49.8	49.6	49.9

（一）求全距

全距是资料中最大值与最小值之差，又称极差（range），用 R 表示，即

$$R = \max(x_i) - \min(x_i)$$

表 1-1 中，100 份样品最大净重值为 51.4，最小净重值为 48.7，因此

$$R = 51.4 - 48.7 = 2.7$$

（二） 确定组数与组距

组数的多少视样本大小而定，一般以达到既简化资料又不影响反映资料的规律性为原则。一般组数的确定，可参考表1－2。

表1－2   样本容量与组数

样本容量 n	组数
10～100	7～10
100～200	9～12
200～500	12～17
500 以上	17～30

对本例而言，样本容量 $n=100$，根据表1－2初步确定组数为9组。

组距 i 由全距与组数计算

$$组距 i = 全距/组数$$

本例 $i=2.7/9=0.3$，即每组最大值与最小值之差为0.3。

（三） 确定组限、组中值

每一组中的最小值称为下限，最大值称为上限，中间值称为组中值，它是该组的代表值。组中值与组限、组距的关系为：

$$组中值 = \frac{组下限 + 组上限}{2} = 组下限 + \frac{1}{2}组距 = 组上限 - \frac{1}{2}组距$$

当组距确定后，首先要选定第一组的组中值。一般第一组的组中值以接近于或等于资料中的最小值为好。当第一组组中值确定后，该组组限即可确定，其余各组的组中值和组限也可相继确定。注意，最末一组的上限应大于资料中的最大值。

如例1－1中，最小值为48.7，所以组中值可取48.65，因组距为0.3，因此

第一组的下限，应为：$48.65 - \frac{0.3}{2} = 48.5$

第一组的上限也就是第二组的下限，应为：$48.65 + \frac{3.0}{2} = 48.8$

第二组的上限也就是第三组的下限，应为：$48.8 + 0.3 = 49.1$

……

依次确定各组下限值。为了明确分组界限，各组可只写下限值，后跟浪纹号的方法表示，如48.5～，48.8～，49.1～，……。

（四） 作次数分布表

分组结束后，可按原始资料顺序，将资料中的每一观测值逐一归组，随后统计每组内所包含的观测值个数，制作次数分布表。对于正好等于前一组上限和后一组下限的数据，一般可将其归入后一组。

100份小包装豆粉净质量的次数分布见表1－3。

由表1－3可以看出，100份小包装豆粉的净质量多数集中在49.85g，约占观测值总个数的1/3，用它来描述小包装豆粉的净质量平均水平，有较强的代表性。净质量小于48.8g及大于51.2g的为极少数。

表 1-3 100 份小包装豆粉净质量的次数分布

组限	组中值（x）	次数（f）
48.5 ~	48.65	1
48.8 ~	48.95	1
49.1 ~	49.25	6
49.4 ~	49.55	21
49.7 ~	49.85	32
50.0 ~	50.15	23
50.3 ~	50.45	12
50.6 ~	50.75	2
50.9 ~	51.05	1
51.2 ~	51.35	1

（五） 次数分布图

次数分布用图示的形式表示出来，就是次数分布图。次数分布图主要有直方图、折线图两种。次数分布图以分组组中值为横坐标，次数为纵坐标绘制。如图 1-2 和图 1-3 所示，由次数分布图明显看出 100 份小包装豆粉的净质量分布情况以及平均净质量。

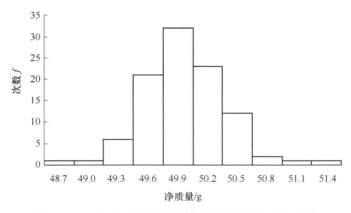

图 1-2 100 份小包装豆粉的净质量次数分布直方图

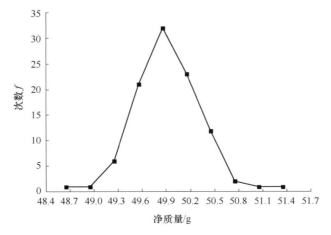

图 1-3 100 份小包装豆粉的净质量次数分布折线图

三、　统计表与统计图

统计表（statistical table）是用表格形式来表示数量关系，使数据条理化、系统化，便于理解、分析和比较。其基本结构包括标题、标目、线条、数字以及备注，有简单表和复合表两类。

统计图（statistical figure）是利用图形将统计资料形象化，利用线条的高低、面积的大小及点的分布来表示数量上的变化，形象直观，一目了然。其基本结构包括标题、刻度、单位、线条、图例说明、标注等。常用的统计图有条图（bar chart）、圆饼图（pie chart）、线图（linear chart）、直方图（histogram）、折线图（broken – line chart）、散点图（scatter diagram）、箱图（box plot）等。

（一）　统计表

统计表是用表格形式来表示数量关系，使数据条理化、系统化，便于理解、分析和比较。

1. 统计表的结构与要求

统计表的基本结构包括标题、标目、线条、数字以及备注。

（1）标题　标题表格的总名称，简明扼要、准确地说明表的内容。

（2）标目　标目分为横标目和纵标目。横标目说明横行数字的属性，位于表格的左侧。纵标目列在表的上端，说明每一列中数字的属性，纵标目有单位的要注明单位，如%、kg、cm等。横、纵标目连起来可以完成对一个指标的完整叙述。注意标目的层次要清楚，不要太多、太复杂。

（3）线条　统计表中只有横线，无竖线和斜线。表的上下两条边线略粗，横标目间及合计可用细线分开，即所谓的"三线表"。

（4）数字　数字一律用阿拉伯数字。同一列的小数位数应一致，且位次对齐。表格中不应有空格，暂无记录或未记录用"…"表示，无数据用"—"表示，这两种情况都不能填"0"。

（5）备注　备注是对于表格的文字说明。不应写在表中，在数字上角用符号"＊""#"或序号①、②……标出，对应的标注说明写在表的下方。

2. 统计表的种类

统计表有简单表和复合表两类。

（1）简单表　简单表由一组横标目和一组纵标目组成。此类表适于简单资料的统计分析，如表1–4所示。

表1–4　　　　　　　　　　　芸豆主要成分的质量分数[①]

品种	水分（%）	淀粉（%，干基）	蛋白质[2]（%，干基）	脂肪含量（%，干基）
麻芸豆	9.98 ± 0.00	42.86 ± 0.12	22.80 ± 0.14	1.51 ± 0.01
小红芸豆	9.80 ± 0.00	44.19 ± 1.81	25.68 ± 0.19	1.58 ± 0.04
红芸豆	9.24 ± 0.20	44.19 ± 0.40	25.60 ± 0.20	1.56 ± 0.05

续表

品种	水分（%）	淀粉（%，干基）	蛋白质[2]（%，干基）	脂肪含量（%，干基）
黑芸豆	9.40 ± 0.01	44.02 ± 0.42	25.37 ± 0.39	1.90 ± 0.04
白芸豆	9.73 ± 0.22	42.92 ± 0.24	25.73 ± 0.48	1.77 ± 0.01

注：①表中数值为平均数 ± 标准差（$n=3$）；②总氮含量 ×6.25。

（2）复合表　复合表的横或/和纵标目有分组现象，此类表适于复杂资料的统计，如表1-5所示。

表1-5　　　　　　　　　　春播、夏播玉米籽粒品质的比较

指标		春播		夏播	
		平均值	变异系数/%	平均值	变异系数/%
营养指标	淀粉（%，干基）	70.64（1.02）[1]	1.44	69.78（1.04）	1.49
	粗蛋白（%，干基）	10.82（0.86）	7.93	10.55（0.73）	6.92
	粗脂肪（%，干基）	4.01（0.58）	17.89	3.98（0.71）	14.37
	灰分（%，干基）	1.44（0.10）	6.87	1.44（0.08）	5.81
	粗纤维（%，干基）	2.37（0.15）	6.30	1.99（0.24）	11.97
糊化参数[2]	起糊温度/℃	72.05（0.94）	1.39	73.57（1.02）	1.31
	峰黏度/BU[3]	355.50（55.66）	15.66	448.17（75.17）	16.77
	破损值/BU	58.83（20.39）	34.66	110.17（10.17）	9.23
	回生值/BU	498.67（102.59）	20.57	608.17（107.10）	17.61
	冷糊稳定性/BU	10.50（46.63）	113.05	45.83（48.89）	106.66
	最终黏度/BU	784.83（111.58）	14.22	900.33（161.88）	17.98

注：①平均数（标准差）；②用德国布拉本德803200微型糊化黏度仪（Brabender, Micro Visco – Amylo – Graph）测定；③BU表示布拉本德黏度单位。

（二）统计图

统计图是利用图形将统计资料形象化，利用线条的高低、面积的大小及点的分布来表示数量上的变化，形象直观，一目了然。

1. 统计图绘制的基本要求

①统计图要有合适的标题，标题写在图的下方，其要求和统计表的标题要求一样，要能够概括图的内容。

②纵、横坐标上要有刻度和单位，刻度要均匀等距。

③统计图的纵横长度之比为5∶7较合适，比例太大或太小不协调。

④图中需用不同颜色或线条代表不同事物时，应有图例说明。

2. 常用统计图

（1）条图　用等宽直条的长短或高低来表示相互独立的统计指标的大小。如果只涉及一个指标，则采用单式条图（simple），如图1-4所示；如果涉及两个或两个以上的指标，或具

有一个统计指标，两个分组因素时，则采用复式条图（clustered），如图 1 - 5 所示；如果涉及两个统计指标，一个分组因素，且两个统计指标有隶属关系时，则用分段条图（stacked），如图 1 - 6 所示；用条图或线图表示均数的基础上需附上标准差时，则用误差条图（error - bar），如图 1 - 7 所示。

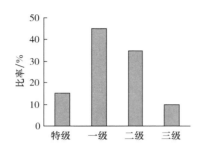

图 1 - 4　不同等级水果的百分比

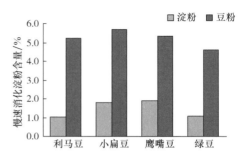

图 1 - 5　豆粉及其淀粉中慢速消化淀粉含量

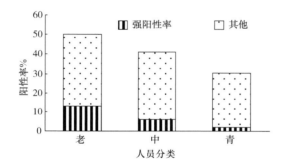

图 1 - 6　老、中、青三代的结核菌素阳性率与强阳性率

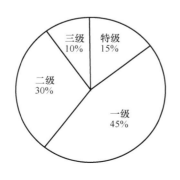

图 1 - 7　玉米挤压膨化物的径向膨化率比较

（2）圆饼图　用于表示计数资料、质量资料的构成比。所谓构成比，就是各类别、等级的观察值个数（次数）与观察值总个数（样本含量）的百分比。把圆饼图的全面积看成 100%，按各类别、等级的构成比将圆面积分成若干份，以扇形面积的大小来分别表示各类别、等级的比例。如将图 1 - 4 资料绘成构成比示意图见图 1 - 8。

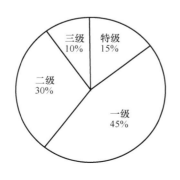

图 1 - 8　水果质量构成比示意图

（3）线图　用线段的升降表示某事物动态变化，或某现象随另一现象变迁的情况。适用于连续性资料。线图有单式和复式两种。

①单式线图：表示某一事物或现象的动态变化。例如，某果实中维生素 C 含量随贮藏时间的变化。根据该资料可以绘制成单式线图，以表示果实采收后维生素 C 变化与时间的关系。

②复式线图：在同一图上用以表示两种或两种以上事物或现象的动态变化。例如根据不同成熟度鲜枣采后在不同储藏条件下的失重率动态变化情况绘制成复式线图，如图 1 - 9 所示。

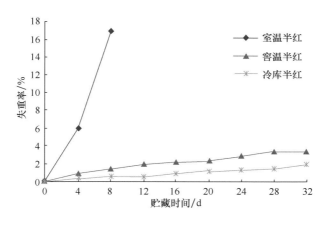

图 1-9　郎枣失重曲线

（4）直方图（矩形图）　对于计量资料，可根据次数分布表绘出直方图以表示资料的分布情况。其做法是在横轴上标记组中值，纵轴标记次数，在各组上做出其等于次数的矩形，即得次数分布直方图，如图 1-2 所示。

（5）折线图　对于计量资料，也可根据次数分布表做出次数分布折线图。其做法是以各组组中值为横坐标，次数为纵坐标描点，用线段依次连接各点，即得次数分布折线图，如图 1-3 所示。

（6）散点图　用点的密集程度和趋势表示两个变量间的相关关系。自变量 x 为横轴，因变量 y 为纵轴。纵轴与横轴的起点可根据资料的情况而定。

（7）箱图　也称箱须图（box-whisker plot），用于反映一组或多组连续型定量数据分布的中心位置和散布范围。

第四节　理　论　分　布

一、正　态　分　布

正态分布又称高斯分布，是一种最常见、最重要的连续型随机变量的概率分布。在自然现象中有许多变量取值是服从或近似服从正态分布的，许多统计分析方法都是以正态分布为基础的。此外，还有不少随机变量的概率分布在一定条件下是以正态分布为其极限分布的。

（一）正态分布的定义

若连续型随机变量 X 的概率密度函数是

$$f(x) = \frac{1}{\sqrt{2\pi}\sigma}\, e^{-\frac{1}{2}\left(\frac{x-\mu}{\sigma}\right)^2} \quad (-\infty < x < \infty) \tag{1-14}$$

则称随机变量 X 服从平均数为 μ、方差为 σ^2 的正态分布（normal distribution），记作 $X \sim N(\mu, \sigma^2)$。正态分布概率密度曲线如图 1-10 所示。

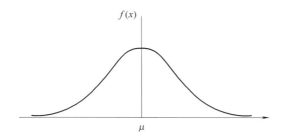

图1-10 正态分布概率密度曲线

相应的随机变量 X 概率分布函数为

$$F(x) = \int_{-\infty}^{x} f(x)\,\mathrm{d}x = \int_{-\infty}^{x} \frac{1}{\sigma\sqrt{2\pi}}\,\mathrm{e}^{-\frac{(x-\mu)^2}{2\sigma^2}}\,\mathrm{d}x$$

$$= \frac{1}{\sigma\sqrt{2\pi}}\int_{-\infty}^{x}\mathrm{e}^{-\frac{(x-\mu)^2}{2\sigma^2}}\,\mathrm{d}x \quad (-\infty < x < \infty) \tag{1-15}$$

它反映了随机变量 X 取值落在区间 $(-\infty, x)$ 的概率。

（二）正态分布的性质

（1）正态分布密度曲线是单峰、对称的悬钟形曲线，以 $x = \mu$ 为对称轴。

（2）概率密度函数 $f(x)$ 是非负函数，以 x 轴为渐近线，分布从 $-\infty$ 至 $+\infty$；当 $x \to \pm\infty$，函数 $f(x)$ 曲线接近于 x 轴。

（3）$f(x)$ 在 $x = \mu$ 处有极大值，$f(\mu) = \dfrac{1}{\sigma\sqrt{2\pi}}$。

（4）曲线在 $x = \mu \pm \sigma$ 处各有一个拐点，即曲线在 $(-\infty, \mu-\sigma)$ 和 $(\mu+\sigma, +\infty)$ 区间上是下凸的，在 $[\mu-\sigma, \mu+\sigma]$ 区间内是上凸的。

（5）μ 和 σ^2 是正态分布的两个重要参数，决定着正态分布曲线的位置和形状。

μ 是位置参数，如图1-11所示。当 σ 恒定时，μ 愈大，则曲线沿 x 轴愈向右移动；反之，μ 愈小，曲线沿 x 轴愈向左移动。

σ 是形状参数，如图1-12所示。当 μ 恒定时，σ 愈大，表示 x 的取值愈离散，曲线愈"胖"；σ 愈小，x 的取值愈集中在 μ 附近，曲线愈"瘦"。

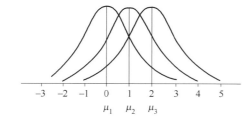

图1-11 σ 相同而 μ 不同的
3个正态分布的比较

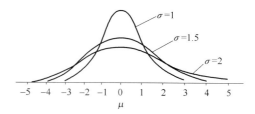

图1-12 μ 相同而 σ 不同的
3个正态分布的比较

（三）标准正态分布

当正态分布的参数 $\mu = 0$，$\sigma^2 = 1$ 时，称随机变量 X 服从标准正态分布（standard normal distribution），记作 $X \sim N(0,1)$。其概率密度函数用 $\varphi(x)$ 表示。

$$\varphi(x) = \frac{1}{\sqrt{2\pi}} e^{-\frac{x^2}{2}} \tag{1-16}$$

相应的分布函数为

$$\Phi(x) = \frac{1}{\sqrt{2\pi}} \int_{-\infty}^{x} e^{-\frac{x^2}{2}} \mathrm{d}x \tag{1-17}$$

标准正态分布密度曲线如图 1-13 所示。

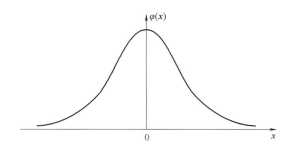

图 1-13 标准正态分布概率密度曲线

对于任何一个服从正态分布 $N(\mu,\sigma^2)$ 的随机变量 X，都可以通过标准化变换，

$$U = \frac{X - \mu}{\sigma} \tag{1-18}$$

将其变换为服从标准正态分布的随机变量 U。U 称为标准正态变量或标准正态离差（standard normal deviate）。

（四）正态分布的概率计算

1. 标准正态分布的概率计算

为了简化标准正态分布函数 $\Phi(x) = \dfrac{1}{\sqrt{2\pi}} \displaystyle\int_{-\infty}^{x} e^{-\frac{x^2}{2}} \mathrm{d}x$ 的概率计算，人们编制了标准正态分布函数 $\Phi(x)$ 的数值表，见附表 1。

若 $X \sim N(0,1)$，对任意 $a < b$ 有

$$P(a \leqslant X \leqslant b) = \int_{a}^{b} \frac{1}{\sqrt{2\pi}} e^{-\frac{x^2}{2}} \mathrm{d}x = \int_{-\infty}^{b} \frac{1}{\sqrt{2\pi}} e^{-\frac{x^2}{2}} \mathrm{d}x - \int_{-\infty}^{a} \frac{1}{\sqrt{2\pi}} e^{-\frac{x^2}{2}} \mathrm{d}x = \Phi(b) - \Phi(a) \tag{1-19}$$

[**例 1-2**] 设 $X \sim N(0,1)$。求① $P(0.5 < X < 1.5)$；② $P(X < -1.54)$；③ $P(X > 2.50)$。

① $P(0.5 < X < 1.5) = \Phi(1.5) - \Phi(0.5) = 0.9332 - 0.6915 = 0.2417$

② $P(X < -1.54) = \Phi(-1.54) = 1 - \Phi(1.54) = 1 - 0.9382 = 0.0618$

③ $P(X > 2.50) = 1 - P(X \leqslant 2.50) = 1 - \Phi(2.50) = 1 - 0.9938 = 0.0062$

2. 一般正态分布的概率计算

若随机变量 X 服从正态分布 $N(\mu,\sigma^2)$，则 X 的取值落在任意区间 $[x_1, x_2]$ 的概率，记作 $P(x_1 \leqslant X < x_2)$，等于图 1-14 中阴影部分的面积。即：

$$P(x_1 \leqslant X < x_2) = \frac{1}{\sigma\sqrt{2\pi}} \int_{x_1}^{x_2} e^{-\frac{(x-\mu)^2}{2\sigma^2}} \mathrm{d}x \tag{1-20}$$

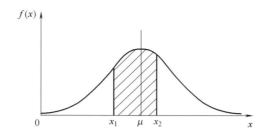

图 1 - 14 正态分布的概率

对式（1 - 20）作变换 $u = \dfrac{x - \mu}{\sigma}$，得 $\mathrm{d}x = \sigma \mathrm{d}u$，故有

$$P(x_1 \leqslant X < x_2) = \frac{1}{\sigma \sqrt{2\pi}} \int_{x_1}^{x_2} \mathrm{e}^{-\frac{(x-\mu)^2}{2\sigma^2}} \mathrm{d}x = \frac{1}{\sigma \sqrt{2\pi}} \int_{(x_1-\mu)/\sigma}^{(x_2-\mu)/\sigma} \mathrm{e}^{-\frac{1}{2}u^2} \sigma \mathrm{d}u$$

$$= \frac{1}{\sqrt{2\pi}} \int_{u_1}^{u_2} \mathrm{e}^{-\frac{1}{2}u^2} \mathrm{d}u = \Phi(u_2) - \Phi(u_1) \tag{1-21}$$

其中，$u_1 = \dfrac{x_1 - \mu}{\sigma}, u_2 = \dfrac{x_2 - \mu}{\sigma}$。

因此，计算一般正态分布的概率时，只要将区间的上下限作适当变换，就可用查标准正态分布表的方法求得概率。

[例 1 - 3] 设 $X \sim N(2, 2^2)$，求 $P(1.0 < X < 4.0)$。

$$P(1.0 < X < 4.0) = \Phi\left(\frac{4.0 - 2.0}{2}\right) - \Phi\left(\frac{1.0 - 2.0}{2}\right)$$

$$= \Phi(1.0) - \Phi(-0.5)$$

$$= 0.8413 - 0.3085$$

$$= 0.5328$$

对于一般正态分布，以下几个概率是经常用到的，如图 1 - 15 所示：

$P(\mu - \sigma \leqslant x < \mu + \sigma) = 0.6826$

$P(\mu - 2\sigma \leqslant x < \mu + 2\sigma) = 0.9545$

$P(\mu - 3\sigma \leqslant x < \mu + 3\sigma) = 0.9973$

$P(\mu - 1.96\sigma \leqslant x < \mu + 1.96\sigma) = 0.95$

$P(\mu - 2.58\sigma \leqslant x < \mu + 2.58\sigma) = 0.99$

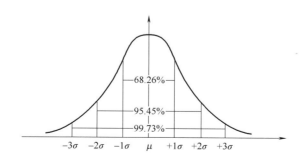

图 1 - 15 正态分布的三个常用概率

（五）　双侧分位数

设 $X \sim N(0,1)$ ，若 u_α 满足 $P\{|X| \geqslant u_\alpha\} = \alpha$ ，其中 $0 < \alpha < 1$ ，称 u_α 为标准正态分布的双侧分位数。双侧分位数的几何意义见图 1-16。附表 2 给出了满足 $P(|u| > u_\alpha) = \alpha$ 的双侧分位数 u_α 的数值。因此，只要已知双侧概率 α 的值，由附表 2 就可直接查出对应的双侧分位数 u_α。数理统计分析中常用的双侧分位数有 $u_{0.10} = 1.645$ ；$u_{0.05} = 1.960$ ；$u_{0.01} = 2.576$ 。

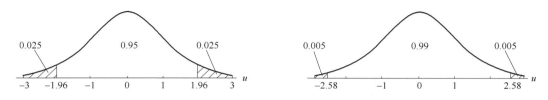

图 1-16　双侧分位数的几何意义

二、　二　项　分　布

二项分布是重要的离散型随机变量的概率分布。

（一）　二项分布的定义

在有些总体中，只存在非此即彼的两种结果，"此"和"彼"是对立事件，例如种子发芽与不发芽，产品的合格与不合格等。有时虽然在实际上并不只是"此"、"彼"两种情况，但在一定意义上可以看作只有"此""彼"两种情况。这种由非此即彼事件构成的总体，称作二项总体（binomial population）。为了便于研究，通常给"此"事件以变量"1"，给"彼"事件以变量"0"，因而二项总体又称 0-1 总体。

如果"此"事件的概率为 $P(X = 1) = p$ ，"彼"事件的概率为 $P(X = 0) = q$ ，则

$$p + q = 1 ; q = 1 - p \tag{1-22}$$

如果我们每次独立地从总体抽取 n 个个体，"此"事件的发生将可能有 0，1，2，…，n ，共有 $n+1$ 种情况。这 $n+1$ 种情况的概率组成一个分布，称为二项概率分布，或简称二项分布（binomial distribution）。例如抽取 10 袋奶粉进行检查，将有 10 袋全合格、1 袋不合格 9 袋合格、2 袋不合格 8 袋合格、……、10 袋全不合格共 11 种情况。由这 11 种情况的相应概率组成的分布就是 $n=10$ 时合格品的二项分布。

若随机变量 X 所有可能取值为 0，1，2，…，n ，且有

$$P(X = k) = P_n(k) = C_n^k p^k q^{n-k} \quad (k = 0,1,2,\cdots,n) \tag{1-23}$$

其中，$p > 0, q > 0, p + q = 1$ ，则称随机变量 X 服从参数为 n 和 p 的二项分布（binomial distribution），记为 $X \sim B(n,p)$ 。参数 n 为离散参数，只能取正整数；p 是连续参数，它能取 0 与 1 之间的任何数值。

（二）　二项分布的特点

（1）二项分布具有概率分布的一切性质

①
$$P(X = k) = P_n(k) \geqslant 0 \quad (k = 0,1,2,\cdots,n) \tag{1-24}$$

②二项分布概率之和等于 1，即

$$\sum_{k=0}^{n} C_n^k p^k q^{n-k} = (p + q)^n = 1 \tag{1-25}$$

③
$$P(X \leqslant m) = P_n(k \leqslant m) = \sum_{k=0}^{m} C_n^k p^k q^{n-k} \qquad (1-26)$$

④
$$P(X \geqslant m) = P_n(k \geqslant m) = \sum_{k=m}^{n} C_n^k p^k q^{n-k} \qquad (1-27)$$

⑤
$$P(m_1 \leqslant X \leqslant m_2) = P_n(m_1 \leqslant k \leqslant m_2) = \sum_{k=m_1}^{m_2} C_n^k p^k q^{n-k} \quad (m_1 \leqslant m_2) \qquad (1-28)$$

（2）二项分布由 n 和 p 两个参数决定

①当 p 值较小且 n 不大时，分布是偏倚的。但随着 n 的增大，分布逐渐趋于对称，如图 1-17 所示；

②当 p 值趋于 0.5 时，分布趋于对称，如图 1-18 所示；

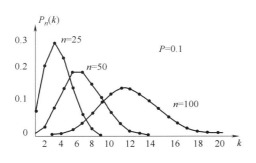

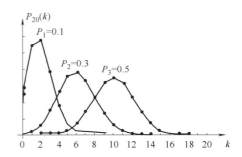

图 1-17 n 值不同的二项分布比较   图 1-18 p 值不同的二项分布比较

③对于固定的 n 及 p，当 k 增加时，$P_n(k)$ 先随之增加，达到其极大值后又下降。

此外，在 n 较大，np、nq 较接近时，二项分布接近于正态分布；当 $n \to \infty$ 时，二项分布的极限分布是正态分布。

（三） 二项分布的平均数与标准差

统计学证明，服从二项分布 $B(n,p)$ 的随机变量的平均数 μ、标准差 σ 与参数 n、p 有如下关系。

当试验结果以事件 A 发生的次数 k 表示时，有

$$平均数 \ \mu = np \qquad (1-29)$$

$$标准差 \ \sigma = \sqrt{np(1-p)} \qquad (1-30)$$

当试验结果以事件 A 发生的频率 k/n 表示时，有

$$平均数 \ \mu_p = p \qquad (1-31)$$

$$标准差 \ \sigma_p = \sqrt{p(1-p)/n} \qquad (1-32)$$

σ_p 也称为总体百分数标准误，当 p 未知时，常以样本百分数 $\hat{p}$ 来估计。此时 σ_p 可改写为：

$$S_{\hat{p}} = \sqrt{\hat{p}(1-\hat{p})/n} \qquad (1-33)$$

$S_{\hat{p}}$ 称为样本百分数标准误。

三、 泊 松 分 布

当二项分布的 n 值趋近于无穷大，而 p 值趋近于 0 时，二项分布并不趋于正态分布，而是趋于泊松分布。泊松分布是一种用来描述和分析发生在单位空间或时间里的稀有事件的概率分

布。所谓稀有事件即为小概率事件。要观察到这类事件，样本含量 n 必须很大。在实际研究中，服从泊松分布的随机事件是常见的。如正常生产线上单位时间生产的不合格产品数，在一定时期内一个特定机器堵塞次数，每升饮水中大肠杆菌数，肉制品中的毛发数等，都是服从或近似服从泊松分布的。

（一） 泊松分布的定义

若随机变量 $X(X = k)$ 只取零和正整数值 0，1，2，…，且其概率分布为

$$P(X = k) = \frac{\lambda^k}{k!}e^{-\lambda}, k = 0, 1, \cdots \tag{1-34}$$

其中，$\lambda > 0$；$e = 2.7182\cdots$ 是自然常数，则称随机变量 X 服从参数为 λ 的泊松分布（Poisson's distribution），记为 $X \sim P(\lambda)$。

（二） 泊松分布的特点

泊松分布作为一种离散型随机变量的概率分布，其平均数和方差是相等的，即 $\mu = \sigma^2 = \lambda$。利用这一特征可以初步判断一个离散型随机变量是否服从泊松分布。

λ 是泊松分布所依赖的唯一参数。λ 值越小分布越偏，随着 λ 的增大，分布趋于对称（图 1-19）。当 $\lambda = 20$ 时分布接近于正态分布；当 $\lambda = 50$ 时，可以认为泊松分布呈正态分布。在实际应用中，当 $\lambda \geq 20$ 时，我们就可以用正态分布来近似地处理泊松分布的问题。

上述讨论的三个重要概率分布有如下关系：

对于二项分布，在 $n \to \infty$，$p \to 0$，且 $np = \lambda$（较小常数）情况下，二项分布趋于泊松分布。在这种场合，泊松分布中的

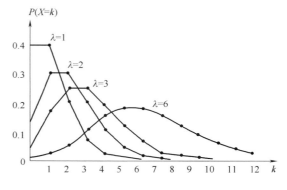

图 1-19 不同 λ 的泊松分布

参数 λ 用二项分布的 np 代之；在 $n \to \infty$，$p \to 0.5$ 时，二项分布趋于正态分布。在这种场合，正态分布中的 μ、σ^2 用二项分布的 np、npq 代之。在实际计算中，当 $p < 0.1$，且 n 很大时，二项分布可用泊松分布近似；当 $p > 0.1$ 且 n 很大时，二项分布可用正态分布近似。

对于泊松分布，当 $\lambda \to \infty$ 时，泊松分布以正态分布为极限。在实际计算中，当 $\lambda \geq 20$ 时，用泊松分布中的 λ 代替正态分布中的 μ 及 σ^2，可用正态分布对泊松分布进行近似计算。

第五节 抽 样 分 布

统计分析的重要问题是研究总体和样本二者之间的关系，其关系如图 1-20 所示。

一是从总体到样本，即抽样分布（sampling distribution）。研究这个关系的目的是为了解从总体到样本抽取无数或全部所有样本时统计量的分布情况。二是从样本到总体，即统计推断（statistical inference）。研究这个关系就是要从一个样本或一系列样本所得试验结果去

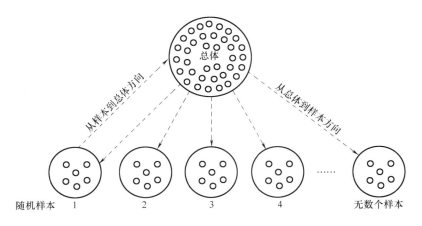

图 1-20　总体与样本的关系

推断原总体分布与特征。统计推断是以总体分布和样本抽样分布的理论关系为基础的。为了能正确地利用样本去推断总体，并能正确地理解统计推断的结论，需对样本的抽样分布有所了解。

假如从一个总体按一定的样本容量随机抽取全部所有可能的样本，由这些样本计算的统计量，如 $\bar{x}$、S^2 等形成一种分布，这个分布称为该统计量的随机抽样分布，简称抽样分布。

（一）　样本平均数的抽样分布

设变量 X 是一研究总体，具有平均数 μ 和方差 σ^2。那么从中可以抽取到无限多个的样本，从而得到无限多个样本平均数 $\bar{x}$，这些样本平均数 $\bar{x}$ 有大有小，不尽相同，与原总体平均数 μ 相比往往表现出不同程度的差异。这种差异是由随机抽样造成的，称为抽样误差（sampling error）。显然，样本平均数是一个随机变量，其概率分布叫做样本平均数的抽样分布。由样本平均数 $\bar{x}$ 所构成的总体称为样本平均数的抽样总体，它具有参数 $\mu_{\bar{x}}$ 和 $\sigma^2_{\bar{x}}$，其中 $\mu_{\bar{x}}$ 为样本平均数抽样总体的平均数，$\sigma^2_{\bar{x}}$ 为样本平均数抽样总体的方差，$\sigma_{\bar{x}}$ 为样本平均数抽样总体的标准差，简称标准误（standard error），它表示了平均数抽样误差的大小。统计学上可以证明 $\bar{x}$ 总体的两个参数 $\mu_{\bar{x}}$ 和 $\sigma^2_{\bar{x}}$ 与 X 总体的两个参数 μ 和 σ^2 有如下关系：

$$\mu_{\bar{x}} = \mu, \sigma^2_{\bar{x}} = \frac{\sigma^2}{n}, \sigma_{\bar{x}} = \frac{\sigma}{\sqrt{n}} \tag{1-35}$$

也就是说，样本平均数的分布具有总体相同的平均数，而方差是总体方差的 $\frac{1}{n}$ 倍。

X 变量与 $\bar{x}$ 变量概率分布间的关系可由下列两个定理说明：

若 n 个独立观察值 x_1，x_2，$\cdots$，x_n 是来自正态分布总体 $N(\mu, \sigma^2)$，则样本平均值 $\bar{x} = \frac{1}{n}\sum_{i=1}^{n} x_i$ 的分布是具有参数为 $\left(\mu, \dfrac{\sigma^2}{n}\right)$ 的正态分布。

由中心极限定理可以证明，无论总体是什么分布，如果总体的平均值 μ 和 σ^2 都存在，当样本足够大时（$n > 30$），样本平均值 $\bar{x}$ 分布总是趋近于参数为 $\left(\mu, \dfrac{\sigma^2}{n}\right)$ 正态分布。

因此有，

$$U = \frac{\bar{x} - \mu}{\sigma/\sqrt{n}} \sim N(0,1)$$

但在实际工作中，总体标准差 σ 往往是未知的，此时可用样本标准差 S 估计 σ。于是，以 $S/\sqrt{n}$ 估计 $\sigma_{\bar{x}}$，记为 $S_{\bar{x}}$，称作样本标准误或均数标准误。$S_{\bar{x}}$ 是平均数抽样误差的估计值。若样本中各观察值为 x_1，x_2，$\cdots$，x_n，则

$$S_{\bar{x}} = \frac{S}{\sqrt{n}} = \sqrt{\frac{\sum (x - \bar{x})^2}{n(n-1)}} = \sqrt{\frac{\sum x^2 - (\sum x)^2/n}{n(n-1)}} \tag{1-36}$$

由式（1-36）可以看出，样本标准差与样本标准误是既有联系又有区别的两个统计量。二者的区别在于样本标准差 S 是反映样本中各变数 x_1，x_2，$\cdots$，x_n 变异程度大小的一个指标，它的大小说明了 $\bar{x}$ 对该样本代表性的强弱。而样本标准误 $S_{\bar{x}}$ 是样本平均数 $\bar{x}_1$，$\cdots$，$\bar{x}_k$ 的标准差，它是 $\bar{x}$ 抽样误差的估计值，其大小说明了样本间变异程度的大小及 $\bar{x}$ 精确性的高低。

（二）样本平均数差数的抽样分布

假如有两个正态分布总体，各具有平均数和标准差，分别为 μ_1、σ_1 和 μ_2、σ_2，从第一个总体中随机抽取 n_1 个 x_1 观察值，同时独立地从第二个总体中随机抽取 n_2 个 x_2 观察值。这样计算出的样本平均数和标准差分别为 $\bar{x}_1$、S_1 和 $\bar{x}_2$、S_2。由统计理论可以推导出其样本平均数的差数（$\bar{x}_1 - \bar{x}_2$）也服从正态分布，其平均数和标准差为：

$$\mu_{(\bar{x}_1 - \bar{x}_2)} = \mu_1 - \mu_2$$
$$\sigma_{(\bar{x}_1 - \bar{x}_2)} = \sqrt{\frac{\sigma_1^2}{n_1} + \frac{\sigma_2^2}{n_2}} \tag{1-37}$$

所以，

$$U = \frac{(\bar{x}_1 - \bar{x}_2) - (\mu_1 - \mu_2)}{\sqrt{\frac{\sigma_1^2}{n_1} + \frac{\sigma_2^2}{n_2}}} \sim N(0,1) \tag{1-38}$$

样本平均数差数的分布具有如下特征：

①如果两个总体各作正态分布，则其样本平均数差数（$\bar{x}_1 - \bar{x}_2$）准确地遵循正态分布规律，无论样本容量大小，都有 $N[\mu_{(\bar{x}_1 - \bar{x}_2)}, \sigma^2_{(\bar{x}_1 - \bar{x}_2)}]$。

②两个样本平均数差数分布的平均数必等于两个总体平均数的差数：$\mu_{(\bar{x}_1 - \bar{x}_2)} = \mu_1 - \mu_2$。

③两个独立的样本平均数差数分布的方差等于两个总体样本平均数方差总和：

$$\sigma^2_{(\bar{x}_1 - \bar{x}_2)} = \sigma^2_{\bar{x}_1} + \sigma^2_{\bar{x}_2} = \frac{\sigma_1^2}{n_1} + \frac{\sigma_2^2}{n_2}$$

实际中 σ_1^2 与 σ_2^2 常是未知的，通常可用 S_1^2 与 S_2^2 分别来代替 σ_1^2 与 σ_2^2，于是 $\sigma_{(\bar{x}_1 - \bar{x}_2)}$ 常用 $S_{\bar{x}_1 - \bar{x}_2}$ 估计，记为：

$$S_{\bar{x}_1 - \bar{x}_2} = \sqrt{\frac{S_1^2}{n_1} + \frac{S_2^2}{n_2}} \tag{1-39}$$

称 $S_{\bar{x}_1 - \bar{x}_2}$ 为均数差数标准误（亦称均数差异标准差）。

式（1-39）中的 S_1^2 与 S_2^2 分别是样本含量为 n_1 及 n_2 的两个样本方差。如果它们所估计的各自总体方差 σ_1^2 与 σ_2^2 相等，即 $\sigma_1^2 = \sigma_2^2 = \sigma^2$，那么 S_1^2 与 S_2^2 都是 σ^2 的估计值，这时应将 S_1^2 与 S_2^2 的加权平均值 S_0^2 作为 σ^2 估计值。在假设 $\sigma_1^2 = \sigma_2^2 = \sigma^2$ 的条件下有：

$$S_0^2 = \frac{S_1^2 \cdot df_1 + S_2^2 \cdot df_2}{df_1 + df_2} = \frac{SS_1 + SS_2}{n_1 + n_2 - 2} = \frac{\sum (x_1 - \bar{x}_1)^2 + \sum (x_2 - \bar{x}_2)^2}{n_1 + n_2 - 2} \tag{1-40}$$

所以

$$S_{\bar{x}_1 - \bar{x}_2} = \sqrt{\left(\frac{1}{n_1} + \frac{1}{n_2}\right)S_0^2}$$

（三）t 分布

由样本平均数的抽样分布性质已知，从一个平均数为 μ、方差为 σ^2 的正态分布总体中抽样，或者由一个非正态分布总体中抽样，只要样本容量足够大时，则所得一系列样本平均数 $\bar{x}$ 的分布必趋向正态分布，具有 $N(\mu, \sigma_{\bar{x}}^2)$，即 $\bar{x} \sim N(\mu, \sigma_{\bar{x}}^2)$，其中 $\sigma_{\bar{x}} = \dfrac{\sigma}{\sqrt{n}}$，那么 $U = \dfrac{(\bar{x} - \mu)}{\sigma_{\bar{x}}} \sim N(0, 1)$。

当 σ^2 未知，样本容量 $n < 30$ 时，若以样本方差 S^2 估计总体方差 σ^2 时，则其标准离差 $\dfrac{(\bar{x} - \mu)}{S/\sqrt{n}}$ 的分布不再服从标准正态分布，而服从自由度 $df = n - 1$ 的 t 分布（t – distribution）。即

$$t = \frac{\bar{x} - \mu}{S_{\bar{x}}} \sim t(df) \tag{1-41}$$

式（1 – 41）中，$S_{\bar{x}}$ 为样本平均数的标准误。

$$S_{\bar{x}} = \frac{S}{\sqrt{n}} \tag{1-42}$$

式中　S——样本标准差；

　　　n——样本容量。

t 分布是 1908 年英国统计学家 W. S. Gosset（1876—1937）首先提出的，又称学生氏分布。1926 年由 R. A. Fisher（1890—1962）加以完善，其概率分布密度函数为：

$$f(t) = \frac{1}{\sqrt{\pi df}} \frac{\Gamma[(df+1)/2]}{\Gamma(df/2)} \left(1 + \frac{t^2}{df}\right)^{-\frac{df+1}{2}} \tag{1-43}$$

式中　$-\infty < t < +\infty$；

　　　$df = n - 1$——自由度。

t 分布的平均数和标准差为：

$$\begin{aligned} \mu_t &= 0 \quad (df > 1) \\ \sigma_t &= \sqrt{\frac{df}{df-2}} \quad (df > 2) \end{aligned} \tag{1-44}$$

t 分布密度曲线如图 1 – 21 所示，有如下特点：

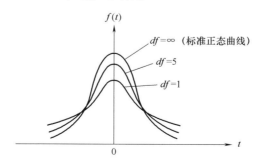

图 1 – 21　不同自由度的 t 分布曲线

（1）t 分布受自由度制约，每一个自由度有一条 t 分布密度曲线。

（2）t 分布密度曲线以 $t=0$ 纵轴为对称轴，左右对称，且在 $t=0$ 时，分布密度函数取得最大值。

（3）与标准正态分布曲线相比，t 分布曲线顶部略低，两尾部稍高而平。df 越小，这种趋势越明显。df 越大，t 分布越趋近于标准正态分布。当 $n>30$ 时，t 分布与标准正态分布的区别很小；$n>100$ 时，t 分布基本与标准正态分布相同；$n\to\infty$ 时，t 分布与标准正态分布完全一致。

和正态分布函数一样，t 分布的概率分布函数可查附表 3，第一列为自由度，表头为概率值，表中数字为临界 t 值，当 df 值增大时，$f(t)$ 趋向正态极限。如在 $\alpha=0.05$ 时，标准正态曲线下的 $u=1.96$，在附表 3 也可查到 $df=\infty$ 时，$\alpha=0.05$，$t=1.96$。

t 分布的概率分布函数为

$$F_t(df) = P(t < t_1) = \int_{-\infty}^{t_1} f(t)\,\mathrm{d}t \tag{1-45}$$

因而 t 分布曲线右尾从 t_1 到 ∞ 的面积（概率）为 $1-F_{t(df)}$，两尾面积则为 $2(1-F_{t(df)})$。例如 $df=3$ 时，$P(t<3.182)=0.975$，故右边（$3.182<t<+\infty$）一尾面积为 $1-0.975=0.025$；由于 t 分布左右对称，故左边一尾（$-\infty<t<-3.182$）的面积也是 0.025；因而两尾面积为 $2(1-0.975)=0.05$。

当 $df=15$ 时，查附表 3 得两尾概率等于 0.05 的临界 t 值为 2.131，其意义是：

$$P(-\infty < t < -2.131) = P(2.131 < t < +\infty) = 0.025$$
$$P(-\infty < t < -2.131) + P(2.131 < t < +\infty) = 0.05$$

由附表 3 可知，当 df 一定时，概率 P 越大，临界 t 值越小；概率 P 越小，临界 t 值越大。当概率 P 一定时，随着 df 的增加，临界 t 值在减小，当 $df=\infty$ 时，临界 t 值与标准正态分布的临界 u 值相等。

（四）χ^2 分布

由正态分布理论已知，标准正态离差 U 服从平均数为 0，标准差为 1 的正态分布，即 $U \sim N(0,1)$。假定由该总体中随机抽取样本，样本容量为 n，样本值为 u_1，u_2，$\cdots$，u_n。则随机变量

$$\chi^2 = u_1^2 + u_2^2 + \cdots + u_n^2 = \sum_{i=1}^{n} u_i^2 \tag{1-46}$$

服从自由度为 $df=n-1$ 的 χ^2 分布，记为 $\chi^2 \sim \chi^2(df)$。χ^2 分布是刻画标准正态变量二次型的一个重要分布。χ^2 分布的曲线如图 1-22 所示。

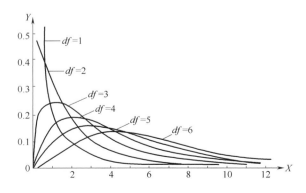

图 1-22　不同自由度下 χ^2 分布曲线

χ^2 分布取决于自由度 df，即每个不同的自由度下都有一个相应的 χ^2 分布曲线。χ^2 分布是非对称的，其取值不会小于 0，分布总是在 $\chi^2 = 0$ 的右边。χ^2 的偏斜度随自由度的增加而渐渐地趋向于正态分布，当 $n \to \infty$ 时，则 χ^2 分布趋于正态分布，附表 4 列出了相应自由度的 χ^2 一尾（右尾）概率。

由于样本方差 $S^2 = \sum (x_i - \bar{x})^2 / (n - 1)$，那么 $\sum (x_i - \bar{x})^2 = (n - 1) S^2$。从标准正态离差 u 的定义可知 $u_i = \dfrac{(x_i - \bar{x})}{\sigma}$，故 χ^2 值又可表示为：

$$\chi^2 = \sum_{i=1}^{n} \frac{(x_i - \bar{x})^2}{\sigma^2} = \frac{(n - 1) S^2}{\sigma^2} \tag{1-47}$$

其中，n 为样本容量。所以，式（1-47）可用于总体方差与样本方差之间的比较。

（五）F 分布

设 $x_1, x_2, \cdots, x_{n_1}$ 为来自正态分布总体 $N(a_1, \sigma_1^2)$ 的一个随机样本，样本方差为 S_1^2，$z_1, z_2, \cdots, z_{n_2}$ 为来自正态分布总体 $N(a_2, \sigma_2^2)$ 的一个随机样本，样本方差为 S_2^2，且这两个样本相互独立，则统计量

$$F = \frac{S_1^2 / \sigma_1^2}{S_2^2 / \sigma_2^2} \sim F(n_1 - 1, n_2 - 1) \tag{1-48}$$

即 $\dfrac{S_1^2 / \sigma_1^2}{S_2^2 / \sigma_2^2}$ 服从第一自由度为 $df_1 = n_1 - 1$，第二自由度为 $df_2 = n_2 - 1$ 的 F 分布。记为 $\dfrac{S_1^2 / \sigma_1^2}{S_2^2 / \sigma_2^2} \sim F(n_1 - 1, n_2 - 1)$。式（1-48）可用于两个样本方差的比较。

当 $\sigma_1^2 = \sigma_2^2$ 或样本来自同一正态总体时，则

$$F = \frac{S_1^2}{S_2^2} \sim F(n_1 - 1, n_2 - 1) \tag{1-49}$$

F 值是具有自由度 $df_1 = (n_1 - 1)$ 的样本方差 S_1^2 与具有自由度 $df_2 = (n_2 - 1)$ 的样本方差 S_2^2 的比值。在给定 df_1 和 df_2 下进行一系列抽样，就可得到一系列的 F 值，它们服从 F 分布。F 分布密度曲线是随自由度 df_1、df_2 的变化而变化的一簇偏态曲线，其形态随着 df_1 和 df_2 增大逐渐趋于对称，如图 1-23 所示。

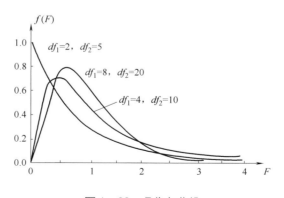

图 1-23 F 分布曲线

附表 5 为各种 df_1 和 df_2 下右尾概率 $\alpha = 0.10$、$\alpha = 0.05$ 和 $\alpha = 0.01$ 时的临界 F 值（一尾概

率表，用于方差分析）。$df_1 = 3$，$df_2 = 12$ 时，$F_{0.05(3,12)} = 3.49$，$F_{0.01(3,12)} = 5.95$，即表示如以 $df_1 = 3(n_1 = 4)$，$df_2 = 12(n_2 = 13)$ 在一个正态总体中进行连续抽样，则所得 F 值大于 3.49 的仅有 5%，而大于 5.95 的仅有 1%。

第六节　试验设计基础

一、　试验设计概述

（一）　试验设计的意义和任务

试验设计是数理统计学的一个重要分支，是进行科学研究的重要工具。它与生产实践和科学研究紧密结合，在理论上和方法上不断地丰富和发展，广泛应用于各个领域。

在食品生产和科学研究中，为了革新生产工艺，开发新产品，寻求优质、高效、低耗的方法等，经常要进行各种试验。如何合理安排试验，如何对结果进行科学分析，是食品生产、科研工作者经常遇到的现实问题。试验设计的好坏直接影响试验的结果和试验效率，所以试验工作前有必要对试验进行良好设计。

试验设计的任务就是以概率论与数理统计知识为理论基础，结合专业知识和实践经验，经济地、科学地、合理地安排试验；有效地控制试验干扰；力求用较少的人力、物力、财力和时间，最大限度地获得丰富而可靠的资料；充分利用和科学地分析所获取的试验信息，从而达到能明确回答研究项目所提出的问题和尽快获得最优方案的目的。

（二）　试验设计的作用

试验设计在科学研究中具有非常重要的作用，主要体现在以下方面：

①通过试验设计可以分清各试验因素对试验指标的影响大小顺序，找出主要因素，抓住主要矛盾。

②通过试验设计可以了解因素与水平指标间的规律性，即每个因素水平改变时，指标是怎样变化的。

③通过试验设计可以了解各试验因素之间的相互影响情况，即因素间的交互作用情况。

④通过试验设计可以迅速地找出最优生产条件或工艺条件，确定最优方案，并能预估在最优生产条件下或工艺条件下的试验指标值及其波动范围。

⑤通过试验设计可以正确估计和有效控制、降低试验误差，从而提高试验精度。

⑥通过对试验结果的分析，可以明确进一步试验的研究方向。

（三）　试验设计的主要内容

试验设计作为统计数学的一个重要分支，所包含的内容是十分丰富的。目前，已经有许多种试验设计方法，包括全面试验设计、正交试验设计、均匀试验设计、分割法试验设计、S/N 比试验设计、产品的三次设计、回归正交设计、回归旋转设计、混料试验设计等。其中最常用的是前三种试验设计方法和回归正交设计法。

二、试验设计基本概念

（一）试验指标（experimental index）

在试验设计中，根据试验的目的而选定的用来衡量试验结果好坏或处理效应高低的质量指标称为试验指标。在回归设计中试验指标又称响应变量。在同一项试验中，由于试验目的的不同，可选择不同的试验指标。例如，在考察不同提汁工艺条件对果汁提取率的影响时，提取率可选为试验指标；但若考察不同提汁工艺条件对果汁褐变的影响时，那么果汁色泽就成为试验指标。

试验指标可分为定量指标和定性指标。能用数值表示的指标称为定量指标或数量指标，如糖度、酸度、pH、提汁率、糖化率、吸光度、合格率等等。食品的理化指标以及由理化指标计算得到的特征值多为定量指标。不能用数量表示的指标称为定性指标，如产品色泽、风味、口感等，是由人的感觉器官来判断的指标。食品的感官指标多为定性指标。在试验设计中，为了便于分析试验结果，常把定性指标进行定量化，转化为定量指标。例如，食品的感官指标评价可参照相关标准进行打分，也可以借助相关分析仪器来进行定量化，如产品的硬度、黏弹性、咀嚼性等可用质构仪分析，产品色泽可借用色差计（仪）来分析等。

（二）试验因素（experimental factor）

试验中，对试验指标可能产生影响的原因或要素，都称为因素、因子。如酱油生产中，酱油质量受发酵的原料质量、曲种、温度、时间以及工艺等诸多方面影响，这些都是影响酱油质量的因素，其中有些是定量因素（如发酵温度、发酵时间等），有些是定性因素（如原料质量、曲种、发酵工艺等）。

由于客观条件的限制，一次试验中不可能将每个因素都考虑来从事试验。我们把试验中加以考察的影响试验指标的因素称为试验因素，常用大写字母 A、B、C、……表示。把除试验因素以外的其他所有对试验指标有影响的因素统称为条件因素，又称试验条件（experimental conditions）。如研究增稠剂用量、pH 和杀菌温度对豆奶稳定性的影响时，增稠剂用量、pH 和杀菌温度即为试验因素。除这三个试验因素以外的其他因素均看作条件因素，在试验中应加以控制。

试验因素可分为：

①可控因素：可以人为控制的因素。如温度、时间、压力、电阻、催化剂种类、用量等。

②不可控因素：人们暂时尚无法控制或预见的因素。如工件磨损、电压波动等。

③标示因素：指环境条件、使用条件等因素。如使用时电压、转速等；环境温度、湿度等。

④区组因素：参与试验的环境因素。为了减少试验误差，将某些影响试验指标的环境因素分成若干水平参与试验，然后通过统计分析再从试验指标值中消除环境因素所产生的效应。

⑤组合因素：将两个或两个以上的因素组合成一个因素进行试验。目的是减少试验工作量。

试验因素的确定，一般要选择对试验指标影响较大的关键因素、尚未完全掌握其规律的因素和未曾考察过的因素。供试试验因素一般不宜选择过多，应抓住一两个或少数几个主要因素解决关键问题。如果涉及试验因素多，难以取舍，或者对各因素最佳水平的可能范围难以做出估计时，可将试验分为两阶段进行。即先做单因素的预备试验，通过拉大水平幅度，多选几个水平点进行初步观察，然后根据预备试验结果再精选因素和水平进行正规试验。预备试验常采用较多的处理数，较少或不设重复；正规试验则精选因素和水平，设置较多的重复。

（三） 因素水平 （level of factor）

试验因素所处的状态或数量等级称为因素水平，简称水平。

在试验设计中，一个因素选几个水平，就称该因素为几水平因素。如微生物的培养温度 A（℃）设计 30、40、50 三个级别，那么培养温度为 3 水平因素，记为 A_1、A_2、A_3；培养时间 B（min）设置 20、40、60、80 四个级别，那么培养时间为 4 水平因素，记为 B_1、B_2、B_3、B_4。

试验因素水平的确定应根据专业知识、生产经验以及各因素的特点等综合考虑其控制范围及水平间隔，水平确定的基本原则是以表现出处理效应为准。

1. 水平数目要适当

水平数目过多，各水平间的差异较小，试验效应不明显，而且处理数加大；水平数目若太少，容易漏掉一些试验信息，结果分析不全面。所以，因素水平数目一般不能少于 3 个，5 个水平点最为理想。若考虑到试验规模，以 2～4 个水平为佳。从有利于试验结果分析的角度考虑，水平数取 3 个好于 2 个。

2. 水平范围及间隔要合理

对试验指标影响灵敏的因素，水平间隔取小些，反之应取宽一些。要尽可能把因素水平值取在最佳区域或接近最佳区域内部。

水平间隔的设置方法一般有等差法、等比法、选优法和随机法等。

①等差法：试验因素水平间隔是等差的。如培养温度设置 35、45、55、65、75℃水平。此水平设置方法一般适应于试验效应与因素水平呈直线相关的试验。

②等比法：因素水平的间隔是等比的。一般适用于试验效应与因素水平成对数或指数关系的试验。如食品添加剂水平取 0.5、1.0、2.0、4.0mg/L，相邻两水平之比为 1:2。

③选优法：先选出因素水平的两个端点值，再以 $G =$（最大值－最小值）×0.618 为水平间距，用（最小值＋G）和（最大值－G）的方法来确定因素水平。

选优法间隔的排列设计也称试验因素的 0.618 法间隔排列。一般适用于试验效应与因素水平呈二次曲线型反应的试验设计。

④随机法：随机法是指因素水平排列随机，各水平的数量大小无一定关系。如赋形剂各水平的排列为 15、10、30、40mg 等。这种方法一般适用于试验效应与因素水平变化关系不甚明确的情况，在预备试验中常采用。

（四） 试验处理 （treatment）

试验处理也称为因素的水平组合，简称处理，是指各试验因素的不同水平之间的联合搭配，处理的多少由因素和水平的多少决定。

在单因素试验中，试验因素的一个水平就是一个处理。在多因素试验中，由于因素和水平较多，可以形成若干个水平组合（处理）。例如研究温度与制曲方式对酱油质量的影响，其中温度为三水平因素（A_1、A_2、A_3），制曲方式为两水平因素（B_1、B_2），则形成 A_1B_1、A_2B_1、A_3B_1 和 A_1B_2、A_2B_2、A_3B_2 六种水平组合，就有 6 个处理。多因素多水平试验处理的多少等于参试各因素水平的乘积。如三因素三水平试验共有 $3 \times 3 \times 3 = 27$ 个处理（表 1-6）。

表1–6   三因素三水平试验处理组合

		C_1	C_2	C_3
	B_1	$A_1B_1C_1$	$A_1B_1C_2$	$A_1B_1C_3$
A_1	B_2	$A_1B_2C_1$	$A_1B_2C_2$	$A_1B_2C_3$
	B_3	$A_1B_3C_1$	$A_1B_3C_2$	$A_1B_3C_3$
	B_1	$A_2B_1C_1$	$A_2B_1C_2$	$A_2B_1C_3$
A_2	B_2	$A_2B_2C_1$	$A_2B_2C_2$	$A_2B_2C_3$
	B_3	$A_2B_3C_1$	$A_2B_3C_2$	$A_2B_3C_3$
	B_1	$A_3B_1C_1$	$A_3B_1C_2$	$A_3B_1C_3$
A_3	B_2	$A_3B_2C_1$	$A_3B_2C_2$	$A_3B_2C_3$
	B_3	$A_3B_3C_1$	$A_3B_3C_2$	$A_3B_3C_3$

可见，参与试验的因素愈多，水平愈多，试验处理愈多，试验工作量越大。

（五）全面试验（overall experiment）

对试验因素的所有水平组合都进行实施的试验称为全面试验。

全面试验的优点是能够掌握每个因素及其每个水平对试验结果的影响，获得全面的试验信息，无一遗漏，各因素及各级交互作用对试验指标的影响剖析的比较清楚，又称全面析因试验（full factorial experiment）。缺点是当试验因素和水平增多时，试验处理数会急剧增加。当试验设置重复时，试验规模非常庞大，以致在实际中难以实施。如三因素三水平试验，共有 27 个处理，若每个处理仅重复 1 次，需做 $2 \times 27 = 54$ 次试验；如果是四因素四水平试验，每个处理重复 1 次，需做 $2 \times 4^4 = 512$ 次试验，这在实践中是不可能做到的。因此，全面试验是有局限性的，它只适用于因素和水平数不太多的试验。

（六）部分实施（fractional enforcement）

由全面试验组合中选取部分有代表性的处理组合进行试验称为部分实施。正交试验和均匀试验都是典型的部分实施。部分实施可以使试验规模大为缩小，减少试验次数。比如三因素三水平试验，全面试验需进行 27 次试验，而采用正交试验设计，只需 9 次试验，仅为全面试验的 1/3。如四因素五水平试验，全面试验至少需进行 $5^4 = 625$ 次试验，而用 $L_{25}(5)^5$ 正交表设计试验，需 25 次，用 $U_5(5)^4$ 均匀表设计试验，仅需 5 次试验。所以，在试验因素和水平较多时，常用部分实施设计试验。

三、试验设计的基本原则

在科学试验过程中，必须严格控制试验干扰，尽可能地减少试验误差，努力提高试验的准确性和精确性，使试验结果正确、可靠。控制和消除试验干扰的主要方法就是严格遵循试验设计的 3 个基本原则——重复、随机化、局部控制。

（一）重复原则

所谓重复，是指在试验中每种处理至少进行 2 次以上的实施。重复试验是估计和减少随机误差的基本手段。

由于随机误差是客观存在和不可避免的，如果一个处理只实施一次，那么则无法估计出随机误差的大小。只有在同一条件下重复试验，获得两个或两个以上的观测值时，才能把随机误差估计出来。根据样本标准误与标准差的关系 $S_{\bar{x}} = S/\sqrt{n}$ 可知，平均数抽样误差的大小与重复次数的平方根成反比，所以重复次数增多可以降低试验误差。但在实际研究时，若试验重复次数太多，试验材料、仪器设备、操作等试验条件不易严格控制一致，反而会增大试验误差。为了避免这一问题，可在"局部控制原则"的前提下增加重复次数。重复次数的多少可根据试验的要求和条件而定。如果供试材料间差异较大，重复次数应多些；差异较小，重复次数可少些。另外，必须指出的是，相同条件下的重复试验不能发现和减小系统误差，只有改变试验条件才能发现系统误差。因此，重复试验的主要目的就是估计和减小随机误差。

（二） 随机化原则

在试验研究中，人为地有顺序地安排试验可能会引起系统误差。试验结果中一旦含有系统误差，就会严重影响试验数据的准确性，使结果分析难以做出正确的判断。在试验设计中，遵循随机化原则是消除系统误差的有效手段。

所谓随机化原则，就是在试验中，每一个组合处理及其每一个重复都有同等机会被安排在某一特定空间和时间微环境中，以消除某些组合处理或重复可能占有的"优势"或"劣势"影响，保证试验条件在空间和时间上的均匀性。

随机化可使系统误差转化为随机误差，从而可正确、无偏地估计试验误差，并可保证试验数据的独立性和随机性，以满足统计分析的基本要求。随机化通常采用抽签、摸牌、查随机数表等方法来实现。

（三） 局部控制原则

在试验中，当试验环境或试验单元差异较大时，仅根据重复和随机化原则进行设计是不能将试验环境或试验单元差异所引起的变异从试验误差中分离出来的，因而试验误差大，试验的精确性与检验的灵敏度低。为解决这一问题，在试验环境或试验单元差异大的情况下，可将整个试验环境或试验单元分成若干个小环境或小组，使小环境或小组内的试验条件尽可能一致，这就是局部控制原则。每个比较一致的小环境或小组，称为区组。区组间的差异可在方差分析时从试验误差中分离出来。所以，局部控制能较好地降低试验误差。

实施局部控制时，区组如何划分，应根据具体情况确定。如果试验周期长，试验日期（时间）变动会对试验结果产生影响，就可以将试验日期（时间）作为区组因素；如果试验空间会影响试验结果，可把试验空间划分为区组；如果试验时用到几台同型号的仪器设备，考虑仪器设备间的差异影响时，可把仪器设备划为区组。前面提到的重复试验可以减小随机误差，但随着重复的增多，试验规模加大，试验所占的时空范围变大，试验条件的差异也随之增大，这样又会增加试验误差。为了解决这一矛盾，可以将时空按重复分为几个区组，实施局部控制。

重复、随机化、局部控制三个基本原则称为费雪（R. A. Fisher）三原则，是试验设计中必须遵循的原则。试验设计的三原则是相辅相成、相互补充、融为一体的。只有控制试验干扰，保证试验条件基本均匀一致，提高试验精度，减少试验误差，再结合适当的统计分析方法，就能够准确地评价试验因素的作用，正确地估计试验误差，作出可靠的推断，获得正确的试验结论。试验设计三原则的关系和作用如图 1 - 24 所示。

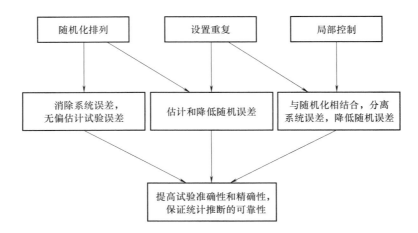

图 1-24　试验设计三原则的关系

习　题

1. 什么是总体、样本、样本含量？

2. 什么是参数、统计量？二者有何关系？

3. 什么是试验的准确性与精确性、随机误差与系统误差？有何关系？

4. 统计中常用的平均数有几种？

5. 标准差的意义是什么？标准差有哪些特性？

6. 何谓变异系数？

7. 什么是正态分布、标准正态分布？

8. 已知随机变量 u 服从 $N(0,1)$，求 $P(u \geq 1.96)$，$P(|u| \geq 2.58)$，$P(-1.21 \leq u < 0.45)$。

9. 设 $x \sim N(72,10^2)$，试求 $P(x < 62)$，$P(x \geq 72)$，$P(68 \leq x < 74)$。

10. 什么是二项分布、泊松分布？

11. 什么是抽样分布？样本平均数抽样总体与原始总体的两个参数间有何联系？

12. 什么是标准误？标准误与标准差有何联系与区别？

13. 简述 t 分布、χ^2 分布和 F 分布及其应用。

14. 已知 $P(|t| > t_\alpha) = 0.01$，对应的自由度为20，求 t_α；已知 $P(t > t_\alpha) = 0.05$，对应的自由度为10，求 t_α。

15. 什么是试验指标、试验因素、试验水平、试验组合？

16. 全面试验、部分实施试验的优缺点是什么？

17. 试验设计的基本原则和作用是什么？

统计假设检验与参数估计

第一节　统计假设检验的意义与基本原理

一、　统计假设检验的概念与基本思想

（一）　统计假设检验的概念

统计假设性检验（test of statistical hypothesis）就是试验者根据试验目的，先作处理无效的假设（即无效假设，null hypothesis），再设定一个概率标准，根据样本的实际结果，经过计算做出在概率意义上接受或否定该假设的统计分析方法。

一般地，在提出无效假设的同时提出与之相对应的另一假设，称为对应假设或备择假设（alternative hypothesis），无效假设和备择假设均称为统计假设。如果否定了无效假设，则接受备择假设。

统计假设检验的目的是判定样本统计量间的差异是否显著，所以统计假设检验又称差异显著性检验（test of significance）。常用的差异显著性检验方法有 u 检验、t 检验、F 检验和 χ^2 检验等。尽管这些检验方法的用途及使用条件不同，但其检验的基本原理是相同的。

下面以两个样本平均数的差异显著性检验为例来阐明统计假设检验。

[**例 2 - 1**]　　某企业质检部门拟对一批常温库存 6 个月的海鲜肉罐头进行抽检，随机抽检 6 个罐头样品，对其 SO_2 含量进行测定（单位：$\mu g/g$），测定结果为 135.2、130.2、131.3、130.5、135.2、133.5，而随机抽检的正常生产线上的 6 个罐头样品 SO_2 含量为 100.0、94.2、98.5、102.5、96.4、99.2。试分析这批库存海鲜肉罐头质量是否合格。

经分析计算，库存罐头样品的 SO_2 含量平均数 $\bar{y}_1 = 132.65\mu g/g$，方差 $S_1^2 = 5.235$，而正常生产线上的罐头样品 SO_2 含量平均数 $\bar{y}_2 = 98.47\mu g/g$，方差 $S_2^2 = 8.327$。可以看出，两种罐头样品的 SO_2 含量相差 $\bar{y}_1 - \bar{y}_2 = 34.18\mu g/g$。那么，我们能否根据这两个样本平均数的差值 $\bar{y}_1 - \bar{y}_2 = 34.18\mu g/g$ 来判断这两种罐头的 SO_2 含量是不同的，这批库存海鲜肉罐头质量不合格。这个回答是不可靠的。因为这两种罐头的 SO_2 平均含量 $\bar{y}_1$、$\bar{y}_2$ 仅是两种罐头有关总体平均数 μ_1、μ_2 的一个点估计值。由于存在试验误差（包括抽样误差、测定误差等），样本平均数并不等于总体平均数，样本平均数中包含了总体平均数与试验误差两部分。通过测定得到的每个观测值 y_i，

既由被测个体所属总体的特征决定，又受个体差异和诸多无法控制的随机因素影响。所以观测值 y_i 由两部分组成，即 $y_i = \mu + \varepsilon_i$。总体平均数 μ 反映了总体特征，ε_i 表示试验误差。

若样本含量为 n，则可得到 n 个观测值，y_1，y_2，…，y_n。于是样本平均数

$$\bar{y} = \sum y_i/n = \sum (\mu + \varepsilon_i)/n = \mu + \bar{\varepsilon} \qquad (2-1)$$

对于不同的两个样本来说，有

$$\bar{y}_1 = \mu_1 + \bar{\varepsilon}_1，\bar{y}_2 = \mu_2 + \bar{\varepsilon}_2$$

所以，

$$\bar{y}_1 - \bar{y}_2 = (\mu_1 - \mu_2) + (\bar{\varepsilon}_1 - \bar{\varepsilon}_2) \qquad (2-2)$$

式中 $\bar{y}_1 - \bar{y}_2$——两个样本平均数之差，为试验的表面差异。

由式（2-2）可以看出，试验的表面差异由两部分组成：一部分是两个总体平均数之差 $(\mu_1 - \mu_2)$，为试验的真实差异；另一部分是试验误差之差 $(\bar{\varepsilon}_1 - \bar{\varepsilon}_2)$。

因为样本平均数之差 $(\bar{y}_1 - \bar{y}_2)$ 是试验的表面差异，所以仅凭 $(\bar{y}_1 - \bar{y}_2)$ 就对总体平均数 μ_1、μ_2 是否相同下结论是不可靠的。进行差异显著性检验的实质就是分析试验的表面差异 $(\bar{y}_1 - \bar{y}_2)$ 是主要由试验的真实差异 $(\mu_1 - \mu_2)$ 引起的，还是主要由试验误差 $(\bar{\varepsilon}_1 - \bar{\varepsilon}_2)$ 所引起的。

虽然试验的真实差异 $(\mu_1 - \mu_2)$ 未知，但试验的表面差异是可以计算的，我们可以借助数理统计分析方法对试验误差做出估计。所以，可以从试验的表面差异与试验误差的比较中间接地推断真实差异是否存在，这就是统计假设检验的基本意义。

综上所述，统计假设检验是一种运用抽样分布规律和概率理论，由样本的差异去推断样本所在总体是否存在差异的统计方法。

统计假设检验在科学领域研究中是一种非常重要的统计分析方法。在试验研究中，常常出现比较两个样本资料的差异显著性。如两种工艺方法的比较，两种食品内含物的比较，一种新食品添加剂与对照的比较等；也常会出现某产品是否符合某项质量标准，或某有害物质是否超标的检测试验等。这些试验资料均可采用假设检验方法来检验，从而获得一定概率下的推断结论。

（二）　统计假设检验的基本思想

在统计学上，把小概率事件在一次试验中看成是实际不可能发生的，称为小概率事件实际不可能性原理，亦称为小概率原理。它是统计学上进行假设检验（显著性检验）的基本思想。下面通过例子说明假设检验的基本思想。

有人拿着装有乒乓球的袋子，说"我这个袋子中装有 100 个乒乓球，其中白色的 99 个，黑色的仅有 1 个"。如果另有一人从袋中任意拿出一个，竟拿到一个黑色的乒乓球，那么，这个人自然会对拿袋子人的说法产生怀疑。因为摸球人自然会有这样的思考过程：如果这 100 个球中确实只有 1 个黑球，则从袋中任取一球刚好是黑球的可能性很小，概率只有 1%。因此，当拿袋子的人的说法正确时，从袋中任取一个球正好是黑色的几乎是不可能的。如果确实任取一球正好是黑球，可以推断"99 个是白色，只有 1 个是黑色"的说法是不真实的。现在摸球人竟然拿到黑球，他就不能不怀疑拿袋子人的说法。这就是一个简单的假设检验问题。所要检验的假设是"100 个球中只有一个黑球"，像这样的假设检验问题在我们的日常生活、科学研究中是经常要遇到的。

二、 统计假设检验的步骤

下面以单个样本平均数的差异显著性检验为例来说明统计假设检验的步骤。

[例 2 - 2]　某豆粉加工企业有一台自动包装机，额定标准为每袋包装净质量为 25.0g，长期经验已知，包装豆粉的净质量服从正态分布，标准差是 3.0g。现由正常生产线上随机抽检 9 袋，其净质量为（单位：g）：27.5、30.4、25.3、24.2、26.1、20.9、29.5、24.5、23.8。试分析此包装机是否工作正常。

（一） 对所研究的总体首先提出假设

若检验单个样本平均数，则假设该样本是从一个已知总体（总体平均数为指定值 μ_0）中随机抽出的。如例 2 - 2，假定包装机工作正常，也就是说 9 袋豆粉所组成的样本平均数所属总体平均数 $\mu_{\bar{y}}$ 与长期经验总结的包装机正常工作时所装豆粉净质量服从的总体平均数 $\mu_0（\mu_0 = 25.0g）$ 相等，而样本平均数和总体平均数之间的差数 $\bar{y} - \mu_0 = 25.8 - 25.0 = 0.8g$ 属随机误差引起，这种假设称为无效假设（null hypothesis）、原假设、零假设，记作 $H_0：\mu = \mu_0$。无效假设是被检验的假设，通过检验可能被接受，也可能被否定。相应地提出一个对应假设，称为备择假设（alternative hypothesis），记作 $H_A：\mu \neq \mu_0$。备择假设是在无效假设被否定时准备接受的假设。

如果检验两个平均数，则假设两个样本的总体平均数相等，即 $H_0：\mu_1 = \mu_2$，也就是假设两个样本平均数的差数 $\bar{y}_1 - \bar{y}_2$ 属随机误差，而非真实差异；其对应假设则为 $H_A：\mu_1 \neq \mu_2$。

（二） 在承认上述无效假设成立的前提下， 获得平均数的抽样分布， 计算无效假设正确的概率

对于例 2 - 2，研究在无效假设 $H_0：\mu = \mu_0 = 25.0g$ 成立的前提下，统计量（$\bar{y}$）的抽样分布。

根据样本抽样分布理论，样本平均数服从正态分布，即 $\bar{y} \sim N(\mu_{\bar{y}}, \sigma_{\bar{y}}^2) = N(\mu, \sigma^2/n)$。可计算表面差异 $\bar{y} - \mu_0 = 0.8g$ 由抽样误差引起的概率。根据已知，构造统计量 u：

$$u = \frac{\bar{y} - \mu_0}{\sigma/\sqrt{n}} = \frac{25.8 - 25.0}{3.0/\sqrt{9}} = 0.8$$

由于

$$P(|u| \geq 1.96) = P(u \geq 1.96) + P(u \leq -1.96) = 0.05$$
$$P(|u| \geq 2.58) = P(u \geq 2.58) + P(u \leq -2.58) = 0.01$$

而实际计算的 $u = 0.8 < 1.96$，所以，$P(|u| < 1.96) > 0.05$，即表面差异属于抽样误差引起的概率大于 0.05。

（三） 根据 "小概率事件实际上不可能性原理" 接受或否定假设

在统计学上，根据小概率事件实际不可能性原理，当试验的表面差异由试验误差引起的概率小于 5% 时，可以认为在一次试验中试验表面差异由试验误差引起实际上是不可能的，因而否定原先所作的无效假设 $H_0：\mu = \mu_0$，接受备择假设 $H_A：\mu \neq \mu_0$，即认为试验的真实差异是存在的。当试验的表面差异由试验误差引起的概率大于 5% 时，则说明无效假设 $H_0：\mu = \mu_0$ 成立的可能性大，不能被否定，因而也就不能接受备择假设 $H_A：\mu \neq \mu_0$。

本例中，表面差异 $\bar{y} - \mu_0 = 0.8g$ 由随机误差引起的概率大于 5%，就没有理由否定无效假

设 H_0：$\mu = \mu_0$。即认为包装机工作是正常的。

在显著性检验中，否定或接受无效假设的依据是"小概率事件实际不可能性原理"。用来检验假设的概率标准5%或1%，称为显著水平（significance level）。一般以 α 表示，如 $\alpha = 0.05$ 或 $\alpha = 0.01$。

对于上述 u 检验的例子来说，若 $|u| < u_{0.05}$，则说明试验的表面差异由试验误差引起的概率 $P > 5\%$，可认为试验的表面差异属于试验误差的可能性大，不能否定 H_0：$\mu = \mu_0$，统计学上把这个结果表述为："样本总体平均数 $\mu_{\bar{y}}$ 与已知总体平均数 μ_0 差异不显著"；若 $u_{0.05} = 1.96 \leqslant |u| < u_{0.01} = 2.58$，则说明试验的表面差异由试验误差引起的概率 P 在 $1\% \sim 5\%$ 之间，即 $1\% < P \leqslant 5\%$，表面差异属于试验误差的可能性较小，应否定 H_0：$\mu = \mu_0$，接受 H_A：$\mu \neq \mu_0$，统计学上把这个结果表述为："样本总体平均数 $\mu_{\bar{y}}$ 与已知总体平均数 μ_0 差异显著"；若 $|u| \geqslant u_{0.01}$，则说明试验的表面差异由试验误差引起的概率 P 不超过 1%，即 $P \leqslant 1\%$，表面差异属于试验误差的可能性更小，应否定 H_0：$\mu = \mu_0$，接受 H_A：$\mu \neq \mu_0$，统计学上把这个结果表述为："样本总体平均数 $\mu_{\bar{y}}$ 与已知总体平均数 μ_0 差异极显著"。

显著水平在假设检验中是人为确定的，实际工作中，除常用的 $\alpha = 0.05$ 和 0.01 外，也可选用 $\alpha = 0.10$ 或 $\alpha = 0.001$ 等。到底选用哪个显著水平，应根据试验的实际要求或试验结果的重要性而定。如果试验中难以控制的因素较多，试验误差较大，则可选用 α 值大些的显著水平，如 $\alpha = 0.10$；反之，如对试验的精确度要求较高，或试验的结果事关重大，则所选显著水平应高些，即应选用小些的 α 值，如 $\alpha = 0.001$。显著水平 α 直接影响到假设检验的结论，在试验前应给予考虑。

综上分析，统计假设检验的基本步骤可归纳如下：

①提出假设。对试验样本所在总体作假设，提出原假设 H_0 和备择假设 H_A。

②在无效假设成立的前提下，构造合适的统计量，如 u 统计量。

③根据样本观测值计算统计量值 u。

④选取显著水平 α，查相应的临界值 u_α。

⑤统计推断。将统计量值 u 与临界值 u_α 比较，当统计量值 u 大于临界值 u_α，拒绝 H_0 而接受 H_A，否则接受 H_0。

三、　假设检验中的两类错误

在显著性检验中，要不要否定无效假设 H_0：$\mu = \mu_0$，得用实际计算出的统计量 u 的绝对值与显著水平 α 对应的临界值 u_α 来比较。若 $|u| \geqslant u_\alpha$，则在 α 水平上否定 H_0：$\mu = \mu_0$；若 $|u| < u_\alpha$，则不能在 α 水平上否定 H_0：$\mu = \mu_0$。故区间 $(-\infty, \mu_\alpha]$ 和 $[\mu_\alpha, +\infty)$ 称为 α 水平上的否定域，而区间 $(-\mu_\alpha, \mu_\alpha)$ 则称为 α 水平上的接受区域。

由于显著性检验是根据"小概率事件实际不可能性原理"来否定或接受无效假设的，但在一次试验中小概率事件并不是绝对不会发生的，所以不论是接受还是否定无效假设，都没有100%的把握。例如，经 u 检验获得"差异显著"的结论，我们有95%的把握否定无效假设 H_0，同时要冒5%概率下错结论的风险；经 u 检验获得"差异极显著"的结论，我们有99%的把握否定无效假设 H_0，同时要冒1%下错结论的风险；而经检验获得"差异不显著"的结论，在统计学上是指"没有理由"否定无效假设 H_0，同样也要冒下错结论的风险。也就是说，在

检验无效假设 H_0 时可能犯两类错误。

Ⅰ型错误（type Ⅰ error）又称为 α 错误、第一类错误，就是把非真实的差异错判为是真实的差异，即实际上无效假设 $H_0: \mu = \mu_0$ 正确，检验结果却否定 H_0，犯了"弃真"错误。譬如，在前面抽球一例中，也可能确定袋中只有一个黑球并恰好就被我们摸到了，但我们却因此而否定袋中只有一个黑球这种真实的情况，这时就犯了第一类错误。由于这种情况出现的可能性只有 1%，故犯这类错误的概率也只有 1%。犯Ⅰ类型错误的可能性一般不会超过所选用的显著水平 α。

Ⅱ型错误（type Ⅱ error）又称为 β 错误、第二类错误，就是把真实的差异错判为是非真实的差异，即实际上假设 $H_A: \mu \neq \mu_0$ 正确，检验结果却未能否定 H_0，犯了"纳伪"错误。用图 2-1 来分析说明，图中左边曲线是 $H_0: \mu = \mu_0$ 为真时，$\bar{y}$ 的分布密度曲线；右边曲线是 $H_A: \mu \neq \mu_0$ 为真时，$\bar{y}$ 的分布密度曲线。两条曲线的分布往往会相叠加。有时我们从 $\mu \neq \mu_0$ 抽样总体中抽取一个 $\bar{y}$ 恰恰在 H_0 成立时的接受域内（如图中横线阴影部分），这样，实际是从 $\mu - \mu_0 \neq 0$ 总体抽的样本，经显著性检验却不能否定 H_0，因而犯了Ⅱ型错误，犯Ⅱ型错误的概率用 β 表示，β 值的大小较难确切估计，它只有与特定的 H_A 结合起来才有意义。β 值的大小一般与显著水平 α、已知总体的标准差 σ、样本含量 n 以及样本所属总体平均数与已知总体平均数之差 $|\mu - \mu_0|$ 等因素有关。β 值一般是随着显著水平 α、样本含量 n 及 $|\mu - \mu_0|$ 的减小或 σ 的增大而增大，所以 α 值、样本含量 n 及 $|\mu - \mu_0|$ 越小或 σ 越大，就越容易将试验的真实差异错判为试验误差，犯Ⅱ型错误。在其他因素确定时，α 值越小，β 值越大；反之，α 值越大，β 值越小；样本含量 n 及 $|\mu - \mu_0|$ 越大、σ 越小，β 值越小。

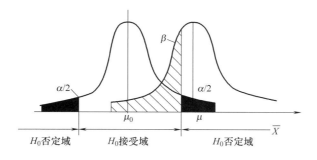

图 2-1　两类错误示意图

因此，如果经 u 检验获得"差异显著"或"差异极显著"，我们有 95% 或 99% 的把握认为 μ 与 μ_0 不相同，判断错误的可能性不超过 5% 或 1%；若经 u 检验获得"差异不显著"，我们只能认为在本次试验条件下，无效假设 $H_0: \mu = \mu_0$ 未被否定，这有两种可能，或者是 μ 与 μ_0 确实没有差异，或者是 μ 与 μ_0 有差异而因为试验误差大被掩盖了。所以，不能仅凭统计推断就简单地做出绝对肯定或绝对否定的结论。"有很大的可靠性，但有一定的错误率"这是统计推断的基本特点。

由于 β 值的大小与 α 值的大小有关（图 2-1），所以显著水平 α 值的选用要同时考虑到犯两类错误的概率大小。为了降低犯两类错误的概率，一般从选取适当的显著水平 α 和增加试验重复次数 n 来考虑。当我们选取数值较小的显著水平 α 值时，可以降低犯Ⅰ型错误的概率，但与此同时也增大了犯Ⅱ型错误的概率。为了减小犯Ⅱ型错误的概率，可适当增大样本含量，因

为 β 值随样本含量的增大而减小，故样本含量的增大能降低犯 II 型错误的概率。所以当 α 取值较小如 $\alpha = 0.01$ 或 0.005 时，通常采用适当增加试验处理的重复次数（即样本容量）来减少 β 值，以降低试验误差，提高试验的精确度，降低犯 II 型错误的概率。

在试验条件不容易控制，试验误差较大时，为了降低犯 II 型错误的概率，可选取较大的显著水平值，如 α 为 0.10 或 0.20，但我们选用这些显著水平值时，一定要注明。

两类错误的关系可归纳如表 2 – 1 所示。

表 2 – 1 两类错误的关系

客观实际	否定 H_0	接受 H_0
H_0 成立	I 型错误（α）	推断正确（$1 - \alpha$）
H_0 不成立	推断正确（$1 - \beta$）	II 型错误（β）

四、 两尾检验与一尾检验

如果统计检验的无效假设为 H_0：$\mu = \mu_0$，备择假设为 H_A：$\mu \neq \mu_0$，此时，备择假设 H_A 包含了 $\mu > \mu_0$ 或 $\mu < \mu_0$ 两种可能。统计假设的目的在于判断 μ 与 μ_0 有无差异，而不考虑 μ 与 μ_0 谁大谁小。在 α 水平上否定域为 $(-\infty, -u_\alpha]$ 和 $[u_\alpha, +\infty)$，对称地分布在 u 分布曲线的两侧尾部，每侧的概率为 $\alpha/2$，即概率为曲线左边一尾概率和右边一尾概率的总和，如图 2 – 2 所示。这种利用两尾概率进行的检验称为两尾检验（two – tailed test）、双边检验，u_α 为两尾检验的临界 u 值。

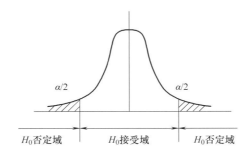

图 2 – 2 两尾检验

在有些情况下两尾检验不一定符合实际情况。例如，国家规定酿造白酒中甲醇含量不能超过 0.1%（μ_0）。在抽检中，我们关心的是样本 $\bar{y}$ 所在总体平均数 μ 是否小于已知总体平均数 μ_0。此时，无效假设应为 H_0：$\mu \leq \mu_0$，即假设样本所在总体白酒中甲醇平均含量 μ 小于已知总体平均数 μ_0（国家标准），备择假设应为 H_A：$\mu > \mu_0$，即样本所在总体白酒中甲醇平均含量 μ 高于已知总体平均数 μ_0。检验的目的在于推断样品白酒中甲醇平均含量是否低于国家规定（0.1%），无论低多少，均应为合格的白酒产品，否则为不合格产品。这时，H_0 的否定域在 u 分布曲线的右尾，在 α 水平上，H_0 的否定域为 $[u_\alpha, +\infty)$，右侧的概率为 α。如图 2 – 3（1）所示。若无效假设 H_0 为 $\mu \geq \mu_0$，备择假设 H_A 为 $\mu < \mu_0$，此时 H_0 的否定域在 u 分布曲线的左尾。在 α 水平上，H_0 的否定域为 $(-\infty, -u_\alpha]$，左侧的概率为 α。如图 2 – 3（2）所示。这种利用一尾概率进行的检验称为一尾检验、单边检验。此时，u_α 为一尾检验的临界值。显然，

一尾检验的 u_α = 两尾检验的 $u_{2\alpha}$。例如，一尾检验的 $u_{0.05}$ = 两尾检验的 $u_{0.10} = 1.64$，一尾检验的 $u_{0.01}$ = 两尾检验 $u_{0.02} = 2.33$。

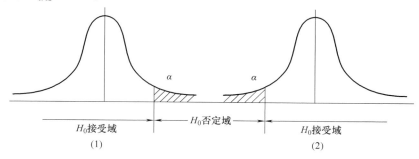

图 2-3 一尾检验

（1）右侧检验 H_0：$\mu \leqslant \mu_0$；H_A：$\mu > \mu_0$；（2）左侧检验 H_0：$\mu \geqslant \mu_0$；H_A：$\mu < \mu_0$

可以看出，同一资料进行两尾检验与一尾检验所得的结论不一定相同。实际研究分析中选用两尾检验还是一尾检验应根据专业的要求来确定。一般情况下，若事先不知道样本所属总体平均数 μ 与已知总体平均数 μ_0 谁大谁小，检验的目的在于推断 μ 与 μ_0 是否存在差异时，则选用两尾检验；若根据专业知识或实践经验推测 μ 小于（或大于）μ_0，检验的目的在于推断 μ 是否比 μ_0 大（或小）时，则选用一尾检验。

五、 统计假设检验中应注意的问题

要保证试验结果的正确性，既要求合理的试验设计，又要求正确的显著性检验方法。在显著性检验时应注意以下几点。

（一） 合理选用显著性检验方法

由于试验设计方法、研究问题的性质条件以及样本大小等的不同，所用的显著性检验方法也不同。例如，我们在后续将要阐述的配对设计所得的成对资料和非配对设计所得的成组资料，其所用的显著性检验方法各有不同。因而在选用检验方法时，应认真考虑其适用条件，不能滥用。

（二） 正确理解差异显著的统计意义

显著性检验结论中的"差异显著"或"差异极显著"不应该误解为相差很大或非常大，也不能认为在专业上一定就有重要或很重要的价值。"显著"或"极显著"是指有表面差异的不同样本来自同一总体的可能性小于 5% 或 1%。某些试验结果的表面差异虽然较大，但由于试验误差也较大，可能未能推断出"差异显著"的结论，而某些试验结果的表面差异虽小，但由于试验误差很小，反而可能推断出"差异显著"的结论。

"差异不显著"是指有表面差异的不同样本来自同一总体的可能性大于 5%，不能理解为试验结果间没有差异。若经检验得出"差异不显著"的结论时，客观上存在两种可能：一是不同样本本质上没有差异，故试验结果间"差异不显著"；二是不同样本本质上有差异，但被试验误差所掩盖，表现出"差异不显著"，但若减小试验误差或增大样本含量，则可能表现出"差异显著"。

（三） 结论不能绝对化

显著性检验是否"差异显著"，由被研究样本间有无本质差异、试验误差的大小及选用显著水平的大小决定。同一试验，可能因样本间的差异程度、样本含量的大小及显著水平的不同，而可能得出不同的统计推断。否定 H_0 时可能犯 I 型错误，接受 H_0 时可能犯 II 型错误。尤其是当试验者希望某次检验的结果"差异显著"时，由于求成的心理作用，易犯 I 型错误，此时应重点防范 I 型错误，适当降低显著水平 α 值；当试验者希望某次检验的结果"差异不显著"时，则易犯 II 型错误，此时，应重点防范 II 型错误，适当增大显著水平 α 值。

总之，不能单凭统计结果下结论，需多方面综合考虑，才能得出具有实用意义的结论。

第二节　样本平均数的假设检验

一、　单个样本平均数的假设检验

在实际工作中，我们往往需要检验一个样本平均数 $\bar{y}$ 与已知的总体平均数 μ_0 是否有显著差异，即检验该样本是否来自某一总体。已知的总体平均数 μ_0 一般为一些公认的理论数值、经验数值或期望数值等。单个正态总体平均数检验方法有 u 检验和 t 检验两种。

（一）　单个样本平均数的 u 检验

由抽样分布理论可知，若变量 y 服从正态分布 $N(\mu, \sigma^2)$，则样本平均数 $\bar{y}$ 也服从正态分布 $N(\mu, \sigma^2/n)$；若变量 y 不服从正态分布，则当 n 相当大时，样本平均数 $\bar{y}$ 逼近正态分布 $N(\mu, \sigma^2/n)$。故这两种情况下的资料可利用 u 分布，采用 u 检验法。

在实际工作中，若总体 σ^2 已知，构造 u 统计量，

$$u = \frac{\bar{y} - \mu_0}{\sigma_{\bar{y}}} \tag{2-3}$$

式中　$\sigma_{\bar{y}} = \dfrac{\sigma}{\sqrt{n}}$——样本标准误。

若总体 σ^2 未知且为大样本（$n \geqslant 30$）时，则可以以样本方差 S^2 估计 σ^2，即

$$u = \frac{\bar{y} - \mu_0}{\sigma_{\bar{y}}} = \frac{\bar{y} - \mu_0}{S_{\bar{y}}} = \frac{\bar{y} - \mu_0}{S/\sqrt{n}}$$

（二）　单个样本平均数的 t 检验

利用 t 分布构造统计量 t，按 t 分布进行的假设检验称为 t 检验。主要应用于总体方差 σ^2 未知的小样本（$n < 30$）资料，则采用 t 检验法，以样本方差 S^2 估计 σ^2。

$$t = \frac{\bar{y} - \mu_0}{S_{\bar{y}}} = \frac{\bar{y} - \mu_0}{S/\sqrt{n}} \tag{2-4}$$

式中　$S_{\bar{y}} = \dfrac{S}{\sqrt{n}}$——样本标准误。

［例 2-3］　欲研究缺乏维生素 E 的饲料对大鼠肝脏维生素 A 含量的影响，已知某品系的正常大鼠肝脏中维生素 A 的含量为 $\mu_0 = 34.78\mu mol/L$。现采用缺乏维生素 E 的饲料对其喂养一个月后，测得其肝脏中维生素 A 的含量为：24.3、23.2、18.9、34.7、33.4、27.6、25.2、19.2$\mu mol/L$。分析缺乏维生素 E 的饲料对大鼠肝脏维生素 A 的含量是否存在影响。

这里总体 σ^2 未知，又是小样本资料，故需用 t 检验；又维生素 E 饲料对大鼠肝脏维生素 A 含量 μ_0 的影响未知，故需作两尾检验。

1. 提出假设

无效假设 H_0：$\mu = \mu_0$，即饲喂缺乏维生素 E 饲料的大鼠肝脏维生素 A 含量与正常大鼠相等；

备择假设 H_A：$\mu \neq \mu_0$，即饲喂缺乏维生素 E 饲料的大鼠肝脏维生素 A 含量与正常大鼠不相等。

2. 构造统计量 t，计算 t 值

由样本资料计算，得

$$\bar{y} = \frac{\sum x}{n} = \frac{24.3 + 23.2 + \cdots + 19.2}{8} = 25.81$$

$$S = \sqrt{\frac{\sum y^2 - \left(\sum y\right)^2 / n}{n-1}} = \sqrt{\frac{5571.03 - 206.5^2/8}{8-1}} = 5.864$$

$$S_{\bar{y}} = \frac{S}{\sqrt{n}} = \frac{5.864}{\sqrt{8}} = 2.073$$

则

$$t = \frac{\bar{y} - \mu_0}{S_{\bar{y}}} = \frac{25.81 - 34.78}{2.073} = -4.327$$

3. 作统计推断

由 $df = n - 1 = 8 - 1 = 7$，查附表 3，$t_{0.05(7)} = 2.365$，$t_{0.01(7)} = 3.499$。由于 $|t| = 4.327 > t_{0.01(7)}$，故 $P < 0.01$，否定无效假设 H_0，接受备择假设 H_A：$\mu \neq \mu_0$，即饲喂缺乏维生素 E 饲料的大鼠肝脏维生素 A 含量与正常大鼠差异极显著。

[例 2-4] 某奶粉企业生产桶装奶粉，传统工艺装罐时每桶净质量 $\mu_0 = 500\text{g}$。现采用一种效率更高的新工艺进行装罐，随机抽查 10 桶，其净质量为：505、512、497、493、508、515、502、495、490、510g。问新工艺装罐每桶净质量与传统工艺是否差异显著？

1. 提出假设

无效假设 H_0：$\mu = \mu_0 = 500\text{g}$，即新工艺装罐每桶净质量与传统工艺相等；

备择假设 H_A：$\mu \neq \mu_0 = 500\text{g}$，即新工艺装罐每桶净质量与传统工艺不相等。

2. 构造统计量 t，计算 t 值

由样本资料计算，得

$$\bar{y} = \frac{\sum x}{n} = \frac{505 + 512 + \cdots + 510}{10} = 502.7$$

$$S = \sqrt{\frac{\sum y^2 - \left(\sum y\right)^2 / n}{n-1}} = \sqrt{\frac{2527745 - (5027)^2/10}{10-1}} = 8.642$$

$$S_{\bar{y}} = \frac{S}{\sqrt{n}} = \frac{8.642}{\sqrt{10}} = 2.733$$

则

$$t = \frac{\bar{y} - \mu_0}{S_{\bar{y}}} = \frac{502.7 - 500}{2.733} = 0.988$$

3. 作统计推断

由 $df = n - 1 = 10 - 1 = 9$，查附表 3，$t_{0.05(9)} = 2.262$。由于 $|t| = 0.988 < t_{0.05(9)} = 2.262$，故

$P > 0.05$，不能否定 H_0，接受 H_0：$\mu = \mu_0 = 500g$，即新工艺装罐每桶奶粉净质量与传统工艺装量差异不显著。

[**例 2-5**]　某地方特色食品规定含水量不得超过 9.5g/100g。现随机抽取 8 个样本进行测定，其样本含水量的平均数 $\bar{y} = 9.6g/100g$，标准差 $S = 0.3g/100g$。试分析该批特色食品的含水量是否合格？

由于总体 σ^2 未知，又是小样本，故需采用 t 检验。当该批特色食品含水量小于 9.5g/100g 时为合格产品，否则为不合格产品。因此，应作一尾检验。

1. 提出假设

H_0：$\mu \leqslant \mu_0 = 9.5g/100g$，即该批特色食品的含水量符合要求，为合格产品；

H_A：$\mu > \mu_0 = 9.5g/100g$，即该批特色食品的含水量超标。

2. 根据已知条件，构造 t 统计量，计算 t 值

由样本数据计算

$$S_{\bar{y}} = \frac{S}{\sqrt{n}} = \frac{0.3}{\sqrt{8}} = 0.106$$

$$t = \frac{\bar{y} - \mu_0}{S_{\bar{y}}} = \frac{9.6 - 9.5}{0.106} = 0.943$$

3. 作统计推断

由 $df = n - 1 = 8 - 1 = 7$，查附表 3 得一尾 $t_{0.05(7)} = $ 两尾 $t_{0.10(7)} = 1.895$，故 $|t| < $ 一尾 $t_{0.05(7)}$，$P > 0.05$，所以，接受 H_0：$\mu \leqslant 9.5g/100g$，表明样本平均数所属总体的 μ 与已知总体的 μ_0 差异不显著，即该批特色食品的含水量符合标准。

二、　两个样本平均数的假设检验

在实际工作中还经常会遇到推断两个样本平均数差异是否显著的问题，从而推断这两个样本所属的总体平均数是否相同。两个样本平均数的差异显著性检验，因试验设计不同分为两种：一是由非配对设计所得的成组资料的平均数比较；二是配对设计所得的成对资料的平均数比较。

（一）　成组资料平均数的假设检验

成组资料平均数的假设检验，亦即非配对设计两样本平均数的差异显著性检验。非配对设计（成组设计）是将试验单位完全随机地分为两组，然后再随机地对两组分别实施两个不同的处理；两组试验单位相互独立，所得观测值相互独立；两个处理的样本容量可以相等，也可以不相等，所得资料称为非配对资料（成组资料）。成组资料的一般形式见表 2-2。成组资料的平均数比较又依两个样本所属的总体方差（σ_1^2 和 σ_2^2）是否已知、是否相等而采用不同的检验方法。

表 2-2　　　　　　　　　　成组（非配对）资料的一般形式

处理	观测值 y_{ij}			样本容量 n_i	样本平均数	总体平均数	总体方差
1	y_{11}	y_{12} $\cdots$	y_{1n_1}	n_1	$\bar{y}_1 = \sum y_{1j}/n_1$	μ_1	σ_1^2
2	y_{21}	y_{22} $\cdots$	y_{2n_2}	n_2	$\bar{y}_2 = \sum y_{2j}/n_2$	μ_2	σ_2^2

1. u 检验

当两个样本的总体方差 σ_1^2 和 σ_2^2 已知时，用 u 检验。

由抽样分布公式可知，在 σ_1^2 和 σ_2^2 已知时，两个样本平均数 $\bar{y}_1$ 和 $\bar{y}_2$ 的差数标准误 $\sigma_{\bar{y}_1-\bar{y}_2}$ 可由下列公式计算

$$\sigma_{\bar{y}_1-\bar{y}_2} = \sqrt{\frac{\sigma_1^2}{n_1} + \frac{\sigma_2^2}{n_2}} \qquad (2-5)$$

$$u = \frac{(\bar{y}_1 - \bar{y}_2) - (\mu_1 - \mu_2)}{\sigma_{\bar{y}_1-\bar{y}_2}} \qquad (2-6)$$

由于假设 $H_0: \mu_1 - \mu_2 = 0$，故正态离差 u 值为

$$u = \frac{(\bar{y}_1 - \bar{y}_2)}{\sigma_{\bar{y}_1-\bar{y}_2}} \qquad (2-7)$$

当两个样本所属总体方差 σ_1^2 和 σ_2^2 未知时，但两个样本均为大样本，可用样本的均方 S_1^2 和 S_2^2 分别去估计其总体方差 σ_1^2 和 σ_2^2，亦可直接用 u 检验。均数差数标准误 $\sigma_{\bar{y}_1-\bar{y}_2}$ 也可用下式计算

$$\sigma_{\bar{y}_1-\bar{y}_2} = \sqrt{\frac{\sigma_1^2}{n_1} + \frac{\sigma_2^2}{n_2}} = \sqrt{\frac{S_1^2}{n_1} + \frac{S_2^2}{n_2}}$$

[例 2-6]　某科研机构为分析比较引进葡萄品种和当地葡萄品种的含糖量。随机对引进葡萄品种进行测定，150 个果穗的平均含糖量 $\bar{y}_1 = 14.5\%$，标准差 $S_1 = 5.4$；而当地葡萄品种的 100 个果穗平均含糖量 $\bar{y}_2 = 12.6\%$，标准差 $S_2 = 5.1$。试分析两个葡萄品种含糖量是否有显著差异。

（1）提出假设　$H_0: \mu_1 = \mu_2$，即两个葡萄品种含糖量相同，没有显著差异；$H_A: \mu_1 \neq \mu_2$，即两个葡萄品种含糖量有显著差异。

（2）构造统计量，计算统计量值　虽然两个样本总体方差未知，但由于两个样本均为大样本（$n_1 = 150$，$n_2 = 100$），所以，

$$\sigma_{\bar{y}_1-\bar{y}_2} = \sqrt{\frac{\sigma_1^2}{n_1} + \frac{\sigma_2^2}{n_2}} = \sqrt{\frac{S_1^2}{n_1} + \frac{S_2^2}{n_2}} = \sqrt{\frac{5.4^2}{150} + \frac{5.1^2}{100}} = 0.674$$

$$u = \frac{\bar{y}_1 - \bar{y}_2}{\sigma_{\bar{y}_1-\bar{y}_2}} = \frac{\bar{y}_1 - \bar{y}_2}{S_{\bar{y}_1-\bar{y}_2}} = \frac{14.5 - 12.6}{0.674} = 2.818$$

（3）作统计推断　由于 $|u| > u_{0.01} = 2.58$，所以 $P < 0.01$，故否定 H_0，接受 H_A，表明两个葡萄品种的含糖量差异极显著，引进葡萄品种的含糖量高于当地品种。

[例 2-7]　为了分析某疾病患者外周血淋巴细胞中早幼粒细胞白血病基因（PML）表达水平与该病之间的关系，利用荧光素标记的方法分析了淋巴细胞中 PML 蛋白质的表达水平。50 例患者的平均荧光强度值 $\bar{y}_1 = 3.13$，标准差 $S_1 = 0.52$；而 45 例健康人的平均荧光强度值 $\bar{y}_2 = 2.43$，标准差 $S_2 = 0.46$。试分析两种人群的 PML 基因表达水平是否有显著差异。

（1）提出假设　$H_0: \mu_1 = \mu_2$，即患者与健康人的 PML 蛋白表达的荧光强度没有显著差异；$H_A: \mu_1 \neq \mu_2$，即患者与健康人的 PML 蛋白表达的荧光强度有显著差异。

（2）构造统计量，计算统计量值　由于两个样本均为大样本（$n_1 = 50$，$n_2 = 45$），所以，

$$\sigma_{\bar{y}_1-\bar{y}_2} = \sqrt{\frac{\sigma_1^2}{n_1} + \frac{\sigma_2^2}{n_2}} = \sqrt{\frac{S_1^2}{n_1} + \frac{S_2^2}{n_2}} = \sqrt{\frac{0.52^2}{50} + \frac{0.46^2}{45}} = 0.1006$$

$$u = \frac{\bar{y}_1 - \bar{y}_2}{\sigma_{\bar{y}_1-\bar{y}_2}} = \frac{\bar{y}_1 - \bar{y}_2}{S_{\bar{y}_1-\bar{y}_2}} = \frac{3.13 - 2.43}{0.1006} = 6.96$$

（3）作统计推断　由于计算的 $u > u_{0.01} = 2.58$，所以 $P < 0.01$，故否定 H_0，接受 H_A，表明

该疾病患者与健康人之间外周血淋巴细胞中 PML 蛋白表达量差异极显著，患者的 PML 蛋白表达量高于健康人。

2. t 检验

在两个样本的总体方差 σ_1^2 和 σ_2^2 未知，且两个样本为小样本时，经方差检验得知 $\sigma_1^2 = \sigma_2^2$，采用以下步骤进行 t 检验。

在假定 $\sigma_1^2 = \sigma_2^2$ 的条件下，由抽样分布理论知

$$t = \frac{(\bar{y}_1 - \bar{y}_2) - (\mu_1 - \mu_2)}{\sqrt{S_e^2 \left(\frac{1}{n_1} + \frac{1}{n_2} \right)}} \sim t(n_1 + n_2 - 2) \tag{2-8}$$

因此，当 $H_0: \mu_1 = \mu_2$ 成立时，统计量

$$t = \frac{(\bar{y}_1 - \bar{y}_2)}{\sqrt{S_e^2 \left(\frac{1}{n_1} + \frac{1}{n_2} \right)}} \tag{2-9}$$

式中 S_e^2 为平均数差数的合并均方，即

$$S_e^2 = \frac{df_1 S_1^2 + df_2 S_2^2}{df_1 + df_2} = \frac{SS_1 + SS_2}{df_1 + df_2} = \frac{\sum (y_1 - \bar{y}_1)^2 + \sum (y_2 - \bar{y}_2)^2}{(n_1 - 1) + (n_2 - 1)} \tag{2-10}$$

［例 2-8］　某天然产物开发研究所采用两种浸提工艺提取山楂可溶性固形物，提取率试验结果见表 2-3，试分析两种工艺的山楂可溶性固形物提取率有无显著差异？

表 2-3　　　　　　　　　　　　　山楂可溶性固形物的提取

传统法 y_1/（g/100g）	45.5	44.3	43.7	42.7	45.8	44.5
超声波法 y_2/（g/100g）	47.6	48.2	46.3	47.9	45.5	

（1）提出假设　$H_0: \mu_1 = \mu_2$，即两种工艺的山楂可溶性固形物提取率相等，没有显著差异；$H_A: \mu_1 \neq \mu_2$，两种工艺的山楂可溶性固形物的提取率不等。

（2）构造统计量 t，计算 t 值　由已知可计算，得 $\bar{y}_1 = 44.42$，$\bar{y}_2 = 47.10$，$SS_1 = 6.568$，$SS_2 = 5.300$

合并均方（方差）$S_e^2 = \dfrac{SS_1 + SS_2}{(n_1 - 1) + (n_2 - 1)} = \dfrac{6.568 + 5.300}{5 + 4} = 1.319$

差数标准误 $S_{\bar{y}_1 - \bar{y}_2} = \sqrt{\dfrac{S_e^2}{n_1} + \dfrac{S_e^2}{n_2}} = \sqrt{\dfrac{1.319}{6} + \dfrac{1.319}{5}} = 0.695$

$t = \dfrac{(\bar{y}_1 - \bar{y}_2)}{S_{\bar{y}_1 - \bar{y}_2}} = \dfrac{44.42 - 47.10}{0.695} = -3.856$

（3）统计推断　由 $df = (n_1 - 1) + (n_2 - 1) = (6 - 1) + (5 - 1) = 9$，查附表 3，得 $t_{0.05(9)} = 2.262$，$t_{0.01(9)} = 3.250$。实得 $|t| = 3.856 > t_{0.01(9)}$，故 $P < 0.01$。否定原假设 H_0，接受备择假设 H_A，即两种工艺的山楂可溶性固形物的提取率差异极显著，超声波法优于传统提取法。

［例 2-9］　某药物研究所利用荷瘤小鼠研究某中药方剂的抑瘤作用。小鼠接种肿瘤细胞并连续给药 3 周后，测量给药组与对照组（未给药组）的肿瘤体积结果见表 2-4。试分析两组小鼠的肿瘤体积是否存在显著差异？

表 2 - 4 　　　　　　　　　　　　给药组与对照组的肿瘤体积　　　　　　　　　　　单位：mm^3

给药组	372	380	402	359	388	395
对照组	604	615	586	598	632	

经方差检验，得知 $\sigma_1^2 = \sigma_2^2$，且两个样本都为小样本，可采用如下 t 检验过程。

（1）提出假设　$H_0: \mu_1 = \mu_2$，即给药组与对照组小鼠的肿瘤体积没有显著差异；

$H_A: \mu_1 \neq \mu_2$，即给药组与对照组小鼠的肿瘤体积存在显著差异。

（2）构造统计量 t，计算 t 值　由已知可计算，$\bar{y}_1 = 382.67$，$\bar{y}_2 = 607$，$SS_1 = 1235.33$，$SS_2 = 1220$

$$合并均方（方差）S_e^2 = \frac{SS_1 + SS_2}{(n_1 - 1) + (n_2 - 1)} = \frac{1235.33 + 1220}{(6 - 1) + (5 - 1)} = 272.8$$

所以，差数标准误 $S_{\bar{y}_1 - \bar{y}_2} = \sqrt{\frac{S_e^2}{n_1} + \frac{S_e^2}{n_2}} = \sqrt{\frac{272.8}{6} + \frac{272.8}{5}} = 10.001$

$$t = \frac{(\bar{y}_1 - \bar{y}_2)}{S_{\bar{y}_1 - \bar{y}_2}} = \frac{382.67 - 607}{10.0001} = -22.43$$

（3）作统计推断　由 $df = (n_1 - 1) + (n_2 - 1) = (6 - 1) + (5 - 1) = 9$，查附表 3，得 $t_{0.05(9)} = 2.262$，$t_{0.01(9)} = 3.250$。实得 $|t| = 22.43 > t_{0.01(9)}$，故 $P < 0.01$。否定原假设 H_0，接受备择假设 H_A，即两组小鼠的肿瘤体积存在极显著差异，该实验结果显示药物对肿瘤生长具有抑制作用。

3. 近似 t 检验

当两个样本的总体方差 σ_1^2 和 σ_2^2 未知，且 $\sigma_1^2 \neq \sigma_2^2$ 时，应采用近似 t 检验。

由于 $\sigma_1^2 \neq \sigma_2^2$，故差数标准误需用两个样本的均方 S_1^2 和 S_2^2 分别估计 σ_1^2 和 σ_2^2，

$$S_{\bar{y}_1 - \bar{y}_2} = \sqrt{\frac{S_1^2}{n_1} + \frac{S_2^2}{n_2}}$$

所以，

$$t' = (\bar{y}_1 - \bar{y}_2) \bigg/ \sqrt{\frac{S_1^2}{n_1} + \frac{S_2^2}{n_2}} \tag{2 - 11}$$

t' 近似于 t 分布，自由度为 df'。

df' 按下列公式计算

$$df' = \frac{\left(\frac{S_1^2}{n_1} + \frac{S_2^2}{n_2}\right)^2}{\frac{\left(\frac{S_1^2}{n_1}\right)^2}{n_1 - 1} + \frac{\left(\frac{S_2^2}{n_2}\right)^2}{n_2 - 1}} \tag{2 - 12}$$

（二）　成对资料平均数的假设检验

成对资料平均数的假设检验亦即配对设计两样本平均数的差异显著性检验。

前边的非配对设计，要求试验单元尽可能一致。如果试验单元差异较大，可利用局部控制原则，采用配对设计以消除试验单元不一致对试验结果造成的影响，提高试验精确度。所谓配对设计，就是指先根据配对要求，将条件相同的两个供试单元配成一对，然后将配成对子的两

个试验单元分别随机实施不同处理，以这种设计方法获得的数据资料称为成对资料。配成对子的两个试验单元的初始条件尽量一致，不同对子之间的试验单元初始条件允许有差异。配对试验加强了配对处理间的试验控制（非处理条件高度一致），使处理间可比性增强，因而，试验精度高于成组资料。

成对资料的一般形式见表 2-5。可以看出，成对资料中两个处理的观测值是一一配对的，即 (y_{11}, y_{21})，(y_{12}, y_{22})，$\cdots$，(y_{1n}, y_{2n})。每对观测值的差数为 $d_j = y_{1j} - y_{2j}$ （$j = 1, 2, 3, \cdots, n$），差数 d_1，d_2，$\cdots$，d_n 组成了容量为 n 的差数样本。

表 2-5　　　　　　　　　　成对设计（配对设计）资料的一般形式

处理	观测值 y_{ij}				样本平均数	总体平均数	总体方差
1	y_{11}	y_{12}	$\cdots$	y_{1n}	$\bar{y}_1 = \sum y_{1j}/n$	μ_1	σ_1^2
2	y_{21}	y_{22}	$\cdots$	y_{2n}	$\bar{y}_2 = \sum y_{2j}/n$	μ_2	σ_2^2
$d_j = y_{1j} - y_{2j}$	d_1	d_2	$\cdots$	d_n	$\bar{d} = \bar{y}_1 - \bar{y}_2$	$\mu_d = \mu_1 - \mu_2$	

所以，在分析成对试验结果时，只要假设两样本总体差数的平均数 $\mu_d = \mu_1 - \mu_2 = 0$ 即可，不必考虑两样本的总体方差 σ_1^2 和 σ_2^2 是否相同。

由差数样本资料计算，差数样本的平均数为

$$\bar{d} = \frac{\sum d_j}{n}, j = 1, 2, 3, \cdots, n \tag{2-13}$$

差数平均数的标准误为

$$S_{\bar{d}} = \frac{S_d}{\sqrt{n}} = \sqrt{\frac{\sum (d_j - \bar{d})^2}{n(n-1)}} = \sqrt{\frac{\sum d_j^2 - (\sum d_j)^2/n}{n(n-1)}} \tag{2-14}$$

于是有统计量

$$t = \frac{\bar{d} - \mu_d}{S_{\bar{d}}} \sim t(df), df = n-1 \tag{2-15}$$

由于假设 $H_0: \mu_d = 0$，所以 $t = \dfrac{\bar{d}}{S_{\bar{d}}}$。

若 $|t| < t_{0.05(df)}$，则接受 $H_0: \mu_d = 0$；若 $|t| \geq t_{0.05(df)}$，否定 $H_0: \mu_d = 0$，接受 $H_A: \mu_d \neq 0$，两个样本平均数差异显著。

[**例 2-10**]　某科研机构采用实时荧光定量 RT-PCR 分析某型 miRNA 在乳腺癌组织及癌旁正常组织中的表达水平。随机对 7 例乳腺癌患者进行分析，该型 miRNA 的表达量结果见表 2-6。问该型 miRNA 在乳腺癌组织及癌旁正常组织中的表达水平是否存在显著差异？

表 2-6　　　　　　某型 miRNA 在乳腺癌组织及癌旁正常组织中的表达水平

患者编号	1	2	3	4	5	6	7
癌组织表达量（y_1）	1.51	1.32	1.48	1.47	1.58	1.39	1.54
正常组织表达量（y_2）	0.72	0.88	0.60	0.75	0.68	0.89	0.75
差数（$d_j = y_{1j} - y_{2j}$）	0.79	0.44	0.88	0.72	0.9	0.5	0.79

（1）计算差数，建立差数样本　由一一配对数据，计算每对观测值的差数（$d_j = y_{1j} - y_{2j}$）（$j = 1，2，3，\cdots，7$），结果见表 2 - 6。差数 d_1，d_2，d_3，$\cdots$，d_7 组成了容量为 $n = 7$ 的差数样本。

（2）建立假设　$H_0: \mu_d = 0$，即该型 miRNA 在乳腺癌组织及癌旁正常组织中的表达水平无差异；

$H_A: \mu_d \neq 0$，即该型 miRNA 在乳腺癌组织及癌旁正常组织中的表达水平差异显著。

（3）根据已知的差数样本资料，构造统计量 t，计算统计量值

由于

$$\bar{d} = \frac{\sum d_i}{n} = \frac{5.02}{7} = 0.717$$

$$S_{\bar{d}} = \frac{S_d}{\sqrt{n}} = \sqrt{\frac{\sum (d - \bar{d})^2}{n(n-1)}} = \sqrt{\frac{\sum d^2 - (\sum d)^2/n}{n(n-1)}} = \sqrt{\frac{3.495 - \frac{5.02^2}{7}}{7(7-1)}} = 0.068$$

所以，

$$t = \frac{\bar{d}}{S_{\bar{d}}} = \frac{0.717}{0.068} = 10.54$$

$$df = n - 1 = 7 - 1 = 6$$

（4）查临界 t 值，作统计推断　根据自由度 $df = 6$，查临界 t 值，$t_{0.01(6)} = 3.707$，将计算所得 t 值的绝对值与临界值比较，因为 $|t| = 10.54 > t_{0.01(6)} = 3.707$，表明 $P < 0.01$，否定 $H_0: \mu_d = 0$，接受 $H_A: \mu_d \neq 0$，表明该型 miRNA 在乳腺癌组织及癌旁正常组织中的表达水平差异极显著，即该型 miRNA 在癌组织中有高表达。

［例 2 - 11］　某地方农科院为研究电渗处理对草莓果实中钙离子含量的影响，选用 7 个不同草莓品种进行电渗处理，结果见表 2 - 7。试分析电渗处理对草莓钙离子含量是否有影响。

由于草莓品种之间差异较大，试验采用配对设计，每个品种自身配成一对，实施一对处理，试验资料为典型的成对资料。

表 2 - 7　　　　　　　　　　电渗处理对草莓钙离子含量的影响

品种	A	B	C	D	E	F	G
y_1 电渗处理/mg	24.45	22.23	23.42	24.37	23.25	22.42	21.38
y_2 CK/mg	21.37	18.04	20.32	18.45	19.64	20.43	16.38
差数 $d_j = x_1 - x_2$	3.08	4.19	3.10	5.92	3.61	1.99	5.00

（1）计算差数，建立差数样本　计算每对观测值的差数 d_j（$j = 1，2，3，\cdots，7$），结果见表 2 - 7，差数 d_1，d_2，d_3，$\cdots$，d_7 组成了容量为 $n = 7$ 的差数样本。

（2）建立假设　$H_0: \mu_d = 0$，即电渗处理后草莓钙离子含量与对照钙离子含量无差异；

$H_A: \mu_d \neq 0$。

（3）根据已知的差数样本资料，构造统计量 t，计算统计量值

由于

$$\bar{d} = \frac{\sum d_i}{n} = \frac{26.89}{7} = 3.841$$

$$S_{\bar{d}} = \frac{S_d}{\sqrt{n}} = \sqrt{\frac{\sum (d - \bar{d})^2}{n(n-1)}} = \sqrt{\frac{\sum d^2 - (\sum d)^2/n}{n(n-1)}} = \sqrt{\frac{113.6911 - 26.89^2/7}{7(7-1)}} = 0.497$$

所以，

$$t = \frac{\bar{d}}{S_{\bar{d}}} = \frac{3.841}{0.497} = 7.721$$

$$df = n - 1 = 7 - 1 = 6$$

（4）查临界 t 值，作统计推断　根据自由度 $df = 6$，查附表 3 得 $t_{0.01(6)} = 3.707$，因为 $|t| = 7.721 > t_{0.01(6)}$，表明 $P < 0.01$，否定 $H_0 : \mu_d = 0$，接受 $H_A : \mu_d \neq 0$，表明电渗处理后草莓钙离子含量与对照钙离子含量差异极显著，即电渗处理极显著提高了草莓钙离子含量。

第三节　样本方差的假设检验

一、单个样本方差的假设检验

单个样本方差的检验就是检验单个样本方差所属总体与已知总体方差 σ_0^2 之间的关系。即，

$$H_0 : \sigma^2 = \sigma_0^2, H_A : \sigma^2 \neq \sigma_0^2 (\sigma_0^2 \text{ 是已知数})$$

由于样本方差 S^2 是 σ^2 的无偏估计量。所以，可用 S^2 与 σ^2 构造统计量

$$\chi^2 = \frac{(n-1)S^2}{\sigma^2} \tag{2-16}$$

当 $H_0 : \sigma^2 = \sigma_0^2$ 成立时，总体方差为 σ_0^2，$\chi^2 \sim \chi^2 (n-1)$。因为当 S^2 远大于 σ_0^2 或远小于 σ_0^2 时，H_0 都是值得怀疑的，所以对于显著水平 α，由 χ^2 分布临界值表可查得临界值 $\chi^2_{\frac{\alpha}{2}(df)}$ 和 $\chi^2_{1-\frac{\alpha}{2}(df)}$，使得 $P\{\chi^2 \leq \chi^2_{\frac{\alpha}{2}(df)}\} = \frac{\alpha}{2}$，$P\{\chi^2 \geq \chi^2_{1-\frac{\alpha}{2}(df)}\} = 1 - \frac{\alpha}{2}$，再由样本观测值算得相应的 χ^2 值，当 $\chi^2 \leq \chi^2_{\frac{\alpha}{2}(df)}$ 或 $\chi^2 \geq \chi^2_{1-\frac{\alpha}{2}(df)}$ 时就拒绝 H_0 而接受 H_A，即拒绝域为 $\chi^2 \leq \chi^2_{\frac{\alpha}{2}(df)}$ 和 $\chi^2 \geq \chi^2_{1-\frac{\alpha}{2}(df)}$。当 $\chi^2_{\frac{\alpha}{2}(df)} < \chi^2 < \chi^2_{1-\frac{\alpha}{2}(df)}$ 时，则接受 H_0。

由于这一检验方法使用的是一个服从 χ^2 分布的 χ^2 统计量，故通常称为 χ^2 检验法。

[例 2-12]　某饮料企业生产的蛋白饮料中蛋白质含量在正常情况下服从正态分布 $N(200, 25^2)$。现由生产线上随机抽检 6 个样品，测定结果为 205、180、185、210、230、190mg/100mL，试判断蛋白质含量的波动性是否较以前有显著变化（$\alpha = 0.05$）。

1. 提出假设

$H_0 :\ \sigma^2 = \sigma_0^2 = 25^2$

$H_A :\ \sigma^2 \neq \sigma_0^2 = 25^2$

2. 构造统计量，当 H_0 成立时，统计量

$$\chi^2 = \frac{(n-1)S^2}{\sigma^2} = \frac{(n-1)S^2}{\sigma_0^2} \sim \chi^2 (df)$$

根据样本资料，计算得 $\bar{y} = 200$，$S^2 = 350$，所以

$$\chi^2 = \frac{(n-1)S^2}{\sigma^2} = \frac{(n-1)S^2}{\sigma_0^2} = \frac{(6-1) \times 350}{25^2} = 2.8$$

3. 作统计推断

在 $df = 6 - 1 = 5$ 时，对显著水平 $\alpha = 0.05$，由 χ^2 分布临界值表附表 4 查得临界值 $\chi^2_{0.975(5)} = 0.831$，$\chi^2_{0.025(5)} = 12.833$，因 $\chi^2_{0.975(5)} = 0.831 < \chi^2 = 2.8 < \chi^2_{0.025(5)} = 12.833$，故接受 H_0，即认为蛋白质含量的波动性与以前没有显著变化。

二、 双样本方差的假设检验

双样本方差的检验就是检验两个样本方差所属总体方差是否相等，即 σ_1^2 / σ_2^2 是否等于 1。即

$$H_0: \sigma_1^2 = \sigma_2^2, \quad H_A: \sigma_1^2 \neq \sigma_2^2$$

考虑到 S_1^2 和 S_2^2 分别是总体方差 σ_1^2 和 σ_2^2 的无偏估计量，所以只要比较 S_1^2 和 S_2^2 即可。由 F 分布可知，当 H_0 成立时，统计量 F 的取值应集中在 1 附近，而 F 值远大于 1 或远小于 1 的可能性都是很小的，所以拒绝域应设在两边。在构造统计量 F 时，把取值较大的样本方差（记为 $S_{大}^2$）作为分子，把取值较小的样本方差（记为 $S_{小}^2$）作为分母。则统计量

$$F = \frac{S_{大}^2}{S_{小}^2} \sim F(n_{大} - 1, n_{小} - 1) \tag{2-17}$$

对于显著水平 α，由 F 分布临界值表附表 5 查得临界值 F_α，满足 $P\{F > F_{\alpha/2}\} = \alpha/2$。当由样本算得 F 值，$F > F_{\alpha/2}$，则拒绝 $H_0: \sigma_1^2 = \sigma_2^2$ 而接受 $H_A: \sigma_1^2 \neq \sigma_2^2$。

这种利用服从 F 分布的统计量来进行检验的方法称为 F 检验法。

[**例 2 – 13**]　某国家质检实验室甲、乙两名化验员对同一试样进行分析，结果如表 2 – 8 所示。

表 2 –8　　　　　　　　　　　　甲、乙两人的分析结果

甲	95.6	94.9	96.2	95.1	95.8	96.3	96.0
乙	93.3	95.1	94.1	95.1	95.6	94.0	

若测定结果服从正态分布，试分析在显著水平 0.05 下，甲、乙两名化验员分析结果的方差是否有显著差异。

1. 提出假设

$$H_0: \sigma_{甲}^2 = \sigma_{乙}^2; \quad H_A: \sigma_{甲}^2 \neq \sigma_{乙}^2$$

2. 计算

由样本资料可计算 $S_{甲}^2 = 0.287$，$S_{乙}^2 = 0.755$，$n_{甲} = 7$，$n_{乙} = 6$

$$构造统计量 F = \frac{S_{大}^2}{S_{小}^2} = \frac{S_{乙}^2}{S_{甲}^2} = \frac{0.755}{0.287} = 2.63$$

3. 查临界值，作统计推断

对显著水平 $\alpha = 0.05$，查 F 分布表得临界值 $F_{0.025(5,6)} = 5.99$，由于 $F = 2.63 < 5.99$，表明 $P > 0.05$，接受 H_0，认为甲、乙两名化验员分析结果的方差无显著差异。

正态总体参数检验一览表见表 2 – 9。

表 2 - 9　　　　　　　　　　　　　正态总体参数检验一览表

条件	H_0	H_A	检验统计量	拒绝 H_0
一个正态总体有关参数假设检验 σ^2 已知	$\mu \leqslant \mu_0$	$\mu > \mu_0$	$u = \dfrac{\bar{y} - \mu_0}{\sqrt{\dfrac{\sigma^2}{n}}}$	$u_0 > u_{2\alpha}$
σ^2 已知	$\mu = \mu_0$	$\mu \neq \mu_0$		$\mid u_0 \mid > u_\alpha$
σ^2 已知	$\mu \geqslant \mu_0$	$\mu < \mu_0$		$u_0 < -u_{2\alpha}$
σ^2 未知	$\mu \leqslant \mu_0$	$\mu > \mu_0$	$t = \dfrac{\bar{y} - \mu_0}{\sqrt{\dfrac{S^2}{n}}}$	$t_0 > t_{2\alpha(n-1)}$
σ^2 未知	$\mu = \mu_0$	$\mu \neq \mu_0$		$\mid t_0 \mid > t_{\alpha(n-1)}$
σ^2 未知	$\mu \geqslant \mu_0$	$\mu < \mu_0$		$t_0 < -t_{2\alpha(n-1)}$
μ 已知	$\sigma^2 \leqslant \sigma_0^2$	$\sigma^2 > \sigma_0^2$	$\chi^2 = \dfrac{(n-1)s^2}{\sigma_0^2}$	$\chi_0^2 > \chi_{\alpha(n-1)}^2$
μ 已知	$\sigma^2 = \sigma_0^2$	$\sigma^2 \neq \sigma_0^2$		$\chi_0^2 > \chi_{\alpha/2(n-1)}^2$ 或 $\chi_0^2 < \chi_{1-\alpha/2(n-1)}^2$
μ 已知	$\sigma^2 \geqslant \sigma_0^2$	$\sigma^2 < \sigma_0^2$		$\chi_0^2 < \chi_{1-\alpha(n-1)}^2$
两个正态总体有关参数假设检验 $\sigma_1^2 、 \sigma_2^2$ 已知	$\mu_1 \leqslant \mu_2$	$\mu_1 > \mu_2$	$u = \dfrac{\bar{y}_1 - \bar{y}_2}{\sqrt{\dfrac{\sigma_1^2}{n_1} + \dfrac{\sigma_2^2}{n_2}}}$	$u_0 > u_{2\alpha}$
$\sigma_1^2 、 \sigma_2^2$ 已知	$\mu_1 = \mu_2$	$\mu_1 \neq \mu_2$		$\mid u_0 \mid > u_\alpha$
$\sigma_1^2 、 \sigma_2^2$ 已知	$\mu_1 \geqslant \mu_2$	$\mu_1 < \mu_2$		$u_0 < -u_{2\alpha}$
$\sigma_1^2 、 \sigma_2^2$ 未知但相等	$\mu_1 \leqslant \mu_2$	$\mu_1 > \mu_2$	$t = \dfrac{\bar{y}_2 - \bar{y}_2}{S_e \sqrt{\dfrac{1}{n_1} + \dfrac{1}{n_2}}}$, $S_e = \sqrt{\dfrac{(n_1-1)S_1^2 + (n_2-1)S_2^2}{n_1 + n_2 - 2}}$	$t_0 > t_{2\alpha(n_1+n_2-2)}$
$\sigma_1^2 、 \sigma_2^2$ 未知但相等	$\mu_1 = \mu_2$	$\mu_1 \neq \mu_2$		$\mid t_0 \mid > t_{\alpha(n_1+n_2-2)}$
$\sigma_1^2 、 \sigma_2^2$ 未知但相等	$\mu_1 \geqslant \mu_2$	$\mu_1 < \mu_2$		$t_0 < -t_{2\alpha(n_1+n_2-2)}$
$\sigma_1^2 、 \sigma_2^2$ 未知且不相等	$\mu_1 \leqslant \mu_2$	$\mu_1 > \mu_2$	$t^* = \dfrac{\bar{y}_1 - \bar{y}_2}{\sqrt{\dfrac{S_1^2}{n_1} + \dfrac{S_2^2}{n_2}}}$, $df' = \dfrac{\left(\dfrac{S_1^2}{n_1} + \dfrac{S_2^2}{n_2}\right)^2}{\dfrac{\left(\dfrac{S_1^2}{n_1}\right)^2}{n_1-1} + \dfrac{\left(\dfrac{S_2^2}{n_2}\right)^2}{n_2-1}}$	$t_0^* > t_{2\alpha(df')}$
$\sigma_1^2 、 \sigma_2^2$ 未知且不相等	$\mu_1 = \mu_2$	$\mu_1 \neq \mu_2$		$\mid t_0^* \mid > t_{\alpha((df'))}$
$\sigma_1^2 、 \sigma_2^2$ 未知且不相等	$\mu_1 \geqslant \mu_2$	$\mu_1 < \mu_2$		$t_0^* < -t_{2\alpha((df'))}$
$\mu_1 、 \mu_2$ 未知	$\sigma_1^2 \leqslant \sigma_2^2$	$\sigma_1^2 > \sigma_2^2$	$F = \dfrac{S_1^2}{S_2^2}$	$F_0 > F_{\alpha(n_1-1, n_2-1)}$
$\mu_1 、 \mu_2$ 未知	$\sigma_1^2 = \sigma_2^2$	$\sigma_1^2 \neq \sigma_2^2$		$F_0 > \dfrac{1}{F_{\alpha/2(n_1-1, n_2-1)}}$ 或 $F_0 < \dfrac{1}{F_{(1-\alpha/2)(n_1-1, n_2-1)}}$
$\mu_1 、 \mu_2$ 未知	$\sigma_1^2 \geqslant \sigma_2^2$	$\sigma_1^2 < \sigma_2^2$		$F_0 < \dfrac{1}{F_{\alpha(n_1-1, n_2-1)}}$

注：* 近似 t 检验。

第四节 二项百分率的假设检验

许多食品试验结果是用百分数（率）来表示的，如合格率、一级品率、霉变率等，这些百分数是由统计某一属性的个体数目求得$\left(p = \dfrac{x}{n}\right)$，属间断性的计数资料，它与连续性的测量资料不同。在理论上，这类百分数的假设检验应按二项分布进行，即从二项式 $(p+q)^n$ 的展开式中求出某一属性个体百分数的概率。但是，如样本容量 n 较大，p 较小，而 np 和 nq 又均不小于 5 时，$(p+q)^n$ 的分布趋近于正态。因而可以将百分数资料作正态分布处理，从而作近似的 u 检验。适于用 u 检验的二项样本容量 n 见表 2 – 10。

表 2 – 10 适于用正态 u 检验的二项样本的 $n\hat{p}$ 值和 n 值

$\hat{p}$（样本百分数）	$n\hat{p}$（样本次数）	n（样本容量）
< 0.5	$\geqslant 15$	$\geqslant 30$
< 0.4	$\geqslant 20$	$\geqslant 50$
< 0.3	$\geqslant 24$	$\geqslant 80$
< 0.2	$\geqslant 40$	$\geqslant 200$
< 0.1	$\geqslant 60$	$\geqslant 600$
< 0.05	$\geqslant 70$	$\geqslant 1400$

一、 单个样本百分数的假设检验

检验某一样本百分数 $\hat{p}$ 所属总体百分数与某一理论值或期望值 p_0 的差异显著性。

由二项分布理论可知，二项百分率的总体均值 $\mu_p = p$，方差 $\sigma_p^2 = \dfrac{pq}{n} = \dfrac{p(1-p)}{n}$。在 $n \geqslant 30$，$np > 5$，$nq > 5$ 时，二项百分率的分布趋近正态分布，有

$$\hat{p} \sim N(\mu_p, \sigma_p^2) = N\left[p, \frac{p(1-p)}{n}\right]$$

所以

$$u = \frac{\hat{p} - \mu_p}{\sigma_p} = \frac{\hat{p} - p}{\sqrt{\dfrac{p(1-p)}{n}}} \sim N(0,1) \tag{2-18}$$

在 H_0：$p = p_0$ 成立条件下，构造 u 统计量

$$u = \frac{\hat{p} - p_0}{\sqrt{\dfrac{p_0(1-p_0)}{n}}} \tag{2-19}$$

其中，百分率的标准误

$$\sigma_p = \sqrt{\frac{p_0(1-p_0)}{n}} \tag{2-20}$$

[**例 2 – 14**] 某微生物制品的企业标准为有害微生物不超过 1% （p_0），现从一批产品中随机抽出 500 件（n），发现有害微生物超标的产品有 7 件（x）。分析该批产品是否合格。

若该批微生物制品的有害微生物小于 1% 则为合格，否则超标，故作一尾检验。

1. 提出假设

H_0：$p \leqslant p_0 = 1\%$，即该批产品的有害微生物百分率未超企业标准，产品为合格；

H_1：$p > p_0$。

2. 根据已知条件，构造统计量，计算统计量值

$$\hat{p} = \frac{x}{n} = \frac{7}{500} = 0.014$$

$$\sigma_p = \sqrt{\frac{p_0(1-p_0)}{n}} = \sqrt{\frac{0.01 \times (1-0.01)}{500}} = 0.00445$$

$$u = \frac{\hat{p} - p_0}{\sigma_p} = \frac{0.014 - 0.01}{0.00445} = 0.899$$

3. 作统计推断

由于 $|u| = 0.899 < u_{0.05(一尾)} = u_{0.1(两尾)} = 1.64$，所以 $P > 0.05$，接受 H_0，认为该批微生物制品中的有害微生物不超标。

以上资料亦可直接用次数进行假设检验。当二项资料以次数表示时，$\mu = np$，$\sigma_{np} = \sqrt{npq}$，故计算得：

$$np = 500 \times 0.01 = 5（件）$$

$$\sigma_{np} = \sqrt{npq} = \sqrt{500 \times 0.01 \times (1-0.01)} = 2.225（件）$$

$$u = \frac{n\hat{p} - np}{\sigma_{np}} = \frac{7-5}{2.225} = 0.899$$

可以看出，分析结果与二项百分率分析一致。

二、 两个样本百分数的假设检验

若要检验两个样本百分数 $\hat{p}_1$ 和 $\hat{p}_2$ 所属总体百分数 p_1 和 p_2 的差异显著性。一般假定两个样本的总体方差是相等的，即 $\sigma_{\hat{p}_1}^2 = \sigma_{\hat{p}_2}^2$，设两个样本某种属性个体的观察百分数分别为 $\hat{p}_1 = y_1/n_1$ 和 $\hat{p}_2 = y_2/n_2$，而两样本总体该属性的个体百分数分别为 p_1 和 p_2。由二项分布统计理论可知，在两个样本容量 n_1 和 n_2 均较大（$\geqslant 30$），$n_1 p_1$、$n_1 q_1$ 和 $n_2 p_2$、$n_2 q_2$ 都大于 5 时，两样本百分数的差数 $\hat{p}_1 - \hat{p}_2$ 近似服从正态分布 $N(\mu_{\hat{p}_1 - \hat{p}_2}, \sigma_{\hat{p}_1 - \hat{p}_2}^2) = N\left(p_1 - p_2, \frac{p_1 q_1}{n_1} + \frac{p_2 q_2}{n_2}\right)$。

所以，

$$u = \frac{(\hat{p}_1 - \hat{p}_2) - (p_1 - p_2)}{\sigma_{\hat{p}_1 - \hat{p}_2}} \sim N(0,1) \qquad (2-21)$$

两样本百分数的差数标准误 $\sigma_{\hat{p}_1 - \hat{p}_2}$ 为：

$$\sigma_{\hat{p}_1 - \hat{p}_2} = \sqrt{\frac{p_1 q_1}{n_1} + \frac{p_2 q_2}{n_2}} \qquad (2-22)$$

其中 $q_1 = (1-p_1)$，$q_2 = (1-p_2)$。这是两个总体百分数已知时的差数标准误公式。如果假定两个总体的百分数相同，即 H_0：$p_1 = p_2 = p$，则 $q_1 = q_2 = q$，有

$$\sigma_{\hat{p}_1 - \hat{p}_2} = \sqrt{pq\left(\frac{1}{n_1} + \frac{1}{n_2}\right)} \qquad (2-23)$$

若 p_1 和 p_2 未知时，则在 $\sigma_{\hat{p}_1}^2 = \sigma_{\hat{p}_2}^2$ 的假定下，可用两样本百分数的加权平均值 $\bar{p}$ 作为 p_1 和 p_2 的估计。

$$\left.\begin{array}{l} \bar{p} = \dfrac{y_1 + y_2}{n_1 + n_2} \\[2mm] \bar{q} = 1 - \bar{p} \end{array}\right\} \tag{2-24}$$

因而两样本百分数的差数标准误为：

$$\sigma_{\hat{p}_1 - \hat{p}_2} = \sqrt{\bar{p}\,\bar{q}\left(\dfrac{1}{n_1} + \dfrac{1}{n_2}\right)} \tag{2-25}$$

则统计量

$$u = \dfrac{\hat{p}_1 - \hat{p}_2}{\sigma_{\hat{p}_1 - \hat{p}_2}} \tag{2-26}$$

[例2-15] 某企业质检员由第一条生产线上抽出 250 个产品检查，一级品有 195 个；由第二条生产线上抽出 200 个产品，一级品有 150 个。试分析两条生产线上的一级品率是否相同。

1. 提出假设

H_0：$p_1 = p_2$，即两条生产线上的一级品率相同；

H_A：$p_1 \neq p_2$，两条生产线上的一级品率不相同。

2. 计算 u 值

经计算得：

$$\hat{p}_1 = \frac{y_1}{n_1} = \frac{195}{250} = 0.78 \ , \quad \hat{p}_2 = \frac{y_2}{n_2} = \frac{150}{200} = 0.75$$

$$\bar{p} = \frac{y_1 + y_2}{n_1 + n_2} = \frac{195 + 150}{250 + 200} = \frac{345}{450} = 0.77$$

$$\bar{q} = 1 - \bar{p} = 1 - 0.77 = 0.23$$

$$\sigma_{\hat{p}_1 - \hat{p}_2} = \sqrt{\bar{p}\,\bar{q}\left(\frac{1}{n_1} + \frac{1}{n_2}\right)} = \sqrt{0.77 \times 0.23 \times \left(\frac{1}{250} + \frac{1}{200}\right)} = 0.040$$

$$u = \frac{\hat{p}_1 - \hat{p}_2}{\sigma_{\hat{p}_1 - \hat{p}_2}} = \frac{0.78 - 0.75}{0.040} = 0.75$$

3. 作统计推断

因 $|u| < u_{0.05} = 1.96$，故 $P > 0.05$，接受 H_0：$p_1 = p_2$，即两条生产线上的一级品率相同。

三、　二项样本假设检验时的连续性矫正

二项总体的百分数分布是间断性的二项分布，把它当作连续性的正态分布或 t 分布处理，结果会有些出入，一般容易发生第一类错误。因此，在假设检验时需进行连续性矫正。在 $n < 30$，而 $n\hat{p} < 5$ 时，这种矫正是必须的；经过连续性矫正的正态离差 u 值或 t 值，分别以 u_C 或 t_C 表示。如果样本大，试验结果符合表 2-10 条件，则可以不作矫正，用 u 检验。

1. 单个样本百分数假设检验的连续性矫正

单个样本百分数的连续性矫正公式为：

$$t_C = \frac{|n\hat{p} - np| - 0.5}{s_{n\hat{p}}} \tag{2-27}$$

式中，$df = n - 1$，$s_{n\hat{p}}$是$u = \dfrac{n\hat{p} - np}{\sigma_{np}}$中$\sigma_{np}$的估计值。

[例2-16]　某食品厂一条生产线上的产品组成指标为：一级品：二级品 = 7：3。现随机抽取了20个（n）产品，得一级品13个（y）。问其产品组成比例是否达到一级品占70%的生产指标。

若该批产品的一级品小于70%则为不合格，故作一尾检验。又因所取样本数较少，故需作连续性矫正。

（1）提出假设

H_0：$p \geqslant p_0 = 70\%$，即该批产品达到一级品占70%的生产指标；

H_A：$p < p_0 = 70\%$，该批产品未能达标。

（2）计算t值　经计算，得：

$$\hat{p} = \frac{y}{n} = \frac{13}{20} = 0.65 \quad \hat{q} = 1 - \hat{p} = 1 - 0.65 = 0.35$$

$$S_{n\hat{p}} = \sqrt{n\hat{p}\hat{q}} = \sqrt{20 \times 0.65 \times 0.35} = 2.133$$

$$t_C = \frac{|n\hat{p} - np| - 0.5}{S_{n\hat{p}}} = \frac{|20 \times 0.65 - 20 \times 0.7| - 0.5}{2.133} = 0.234$$

（3）作统计推断　由$df = n - 1 = 20 - 1 = 19$，查附表3，一尾$t_{0.05(19)} =$两尾$t_{0.1(19)} = 1.729$。实得$|t| = 0.234 <$一尾$t_{0.05(19)}$，故$P > 0.05$。肯定H_0：$p \geqslant p_0 = 70\%$，即该批产品达标。

2. 两个样本百分数相比较的假设检验的连续性矫正

设两个样本百分数中，取较大值的具有y_1和n_1，取较小值的具有y_2和n_2，则经矫正的t_C公式为：

$$t_C = \frac{\dfrac{y_1 - 0.5}{n_1} - \dfrac{y_2 + 0.5}{n_2}}{S_{\hat{p}_1 - \hat{p}_2}} \tag{2-28}$$

式中　$S_{\hat{p}_1 - \hat{p}_2}$——$u = \dfrac{\hat{p}_1 - \hat{p}_2}{\sigma_{\hat{p}_1 - \hat{p}_2}}$中$\sigma_{\hat{p}_1 - \hat{p}_2}$的估计值；

$df = n_1 + n_2 - 2$。

[例2-17]　某仪器厂有两条生产线，从第一条生产线随机抽出21个（n_1）产品得合格品20个（y_1）；从第二条生产线随机抽出20个（n_2）产品得合格品13个（y_2）。问两条生产线的产品合格率是否差异显著？

因所取样本数较少，为小样本资料，所以应作连续性矫正。

（1）提出假设

H_0：$p_1 = p_2$，即两条生产线的产品合格率相同；

H_A：$p_1 \neq p_2$，即两条生产线的产品合格率差异显著。

（2）计算t值　经计算，得

$$\hat{p}_1 = \frac{y_1}{n_1} = \frac{20}{21} = 0.95, \quad \hat{p}_2 = \frac{y_2}{n_2} = \frac{13}{20} = 0.65$$

$$\bar{p} = \frac{y_1 + y_2}{n_1 + n_2} = \frac{20 + 13}{21 + 20} = 0.805$$

$$\bar{q} = 1 - \bar{p} = 1 - 0.805 = 0.195$$

$$S_{\hat{p}_1 - \hat{p}_2} = \sqrt{\bar{p}\,\bar{q}\left(\frac{1}{n_1} + \frac{1}{n_2}\right)} = \sqrt{0.805 \times 0.195 \times \left(\frac{1}{21} + \frac{1}{20}\right)} = 0.124$$

$$t_C = \frac{\dfrac{y_1 - 0.5}{n_1} - \dfrac{y_2 + 0.5}{n_2}}{S_{\hat{p}_1 - \hat{p}_2}} = \frac{\dfrac{20 - 0.5}{21} - \dfrac{13 + 0.5}{20}}{0.124} = 2.045$$

（3）作统计推断　由 $df = n_1 + n_2 - 2 = 21 + 20 - 2 = 39$，查附表3，$t_{0.05(39)} = 2.023$。实得 $|t| = 2.045 > t_{0.05(39)}$，故 $P < 0.05$。否定 H_0：$p = p_0 = 70\%$，肯定 H_A：$p_1 \neq p_2$，即两条生产线的产品合格率差异显著。

第五节　参数估计

参数估计（parametric estimation）是用样本统计量来估计总体参数的，有点估计（point estimation）和区间估计（interval estimation）两种。将样本统计量直接作为总体相应参数的估计值称为点估计。例如以样本平均数 $\bar{x}$ 估计总体平均数 μ，用样本方差 S^2 估计总体方差 σ^2 等。点估计只给出了未知参数估计值的大小，没有考虑抽样误差的影响，也没有指出估计的可靠程度。区间估计是在一定概率保证下给出总体参数的可能范围，所给出的可能范围称为置信区间（confidence interval），区间的上、下限称为置信上、下限，一般用 L_1 表示置信下限，L_2 表示置信上限。给出的概率称为置信度或置信概率（confidence probability），以 $p = 1 - \alpha$ 表示。各种参数的区间估计计算方法有所不同，但基本原理是一致的，都是运用样本统计量的抽样分布来计算相应参数置信区间的上、下限。

一、　总体平均数 μ 的区间估计

（一）利用正态分布估计 μ 的置信区间

当总体方差 σ^2 已知时，总体平均数 μ 的置信度为 $1 - \alpha$ 的置信区间为：

$$\bar{y} - u_\alpha \sigma_{\bar{y}} \leq \mu \leq \bar{y} + u_\alpha \sigma_{\bar{y}} \tag{2-29}$$

下限 $L_1 = \bar{y} - u_\alpha \sigma_{\bar{y}}$，上限 $L_2 = \bar{y} + u_\alpha \sigma_{\bar{y}}$。其中，$\sigma_{\bar{y}} = \dfrac{\sigma}{\sqrt{n}}$，$u_\alpha$ 是两尾概率为 α 时的 u 临界值，当 $\alpha = 0.05$ 或 0.01 时，$u_{0.05} = 1.96$，$u_{0.01} = 2.58$。

（二）利用 t 分布估计 μ 的置信区间

当总体方差 σ^2 未知，且为小样本时，σ^2 需由样本均方 S^2 估计，于是，总体平均数 μ 的置信度为 $1 - \alpha$ 的置信区间为：

$$\bar{y} - t_{\alpha(df)} S_{\bar{y}} \leq \mu \leq \bar{y} + t_{\alpha(df)} S_{\bar{y}} \tag{2-30}$$

下限 $L_1 = \bar{y} - t_\alpha S_{\bar{y}}$，上限 $L_2 = \bar{y} + t_\alpha S_{\bar{y}}$。

式中　$S_{\bar{y}} = \dfrac{S}{\sqrt{n}}$；

$t_{\alpha(df)}$——两尾概率为 α、自由度为 $df = n - 1$ 时的 t 临界值。

[例 2-18]　用山楂加工果冻，现随机抽取 16 个样本，得每 100g 山楂加工果冻量平均数

$\bar{y} = 520$g，标准差 $S = 12$g。试求 99% 置信度下每 100g 山楂加工果冻量的范围。

由 $1 - \alpha = 0.99$ 可知 $\alpha = 0.01$，查附表 3 得 $df = n - 1 = 16 - 1 = 15$ 时，$t_{0.01(15)} = 2.947$。

经计算得，样本均数标准误

$$S_{\bar{y}} = \frac{S}{\sqrt{n}} = \frac{12}{\sqrt{16}} = 3$$

所以

$$L_1 = \bar{y} - t_\alpha S_{\bar{y}} = 520 - 2.947 \times 3 = 511.159$$
$$L_2 = \bar{y} + t_\alpha S_{\bar{y}} = 520 + 2.947 \times 3 = 528.841$$

因此，在 99% 置信度下，每 100g 山楂加工果冻量在 511.159 ~ 528.841g 之间。

以上置信区间也可写成 $\bar{y} \pm t_\alpha S_{\bar{y}}$ 形式，即每 100g 山楂加工果冻量 99% 置信度下的区间是 $520 \pm (2.947 \times 3) = 520 \pm 8.841$，即 511.159 ~ 528.841g。

二、 两个总体平均数差数 （$\mu_1 - \mu_2$） 的区间估计

在一定的置信度下，估计两个总体平均数差数（$\mu_1 - \mu_2$）的置信范围。估计方法根据两总体方差是否已知或是否相等而有所不同。

（一） 利用正态分布估计 $\mu_1 - \mu_2$ 的置信区间

当两总体方差为已知或两总体方差虽未知但为大样本时，$\mu_1 - \mu_2$ 的置信区间应为：

$$(\bar{y}_1 - \bar{y}_2) - u_\alpha \sigma_{\bar{y}_1 - \bar{y}_2} \leq \mu_1 - \mu_2 \leq (\bar{y}_1 - \bar{y}_2) + u_\alpha \sigma_{\bar{y}_1 - \bar{y}_2} \qquad (2-31)$$

下限 $L_1 = (\bar{y}_1 - \bar{y}_2) - u_\alpha \sigma_{\bar{y}_1 - \bar{y}_2}$，上限 $L_2 = (\bar{y}_1 - \bar{y}_2) + u_\alpha \sigma_{\bar{y}_1 - \bar{y}_2}$。

式中　$\sigma_{\bar{y}_1 - \bar{y}_2}$——平均数差数标准误，由公式 $\sigma_{\bar{x}_1 - \bar{x}_2} = \sqrt{\sigma_1^2/n_1 + \sigma_2^2/n_2}$ 计算；

　　　u_α——正态分布下置信度为 $1 - \alpha$ 时 u 的临界值。

（二） 利用 t 分布估计 $\mu_1 - \mu_2$ 的置信区间

当两总体方差未知时，因资料特点不同，估计 $\mu_1 - \mu_2$ 的置信区间有两种情况。

1. 假设两总体方差相等

即 $\sigma_1^2 = \sigma_2^2 = \sigma^2$，$\mu_1 - \mu_2$ 的置信区间为：

$$(\bar{y}_1 - \bar{y}_2) - t_{\alpha(df)} S_{\bar{y}_1 - \bar{y}_2} \leq \mu_1 - \mu_2 \leq (\bar{y}_1 - \bar{y}_2) + t_{\alpha(df)} S_{\bar{y}_1 - \bar{y}_2} \qquad (2-32)$$

下限 $L_1 = (\bar{y}_1 - \bar{y}_2) - t_{\alpha(df)} S_{\bar{y}_1 - \bar{y}_2}$，上限 $L_2 = (\bar{y}_1 - \bar{y}_2) + t_{\alpha(df)} S_{\bar{y}_1 - \bar{y}_2}$

式中　$S_{\bar{y}_1 - \bar{y}_2}$——平均数差数标准误，按公式 $S_{\bar{y}_1 - \bar{y}_2} = \sqrt{S_e^2 \left(\frac{1}{n_1} + \frac{1}{n_2} \right)}$，$S_e^2 = \dfrac{(n_1 - 1) S_1^2 + (n_2 - 1) S_2^2}{n_1 + n_2 - 2}$

　　　　计算；

　　　$t_{\alpha(df)}$——置信度为 $1 - \alpha$、自由度为 $df = n_1 + n_2 - 2$ 时的临界值。

［例 2 – 19］　试根据统计数据 $\bar{y}_1 = 28.61$g/100g，$\bar{y}_2 = 28.15$g/100g，$S_{\bar{y}_1 - \bar{y}_2} = 0.111$，$df = 9$ 估计 $\mu_1 - \mu_2$ 在置信度为 95% 时的置信区间。

由附表 3 查得 $df = 9$ 时，$t_{0.05(9)} = 2.262$。故

$$L_1 = (\bar{y}_1 - \bar{y}_2) - t_\alpha S_{\bar{y}_1 - \bar{y}_2} = (28.61 - 28.15) - 2.262 \times 0.111 = 0.209$$

$$L_2 = (\bar{y}_1 - \bar{y}_2) + t_\alpha S_{\bar{y}_1 - \bar{y}_2} = (28.61 - 28.15) + 2.262 \times 0.111 = 0.711$$

在置信度为 95% 时，$\mu_1 - \mu_2$ 的置信区间为 0.209 ~ 0.711g/100g。

2. 当两个总体方差不相等时

即 $\sigma_1^2 \neq \sigma_2^2$，这时由两个样本的 S_1^2 和 S_2^2 作为 σ_1^2 和 σ_2^2 估计值而构造、计算的统计量 t，已不是服从 $df = df_1 + df_2$ 的 t 分布，而是近似于自由度为 df' 的 t 分布。此时，$\mu_1 - \mu_2$ 置信区间为：

$$(\bar{y}_1 - \bar{y}_2) - t_{\alpha(df')}S_{\bar{y}_1 - \bar{y}_2} \leq \mu_1 - \mu_2 \leq (\bar{y}_1 - \bar{y}_2) + t_{\alpha(df')}S_{\bar{y}_1 - \bar{y}_2} \tag{2-33}$$

下限 $L_1 = (\bar{y}_1 - \bar{y}_2) - t_{\alpha(df')}S_{\bar{y}_1 - \bar{y}_2}$，上限 $L_2 = (\bar{y}_1 - \bar{y}_2) + t_{\alpha(df')}S_{\bar{y}_1 - \bar{y}_2}$。其中

$$S_{\bar{y}_1 - \bar{y}_2} = \sqrt{\frac{S_1^2}{n_1} + \frac{S_2^2}{n_2}}, \quad df' = \frac{\left(\dfrac{S_1^2}{n_1} + \dfrac{S_2^2}{n_2}\right)^2}{\dfrac{\left(\dfrac{S_1^2}{n_1}\right)^2}{n_1 - 1} + \dfrac{\left(\dfrac{S_2^2}{n_2}\right)^2}{n_2 - 1}}$$

$t_{\alpha(df')}$ 是置信度为 $1 - \alpha$、自由度为 df' 时的 t 临界值。

（三）　成对数据总体差数 μ_d 的置信区间

成对资料两个总体平均数差数 μ_d（也等于两总体差数均数）可由下式作置信度为 $1 - \alpha$ 的区间估计。

$$\bar{d} - t_{\alpha(df)}S_{\bar{d}} \leq \mu_d \leq \bar{d} + t_{\alpha(df)}S_{\bar{d}} \tag{2-34}$$

下限 $L_1 = \bar{d} - t_{\alpha(df)}S_{\bar{d}}$，上限 $L_2 = \bar{d} + t_{\alpha(df)}S_{\bar{d}}$。

其中 $S_{\bar{d}} = \dfrac{S_d}{\sqrt{n}} = \sqrt{\dfrac{\sum(d_j - \bar{d})^2}{n(n-1)}} = \sqrt{\dfrac{\sum d_j^2 - (\sum d_j)^2/n}{n(n-1)}}$，$t_{\alpha(df)}$ 为置信度为 $1 - \alpha$、自由度为 $df = n - 1$ 时 t 的临界值。

［例 2 - 20］　试求表 2 - 7 数据 μ_d 的 99% 置信区间。

由样本资料可得

$$\bar{d} = 3.841, \quad S_{\bar{d}} = 0.497$$

查附表 3 得，$df = n - 1 = 7 - 1 = 6$ 时，$t_{0.01(6)} = 3.707$

$$L_1 = \bar{d} - t_{\alpha(df)}S_{\bar{d}} = 3.841 - 3.707 \times 0.497 = 2.000$$

$$L_2 = \bar{d} + t_{\alpha(df)}S_{\bar{d}} = 3.841 + 3.707 \times 0.497 = 5.683$$

即 $2.000 \leq \mu_d \leq 5.683$。说明电渗处理后草莓果实钙离子含量比对照高 $2.000 \sim 5.683$mg，此估计的可靠度为 99%。

三、　二项总体百分数 p 的区间估计

百分数的置信区间则是在一定置信度下对总体百分数作出区间估计。求总体百分数的置信区间有两种方法：正态近似法和查表法，这里仅介绍正态近似法。由正态近似法所得的结果只是一个近似值，可在试验资料符合表 2 - 10 条件时应用；在置信度为 $1 - \alpha$ 时，总体 p 置信区间的近似估计为：

$$\hat{p} - u_\alpha S_{\hat{p}} \leq p \leq \hat{p} + u_\alpha S_{\hat{p}} \tag{2-35}$$

下限 $L_1 = \hat{p} - u_\alpha S_{\hat{p}}$，上限 $L_2 = \hat{p} + u_\alpha S_{\hat{p}}$。其中 $S_{\hat{p}} = \sqrt{\dfrac{\hat{p}(1 - \hat{p})}{n}}$。

［例 2 - 21］　某食品企业质检部门对当天生产的产品进行抽检，随机抽取 200 个样品进行检查，发现有 10 个次品，试以 95% 置信度估计当天次品率的置信区间。

本研究抽样样本为大样本，可采用正态分布理论进行分析。根据已知，可求得当天次品率

为 $\hat{p} = \dfrac{10}{200} = 0.05$，标准误为

$$S_{\hat{p}} = \sqrt{\frac{\hat{p}(1-\hat{p})}{n}} = \sqrt{\frac{0.05(1-0.05)}{200}} = 0.015$$

当 $\alpha = 0.05$ 时，$u_{0.05} = 1.96$，故

$$L_1 = \hat{p} - u_{\alpha}S_{\hat{p}} = 0.053 - 1.96 \times 0.015 = 0.021$$
$$L_2 = \hat{p} + u_{\alpha}S_{\hat{p}} = 0.053 + 1.96 \times 0.015 = 0.079$$

所以，有 95% 的把握可推断当天的次品率在 $0.021 \sim 0.079$ 之间。

四、 两个二项总体百分数差数 $p_1 - p_2$ 的区间估计

两个二项总体百分数差数 $p_1 - p_2$ 的置信区间，就是要确定某一属性个体的百分数在两个二项总体间的相差范围。这一估计只有在已经明确两个百分数间有显著差异时才有意义。若试验资料符合表 2-10 条件时，该区间可按正态分布估计。

在 $1 - \alpha$ 置信度下，$p_1 - p_2$ 的置信区间为：

$$(\hat{p}_1 - \hat{p}_2) - u_{\alpha}S_{\hat{p}_1 - \hat{p}_2} \leqslant p_1 - p_2 \leqslant (\hat{p}_1 - \hat{p}_2) + u_{\alpha}S_{\hat{p}_1 - \hat{p}_2} \tag{2-36}$$

下限 $L_1 = (\hat{p}_1 - \hat{p}_2) - u_{\alpha}S_{\hat{p}_1 - \hat{p}_2}$，上限 $L_2 = (\hat{p}_1 - \hat{p}_2) + u_{\alpha}S_{\hat{p}_1 - \hat{p}_2}$。其中 $S_{\hat{p}_1 - \hat{p}_2} = \sqrt{\dfrac{p_1 q_1}{n_1} + \dfrac{p_2 q_2}{n_2}}$。

正态总体平均数的区间估计一览表见表 2-11。

表 2-11　　　　　　　　　正态总体平均数的区间估计一览表

待估参数	条件	统计量	待估参数的 $1-\alpha$ 置信限	
			下限 L_1	上限 L_2
μ	σ^2 已知	$u = \dfrac{\bar{y} - \mu}{\sqrt{\dfrac{\sigma^2}{n}}}$	$\bar{y} - u_{\alpha}\dfrac{\sigma}{\sqrt{n}}$	$\bar{y} + u_{\alpha}\dfrac{\sigma}{\sqrt{n}}$
	σ^2 未知	$t = \dfrac{\bar{y} - \mu}{\sqrt{\dfrac{S^2}{n}}}$	$\bar{y} - t_{\alpha(df)}\dfrac{S}{\sqrt{n}}$	$\bar{y} + t_{\alpha(df)}\dfrac{S}{\sqrt{n}}$
$\mu_1 - \mu_2$	σ_1^2、σ_2^2 已知	$u = \dfrac{(\bar{y}_1 - \bar{y}_2) - (\mu_1 - \mu_2)}{\sigma_{\bar{y}_1 - \bar{y}_2}}$ $\sigma_{\bar{y}_1 - \bar{y}_2} = \sqrt{\dfrac{\sigma_1^2}{n_1} + \dfrac{\sigma_2^2}{n_2}}$	$(\bar{y}_1 - \bar{y}_2) - u_{\alpha}\sigma_{\bar{y}_1 - \bar{y}_2}$	$(\bar{y}_1 - \bar{y}_2) + u_{\alpha}\sigma_{\bar{y}_1 - \bar{y}_2}$
	σ_1^2、σ_2^2 未知，$n_1 \geqslant 50$，$n_2 \geqslant 50$	$u = \dfrac{(\bar{y}_1 - \bar{y}_2) - (\mu_1 - \mu_2)}{S_{\bar{y}_1 - \bar{y}_2}}$ $S_{\bar{y}_1 - \bar{y}_2} = \sqrt{\dfrac{S_1^2}{n_1} + \dfrac{S_2^2}{n_2}}$	$(\bar{y}_1 - \bar{y}_2) - u_{\alpha}S_{\bar{y}_1 - \bar{y}_2}$	$(\bar{y}_1 - \bar{y}_2) + u_{\alpha}S_{\bar{y}_1 - \bar{y}_2}$

续表

待估参数	条件	统计量	待估参数的 $1-\alpha$ 置信限	
			下限 L_1	上限 L_2
$\mu_1 - \mu_2$	σ_1^2、σ_2^2 未知但相等	$t = \dfrac{(\bar{y}_1 - \bar{y}_2) - (\mu_1 - \mu_2)}{S_{\bar{y}_1 - \bar{y}_2}}$ $S_{\bar{y}_1 - \bar{y}_2} = S_e\sqrt{\dfrac{1}{n_1} + \dfrac{1}{n_2}}$, $S_e = \sqrt{\dfrac{(n_1 - 1)S_1^2 + (n_2 - 1)S_2^2}{n_1 + n_2 - 2}}$	$(\bar{y}_1 - \bar{y}_2) - t_{\alpha(df)}S_{\bar{y}_1 - \bar{y}_2}$	$(\bar{y}_1 - \bar{y}_2) + t_{\alpha(df)}S_{\bar{y}_1 - \bar{y}_2}$

习　题

1. 什么是统计假设检验？其基本步骤是什么？

2. 什么是 u 检验和 t 检验？各在什么条件下应用？

3. 什么是两尾检验与一尾检验？

4. 什么是参数估计？有哪几种？

5. 关中地区小麦良种的蛋白质含量平均为 $\mu_0 = 14.5\%$，现自外地引入一高产品种，在 8 个地区种植，得其蛋白质含量（%）为：15.6、17.6、13.4、15.1、12.7、16.8、15.9、14.6，问新引入品种的蛋白质含量与当地良种有无显著差异。

6. 国标规定花生仁中黄曲霉毒素 B_1 不得超过 20 μg/kg。现从一批花生仁中随机抽取 30 个样本来检测其黄曲霉毒素 B_1 含量，得平均数 $\bar{x} = 25$ μg/kg，标准差 $S = 1.2$ μg/kg。试分析这批花生仁的黄曲霉毒素 B_1 是否超标。

7. 某机构对某地区初中生的肥胖与血压的关系进行了调查。结果发现，400 名肥胖组学生的收缩压平均值 $\bar{y}_1 = 106.87$，标准差 $S_1 = 11.00$；600 名正常组学生的收缩压平均值 $\bar{y}_2 = 99.95$，标准差 $S_2 = 10.11$。试分析肥胖组与正常组学生的收缩压有无显著差异。

8. 对市场销售的大米饴糖和玉米饴糖进行抽检，测定其还原糖含量（%），结果见表。试分析两种饴糖的还原糖含量有无显著差异。

大米饴糖	37.5	36.9	37	37.9	38.5	
玉米饴糖	35.5	37.4	36.8	34.5	35.8	36.5

9. 某研究机构采用两种方法对 6 种不同试验材料的粗蛋白含量（%）进行测定，结果见表，试分析两种方法的测定结果有无显著差异。

方法	试验材料					
	A	B	C	D	E	F
传统凯氏定氮法	22.5	21.3	23.7	21.0	21.8	24.0
快速测定法	22.6	23.2	21.3	22.8	24.0	21.0

10. 由大型超市随机抽取 6 瓶某品牌瓶装饮料，测定其体积分别为 251.0、250.8、249.0、249.5、

251.5mL，已知方差 $\sigma^2 = 2.5$，试求瓶装饮料体积95%的置信区间。

11. 企业质检员由某班次生产的批量产品中抽取 100 个样品进行检验，一级品为 60 个，试计算这个班次所生产产品的一级品 95% 的置信区间。

方 差 分 析

方差分析（analysis of variance，ANOVA）是科学研究中分析试验数据的重要方法，本章主要介绍方差分析的基本思想及单因素、双因素和多因素试验资料方差分析方法。

第一节 概 述

一、 方差分析的必要性

在第二章中，我们讨论了两个样本均值是否相等的假设检验问题，但在生产实践中，经常会遇到检验多个样本均值是否相等的问题，如例 3 - 1。

[例 3 - 1] 某食品加工企业，采用五种不同方法进行污水处理，每种方法重复试验 4 次，结果见表 3 - 1。试判断不同污水处理方法的处理效果是否有显著差异，哪种处理方法最好。

表 3 - 1   五种污水处理方法的试验效果

污水处理方法	除杂量 $x_{ij}/$（g/kg）				平均值 $\bar{x}_i/$（g/kg）
A	5.6	5.2	5.2	4.4	5.1
B	7.0	8.0	7.2	7.8	7.5
C	5.9	7.7	7.5	7.3	7.1
D	9.5	7.1	9.9	7.5	8.5
E	0.6	1.4	2.0	1.2	1.3

由表 3 - 1 数据可见，20 次试验结果是参差不齐的。可以认为，同一处理方法重复试验得到的 4 个数据的差异是由随机误差造成的，而随机误差的影响常常是服从正态分布的，这时除杂量应该有一个理论上的均值；而对不同的处理方法，除杂量应该有不同的均值，这种均值之间的差异是由于处理方法的不同而造成的。于是我们可以认为五种污水处理方法下所得数据是

来自均值不同的五个正态总体，且由于试验中其他条件相对稳定，因而可以认为每个总体的方差是相同的，即五个总体具有方差齐性。这样，判断污水处理方法对除杂效果是否有显著影响的问题，就转化为检验五个具有相同方差的正态总体均值是否相等的问题，即检验假设：

$$H_0: \mu_1 = \mu_2 = \mu_3 = \mu_4 = \mu_5$$

在上述这种情况下，前边介绍的两两 t 检验方法不再适用。这是因为：

①检验过程繁琐。倘若 5 个样本，两两进行统计假设检验，即需要检验 H_0：$\mu_1 = \mu_2$，$\mu_1 = \mu_3$，$\cdots$，$\mu_4 = \mu_5$，共需进行 $C_5^2 = k(k-1)/2 = 10$ 次两两平均数的差异显著性 t 检验，检验程序非常繁琐。

②无统一的试验误差，误差估计的精确性和检验的灵敏性低。样本若用 t 检验法作两两比较时，每次比较均需计算一个均数差异标准误 $S_{\bar{x}_i - \bar{x}_j}$，每次比较的试验误差不一致，同时没有充分利用资料所提供的信息，每次只能由 2$(n-1)$ 个自由度估计样本均值标准误，而不是由 $k(n-1)$ 个自由度一起估计，所以，误差估计的精度低，检验灵敏性差。譬如该试验有 5 个处理，每个处理重复 4 次，共有 20 个观测值。若进行 t 检验时，每次只利用两个处理共 8 个观测值估计试验误差，误差自由度为 2$(4-1) = 6$；若利用整个试验的 20 个观测值估计试验误差，估计的精确性高，且误差自由度为 5$(4-1) = 15$。可见，用 t 检验法进行检验时，由于估计误差的精确性低，误差自由度小，使检验的灵敏性降低，容易掩盖差异的显著性。

③推断的可靠性低，犯 I 型错误的概率大。两两检验会随样本个数的增加而大大增加犯 α 错误的机会。譬如在两两比较中 α 取 0.05，那么，45 次比较的结论都正确的概率为 0.95^{45}，至少做出一次错误结论的概率为 $1 - 0.95^{45} = 0.9006$，而不是 0.05，这时的检验结果已很不可靠。

对于这种多个总体样本均值的假设检验，需采用方差分析方法。

二、 方差分析的基本思想

方差分析是统计假设检验方法之一，是检验多个正态总体均值是否相等的有效方法。那么如何检验呢？从表 3 - 1 可以看出，20 个试验数据是参差不齐的，进一步分析可以将数据的波动原因剖析为两个方面：

一是由于因素水平不同，即不同污水处理方法造成的。事实上，五种处理方法下的数据平均值 $\bar{x}_i$ 之间确实有差异；

二是偶然因素（误差）造成的，从表 3 - 1 中数据可见，每一种处理下的 4 次重复数据虽然是相同条件下的实验结果，但仍然存在差异，这种差异是由于试验中存在的偶然因素（例如环境、原材料成分、测试技术等的微小而随机的变化）引起的。

我们把由因素水平变化引起的试验数据波动称为处理效应（treatment effect）；把由随机因素引起的试验数据波动称为随机误差或试验误差（random error）。方差分析的实质就是关于观测值变异原因的数量分析，其基本思想是将 k 个处理的观测值作为一个整体看待，把观测值的总波动分解为两部分：一部分反映由因素水平变化引起的波动，另一部分反映由试验误差引起的波动。亦即把数据的总偏差平方和 SS_T 分解为反映必然性的各个因素的偏差平方和（SS_A，SS_B，$\cdots$）与反映偶然性的偏差平方和（SS_e），随后计算它们的平均偏差平方和，即方差 S^2（均方 MS），再将二者进行比较，借助 F 检验法检验假设 H_0：$\mu_1 = \mu_2 \cdots = \mu_k$，确定因素对试验结果的影响是否显著。

第二节 方差分析的基本原理

方差分析有很多类型，无论简单与否，其基本原理是相同的。下面结合单因素试验资料的方差分析介绍其基本原理。

假设单因素试验所考察的因素 A 有 k 个处理：A_1，A_2，$\cdots A_i$，$\cdots$，A_k，每个处理重复进行 r 次试验，处理 A_i 的第 j 次试验值为 x_{ij}（$i = 1$，2，$\cdots$，k；$j = 1$，2，$\cdots$，r），试验数据模式如表 3 – 2 所示。试根据试验数据判断因素对试验结果是否有显著影响。

表 3 – 2   试验数据模式

| 处理 | 观测值 | | | | | | $x_{i.}$ | $\bar{x}_{i.}$ |
	1	2	j	$\cdots$	r			
A_1	x_{11}	x_{12}	$\cdots$	x_{1j}	$\cdots$	x_{1r}	$x_{1.}$	$\bar{x}_{1.}$
A_2	x_{21}	x_{22}	$\cdots$	x_{2j}	$\cdots$	x_{2r}	$x_{2.}$	$\bar{x}_{2.}$
$\vdots$	$\vdots$	$\vdots$		$\vdots$		$\vdots$	$\cdots$	$\cdots$
A_i	x_{i1}	x_{i2}	$\cdots$	x_{ij}	$\cdots$	x_{ir}	$x_{i.}$	$\bar{x}_{i.}$
$\vdots$	$\vdots$	$\vdots$		$\vdots$		$\vdots$	$\cdots$	$\cdots$
A_k	x_{k1}	x_{k2}	$\cdots$	x_{kj}	$\cdots$	x_{kr}	$x_{k.}$	$\bar{x}_{k.}$
合计							$x_{..}$	$\bar{x}_{..}$

表中

$$x_{i.} = \sum_{j=1}^{r} x_{ij}, \bar{x}_{i.} = \frac{1}{r} \sum_{j=1}^{r} x_{ij} = \frac{1}{r} x_{i.}, x_{..} = \sum_{i=1}^{k} x_{i.} = \sum_{i=1}^{k} \sum_{j=1}^{r} x_{ij},$$

$$\bar{x}_{..} = \frac{1}{k} \sum_{i=1}^{k} \bar{x}_{i.} = \frac{1}{kr} \sum_{i=1}^{k} \sum_{j=1}^{r} x_{ij} = \frac{1}{n} x_{..}, n = kr$$

一、 方差分析的一般步骤

（一）平方和与自由度的剖分

1. 平方和的分解

将整个试验结果看成一个整体，把所得的每一试验值 x_{ij} 对其总平均 $\bar{x}_{..}$ 的偏差进行平方求和，即得总偏差平方和，简称平方和，用 SS_T 表示，它反映了全部试验数据间的总波动情况。

$$SS_T = \sum_{i=1}^{k} \sum_{j=1}^{r} (x_{ij} - \bar{x}_{..})^2 \tag{3-1}$$

对式（3 – 1）进行变化，引入处理平均值 $\bar{x}_{i.}$，即

$$SS_T = \sum_{i=1}^{k} \sum_{j=1}^{r} (x_{ij} - \bar{x}_{..})^2 = \sum_{i=1}^{k} \sum_{j=1}^{r} [(x_{ij} - \bar{x}_{i.}) + (\bar{x}_{i.} - \bar{x}_{..})]^2$$

$$= \sum_{i=1}^{k} \sum_{j=1}^{r} (x_{ij} - \bar{x}_{i.})^2 + \sum_{i=1}^{k} \sum_{j=1}^{r} (\bar{x}_{i.} - \bar{x}_{..})^2 + 2 \sum_{i=1}^{k} \sum_{j=1}^{r} [(x_{ij} - \bar{x}_{i.})(\bar{x}_{i.} - \bar{x}_{..})]$$

其中

$$\sum_{i=1}^{k} \sum_{j=1}^{r} \left[(x_{ij} - \bar{x}_{i.})(\bar{x}_{i.} - \bar{x}_{..}) \right] = \sum_{i=1}^{k} \left[(\bar{x}_{i.} - \bar{x}_{..}) \times \sum_{j=1}^{r} (x_{ij} - \bar{x}_{i.}) \right] = 0$$

所以

$$SS_T = \sum_{i=1}^{k} \sum_{j=1}^{r} (x_{ij} - \bar{x}_{i.})^2 + \sum_{i=1}^{k} \sum_{j=1}^{r} (\bar{x}_{i.} - \bar{x}_{..})^2$$

$$= \sum_{i=1}^{k} \sum_{j=1}^{r} (x_{ij} - \bar{x}_{i.})^2 + r \sum_{i=1}^{k} (\bar{x}_{i.} - \bar{x}_{..})^2 \qquad (3-2)$$

令

$$SS_t = r \sum_{i=1}^{k} (\bar{x}_{i.} - \bar{x}_{..})^2 \qquad (3-3)$$

它是各处理的平均数与总平均数的偏差平方和，反映了处理不同引起数据的波动情况，称为处理间平方和。

令

$$SS_e = \sum_{i=1}^{k} \sum_{j=1}^{r} (x_{ij} - \bar{x}_{i.})^2 \qquad (3-4)$$

它是各处理内的试验值与该处理的平均值之间的偏差平方和，反映了随机误差引起数据的波动情况，称为处理内平方和或误差平方和。

于是，有

$$SS_T = SS_t + SS_e \qquad (3-5)$$

这样，总平方和就分解成处理间平方和与处理内平方和（误差平方和）。

式（3-2）、式（3-5）是单因素试验结果总平方和、处理间平方和、处理内平方和的关系式。

为了简便计算，常用下列公式求得 SS_T、SS_t 和 SS_e，其中

$$SS_T = \sum_{i=1}^{k} \sum_{j=1}^{r} (x_{ij} - \bar{x}_{..})^2 = \sum_{i=1}^{k} \sum_{j=1}^{r} (x_{ij}^2 - 2x_{ij}\bar{x}_{..} + \bar{x}_{..}^2)$$

$$= \sum_{i=1}^{k} \sum_{j=1}^{r} x_{ij}^2 - 2 \left(\sum_{i=1}^{k} \sum_{j=1}^{r} x_{ij} \right) \bar{x}_{..} + \sum_{i=1}^{k} \sum_{j=1}^{r} \bar{x}_{..}^2$$

$$= \sum_{i=1}^{k} \sum_{j=1}^{r} x_{ij}^2 - 2(kr\bar{x}_{..})\bar{x}_{..} + kr\bar{x}_{..}^2$$

$$= \sum_{i=1}^{k} \sum_{j=1}^{r} x_{ij}^2 - n \cdot \left(\frac{x_{..}}{n} \right)^2$$

$$= \sum_{i=1}^{k} \sum_{j=1}^{r} x_{ij}^2 - \frac{1}{n} \cdot x_{..}^2 \qquad (3-6)$$

令 $CT = \frac{1}{n} \cdot x_{..}^2$，即 $CT = \frac{1}{n} \cdot \left(\sum_{i=1}^{k} \sum_{j=1}^{r} x_{ij} \right)^2$，$CT$ 称为修正项，则总平方和

$$SS_T = \sum_{i=1}^{k} \sum_{j=1}^{r} x_{ij}^2 - CT \qquad (3-7)$$

$$SS_t = r \sum_{i=1}^{k} (\bar{x}_{i.} - \bar{x}_{..})^2 = r \sum_{i=1}^{k} (\bar{x}_{i.}^2 - 2\bar{x}_{i.}\bar{x}_{..} + \bar{x}_{..}^2)$$

$$= r \sum_{i=1}^{k} \bar{x}_{i.}^2 - 2r\bar{x}_{..} \sum_{i=1}^{k} \bar{x}_{i.} + kr\bar{x}_{..}^2 = r \sum_{i=1}^{k} \bar{x}_{i.}^2 - kr\bar{x}_{..}^2 = \frac{1}{r} \sum_{i=1}^{k} x_{i.}^2 - \frac{1}{n} x_{..}^2$$

则

$$SS_t = \frac{1}{r} \sum_{i=1}^{k} x_{i.}^2 - CT \tag{3-8}$$

再利用下式计算 SS_e

$$SS_e = SS_T - SS_t \tag{3-9}$$

2. 自由度分解

在计算总平方和 $SS_T = \sum_{i=1}^{k} \sum_{j=1}^{r} (x_{ij} - \bar{x}_{..})^2$ 时，有 $n = kr$ 个观测值 x_{ij}，各个观测值要受 $\sum_{i=1}^{k} \sum_{j=1}^{r} (x_{ij} - \bar{x}_{i.}) = 0$ 这一条件约束，故总自由度等于观测值的总个数减1，即 $n-1$，总自由度记为 df_T，即 $df_T = n - 1 = kr - 1$。

在计算处理间平方和 $SS_t = r \sum_{i=1}^{k} (\bar{x}_{i.} - \bar{x}_{..})^2$ 时，有 k 个处理均数 $\bar{x}_i$，各处理均数 $\bar{x}_i$ 要受 $\sum_{i=1}^{k} (\bar{x}_{i.} - \bar{x}_{..}) = 0$ 这一条件的约束，故处理间自由度为处理数减1，即 $k-1$，处理间自由度记为 df_t，即 $df_t = k - 1$。

在计算处理内平方和 $SS_e = \sum_{i=1}^{k} \sum_{j=1}^{r} (x_{ij} - \bar{x}_{i.})^2$ 时，要受 k 个条件的约束，即 $\sum_{j=1}^{r} (x_{ij} - \bar{x}_{i.}) = 0$ $(i = 1, 2, \cdots, k)$。故处理内自由度为观测值的总个数减 k，即 $n-k$。处理内自由度记为 df_e，即 $df_e = n - k = kr - k = k(r-1)$。

由以上分析可以看出，

$$df_T = df_t + df_e \tag{3-10}$$

式（3-10）称为自由度分解公式。

由于总自由度 $df_T = n - 1$ 是总的数据个数减1，组间自由度 $df_t = k - 1$ 是处理数减1，都很容易计算，所以一般先求出 df_T 和 df_t，再利用式（3-11）求出组内自由度 df_e。

$$df_e = df_T - df_t \tag{3-11}$$

（二）计算均方

由平方和、自由度可求出 SS_T、SS_t 和 SS_e 的平均值，即平均偏差平方和（均方、方差）。

$$MS_T = SS_T/df_T, \ MS_t = SS_t/df_t, \ MS_e = SS_e/df_e \tag{3-12}$$

其中，MS_t 和 MS_e 分别称为组间均方和组内均方。

式（3-12）从均方（即方差）角度反映了资料的总变异、处理间变异和处理内变异。

（三）显著性检验

$$F = \frac{SS_t/(k-1)}{SS_e/(n-k)} = \frac{MS_t}{MS_e} \tag{3-13}$$

若 H_0 为真，即 $\mu_1 = \mu_2 = \cdots = \mu_k$，则 k 个样本可以看作是来自同一正态总体 $N(\mu, \sigma^2)$ 的。因此，$\frac{SS_T}{n-1}$、$\frac{SS_t}{k-1}$、$\frac{SS_e}{n-k}$ 都是总体方差 σ^2 的无偏估计值，所以比值应接近于1。如果 F 值比1大得多，即 MS_t 明显大于 MS_e，就有理由认为假设 H_0 不成立。表明 SS_t 中不仅包括随机误差，而且包含处理变动引起的数据波动，即处理对试验结果影响显著。这种比较方差大小来判断原假设 H_0 是否成立的方法，就是方差分析名称的由来。

当原假设 H_0 成立时，SS_t、SS_e 分别是自由度为 $k-1$、$n-k$ 的 χ^2 变量，从而统计量 F 服从自由度 $df_1 = k-1$、$df_2 = n-k$ 的 F 分布。所以，利用 F 值出现概率的大小推断两个总体方差是否相等。

在方差分析中进行 F 检验的目的在于推断处理间的差异是否存在。因此，在计算 F 值时以被检验因素的均方作分子，以误差均方作分母。实际进行显著性检验（F 检验）时，对于给定的显著水平 α（通常为 0.05 和 0.01），是将由试验资料所计算的 F 值与根据 $df_1 = df_t$、$df_2 = df_e$ 查附表 5 所得的临界 F 值 $F_{0.05(df_1, df_2)}$，$F_{0.01(df_1, df_2)}$ 相比较作出统计推断的。

若 $F < F_{0.05(df_1, df_2)}$，即 $P > 0.05$，不能否定 H_0，统计学上把这一检验结果表述为各处理间差异不显著，标记"ns"，或不标记符号；若 $F_{0.05(df_1, df_2)} \leq F < F_{0.01(df_1, df_2)}$，即 $0.01 < P \leq 0.05$，否定 H_0，接受 H_A，统计学上把这一检验结果表述为各处理间差异显著，标记"$*$"；若 $F \geq F_{0.01(df_1, df_2)}$，即 $P \leq 0.01$，否定 H_0，接受 H_A，统计学上把这一检验结果表述为各处理间差异极显著，标记"$**$"。

（四）列出方差分析表

由以上讨论可知，方差分析的步骤实质上就是假设检验的步骤，检验用的统计量是由两个方差之比构成的。具体进行方差分析时，一般将计算结果列成方差分析表，其格式如表 3-3 所示。

表 3-3　　　　　　　　　　　　方差分析表

变异来源	平方和	自由度	均方	F	F_α	显著性
处理间	SS_t	$k-1$	$MS_t = SS_t/df_t$	$F = MS_t/MS_e$	（查附表 5）	
处理内（误差 e）	SS_e	$n-k$	$MS_e = SS_e/df_e$			
总和	SS_T	$n-1$				

注：变异来源 Source of variation，平方和 Sum of squares（SS），自由度 Degrees of freedom（df），均方 Mean square（MS），$F_\alpha - F$ 临界值 F critical value，显著性 Significance，处理间 Between treatments，处理内（误差）Within treatments（Error），总和 Total。

二、 方差分析示例

现以例 3-1 试验数据为例作方差分析。例 3-1 数据计算表见表 3-4。

表 3-4　　　　　　　　　　　　试验数据计算表

污水处理方法	除杂量 x_{ij}				合计 $x_{i.}$	平均值 $\bar{x}_{i.}$
A	5.6	5.2	5.2	4.4	20.4	5.1
B	7.0	8.0	7.2	7.8	30.0	7.5
C	5.9	7.7	7.5	7.3	28.4	7.1
D	9.5	7.1	9.9	7.5	34.0	8.5
E	0.6	1.4	2.0	1.2	5.2	1.3
总和					$x_{..} = 118.0$	

（一） 提出假设

原假设 H_0：$\mu_1 = \mu_2 = \cdots = \mu_5$，即 5 种污水处理方法的除杂效果相同。

备择假设 H_A：5 种污水处理方法的除杂效果不全相同。

（二） 计算平方和、 自由度及均方

$x_{..} = 118.0$，修正项 $CT = \dfrac{1}{n} x_{..}^2 = \dfrac{1}{20} \times 118.0^2 = 696.20$

总平方和

$$SS_T = \sum_{i=1}^{5} \sum_{j=1}^{4} x_{ij}^2 - CT = (5.6^2 + 5.2^2 + \cdots + 2.0^2 + 1.2^2) - 696.20 = 140.60$$

总自由度

$$df_T = n - 1 = 20 - 1 = 19$$

处理间平方和，即因素平方和

$$SS_t = \frac{1}{4} \sum_{i=1}^{5} x_{i.}^2 - CT = \frac{1}{4}(20.4^2 + 30.0^2 + \cdots + 5.2^2) - 696.20 = 130.24$$

处理间自由度

$$df_t = k - 1 = 5 - 1 = 4$$

处理内平方和，即误差平方和

$$SS_e = SS_T - SS_A = 140.60 - 130.24 = 10.36$$

误差自由度

$$df_e = n - k = 20 - 5 = 15 \text{ 或 } df_e = df_T - df_t = 19 - 4 = 15$$

所以，处理间均方

$$MS_t = \frac{SS_t}{df_t} = \frac{130.24}{4} = 32.56$$

处理内均方

$$MS_e = \frac{SS_e}{df_e} = \frac{10.36}{15} = 0.691$$

（三） 列出方差分析表

根据上述计算，列方差分析表，见表 3 - 5。

表 3 - 5　　　　　　　　　　方差分析表

变异来源	平方和	自由度	均方	F	F_α	显著性
处理间	130.24	4	32.56	47.14	$F_{0.05(4,15)} = 3.06$，$F_{0.01(4,15)} = 4.89$	**
误差 e	10.36	15	0.691			
总　和	140.6	19				

由于计算的 $F = 47.14 > F_{0.01(4,15)}$，$P < 0.01$，故拒绝 H_0，表明 5 种污水处理方法间的除杂效果有极显著差异。

三、 多重比较

上述的方差分析检验是整体性检验，检验结果显著或极显著时，只能表明试验的总变异主

要来源于处理间的变异，试验中处理平均数间存在显著或极显著差异，但并不意味着每两个处理平均数间的差异都是显著或极显著的，也不能具体说明哪些处理平均数间有显著或极显著差异，哪些差异不显著。因而，有必要进行两两处理平均数间的比较以判断两两处理平均数间的差异是否显著。

统计学中，把多个平均数间的两两比较称为多重比较（multiple comparisons）。常用的多重比较方法有最小显著差数法（LSD 法）和最小显著极差法（LSR 法）。现分别介绍如下。

（一）最小显著差数法（LSD 法，least significant difference）

最小显著差数法 LSD 法实质上是 t 检验法。

基本做法是：在 F 检验显著的前提下，先计算出显著水平为 α 的最小显著差数 LSD_α，然后将任意两个处理平均数之差的绝对值 $|\bar{x}_{i.} - \bar{x}_{j.}|$ 与其比较。若 $|\bar{x}_{i.} - \bar{x}_{j.}| > LSD_\alpha$ 时，则 $\bar{x}_{i.}$ 与 $\bar{x}_{j.}$ 在 α 水平上差异显著；反之，则在 α 水平上差异不显著。这种方法又称为保护性最小显著差数法（protected LSD，或 PLSD）。

由 t 检验可以推出，最小显著差数由下式计算，

$$LSD_a = t_{a(df_e)} S_{\bar{x}_{i.} - \bar{x}_{j.}} \tag{3-14}$$

式中　$t_{\alpha(df_e)}$——误差自由度 df_e，显著水平为 α 的临界 t 值；

　　　$S_{\bar{x}_{i.} - \bar{x}_{j.}}$——均数差数标准误，由下式求得，

$$S_{\bar{x}_{i.} - \bar{x}_{j.}} = \sqrt{2MS_e/r} \tag{3-15}$$

式中　MS_e——F 检验中的误差均方（方差）；

　　　r——各处理的重复数。

当显著水平 $\alpha = 0.05$ 和 0.01 时，由 t 值表中查出 $t_{0.05(df_e)}$ 和 $t_{0.01(df_e)}$，代入下式计算出最小显著差数 $LSD_{0.05}$，$LSD_{0.01}$。

$$LSD_{0.05} = t_{0.05(df_e)} S_{\bar{x}_{i.} - \bar{x}_{j.}}, LSD_{0.01} = t_{0.01(df_e)} S_{\bar{x}_{i.} - \bar{x}_{j.}} \tag{3-16}$$

对于例 3-1，利用 LSD 法进行多重比较时，基本步骤如下：

1. 由式（3-15）计算样本平均数差数标准误 $S_{\bar{x}_{i.} - \bar{x}_{j.}}$

$$S_{\bar{x}_{i.} - \bar{x}_{j.}} = \sqrt{2MS_e/r} = \sqrt{2 \times 0.691/4} = 0.588$$

2. 由式（3-16）计算最小显著差数 $LSD_{0.05}$ 和 $LSD_{0.01}$

由于误差自由度 $df_e = 15$，查 t 值表得：$t_{0.05(15)} = 2.131$，$t_{0.01(15)} = 2.947$

所以，在显著水平为 0.05 与 0.01 时的最小显著差数为：

$$LSD_{0.05} = t_{0.05(df_e)} S_{\bar{x}_{i.} - \bar{x}_{j.}} = 2.131 \times 0.588 = 1.25$$

$$LSD_{0.01} = t_{0.01(df_e)} S_{\bar{x}_{i.} - \bar{x}_{j.}} = 2.947 \times 0.588 = 1.73$$

3. 列出平均数的多重比较表

各处理按其平均数从大到小自上而下排列，如表 3-6 所示。

4. 各处理平均数的比较

将平均数多重比较表中两两平均数的差数与 $LSD_{0.05}$、$LSD_{0.01}$ 比较，做出统计推断。

将表 3-6 中的各个处理间的差数分别与 $LSD_{0.05}$、$LSD_{0.01}$ 比较，小于 $LSD_{0.05}$ 时，表明两个处理的效果不显著，不标记符号；介于 $LSD_{0.05}$ 与 $LSD_{0.01}$ 之间，表明两个处理差异显著，在差数的右上方标记"＊"；大于 $LSD_{0.01}$ 时，表明两个处理间差异极显著，在差数的右上方标记"＊＊"。例 3-1 各处理多重比较结果见表 3-6。

表3-6　　　　　　　5 种污水处理方法除杂效果的多重比较结果 （*LSD* 法）

污水处理方法	$\bar{x}_{i.}$	$\bar{x}_{i.} - 1.3$	$\bar{x}_{i.} - 5.1$	$\bar{x}_{i.} - 7.1$	$\bar{x}_{i.} - 7.5$
D	8.5	7.2 **	3.4 **	1.4 *	1.0
B	7.5	6.2 **	2.4 **	0.4	
C	7.1	5.8 **	2.0 **		
A	5.1	3.8 **			
E	1.3				

由表 3-6 可以看出，除处理 D 与 B、B 与 C 差异不显著外，其余污水处理方法之间的差异达到显著或极显著水平。D 处理的除杂量最大，效果最好，E 效果最差。

LSD 法的应用说明：

①*LSD* 法实质上就是 *t* 检验法。

它是根据两个样本平均数差数的抽样分布提出的。但是，由于 *LSD* 法是利用 *F* 检验中的误差自由度 df_e 查临界 *t* 值，利用误差均方 MS_e 计算均数差数标准误 $S_{\bar{x}_{i.} - \bar{x}_{j.}}$ 的，因而 *LSD* 法又不同于每次利用两组数据进行多个平均数两两比较的 *t* 检验法。

②*LSD* 法更适用于各处理组与对照组比较而处理组间不进行比较的分析。

对于多个处理平均数所有可能的两两比较，*LSD* 法的优点在于方法比较简便，克服一般检验法所具有的某些缺点，但是由于没有考虑相互比较的处理平均数依数值大小排列上的秩次，故仍有推断可靠性低、犯 I 型错误概率增大的问题。为克服此弊病，统计学家提出了最小显著极差法 *LSR* 法。

（二） 最小显著极差法 （*LSR* 法， **Least significant range**）

LSR 法的特点是把平均数的差数看成是平均数的极差，根据极差范围内所包含的处理数 *k* （秩次距）的不同而采用不同的检验尺度，即最小显著极差 LSR_α。

LSR 法克服了 *LSD* 法的不足，但检验的工作量有所增加。常用的 *LSR* 法有 *q* 检验法 （Student - Newman - Keuls，SNK 法）和新复极差法（Duncan's 法、邓肯氏法）两种。

1. *q* 检验法 （*q* - test）

q 检验法是以统计量 *q* 的概率分布为基础的。*q* 值由式（3-14）求得：

$$q = R/S_{\bar{x}} \qquad (3-17)$$

式中　*R*——极差；

$S_{\bar{x}}$——标准误，其分布依赖于误差自由度 df_e 及秩次距 *K*。

为了简便起见，利用 *q* 检验法作多重比较时，是将极差 *R* 与 $q_{\alpha(df_e, K)} S_{\bar{x}}$ 进行比较，从而做出统计推断。所以，$q_{\alpha(df_e, K)} S_{\bar{x}}$ 就称为 α 水平上的最小显著极差。记为

$$LSR_{\alpha, K} = q_{\alpha(df_e, K)} S_{\bar{x}} \qquad (3-18)$$

其中

$$S_{\bar{x}} = \sqrt{MS_e/r} \qquad (3-19)$$

当显著水平 α = 0.05 和 0.01 时，根据误差自由度 df_e 及秩次距 *K* 由附表 6（*q* 值表）查出 $q_{0.05(df_e, K)}$ 和 $q_{0.01(df_e, K)}$，求得 *LSR*。

$$LSR_{0.05, K} = q_{0.05(df_e, K)} S_{\bar{x}}, \quad LSR_{0.01, K} = q_{0.01(df_e, K)} S_{\bar{x}}$$

对于例 3-1，利用 *q* 检验法进行多重比较时，步骤如下：

①列出平均数多重比较表；

②由自由度 df_e、秩次距 K 查临界 q 值，计算最小显著极差 $LSR_{0.05,k}$，$LSR_{0.01,k}$；

因为 $MS_e = 0.691$，故标准误 $S_{\bar{x}}$ 为

$$S_{\bar{x}} = \sqrt{MS_e/r} = \sqrt{0.691/4} = 0.416$$

根据误差自由度 df_e，秩次距 $K = 2$、3、4、5，由附表6查得临界 q 值，由式（3 – 18）求得不同尺度的最小显著极差，结果见表3 – 7。

表3 – 7 q 值与 LSR 值

df_e	秩次距 K	$q_{0.05}$	$q_{0.01}$	$LSR_{0.05}$	$LSR_{0.01}$
15	2	3.01	4.17	1.25	1.73
	3	3.67	4.84	1.53	2.01
	4	4.08	5.25	1.70	2.18
	5	4.37	5.56	1.82	2.31

③将平均数多重比较表中的各差数与相应的最小显著极差 $LSR_{0.05,K}$、$LSR_{0.01,K}$ 比较，作出统计推断。

将表3 – 8中的各处理平均数之差与表3 – 7中相应秩次距 K 下的 LSR 值比较，检验结果见表3 – 8。

表3 – 8 5 种污水处理方法除杂效果的多重比较 （q 值）

污水处理方法	$\bar{x}_{i.}$	$\bar{x}_{i.} - 1.3$	$\bar{x}_{i.} - 5.1$	$\bar{x}_{i.} - 7.1$	$\bar{x}_{i.} - 7.5$
D	8.5	7.2**	3.4**	1.4	1.0
B	7.5	6.2**	2.4**	0.4	
C	7.1	5.8**	2.0**		
A	5.1	3.8**			
E	1.3				

由表3 – 8可以看出，除 D、B、C 三者之间差异不显著外，其余两两均数间的差异均达到极显著水平。

2. 新复极差法（New multiple range method）

此法是由邓肯（Duncan）于 1955 年提出，又称 Duncan 法，也称 SSR 法（shortest significant range）。

新复极差法与 q 检验法的检验步骤相同，唯一不同的是计算最小显著极差时需查 SSR 表（附表7）而不是查 q 值表。最小显著极差计算公式为

$$LSR_{\alpha,K} = SSR_{\alpha(df_e,K)} S_{\bar{x}} \qquad (3 – 20)$$

其中，$SSR_{\alpha(df_e,K)}$ 是根据显著水平 α、误差自由度 df_e、秩次距 K，由 SSR 表查得临界 SSR 值。$S_{\bar{x}}$ 为标准误，$S_{\bar{x}} = \sqrt{MS_e/r}$。

对于例 3 – 1 分析，$S_{\bar{x}} = 0.691$，根据 $df_e = 15$，$K = 2$、3、4、5，由附表7查出临界 $SSR_{0.05(15,K)}$ 和 $SSR_{0.01(15,K)}$，乘以 $S_{\bar{x}}$，求得不同秩次距 K 下的最小显著极差，见表3 – 9。多重比较结果见表3 – 10。

表 3 – 9   *SSR* 值与 *LSR* 值

df_e	秩次距 K	$SSR_{0.05}$	$SSR_{0.01}$	$LSR_{0.05}$	$LSR_{0.01}$
	2	3.01	4.17	1.25	1.73
15	3	3.16	4.37	1.31	1.82
	4	3.25	4.50	1.35	1.87
	5	3.31	4.58	1.38	1.91

表 3 – 10   5 种污水处理方法除杂效果的多重比较结果 （*SSR* 法）

污水处理方法	$\bar{x}_{i.}$	$\bar{x}_{i.} - 1.3$	$\bar{x}_{i.} - 5.1$	$\bar{x}_{i.} - 7.1$	$\bar{x}_{i.} - 7.5$
D	8.5	7.2**	3.4**	1.4*	1.0
B	7.5	6.2**	2.4**	0.4	
C	7.1	5.8**	2.0**		
A	5.1	3.8**			
E	1.3				

由分析可以看出，三种多重比较方法的检验尺度是不同的，其关系为

$$LSD \text{ 法} \leqslant \text{新复极差法} \leqslant q \text{ 检验法}$$

一个试验资料，究竟采用哪一种多重比较方法，主要应根据否定一个正确的 H_0 和接受一个不正确的 H_0 的相对重要性来决定。如果否定正确的 H_0 是事关重大或后果严重的，或对试验要求严格时，用 q 检验法较为妥当；如果接受一个不正确的 H_0 是事关重大或后果严重的，则宜用新复极差法。生物试验中，由于试验误差较大，常采用新复极差法 *SSR*，即邓肯氏检验法；F 检验显著后，为了简便，也可采用 *LSD* 法。

当试验研究的目的在于比较处理与对照之间的差异性，而不在于比较处理与处理之间，此时亦可采用 Dunnett 法进行多重比较，Dunnett 法适用于 k 个处理组与一个对照组均数差异的多重比较。

$$t = \frac{\bar{x}_{i.} - \bar{x}_{ck}}{S_{\bar{x}_{i.} - \bar{x}_{ck}}} \tag{3-21}$$

式中　　$\bar{x}_{i.}$——第 i 个处理组的均数；

　　　　$\bar{x}_{ck}$——对照组的均数；

　　　　$S_{\bar{x}_{i.} - \bar{x}_{a}}$——均数差值标准误。

$$S_{\bar{x}_{i.} - \bar{x}_{ck}} = \sqrt{MS_e \left(\frac{1}{n_i} + \frac{1}{n_{ck}} \right)} \tag{3-22}$$

根据误差自由度 df_e、处理组数 k 以及 α 查 Dunnett 检验临界值表，若 $|t| \geqslant t'_a$，则在 α 水平上否定 H_0。

（三）多重比较结果的表示

多重比较结果的表示方法较多，常用的有以下两种。

1. 三角形法

此法是将多重比较结果直接标记在平均数多重比较表上，如表 3 – 6、表 3 – 8、表 3 – 10 所示。此法的优点是简便直观，缺点是占用篇幅较大。因此，在科技论文中应用较少。

2. 标记字母法

此法是先将各处理平均数由大到小自上而下排列；然后在最大平均数后标记字母 a，并将该平均数与以下各平均数依次相比，凡差异不显著标记同一字母，直到某一个与其差异显著的平均数标记字母 b；再以标有字母 b 的平均数为标准，与上方比它大的各个平均数比较，凡差异不显著一律再加标 b，直至显著为止；再以标记有字母 b 的最大平均数为标准，与下面各未标记字母的平均数相比，凡差异不显著，继续标记字母 b，直至某一个与其差异显著的平均数标记 c；……；如此重复下去，直至最小一个平均数被标记比较完毕为止。这样，各平均数间凡有一个相同字母的即为差异不显著，凡无相同字母的即为差异显著。通常，用小写拉丁字母表示显著水平在 $\alpha = 0.05$，用大写拉丁字母表示显著水平在 $\alpha = 0.01$。此法的优点是占篇幅小，在科技文献中常见。

对于例 3 - 1，采用 SSR 法作多重比较，结果见表 3 - 11。先将各处理平均数由大到小自上而下排列，在显著水平 $\alpha = 0.05$ 时，先在平均数 8.5 行上标记字母 a；由于 8.5 与 7.5 之差为 1.0，在 $\alpha = 0.05$ 水平上不显著，所以在平均数 7.5 行上标记字母 a；由于 8.5 与 7.1 之差为 1.4，在 $\alpha = 0.05$ 水平上显著，所以在平均数 7.1 行上标记字母 b；然后以标记字母 b 的平均数 7.1 与其上方的平均数 7.5 比较，差数为 0.4，在 $\alpha = 0.05$ 水平上不显著，所以在平均数 7.5 行上标记字母 b；再将平均数 7.1 与平均数 5.1 比较，差数为 2.0，在 $\alpha = 0.05$ 水平上显著，所以在平均数 5.1 行上标记字母 c；此时将 5.1 与 1.3 比较，差数为 3.8，在 $\alpha = 0.05$ 水平上显著，在 1.3 行上标记字母 d。

类似地，可以在 $\alpha = 0.01$ 将各处理平均数标记上字母，结果见表 3 - 11。

表 3 - 11　　　　　　　　5 种污水处理方法多重比较结果　（SSR 法）

处理方法	$\bar{x}_L$	差异显著性	
		0.05	0.01
D	8.5	a	A
B	7.5	ab	A
C	7.1	b	A
A	5.1	c	B
E	1.3	d	C

由表 3 - 11 可以看出，在 $\alpha = 0.05$ 水平下，处理 D 与 B、B 与 C 均数间差异不显著，其余均差异显著；在 $\alpha = 0.01$ 水平下，处理 D、B、C 三者均数两两间差异不显著，其余差异显著。

应当注意，无论采用哪种方法表示多重比较结果，都应注明采用的是哪一种多重比较方法。

第三节　单因素试验资料的方差分析

根据试验所研究因素的多少，方差分析可分为单因素试验、双因素试验和多因素试验资料的方差分析。单因素试验资料的方差分析是最简单的一种，也是最常用的一种，目的在于判断试验因素各个水平的优劣。

根据试验处理内重复数是否相等，单因素试验资料的方差分析又分为重复数相等和重复数不等两种情况。前面讨论的例3-1是重复数相等的情况；当重复数不等时，各项平方和与自由度的计算，多重比较中标准误的计算略有不同。

一、 处理重复数相等的单因素试验资料方差分析

[例3-2] 用4种不同方法对某样品中的汞进行测定，每种方法重复测定5次，结果如表3-12所示。试分析这4种方法测定结果有无显著性差异。

表3-12　　　　　　　　　　　　4种不同方法测定汞含量

测定方法	测定结果/（μg/kg）					$x_{i.}$	$\bar{x}_{i.}$
A	22.6	21.8	21.0	21.9	21.5	108.8	21.76
B	19.1	21.8	20.1	21.2	21.0	103.2	20.64
C	18.9	20.4	19.0	20.1	18.6	97.0	19.40
D	19.0	21.4	18.8	20.0	20.2	99.4	19.88
合计						$x_{..}=408.4$	

这是一个单因素试验资料，试验处理数 $k=4$，每个处理的重复次数 $r=5$。现对其方差分析如下：

1. 计算各项平方和与自由度

修正项

$$CT = \frac{1}{n}x_{..}^2 = \frac{1}{kr}x_{..}^2 = \frac{1}{20} \times 408.4^2 = 8339.528$$

$$SS_T = \sum\sum x_{ij}^2 - CT = (22.6^2 + 21.8^2 + \cdots + 20.0^2 + 20.2^2) - 8339.528 = 28.612$$

$$SS_t = \frac{1}{r}\sum x_{i.}^2 - CT = \frac{1}{5}(108.8^2 + 103.2^2 + 97.0^2 + 99.4^2) - 8339.528 = 15.880$$

$$SS_e = SS_T - SS_t = 28.612 - 15.880 = 12.732$$

$$df_T = kr - 1 = 4 \times 5 - 1 = 19, \quad df_t = k - 1 = 4 - 1 = 3, \quad df_e = df_T - df_t = 19 - 3 = 16$$

2. 列出方差分析表，进行 F 检验

表3-13　　　　　　　　　　4种不同方法测定汞含量的方差分析表

变异来源	平方和	自由度	均方	F	显著性
测定方法	15.880	3	5.2933	6.652	**
误差 e	12.732	16	0.7957		
总和	28.612	19			

根据 $df_1 = df_t = 3$，$df_2 = df_e = 16$ 查临界 F 值得：$F_{0.05(3,16)} = 3.24$，$F_{0.01(3,16)} = 5.29$，因为 $F > F_{0.01(3,16)}$，即 $P < 0.01$，表明4种方法测定的汞含量结果差异极显著。

3. 多重比较

采用新复极差法，因为 $MS_e = 0.7957$，$r = 5$，所以标准误 $S_{\bar{x}}$ 为：

$$S_{\bar{x}} = \sqrt{MS_e/r} = \sqrt{0.7957/5} = 0.3989$$

根据 $df_e = 16$，秩次距 $K = 2$，3，4，由附表 7 查出 $\alpha = 0.05$ 和 $\alpha = 0.01$ 的临界 SSR 值，计算各秩次距对应的最小显著极差 LSR，结果见表 3 – 14。各处理平均数多重比较结果见表 3 – 15。

表 3 – 14　　　　　　　　　　　　　　SSR 值与 LSR 值

df_e	秩次距 K	$SSR_{0.05}$	$SSR_{0.01}$	$LSR_{0.05}$	$LSR_{0.01}$
	2	3.00	4.13	1.20	1.65
16	3	3.15	4.34	1.26	1.73
	4	3.23	4.45	1.29	1.78

表 3 – 15　　　　　4 种不同方法测定汞含量多重比较结果　（SSR 法）

测定方法	平均数 $\bar{x}_{i.}$	$\bar{x}_{i.} - 19.40$	$\bar{x}_{i.} - 19.88$	$\bar{x}_{i.} - 20.64$
A	21.76	2.36**	1.88**	1.12
B	20.64	1.24	0.76	
D	19.88	0.48		
C	19.40			

将表 3 – 15 中的差数与表 3 – 14 中相应的最小显著极差比较，结果表明，A 方法测出的汞含量结果极显著高于 C、D 法，其他均不显著。

通常，在试验或调查设计时力求各处理的观察值个数（即各样本含量 r）相等，以便于统计分析和提高精确度。

二、　各处理重复数不等的单因素试验资料方差分析

（一）　平方和与自由度的分解

设处理数为 k；各处理重复数为 n_1，n_2，$\cdots$，n_k；试验观测值总数为 $N = \sum_{i=1}^{k} n_i$。则

修正项

$$CT = \frac{\left(\sum_{i=1}^{k} \sum_{j=1}^{n_i} x_{ij} \right)^2}{\sum_{i=1}^{k} n_i} = x_{..}^2 / N$$

总平方和

$$SS_T = \sum_{i=1}^{k} \sum_{j=1}^{n_i} (x_{ij} - \bar{x}_{..})^2 = \sum_{i=1}^{k} \sum_{j=1}^{n_i} x_{ij}^2 - CT$$

处理间平方和

$$SS_t = \sum_{i=1}^{k} n_i (\bar{x}_{i.} - \bar{x}_{..})^2 = \sum_{i=1}^{k} \left(\frac{x_{i.}^2}{n_i} \right) - CT$$

处理内平方和（误差平方和）

$$SS_e = \sum_{i=1}^{k} \sum_{j=1}^{n_i} (x_{ij} - \bar{x}_{i.})^2 = SS_T - SS_t$$

总自由度

$$df_T = N - 1$$

处理间自由度

$$df_t = k - 1$$

处理内自由度

$$df_e = df_T - df_t$$

（二）多重比较

因为各处理重复数不等，所以先计算出平均重复次数 n_0 来代替等重复多重比较时的 r。

$$n_0 = \frac{1}{k-1}\left[\sum n_i - \frac{\sum n_i^2}{\sum n_i} \right] \qquad (3-23)$$

（三）实例

[**例3-3**] 参考饼干评分标准，对三种不同品牌饼干产品（A、B、C）的质量进行评分，满分30分，评分结果列于表3-16，试分析三种品牌的饼干质量评分有无显著差异。

表3-16 三种品牌饼干感官评分结果

饼干品牌	评分结果							$x_i.$	$\bar{x}_i.$	n_i
A	19	20	22	23	21	18	17	140	20	7
B	15	16	17	18	19			85	17	5
C	23	24	25	24				96	24	4
								$x_{..} = 321$		$N = 16$

处理数 $k = 3$，各处理重复数不等。现作方差分析。

1. 计算平方和与自由度

$$CT = x_{..}^2 / N = 321^2 / 16 = 6440.0625$$

$$SS_T = \sum_{i=1}^{k} \sum_{j=1}^{n_i} x_{ij}^2 - CT = (19^2 + 20^2 + \cdots + 25^2 + 24^2) - 6440.0625 = 148.9375$$

$$SS_t = \sum_{i=1}^{k} \left(\frac{x_i^2}{n_i}\right) - CT = \left(\frac{140^2}{7} + \frac{85^2}{5} + \frac{96^2}{4}\right) - 6440.0625 = 108.9375$$

$$SS_e = SS_T - SS_t = 148.9375 - 108.9375 = 40.00$$

$$df_T = N - 1 = 16 - 1 = 15, \; df_t = k - 1 = 3 - 1 = 2$$

$$df_e = df_T - df_t = 15 - 2 = 13$$

2. 列出方差分析表，进行 F 检验

方差分析表见表3-17。

表3-17 三种品牌饼干评分结果方差分析表

变异来源	平方和	自由度	均方	F	显著性
品牌间	108.9375	2	54.47	17.69	**
误差 e	40.0000	13	3.08		
总和	148.9375	15			

根据 $df_1 = df_t = 2$，$df_2 = df_e = 13$ 查临界 F 值得：$F_{0.05(2,13)} = 3.81$，$F_{0.01(2,13)} = 6.70$，因为 $F > F_{0.01(2,13)}$，即 $P < 0.01$，表明三种品牌饼干的感官评分有极显著差异，进一步作多重比较。

3. 多重比较

采用新复极差法（SSR 法）。因为各处理重复数不等，先计算出平均重复次数 n_0。

$$n_0 = \frac{1}{k-1}\left(\sum n_i - \frac{\sum n_i^2}{\sum n_i} \right) = \frac{1}{3-1}\left(16 - \frac{7^2 + 5^2 + 4^2}{16} \right) = 5.1875$$

故标准误 $S_{\bar{x}}$ 为：

$$S_{\bar{x}} = \sqrt{MS_e / n_0} = \sqrt{3.08/5.1875} = 0.7705$$

当 $df_e = 13$，$K = 2$，3 时，查 SSR 值表得 $SSR_{0.05}$、$SSR_{0.01}$ 值，计算 $LSR_{0.05}$、$LSR_{0.01}$，如表 3 – 18 所示。多重比较结果见表 3 – 19。

表 3 – 18 多重比较时的 LSR

df_e	k	$SSR_{0.05}$	$SSR_{0.01}$	$LSR_{0.05}$	$LSR_{0.01}$
13	2	3.06	4.26	2.36	3.28
	3	3.21	4.48	2.47	3.45

表 3 – 19 三种饼干感官评分多重比较结果 （SSR 法）

饼干品牌	感官评分	差异显著性	
		$\alpha = 0.05$	$\alpha = 0.01$
C	24	a	A
A	20	b	B
B	17	c	B

多重比较结果表明，饼干品牌 A、B、C 之间评分差异显著，其中 C 品牌评分极显著高于 A、B，质量最好。

第四节　双因素试验资料的方差分析

上节讨论了单因素试验资料的方差分析，它只能解决一个因素各个水平之间的比较问题。但在科研和生产实践中，影响试验指标的因素往往是多方面的。譬如影响生产后食品质量因素除食品种类、食品卫生外，包装方式、贮藏条件、运销过程等也是重要的影响因素。因此，在食品科学试验中有必要同时考察两个因素或两个以上因素对试验指标的影响，这就要求进行两因素或多因素试验。对于双因素试验资料的方差分析，基本思想和方法与单因素试验方法分析一样。所不同的是在双因素试验中，有可能会出现交互作用的影响。按照同一处理是否进行重复试验，双因素试验方差分析又分为无重复和有重复两种，下面分别给予介绍。

一、 双因素无重复试验资料的方差分析

对于 A、B 两个试验因素，因素 A 取 A_1，A_2，$\cdots$，A_a 共 a 个水平，因素 B 取 B_1，B_2，$\cdots$，B_b 共 b 个水平。A 和 B 两个因素的每个水平搭配 A_iB_j（$i = 1, 2, \cdots, a; j = 1, 2, \cdots, b$）各进行一次独立试验，共进行 $n = a \times b$ 次试验，试验数据为 x_{ij}（$i = 1, 2, \cdots, a; j = 1, 2, \cdots, b$），如表 3 - 20 所示。要求分别检验 A、B 两因素对试验结果有无显著影响。

表 3 - 20 双因素无重复试验数据模式

A 因素	B 因素						合计 $x_{i.}$	平均 $\bar{x}_{i.}$
	B_1	B_2	...	B_j	...	B_b		
A_1	x_{11}	x_{12}	$\cdots$	x_{1j}	$\cdots$	x_{1b}	$x_{1.}$	$\bar{x}_{1.}$
A_2	x_{21}	x_{22}	$\cdots$	x_{2j}	$\cdots$	x_{2b}	$x_{2.}$	$\bar{x}_{2.}$
$\vdots$	$\vdots$	$\vdots$		$\vdots$		$\vdots$	$\vdots$	$\vdots$
A_i	x_{i1}	x_{i2}	$\cdots$	x_{ij}	$\cdots$	x_{ib}	$x_{i.}$	$\bar{x}_{i.}$
$\vdots$	$\vdots$	$\vdots$		$\vdots$		$\vdots$	$\vdots$	$\vdots$
A_a	x_{a1}	x_{a2}	$\cdots$	x_{aj}	$\cdots$	x_{ab}	$x_{a.}$	$\bar{x}_{a.}$
合计 $x_{.j}$	$x_{.1}$	$x_{.2}$	$\cdots$	$x_{.j}$	$\cdots$	$x_{.b}$	$x_{..}$	$\bar{x}_{..}$
平均 $\bar{x}_{.j}$	$\bar{x}_{.1}$	$\bar{x}_{.2}$	$\cdots$	$\bar{x}_{.j}$	$\cdots$	$\bar{x}_{.b}$		

表中

$$x_{i.} = \sum_{j=1}^{b} x_{ij}(i = 1,2,\cdots,a), \quad \bar{x}_{i.} = \frac{1}{b}x_{i.}, \quad x_{.j} = \sum_{i=1}^{a} x_{ij}(j = 1,2,\cdots,b),$$

$$\bar{x}_{.j} = \frac{1}{a}x_{.j}, \quad x_{..} = \sum_{i=1}^{a}\sum_{j=1}^{b} x_{ij}, \quad \bar{x}_{..} = \frac{1}{ab}x_{..} = \frac{1}{n}x_{..}$$

双因素无重复试验资料的方差分析时，如果双因素之间存在互作效应，则会与试验误差混淆，因而不能取得合理的试验误差估计。只有当双因素之间互作效应不存在，或可以忽略不计时，才能正确估计试验误差。所以双因素无重复试验资料的方差分析也就是不考虑交互作用的双因素试验资料方差分析。

（一）双因素无重复试验资料方差分析步骤

1. 平方和与自由度的剖分

两因素无重复观测值的试验，A 因素的每个水平有 b 次重复，B 因素的每个水平有 a 次重复，每个观测值同时受到 A、B 两因素及随机误差的影响。所以，仿照单因素方差分析方法，对平方和与自由度进行分解。

（1）平方和的分解 总平方和

$$
\begin{aligned}
SS_T &= \sum_{i=1}^{a}\sum_{j=1}^{b}(x_{ij} - \bar{x}_{..})^2 \\
&= \sum_{i=1}^{a}\sum_{j=1}^{b}(\bar{x}_{i.} - \bar{x}_{..})^2 + \sum_{i=1}^{a}\sum_{j=1}^{b}(\bar{x}_{.j} - \bar{x}_{..})^2 + \sum_{i=1}^{a}\sum_{j=1}^{b}(x_{ij} - \bar{x}_{i.} - \bar{x}_{.j} + \bar{x}_{..})^2 \\
&= b\sum_{i=1}^{a}(\bar{x}_{i.} - \bar{x}_{..})^2 + a\sum_{j=1}^{b}(\bar{x}_{.j} - \bar{x}_{..})^2 + \sum_{i=1}^{a}\sum_{j=1}^{b}(x_{ij} - \bar{x}_{i.} - \bar{x}_{.j} + \bar{x}_{..})^2
\end{aligned}
\tag{3-24}
$$

令

$$SS_A = b \sum_{i=1}^{a} (\bar{x}_{i.} - \bar{x}_{..})^2 \qquad (3-25)$$

SS_A 为因素 A 各水平间的平方和，反映了因素 A 对试验结果的影响；

令

$$SS_B = a \sum_{j=1}^{b} (\bar{x}_{.j} - \bar{x}_{..})^2 \qquad (3-26)$$

SS_B 为因素 B 各水平间的平方和，反映了因素 B 对试验结果的影响；

令

$$SS_e = \sum_{i=1}^{a} \sum_{j=1}^{b} (x_{ij} - \bar{x}_{i.} - \bar{x}_{.j} + \bar{x}_{..})^2 \qquad (3-27)$$

SS_e 为误差平方和，反映了试验误差的影响大小。

于是式（3-27）可记为

$$SS_T = SS_A + SS_B + SS_e \qquad (3-28)$$

同理，可简化各项平方和的计算

$$CT = \frac{1}{n} x_{..}^2$$

$$SS_T = \sum_{i=1}^{a} \sum_{j=1}^{b} (x_{ij} - \bar{x}_{..})^2 = \sum_{i=1}^{a} \sum_{j=1}^{b} x_{ij}^2 - \frac{1}{n} \cdot x_{..}^2 = \sum_{i=1}^{a} \sum_{j=1}^{b} x_{ij}^2 - CT$$

$$SS_A = b \sum_{i=1}^{a} (\bar{x}_{i.} - \bar{x}_{..})^2 = \frac{1}{b} \sum_{i=1}^{a} x_{i.}^2 - \frac{1}{n} x_{..}^2 = \frac{1}{b} \sum_{i=1}^{a} x_{i.}^2 - CT$$

$$SS_B = a \sum_{j=1}^{b} (\bar{x}_{.j} - \bar{x}_{..})^2 = \frac{1}{a} \sum_{j=1}^{b} x_{.j}^2 - \frac{1}{n} x_{..}^2 = \frac{1}{a} \sum_{j=1}^{b} x_{.j}^2 - CT$$

$$SS_e = SS_T - SS_A - SS_B \qquad (3-29)$$

（2）自由度的分解

总自由度

$$df_T = ab - 1 = n - 1$$

A 因素的自由度

$$df_A = a - 1 \qquad (3-30)$$

B 因素的自由度

$$df_B = b - 1$$

误差的自由度

$$df_e = df_T - df_A - df_B = (a-1)(b-1)$$

2. 编制方差分析表，进行 F 检验

根据上述计算结果，编制出方差分析表，作 F 检验，如表 3-21 所示。

表 3-21　　　　　　　　　　双因素无重复试验方差分析表

变异来源	平方和	自由度	均方	F	F_α	显著性
因素 A	SS_A	$df_A = a-1$	$MS_A = SS_A/(a-1)$	$F_A = \dfrac{MS_A}{MS_e}$	（查表）	

续表

变异来源	平方和	自由度	均方	F	F_α	显著性
因素 B	SS_B	$df_B = b - 1$	$MS_B = SS_B/(b-1)$	$F_B = \dfrac{MS_B}{MS_e}$		
误差 e	SS_e	$df_e = (a-1)(b-1)$	$MS_e = SS_e/[(a-1)(b-1)]$			
总和	SS_T	$df_T = n - 1$				

对于给定的显著水平 α，在相应自由度下查附表5，得到 $F_{\alpha|(a-1),(a-1)(b-1)|}$、$F_{\alpha|(b-1),(a-1)(b-1)|}$。对于因素 A，若 $F_A > F_{\alpha|(a-1),(a-1)(b-1)|}$，拒绝原假设，表明因素 A 对结果有显著的影响；否则，接受原假设，表明因素 A 对结果没有显著的影响。对于因素 B，若 $F_B > F_{\alpha|(b-1),(a-1)(b-1)|}$，拒绝因素 B 的原假设，表明因素 B 对结果有显著的影响；否则，就接受原假设，表明因素 B 对结果没有显著的影响。

（二）双因素无重复试验资料方差分析实例

[例3-4] 某食品质检部门有检验员 3 名，担任原材料以及产品质量的检验。现对随机抽取的 5 个批次产品进行检验，检验结果见表3-22。试分析 3 名检验员的化验技术以及 5 个批次产品质量有无显著差异。

表3-22　　　　　　　　　　试验数据及计算表

| 检验员 | 产品 | | | | | $x_{i.}$ | $\bar{x}_{i.}$ |
	B_1	B_2	B_3	B_4	B_5		
A_1	8.2	13.6	9.5	8.4	11.3	51.0	10.20
A_2	8.4	13.5	9.7	8.6	11.2	51.4	10.28
A_3	8.3	13.7	9.6	8.5	11.4	51.5	10.30
$x_{.j}$	24.9	40.8	28.8	25.5	33.9	$x_{..} = 153.9$	
$\bar{x}_{.j}$	8.3	13.6	9.6	8.5	11.3		

此数据为两因素无重复试验数据资料，其中 $a = 3$，$b = 5$，方差分析如下：

1. 平方和与自由度的计算

由表3-22中数据可求得：

$$CT = \frac{x_{..}^2}{ab} = \frac{153.9^2}{3 \times 5} = 1579.014$$

$$SS_T = \sum_{i=1}^{a} \sum_{j=1}^{b} x_{ij}^2 - CT = (8.2^2 + 13.6^2 + \cdots + 8.5^2 + 11.4^2) - 1579.014 = 58.936$$

$$SS_A = \frac{1}{b} \sum_{i=1}^{a} x_{i.}^2 - CT = \frac{1}{5}(51.0^2 + 51.4^2 + 51.5^2) - 1579.014 = 0.028$$

$$SS_B = \frac{1}{a} \sum_{j=1}^{b} x_{.j}^2 - CT = \frac{1}{3}(24.9^2 + 40.8^2 + 28.8^2 + 25.5^2 + 33.9^2) - 1579.014 = 58.836$$

$$SS_e = SS_T - SS_A - SS_B = 58.936 - 0.028 - 58.836 = 0.072$$

$$df_A = a - 1 = 3 - 1 = 2, \quad df_B = b - 1 = 5 - 1 = 4, \quad df_e = (a-1)(b-1) = (3-1)(5-1) = 8$$

2. 计算均方，构造 F 统计量

$$MS_A = SS_A/df_A = 0.028/2 = 0.014, MS_B = SS_B/df_B = 58.836/4 = 14.709$$

$$MS_e = SS_e/df_e = 0.072/8 = 0.009$$

$$F_A = \frac{MS_A}{MS_e} = \frac{0.014}{0.009} = 1.56, F_B = \frac{MS_B}{MS_e} = \frac{14.709}{0.009} = 1634.33$$

3. 列出方差分析表

上述计算结果见表 3 – 23，得方差分析表。

表 3 – 23 方差分析表

变异来源	平方和	自由度	均方	F	F_α	显著性
因素 A	0.028	2	0.014	1.56	$F_{0.05(2,8)} = 4.56$	
因素 B	58.836	4	14.709	1634.33	$F_{0.01(4,8)} = 7.01$	**
误差 e	0.072	8	0.009			
总和	58.936	14				

因为 A 因素的 F 值 $F_A = 1.56 < F_{0.05(2,8)} = 4.56$，$P > 0.05$，故认为因素 A 对试验结果无显著影响，即 3 名检验员的分析技术水平无显著差异。

因为 B 因素的 F 值 $F_B = 1634.33 > F_{0.01(4,8)} = 7.01$，$P < 0.01$，故认为因素 B 对试验结果有极显著影响，表明 5 个产品的质量差异极显著。

4. 多重比较分析

由于因素 B 对试验结果有极显著影响，有必要作多重比较分析。在两因素无重复观测值试验中，B 因素每一水平的重复数恰为 A 因素的水平数 a，故 B 因素的标准误为 $S_{\bar{x}_{.j}} = \sqrt{MS_e/a}$。

对［例 3 – 4］分析，采用 q 检验法进行多重比较，$a = 3$，$MS_e = 0.009$，故标准误为

$$S_{\bar{x}_{.j}} = \sqrt{MS_e/a} = \sqrt{0.009/3} = 0.055$$

由 $df_e = 8$，秩次距 $K = 2, 3, \cdots, 5$，查临界 q 值表（附表6），计算最小显著极差 LSR，见表 3 – 24。

表 3 – 24 q 值与 LSR 值

df_e	秩次距 K	$q_{0.05}$	$q_{0.01}$	$LSR_{0.05}$	$LSR_{0.01}$
8	2	3.26	4.75	0.18	0.26
	3	4.04	5.64	0.22	0.31
	4	4.53	6.20	0.25	0.34
	5	4.89	6.62	0.27	0.36

B 因素各水平均值多重比较结果见表 3 – 25、表 3 – 26。

表 3 – 25 多重比较结果 （q 法）

处理	$\bar{x}_{.j}$	$\bar{x}_{.j} - 8.3$	$\bar{x}_{.j} - 8.5$	$\bar{x}_{.j} - 9.6$	$\bar{x}_{.j} - 11.3$
B_2	13.6	5.3 **	5.1 **	4.0 **	2.3 **

续表

处理	$\bar{x}_{.j}$	$\bar{x}_{.j}-8.3$	$\bar{x}_{.j}-8.5$	$\bar{x}_{.j}-9.6$	$\bar{x}_{.j}-11.3$
B_5	11.3	3.0**	2.8**	1.7**	
B_3	9.6	1.3**	1.1**		
B_4	8.5	0.2*			
B_1	8.3				

表 3-26 　　　　　　　　　　　　多重比较结果

处理	均值 $\bar{x}_{.j}$	5%水平	1%水平
B_2	13.6	a	A
B_5	11.3	b	B
B_3	9.6	c	C
B_4	8.5	d	D
B_1	8.3	e	E

结果表明，除 B_4 与 B_1 差异显著外，其余处理间差异极显著。

二、 双因素等重复试验资料的方差分析

前面介绍的双因素无重复观测值试验只适用于两个因素间无交互作用或交互作用忽略不计的情况。如果两因素间有交互作用，若每个水平组合中只设一个试验单位（观察单位）的试验设计是不正确的或不完善的。这是因为：①在这种情况下，SS_e、df_e 实际上是 A、B 两因素交互作用平方和与自由度，所算得的 MS_e 是交互作用均方，主要反映由交互作用引起的变异；②这时若仍按前述方法进行方差分析，由于误差均方值大（包含交互作用在内），有可能掩盖试验因素的显著性，从而增大犯 II 型错误的概率；③每个水平组合只有一个观测值，无法估计真正的试验误差，因而不可能对因素的交互作用进行研究。因此，在进行两因素或多因素试验时，一般应设置重复，以便正确估计试验误差，深入研究因素间的交互作用。

（一） 因素效应

对两因素或多因素有重复观测值的试验结果进行分析，可研究因素的简单效应、主效应以及因素间的交互作用（互作）。现对三种效应的意义介绍如下。

1. 简单效应（simple effect）

当某个因素水平固定时，另一因素不同水平变化对试验指标的影响称为简单效应。譬如在表 3-27 中，A 取 A_1 水平时，$B_2-B_1=480-470=10$；A 取 A_2 水平时，$B_2-B_1=512-472=40$；同理，在 B_1 水平上，$A_2-A_1=472-470=2$；在 B_2 水平上，$A_2-A_1=512-480=32$ 等均是简单效应。简单效应实际上是特殊水平组合间的差数。

表 3-27 　　　　　　　　　　A、B 不同水平组合下的试验结果

组合	A_1	A_2	A_2-A_1	平均
B_1	470	472	2	471

续表

组合	A_1	A_2	$A_2 - A_1$	平均
B_2	480	512	32	496
$B_2 - B_1$	10	40		25
平均	475	492	17	

2. 主效应（main effect）

由于因素水平的改变而引起的平均数的改变量称为主效应。如在表 3 – 27 中，当 A 因素由 A_1 水平变到 A_2 水平时，A 因素的主效应为 A_2 水平的平均数减去 A_1 水平的平均数，即

$$A \text{ 因素的主效应} = 492 - 475 = 17$$

同理

$$B \text{ 因素的主效应} = 496 - 471 = 25$$

主效应也就是简单效应的平均，如（$32 + 2$）/2 = 17，（$40 + 10$）/2 = 25。

3. 交互作用（互作效应，interaction）

在多因素试验中，一个因素的作用会受到另一个因素的影响，表现为某一因素在另一因素的不同水平上所产生的简单效应不同，这种现象称为该两因素间存在交互作用。如在表 3 – 27 中：

$$A \text{ 在 } B_1 \text{ 水平上的效应} = 472 - 470 = 2$$
$$A \text{ 在 } B_2 \text{ 水平上的效应} = 512 - 480 = 32$$
$$B \text{ 在 } A_1 \text{ 水平上的效应} = 480 - 470 = 10$$
$$B \text{ 在 } A_2 \text{ 水平上的效应} = 512 - 472 = 40$$

显而易见，A 的效应随着 B 因素水平的不同而不同，反之亦然。我们说 A、B 两因素间存在交互作用，记为 $A \times B$。或者说，某一因素的简单效应随着另一因素水平的变化而变化时，则称该两因素存在交互作用。互作效应可由（$A_1 B_1 + A_2 B_2 - A_1 B_2 - A_2 B_1$）/2 来估计。表 3 – 27 中的互作效应为

$$（470 + 512 - 480 - 472）/2 = 15$$

所谓互作效应实际指的就是由于两个或两个以上试验因素的相互作用而产生的效应。如在表 3 – 27 中，$A_2 B_1 - A_1 B_1 = 472 - 470 = 2$，这是 A 因素单独作用的效应；$A_1 B_2 - A_1 B_1 = 480 - 470 = 10$，这是 B 因素单独作用的效应，A、B 因素单独作用的效应总和应是 2 + 10 = 12；但 $A_2 B_2 - A_1 B_1 = 512 - 470 = 42$，而不是 12；这就是说，$A$、$B$ 因素的组合效应不是单独 A 效应、B 效应之和，而多增加了 30，这增加的 30 是 A、B 两个因素共同作用的结果。若将其平均分配到各个因素，则各为 15，即为估计的互作效应。

把具有正效应的互作称为正的交互作用；把具有负效应的互作称为负的交互作用；互作效应为零则称无交互作用。没有交互作用的因素是相互独立的因素，此时，不论在某一因素哪个水平上，另一因素的简单效应都是相等的。

（二）双因素等重复试验资料的方差分析基本步骤

设某试验因素 A 取 A_1，A_2，…，A_a a 个水平，因素 B 取 B_1，B_2，…，B_b b 个水平。A 和 B 的水平搭配共有 ab 个水平组合 $A_i B_j$（$i = 1$，2，…，a；$j = 1$，2，…，b），每个水平组合重复

试验 r 次，则共有 $n = a \times b \times r$ 个观测值 x_{ijk}（$i = 1, 2 \cdots, a$；$j = 1, 2, \cdots, b$；$k = 1, 2, \cdots, r$）。n 个试验数据模式见表 3 - 28。试分析 A、B 及其交互作用 $A \times B$ 对试验结果是否有显著影响。

表 3 -28　　　　　　　　　双因素等重复试验数据及计算表

因素 A		因素 B						A_i 合计 $x_{i.}$	A_i 平均 $\bar{x}_{i..}$
		B_1	B_2	$\cdots$	B_j	$\cdots$	B_b		
A_1	x_{1jk}	x_{111}	x_{121}		x_{1j1}		x_{1b1}	$x_{1..}$	$\bar{x}_{1..}$
		x_{112}	x_{122}	$\cdots$	x_{1j2}	$\cdots$	x_{1b2}		
		$\vdots$	$\vdots$	$\cdots$	$\vdots$	$\cdots$	$\vdots$		
		x_{11r}	x_{12r}	$\cdots$	x_{1jr}	$\cdots$	x_{1br}		
	$x_{1j.}$	$x_{11.}$	$x_{12.}$	$\cdots$	$x_{1j.}$	$\cdots$	$x_{1b.}$		
	$\bar{x}_{1j.}$	$\bar{x}_{11.}$	$\bar{x}_{12.}$	$\cdots$	$\bar{x}_{1j.}$	$\cdots$	$\bar{x}_{1b.}$		
A_2	x_{2jk}	x_{211}	x_{221}	$\cdots$	x_{2j1}	$\cdots$	x_{2b1}	$x_{2..}$	$\bar{x}_{2..}$
		x_{212}	x_{222}	$\cdots$	x_{2j2}	$\cdots$	x_{2b2}		
		$\vdots$	$\vdots$	$\cdots$	$\vdots$	$\cdots$	$\vdots$		
		x_{21r}	x_{22r}	$\cdots$	x_{2jr}	$\cdots$	x_{2br}		
	$x_{2j.}$	$x_{21.}$	$x_{22.}$	$\cdots$	$x_{2j.}$	$\cdots$	$x_{2b.}$		
	$\bar{x}_{2j.}$	$\bar{x}_{21.}$	$\bar{x}_{22.}$	$\cdots$	$\bar{x}_{2j.}$	$\cdots$	$\bar{x}_{2b.}$		
$\vdots$	$\vdots$	$\vdots$	$\vdots$	$\vdots$	$\vdots$	$\vdots$	$\vdots$	$\vdots$	$\vdots$
A_i	x_{ijk}	x_{i11}	x_{i21}		x_{ij1}		x_{ib1}	$x_{i..}$	$\bar{x}_{i..}$
		x_{i12}	x_{i22}	$\cdots$	x_{ij2}	$\cdots$	x_{ib2}		
		$\vdots$	$\vdots$		$\vdots$		$\vdots$		
		x_{i1r}	x_{i2r}		x_{ijr}		x_{ibr}		
	$x_{ij.}$	$x_{i1.}$	$x_{i2.}$	$\cdots$	$x_{ij.}$		$x_{ib.}$		
	$\bar{x}_{ij.}$	$\bar{x}_{i1.}$	$\bar{x}_{i2.}$	$\cdots$	$\bar{x}_{ij.}$		$\bar{x}_{ib.}$		
$\vdots$	$\vdots$	$\vdots$	$\vdots$	$\vdots$	$\vdots$	$\vdots$	$\vdots$	$\vdots$	$\vdots$
A_a	x_{ajk}	x_{a11}	x_{a21}	$\cdots$	x_{aj1}	$\cdots$	x_{ab1}	$x_{a..}$	$\bar{x}_{a..}$
		x_{a12}	x_{a22}	$\cdots$	x_{aj2}	$\cdots$	x_{ab2}		
		$\vdots$	$\vdots$	$\cdots$	$\vdots$	$\cdots$	$\vdots$		
		x_{a1r}	x_{a2r}	$\cdots$	x_{ajr}		x_{abr}		
	$x_{aj.}$	$x_{a1.}$	$x_{a2.}$	$\cdots$	$x_{aj.}$		$x_{ab.}$		
	$\bar{x}_{aj.}$	$\bar{x}_{a1.}$	$\bar{x}_{a2.}$	$\cdots$	$\bar{x}_{aj.}$		$\bar{x}_{ab.}$		
B_j 合计 $x_{.j.}$		$x_{.1.}$	$x_{.2.}$	$\cdots$	$x_{.j.}$	$\cdots$	$x_{.b.}$	$x_{...}$	
B_j 平均 $\bar{x}_{.j.}$		$\bar{x}_{.1.}$	$\bar{x}_{.2.}$	$\cdots$	$\bar{x}_{.j.}$	$\cdots$	$\bar{x}_{.b.}$		$\bar{x}_{...}$

表中

$$x_{i..} = \sum_{j=1}^{b} \sum_{k=1}^{r} x_{ijk}, \quad \bar{x}_{i..} = \frac{1}{br} x_{i..}, \quad x_{.j.} = \sum_{i=1}^{a} \sum_{k=1}^{r} x_{ijk}, \quad \bar{x}_{.j.} = \frac{1}{ar} x_{.j.},$$

$$x_{...} = \sum_{i=1}^{a} \sum_{j=1}^{b} \sum_{k=1}^{r} x_{ijk}, \quad \bar{x}_{...} = \frac{1}{abr} x_{...} = \frac{1}{n} x_{...}$$

1. 平方和与自由度的剖分

（1）平方和分解

$$
\begin{aligned}
SS_T &= \sum_{i=1}^{a} \sum_{j=1}^{b} \sum_{k=1}^{r} (x_{ijk} - \bar{x}_{...})^2 \\
&= \sum_{i=1}^{a} \sum_{j=1}^{b} \sum_{k=1}^{r} \left[(x_{ijk} - \bar{x}_{ij.}) + (\bar{x}_{i..} - \bar{x}_{...}) + (\bar{x}_{.j.} - \bar{x}_{...}) + (\bar{x}_{ij.} - \bar{x}_{i..} - \bar{x}_{.j.} + \bar{x}_{...}) \right]^2 \\
&= \sum_{i=1}^{a} \sum_{j=1}^{b} \sum_{k=1}^{r} (x_{ijk} - \bar{x}_{ij.})^2 + br \sum_{i=1}^{a} (\bar{x}_{i..} - \bar{x}_{...})^2 + ar \sum_{j=1}^{b} (\bar{x}_{.j.} - \bar{x}_{...})^2 \\
&\quad + r \sum_{i=1}^{a} \sum_{j=1}^{b} (\bar{x}_{ij.} - \bar{x}_{i..} - \bar{x}_{.j.} + \bar{x}_{...})^2
\end{aligned} \tag{3-31}
$$

上式右端第一项为误差平方和 SS_e，反映重复试验的误差引起的变异；第二项为因素 A 各水平之间的平方和 SS_A，反映因素 A 水平变动引起的变异，即因素 A 对试验结果的影响；第三项为因素 B 各水平间的平方和 SS_B，反映因素 B 水平变动引起的变异，即因素 B 对试验结果的影响；第四项为因素 A、B 的交互作用的平方和 $SS_{A \times B}$，反映了 A 和 B 的搭配作用对试验结果的影响。于是总平方和 SS_T 分解为

$$SS_T = SS_A + SS_B + SS_e + SS_{A \times B} \tag{3-32}$$

各平方和的简化计算为

$$CT = \frac{1}{n} \left(\sum_{i=1}^{a} \sum_{j=1}^{b} \sum_{k=1}^{r} x_{ijk} \right)^2 = \frac{1}{n} x_{...}^2$$

$$SS_T = \sum_{i=1}^{a} \sum_{j=1}^{b} \sum_{k=1}^{r} (x_{ijk} - \bar{x}_{...})^2 = \sum_{i=1}^{a} \sum_{j=1}^{b} \sum_{k=1}^{r} x_{ijk}^2 - CT \tag{3-33}$$

$$SS_A = br \sum_{i=1}^{a} (\bar{x}_{i..} - \bar{x}_{...})^2 = \frac{1}{br} \sum_{i=1}^{a} x_{i..}^2 - CT \tag{3-34}$$

$$SS_B = ar \sum_{j=1}^{b} (\bar{x}_{.j.} - \bar{x}_{...})^2 = \frac{1}{ar} \sum_{j=1}^{b} x_{.j.}^2 - CT \tag{3-35}$$

$$SS_e = \sum_{i=1}^{a} \sum_{j=1}^{b} \left[\sum_{k=1}^{r} (x_{ijk} - \bar{x}_{ij.})^2 \right] = \sum_{i=1}^{a} \sum_{j=1}^{b} \sum_{k=1}^{r} x_{ijk}^2 - \frac{1}{r} \sum_{i=1}^{a} \sum_{j=1}^{b} \left(\sum_{k=1}^{r} x_{ijk} \right)^2 \tag{3-36}$$

所以

$$SS_{A \times B} = SS_T - SS_A - SS_B - SS_e \tag{3-37}$$

（2）自由度分解

$$SS_T \text{ 的自由度 } df_T = n - 1$$
$$SS_A \text{ 的自由度 } df_A = a - 1$$
$$SS_B \text{ 的自由度 } df_B = b - 1$$
$$SS_{A \times B} \text{ 的自由度 } df_{A \times B} = (a-1)(b-1)$$
$$SS_e \text{ 的自由度 } df_e = ab(r-1)$$
$$df_T = df_A + df_B + df_{A \times B} + df_e \tag{3-38}$$

若用 SS_{AB}，df_{AB} 表示 A、B 水平组合间的平方和与自由度时，即处理间平方和与自由度，则处理变异可剖分为 A 因素、B 因素及 A、B 交互作用变异三部分，于是 SS_{AB}、df_{AB} 可剖分为：

$$SS_{AB} = SS_A + SS_B + SS_{A \times B}, df_{AB} = df_A + df_B + df_{A \times B}$$

SS_{AB}、df_{AB} 可由下式计算

$$SS_{AB} = \frac{1}{r} \sum_{i=1}^{a} \sum_{j=1}^{b} x_{ij.}^2 - CT, \quad df_{AB} = ab - 1$$

所以有

$$SS_{A \times B} = SS_{AB} - SS_A - SS_B, \quad df_{A \times B} = (a-1)(b-1),$$
$$SS_e = SS_T - SS_{AB}, \quad df_e = ab(r-1)$$

2. 计算均方

由均方定义，各因素及其交互作用的均方应为

$$MS_A = \frac{SS_A}{df_A} = \frac{SS_A}{(a-1)}, \quad MS_B = \frac{SS_B}{df_B} = \frac{SS_B}{(b-1)},$$

$$MS_{A \times B} = \frac{SS_{A \times B}}{df_{A \times B}} = \frac{SS_{A \times B}}{(a-1)(b-1)}, \quad MS_e = \frac{SS_e}{df_e} = \frac{SS_e}{ab(r-1)} \tag{3-39}$$

3. 列方差分析表，作显著性检验

根据上述计算，列方差分析表，格式如表 3-29 所示。

表 3-29   双因素等重复试验方差分析表

变异来源	平方和	自由度	均方	F	显著性
处理组合 AB	SS_{AB}	$ab-1$	$MS_{AB} = SS_{AB}/(ab-1)$	$F_{AB} = \dfrac{MS_{AB}}{MS_e}$	
因素 A	SS_A	$df_A = a-1$	$MS_A = SS_A/(a-1)$	$F_A = \dfrac{MS_A}{MS_e}$	
因素 B	SS_B	$df_B = b-1$	$MS_B = SS_B/(b-1)$	$F_B = \dfrac{MS_B}{MS_e}$	
互作 $A \times B$	$SS_{A \times B}$	$df_{A \times B} = (a-1)(b-1)$	$MS_{A \times B} = SS_{A \times B}/[(a-1)(b-1)]$	$F_{A \times B} = \dfrac{MS_{A \times B}}{MS_e}$	
误差 e	SS_e	$df_e = ab(r-1)$	$MS_e = SS_e/[ab(r-1)]$		
总和	SS_T	$df_T = n-1$			

对于给定的显著水平 α，查 F 分布表得出 $F_{0.05[(a-1),[ab(r-1)]]}$、$F_{0.01[(a-1),[ab(r-1)]]}$。若 $F_A < F_{0.05[(a-1),[ab(r-1)]]}$，则认为因素 A 对试验结果没有显著影响；若 $F_A > F_{0.05[(a-1),[ab(r-1)]]}$，则认为因素 A 对试验结果的影响显著；若 $F_A > F_{0.01[(a-1),[ab(r-1)]]}$，则认为因素 A 对试验结果的影响极显著。同理可以分析因素 B、交互作用 $A \times B$ 的影响情况。

（三）双因素等重复试验方差分析实例

[例 3-5]   为了提高酒精产量，以三种不同原料在三个不同发酵温度下进行试验，每个组合重复 4 次，试验结果见表 3-30，试作方差分析，并选出适宜的生产组合。

表 3 - 30　　　　　　　　　　　不同原料、　不同温度下发酵的酒精产量

原料种类		发酵温度/℃			A_i 合计 $x_{i..}$	A_i 平均 $\bar{x}_{i..}$
		B_1 （30）	B_2 （35）	B_3 （40）		
A_1	x_{1jk}	41	11	6	283	23.58
		49	13	22		
		23	25	26		
		25	24	18		
	$x_{1j.}$	138	73	72		
	$\bar{x}_{1j.}$	34.50	18.25	18.00		
A_2	x_{2jk}	47	43	8	408	34.00
		59	38	22		
		50	33	18		
		40	36	14		
	$x_{2j.}$	196	150	62		
	$\bar{x}_{2j.}$	49.00	37.50	15.50		
A_3	x_{3jk}	43	55	30	473	39.42
		35	38	33		
		53	47	26		
		50	44	19		
	$x_{3j.}$	181	184	108		
	$\bar{x}_{3j.}$	45.25	46.00	27.00		
B_j 合计 $x_{.j.}$		515	407	242	1164	
B_j 平均 $x_{.j.}$		42.92	33.92	20.17		32.33

本例 A 因素有 3 个水平，即 $a=3$；B 因素有 3 个水平，即 $b=3$；共有 $ab=3\times3=9$ 个水平组合；每个组合重复数 $r=4$；全试验共有 $abr=3\times3\times4=36$ 个观测值。现对本例试验资料作方差分析。

1. 计算各项平方和与自由度

$$CT = x_{...}^2 / abr = 1164^2/(3\times3\times4) = 37636$$

$$SS_T = \sum\sum\sum x_{ijk}^2 - CT = (41^2+49^2+\cdots+19^2) - 37636 = 7170.00$$

$$SS_{AB} = \frac{1}{r}\sum\sum x_{ij.}^2 - CT = \frac{1}{4}(138^2+73^2+\cdots+108^2) - 37636 = 5513.50$$

$$SS_A = \frac{1}{br}\sum x_{i..}^2 - CT = \frac{1}{3\times4}(283^2+408^2+473^2) - 37636 = 1554.17$$

$$SS_B = \frac{1}{ar}\sum x_{.j.}^2 - CT = \frac{1}{3\times4}(515^2+407^2+242^2) - 37636 = 3150.50$$

$$SS_{A\times B} = SS_{AB} - SS_A - SS_B = 5513.50 - 1554.17 - 3150.50 = 808.83$$

$$SS_e = SS_T - SS_{AB} = 7170.00 - 5513.50 = 1656.50$$

$$df_T = abr - 1 = 3 \times 3 \times 4 - 1 = 35, \quad df_{AB} = ab - 1 = 3 \times 3 - 1 = 8$$

$$df_A = a - 1 = 3 - 1 = 2, \quad df_B = b - 1 = 3 - 1 = 2$$

$$df_{A \times B} = (a-1)(b-1) = (3-1)(3-1) = 4, \quad df_e = ab(r-1) = 3 \times 3 \times (4-1) = 27$$

2. 列出方差分析表，进行显著性检验

表 3 - 31   方差分析表

变异来源	平方和	自由度	均方	F	显著性
因素 A（原料）	1554.17	2	777.08	12.67	**
因素 B（发酵温度）	3150.50	2	1575.25	25.68	**
交互作用（$A \times B$）	808.83	4	202.21	3.30	*
误差 e	1656.50	27	61.35		
总和	7170.00	35			

  根据相对应自由度查临界 F 值得，$F_{0.05(2,27)} = 3.35$，$F_{0.01(2,27)} = 5.49$，$F_{0.05(4,27)} = 2.73$，$F_{0.01(4,27)} = 4.11$。因为 $F_A = 12.67 > F_{0.01(2,27)} = 5.49$，即 $P < 0.01$，表明三种不同原料的酒精产量差异极显著；$F_B = 25.687 > F_{0.01(2,27)}$，表明三种不同发酵温度条件下的酒精产量差异亦极显著；$F_{A \times B} = 3.30 > F_{0.05(4,27)} = 2.73$，表明 A 与 B 两因素的交互作用对酒精产量有显著影响。

  3. 多重比较

  （1）A 因素多重比较   因为 A 因素各水平的重复数为 br，故 A 因素各水平的标准误（记为 $S_{\bar{x}_{i.}}$）的计算公式为：

$$S_{\bar{x}_{i.}} = \sqrt{MS_e / br}$$

对本例分析，$S_{\bar{x}_{i.}} = \sqrt{61.35/(3 \times 4)} = 2.26$

  由 $df_e = 27$，秩次距 $K = 2$、3，由附表 6 中查出 $\alpha = 0.05$ 与 $\alpha = 0.01$ 的临界 q 值，乘以 $S_{\bar{x}_{i.}} = 2.26$，即得各 LSR 值，所得结果见表 3 - 32。

表 3 - 32 q 值与 LSR 值表

df_e	秩次距 K	$q_{0.05}$	$q_{0.01}$	$LSR_{0.05}$	$LSR_{0.01}$
27	2	2.92	3.96	6.60	8.95
	3	3.53	4.54	7.98	10.26

A 因素多重比较结果见表 3 - 33。

表 3 - 33   不同原料多重比较结果 （q 法）

原料	平均数 $\bar{x}_{i.}$	$\bar{x}_{i.} - 23.58$	$\bar{x}_{i.} - 34.00$
A_3	39.42	15.84 **	5.42
A_2	34.00	10.42 **	
A_1	23.58		

  （2）B 因素多重比较   同理，B 因素各水平的重复数为 ar，故 B 因素各水平的标准误 $S_{\bar{x}_{.j}}$

的计算公式为：

$$S_{\bar{x}_{.j.}} = \sqrt{MS_e/ar}$$

在本例中，由于 A、B 两因素水平数相等，即 $a = b = 3$，故 $S_{\bar{x}_{j.}} = S_{\bar{x}_{.i.}} = 2.26$。因而，$A$、$B$ 两因素各水平多重比较时的 LSR 值是一样的，所以用表 3-32 的 LSR 值检验 B 因素各水平平均数间差数的显著性，结果见表 3-34。

表 3-34　　　　　　　　　不同温度平均数多重比较表　（q 法）

温度	平均数 $\bar{x}_{.j.}$	$\bar{x}_{.j.} - 20.17$	$\bar{x}_{.j.} - 33.92$
B_1	42.92	22.75 **	9.00 **
B_2	33.92	13.75 **	
B_3	20.17		

以上的多重比较实际上是 A、B 两因素主效应的分析。结果表明，原料 A_3 酒精产量最高，A_2 次之，A_1 最低；温度 B_1（30℃）酒精产量最高，B_2 次之，B_3 最低。

若 A、B 因素交互作用不显著，则可从主效应检验中分别选出 A、B 因素的最优水平相组合得到最优水平组合 A_3B_1；若 A、B 因素交互作用显著，则应进行水平组合平均数间的多重比较，以选出最优水平组合。

（3）各因素水平组合间的多重比较　通常，因素的水平组合数较多（本例 $ab = 3 \times 3 = 9$），若采用最小显著极差法进行各水平组合平均数的比较，计算较麻烦。为了简便起见，常采用 T 检验法。所谓 T 检验法，实际上就是以 q 检验法中秩次距 K 最大时的 LSR 值作为检验尺度来检验各水平组合平均数间的差异显著性。

由试验数据模式可知，每个水平组合的重复数为 r，故其标准误 $S_{\bar{x}_{ij.}}$ 为：

$$S_{\bar{x}_{ij.}} = \sqrt{MS_e/r}$$

对于本例

$$S_{\bar{x}_{ij.}} = \sqrt{MS_e/r} = \sqrt{61.35/4} = 3.92$$

由 $df_e = 27$、最大秩次距 $K = 9$ 查附表 6 中查出 $\alpha = 0.05$、$\alpha = 0.01$ 的临界 q 值，乘以 $S_{\bar{x}_{ij.}} = 3.92$，得各 LSR 值，

$$LSR_{0.05(27,9)} = q_{0.05(27,9)}S_{\bar{x}_{ij.}} = 4.76 \times 3.92 = 18.6592$$
$$LSR_{0.01(27,9)} = q_{0.01(27,9)}S_{\bar{x}_{ij.}} = 5.73 \times 3.92 = 22.4616$$

各因素水平组合平均数间的多重比较结果见表 3-35。

表 3-35　　　　　　　　　各水平组合平均数的比较　（T 法）

水平组合	均数 $\bar{x}_{ij.}$	$\bar{x}_{ij.} - 15.50$	$\bar{x}_{ij.} - 18.00$	$\bar{x}_{ij.} - 18.25$	$\bar{x}_{ij.} - 27.00$	$\bar{x}_{ij.} - 34.50$	$\bar{x}_{ij.} - 37.50$	$\bar{x}_{ij.} - 45.25$	$\bar{x}_{ij.} - 46.00$
A_2B_1	49.00	33.50 **	31.00 **	30.75 **	22.00 *	14.50	11.50	3.75	3.00
A_3B_2	46.00	30.50 **	28.00 **	27.75 **	19.00 *	11.50	8.50	0.75	
A_3B_1	45.25	29.75 **	27.25 **	27.00 *	18.25	10.75	7.75		
A_2B_2	37.50	22.00 *	19.50 *	19.25 *	10.50	3.00			

续表

水平组合	均数 $\bar{x}_{ij.}$	$\bar{x}_{ij.}$ -15.50	$\bar{x}_{ij.}$ -18.00	$\bar{x}_{ij.}$ -18.25	$\bar{x}_{ij.}$ -27.00	$\bar{x}_{ij.}$ -34.50	$\bar{x}_{ij.}$ -37.50	$\bar{x}_{ij.}$ -45.25	$\bar{x}_{ij.}$ -46.00
A_1B_1	34.50	19.00*	16.50	16.25	7.50				
A_3B_3	27.00	11.50	9.00	8.75					
A_1B_2	18.25	2.75	0.25						
A_1B_3	18.00	2.50							
A_2B_3	15.50								

各水平组合平均数的多重比较结果表明，由于 A 与 B 交互作用的存在，最优组合（即酒精产量最高的组合）并不是 A_3B_1，而是 A_2B_1，即原料选择 A_2，发酵温度控制在 B_1（30℃）的试验组合，酒精产量最高。

最后要指出的是，在双因素等重复试验资料的方差分析中，因素交互作用的首要检验是非常重要的。通常先由 $F_{A \times B} = MS_{A \times B}/MS_e$ 来检验因素交互作用的显著性。如果交互作用不显著，则进而对 A、B 效应的显著性作检验。如果交互作用是显著的，一般不必再检验 A、B 效应的显著性，而直接进行各处理组合的多重比较，选出最优水平组合。因为在交互作用显著时，因素平均效应的显著性在实际应用中的意义并不重要。

第五节　多因素试验资料的方差分析

两因素试验设计的方差分析方法可以推广到多因素情况，这里以三因素试验为例来说明设计与分析。在三因素完全等重复试验中，试验因素分别为 A、B、C，其中因素 A 有 a 个水平 A_1，A_2，$\cdots$，A_a，因素 B 有 b 个水平 B_1，B_2，$\cdots$，B_b，因素 C 有 c 个水平 C_1，C_2，$\cdots$，C_c，三个因素的处理 $A_iB_jC_k$（$i = 1, 2, \cdots, a$；$j = 1, 2, \cdots, b$；$k = 1, 2, \cdots, c$）有 abc 个水平组合，每个水平组合各重复 r 次试验，共进行 $n = abcr$ 次试验，试验数据为 x_{ijkl}，$i = 1, 2, \cdots, a$；$j = 1, 2, \cdots, b$；$k = 1, 2, \cdots, c$；$l = 1, 2, \cdots, r$，数据资料如表 3-36 所示。

表 3-36　　　　　　　　　三因素等重复试验资料表

A_i	B_j	C_k	重复				和 $x_{ijk.}$
		C_1	x_{1111}	x_{1112}	$\cdots$	x_{111r}	$x_{111.}$
		C_2	x_{1121}	x_{1122}	$\cdots$	x_{112r}	$x_{112.}$
	B_1	$\vdots$	$\vdots$	$\vdots$	$\cdots$	$\vdots$	$\vdots$
		C_c	x_{11c1}	x_{11c2}	$\cdots$	x_{11cr}	$x_{11c.}$
A_1	$\vdots$	$\vdots$	$\vdots$	$\vdots$	$\cdots$	$\vdots$	$\cdots$
		C_1	x_{1b11}	x_{1b12}	$\cdots$	x_{1b1r}	$x_{1b1.}$
		C_2	x_{1b21}	x_{1b22}	$\cdots$	x_{1b2r}	$x_{1b2.}$
	B_b	$\vdots$	$\vdots$	$\vdots$	$\cdots$	$\vdots$	$\vdots$
		C_c	x_{1bc1}	x_{1bc2}	$\cdots$	x_{1bcr}	$x_{1bc.}$

续表

A_i	B_j	C_k	重复				和 $x_{ijk.}$
A_2	B_1	C_1	x_{2111}	x_{2112}	⋯	x_{211r}	$x_{211.}$
		C_2	x_{2121}	x_{2122}	⋯	x_{212r}	$x_{212.}$
		⋮	⋮	⋮	⋯	⋮	⋮
		C_c	x_{21c1}	x_{21c2}	⋯	x_{21cr}	$x_{21c.}$
	⋮	⋮	⋮	⋮	⋯	⋮	⋯
	B_b	C_1	x_{2b11}	x_{2b12}	⋯	x_{2b1r}	$x_{2b1.}$
		C_2	x_{2b21}	x_{2b22}	⋯	x_{2b2r}	$x_{2b2.}$
		⋮	⋮	⋮	⋯	⋮	⋮
		C_c	x_{2bc1}	x_{2bc2}	⋯	x_{2bcr}	$x_{2bc.}$
⋮	⋮	⋮	⋮	⋮	⋮	⋮	⋯
A_i	B_1	C_1	x_{i111}	x_{i112}	⋯	x_{i11r}	$x_{i11.}$
		C_2	x_{i121}	x_{i122}	⋯	x_{i12r}	$x_{i12.}$
		⋮	⋮	⋮	⋯	⋮	⋯
		C_c	x_{i1c1}	x_{i1c2}	⋯	x_{i1cr}	$x_{i1c.}$
	⋮	⋮	⋮	⋮	⋯	⋮	⋯
	B_b	C_1	x_{ib11}	x_{ib12}	⋯	x_{ib1r}	$x_{ib1.}$
		C_2	x_{ib21}	x_{ib22}	⋯	x_{ib2r}	$x_{ib2.}$
		⋮	⋮	⋮	⋯	⋮	⋯
		C_c	x_{ibc1}	x_{ibc2}	⋯	x_{ibcr}	$x_{ibc.}$
⋮	⋮	⋮	⋮	⋮	⋮	⋮	⋯
A_a	B_1	C_1	x_{a111}	x_{a112}	⋯	x_{a11r}	$x_{a11.}$
		C_2	x_{a121}	x_{a122}	⋯	x_{a12r}	$x_{a12.}$
		⋮	⋮	⋮	⋯	⋮	⋯
		C_c	x_{a1c1}	x_{a1c2}	⋯	x_{a1cr}	$x_{a1c.}$
	⋮	⋮	⋮	⋮	⋯	⋮	⋯
	B_b	C_1	x_{ab11}	x_{ab12}	⋯	x_{ab1r}	$x_{ab1.}$
		C_2	x_{ab21}	x_{ab22}	⋯	x_{ab2r}	$x_{ab2.}$
		⋮	⋮	⋮	⋯	⋮	⋯
		C_c	x_{abc1}	x_{abc2}	⋯	x_{abcr}	$x_{abc.}$
							$x_{....}$

其中

总和与总平均

$$x_{....} = \sum_{i=1}^{a} \sum_{j=1}^{b} \sum_{k=1}^{c} \sum_{l=1}^{r} x_{ijkl} \quad \bar{x}_{....} = \frac{x_{....}}{abcr},$$

A_i 的和与平均

$$x_{i...} = \sum_{j=1}^{b} \sum_{k=1}^{c} \sum_{l=1}^{r} x_{ijkl} \quad \bar{x}_{i...} = \frac{x_{i...}}{bcr}$$

B_j 的和与平均

$$x_{.j..} = \sum_{i=1}^{a} \sum_{k=1}^{c} \sum_{l=1}^{r} x_{ijkl} \quad \bar{x}_{.j..} = \frac{x_{.j..}}{acr}$$

C_k 的和与平均

$$x_{..k.} = \sum_{i=1}^{a} \sum_{j=1}^{b} \sum_{l=1}^{r} x_{ijkl} \quad \bar{x}_{..k.} = \frac{x_{..k.}}{abr}$$

$A_i B_j$ 的和与平均

$$x_{ij..} = \sum_{k=1}^{c} \sum_{l=1}^{r} x_{ijkl} \quad \bar{x}_{ij..} = \frac{x_{ij..}}{cr}$$

$A_i C_k$ 的和与平均

$$x_{i.k.} = \sum_{j=1}^{b} \sum_{l=1}^{r} x_{ijkl} \quad \bar{x}_{i.k.} = \frac{x_{i.k.}}{br}$$

$B_j C_k$ 的和与平均

$$x_{.jk.} = \sum_{i=1}^{a} \sum_{l=1}^{r} x_{ijkl} \quad \bar{x}_{.jk.} = \frac{x_{.jk.}}{ar}$$

$A_i B_j C_k$ 的和与平均

$$x_{ijk.} = \sum_{l=1}^{r} x_{ijkl} \quad \bar{x}_{ijk.} = \frac{x_{ijk.}}{r}$$

在实际计算中用 $A_i B_j$ 的和列为 AB 双向表，用 $A_i C_k$ 的和列为 AC 双向表，用 $B_j C_k$ 的和列为 BC 双向表进行上述分析计算。

（一）平方和与自由度的剖析

1. 平方和分解

由推导分析可以证明总偏差平方和的分解公式为

$$SS_T = SS_A + SS_B + SS_C + SS_{A \times B} + SS_{A \times C} + SS_{B \times C} + SS_{A \times B \times C} + SS_e \tag{3-40}$$

其中 SS_A、SS_B、SS_C 分别为因素 A、B、C 的平方和，反映各因素水平变动引起的变异，即各因素的主效应影响；$SS_{A \times B}$、$SS_{A \times C}$、$SS_{B \times C}$ 为三个因素 A、B、C 两两因素的交互效应引起的平方和，反映了两两因素水平搭配作用对试验结果的影响，即一级交互效应的影响；$SS_{A \times B \times C}$ 为三个因素 A、B、C 的交互效应引起的平方和，即二级交互效应的影响。

各平方和的简化计算为

修正项

$$CT = \frac{1}{n} \left(\sum_{i=1}^{a} \sum_{j=1}^{b} \sum_{k=1}^{c} \sum_{l=1}^{r} x_{ijkl} \right)^2 = \frac{1}{abcr} x_{....}^2$$

总平方和

$$SS_T = \sum_{i=1}^{a} \sum_{j=1}^{b} \sum_{k=1}^{c} \sum_{l=1}^{r} (x_{ijkl} - \bar{x}_{....})^2 = \sum_{i=1}^{a} \sum_{j=1}^{b} \sum_{k=1}^{c} \sum_{l=1}^{r} x_{ijkl}^2 - CT \tag{3-41}$$

A 的平方和

$$SS_A = \sum_{i=1}^{a} \sum_{j=1}^{b} \sum_{k=1}^{c} \sum_{l=1}^{r} (\bar{x}_{i...} - \bar{x}_{....})^2 = \frac{1}{bcr} \sum_{i=1}^{a} x_{i...}^2 - CT \tag{3-42}$$

B 的平方和

$$SS_B = \sum_{i=1}^{a} \sum_{j=1}^{b} \sum_{k=1}^{c} \sum_{l=1}^{r} (\bar{x}_{.j..} - \bar{x}_{....})^2 = \frac{1}{acr} \sum_{j=1}^{b} x_{.j..}^2 - CT \qquad (3-43)$$

C 的平方和

$$SS_C = \sum_{i=1}^{a} \sum_{j=1}^{b} \sum_{k=1}^{c} \sum_{l=1}^{r} (\bar{x}_{..k.} - \bar{x}_{....})^2 = \frac{1}{abr} \sum_{k=1}^{c} x_{..k.}^2 - CT \qquad (3-44)$$

$A_i B_j$ 的平方和

$$SS_{AB} = \sum_{i=1}^{a} \sum_{j=1}^{b} \sum_{k=1}^{c} \sum_{l=1}^{r} (\bar{x}_{ij..} - \bar{x}_{....})^2 = \frac{1}{cr} \sum_{i=1}^{a} \sum_{j=1}^{b} x_{ij..}^2 - CT \qquad (3-45)$$

所以 $A \times B$ 交互效应的平方和

$$SS_{A \times B} = \sum_{i=1}^{a} \sum_{j=1}^{b} \sum_{k=1}^{c} \sum_{l=1}^{r} (\bar{x}_{ij..} - \bar{x}_{i...} - \bar{x}_{.j..} + \bar{x}_{....})^2 = SS_{AB} - SS_A - SS_B$$

同理

$$SS_{A \times C} = SS_{AC} - SS_A - SS_C, SS_{B \times C} = SS_{BC} - SS_B - SS_C \qquad (3-46)$$

$A_i B_j C_k$ 的平方和

$$SS_{ABC} = \sum_{i=1}^{a} \sum_{j=1}^{b} \sum_{k=1}^{c} \sum_{l=1}^{r} (\bar{x}_{ijk.} - \bar{x}_{....})^2 = \frac{1}{r} \sum_{i=1}^{a} \sum_{j=1}^{b} \sum_{k=1}^{c} x_{ijk.}^2 - CT \qquad (3-47)$$

所以 $A \times B \times C$ 交互效应的平方和

$$SS_{A \times B \times C} = SS_{ABC} - SS_A - SS_B - SS_C - SS_{A \times B} - SS_{A \times C} - SS_{B \times C} \qquad (3-48)$$

误差平方和 $\quad SS_e = \sum_{i=1}^{a} \sum_{j=1}^{b} \sum_{k=1}^{c} \sum_{l=1}^{r} (x_{ijkl} - \bar{x}_{ijk.})^2 = SS_T - SS_{ABC} \qquad (3-49)$

2. 自由度分解

$$SS_T \text{的自由度} \ df_T = n - 1$$
$$SS_A \text{的自由度} \ df_A = a - 1$$
$$SS_B \text{的自由度} \ df_B = b - 1$$
$$SS_C \text{的自由度} \ df_C = c - 1$$
$$SS_{A \times B} \text{的自由度} \ df_{A \times B} = (a-1)(b-1)$$
$$SS_{A \times C} \text{的自由度} \ df_{A \times C} = (a-1)(c-1)$$
$$SS_{B \times C} \text{的自由度} \ df_{B \times C} = (b-1)(c-1)$$
$$SS_{A \times B \times C} \text{的自由度} \ df_{A \times B \times C} = (a-1)(b-1)(c-1)$$
$$SS_e \text{的自由度} \ df_e = abc(r-1)$$

（二）均方计算

由均方定义，各因素及其交互作用的均方应为

$$MS_A = \frac{SS_A}{df_A} = \frac{SS_A}{(a-1)}, \ MS_B = \frac{SS_B}{df_B} = \frac{SS_B}{(b-1)}, \ MS_C = \frac{SS_C}{df_C} = \frac{SS_C}{(c-1)}$$

$$MS_{A \times B} = \frac{SS_{A \times B}}{df_{A \times B}} = \frac{SS_{A \times B}}{(a-1)(b-1)}, MS_{A \times C} = \frac{SS_{A \times C}}{df_{A \times C}} = \frac{SS_{A \times C}}{(a-1)(c-1)}, \ MS_{B \times C} = \frac{SS_{B \times C}}{df_{B \times C}} = \frac{SS_{B \times C}}{(b-1)(c-1)}$$

$$MS_{A \times B \times C} = \frac{SS_{A \times B \times C}}{df_{A \times B \times C}} = \frac{SS_{A \times B \times C}}{(a-1)(b-1)(c-1)}$$

$$MS_e = \frac{SS_e}{df_e} = \frac{SS_e}{abc(r-1)}$$

（三） 列方差分析表， 作显著性检验

根据上述计算，列方差分析表，格式如表 3 - 37 所示。

表 3 - 37　　　　　　　　　　三因素完全随机等重复试验方差分析表

变异来源	平方和	自由度	均方	F	显著性
因素 A	SS_A	$a-1$	MS_A	$F_A = \dfrac{MS_A}{MS_e}$	
因素 B	SS_B	$b-1$	MS_B	$F_B = \dfrac{MS_B}{MS_e}$	
因素 C	SS_C	$c-1$	MS_C	$F_C = \dfrac{MS_C}{MS_e}$	
$A \times B$	$SS_{A \times B}$	$(a-1)(b-1)$	$MS_{A \times B}$	$F_{A \times B} = \dfrac{MS_{A \times B}}{MS_e}$	
$A \times C$	$SS_{A \times C}$	$(a-1)(c-1)$	$MS_{A \times C}$	$F_{A \times C} = \dfrac{MS_{A \times C}}{MS_e}$	
$B \times C$	$SS_{B \times C}$	$(b-1)(c-1)$	$MS_{B \times C}$	$F_{B \times C} = \dfrac{MS_{B \times C}}{MS_e}$	
$A \times B \times C$	$SS_{A \times B \times C}$	$(a-1)(b-1)(c-1)$	$MS_{A \times B \times C}$	$F_{A \times B \times C} = \dfrac{MS_{A \times B \times C}}{MS_e}$	
误差 e	SS_e	$abc(r-1)$	MS_e		
总和	SS_T	$abcr-1$			

经 F 检验若显著，用 SSR 法或 q 法进行各处理均数的多重比较时， A 因素各水平的重复数为 bcr ，故 A 因素各水平的标准误（记为 $S_{\bar{x}_{i..}}$ ）的计算公式为 $S_{\bar{x}_{i..}} = \sqrt{MS_e/bcr}$ ；同理， B 因素各水平的标准误为 $S_{\bar{x}_{.j.}} = \sqrt{MS_e/acr}$ ， C 因素各水平的标准误为 $S_{\bar{x}_{..k}} = \sqrt{MS_e/abr}$ ； AB 各组合重复数为 cr ，其标准误为 $S_{\bar{x}_{ij.}} = \sqrt{MS_e/cr}$ ，同理可计算 AC 、 BC 各组合的标准误分别为 $\sqrt{MS_e/br}$ 、 $\sqrt{MS_e/cr}$ ； ABC 各组合重复数为 r ，故其标准误为 $\sqrt{MS_e/r}$ 。

[例 3 - 6]　某种水果发酵饮料的香气评分与工艺参数因素 A （ A_1 、 A_2 ）、因素 B （ B_1 、 B_2 ）、因素 C （ C_1 、 C_2 、 C_3 ）有关，每个处理组合重复 3 次试验，试验结果见表 3 - 38，试作方差分析。

表 3 - 38　　　　　　　　　　水果发酵饮料香气评分试验结果

处理			重 复			和 $x_{ijk.}$
			1	2	3	
A_1	B_1	C_1	12	14	13	39
		C_2	12	11	11	34
		C_3	10	9	9	28
	B_2	C_1	10	9	9	28
		C_2	9	9	8	26
		C_3	6	6	7	19

续表

处理			重　复			和 $x_{ijk.}$
			1	2	3	
		C_1	3	2	4	9
	B_1	C_2	4	3	4	11
		C_3	7	6	7	20
A_2		C_1	2	2	3	7
	B_2	C_2	3	4	5	12
		C_3	5	7	7	19
			83	82	87	252

这是一个 $a=2$，$b=2$，$c=3$，$r=3$ 的三因素等重复试验数据资料。首先计算各因素平方和，为此将数据整理成 AB、AC、BC 双向表，结果如表 3-39 所示。

表 3-39　　　　　　　　　　　　　二因素双向表

AB 双向表　（$x_{ij..}$）

	B_1	B_2	$x_{i...}$
A_1	101	73	174
A_2	40	38	78
$x_{.j.}$	141	111	252

AC 双向表　（$x_{i.k.}$）

	C_1	C_2	C_3	$x_{i...}$
A_1	67	60	47	174
A_2	16	23	39	78
$x_{..k}$	83	83	86	252

BC 双向表　（$x_{.jk.}$）

	C_1	C_2	C_3	$x_{.j..}$
B_1	48	45	48	141
B_2	35	38	38	111
$x_{..k}$	83	83	86	252

计算平方和

$$CT = \frac{1}{abcr}x_{....}^2 = \frac{252^2}{2 \times 2 \times 3 \times 3} = 1764.00$$

$$SS_T = \sum_{i=1}^a \sum_{j=1}^b \sum_{k=1}^c \sum_{l=1}^r x_{ijkl}^2 - CT = 12^2 + 14^2 + 13^2 + \cdots + 7^2 - 1764.00 = 396.00$$

$$SS_A = \frac{1}{bcr}\sum_{i=1}^a x_{i...}^2 - CT = \frac{1}{2 \times 3 \times 3}(174^2 + 78^2) - 1764.00 = 256.00$$

$$SS_B = \frac{1}{acr}\sum_{j=1}^b x_{.j..}^2 - CT = \frac{1}{2 \times 3 \times 3}(141^2 + 111^2) - 1764.00 = 25.00$$

$$SS_C = \frac{1}{abr}\sum_{k=1}^c x_{..k.}^2 - CT = \frac{1}{2 \times 2 \times 3}(83^2 + 83^2 + 86^2) - 1764.00 = 0.50$$

AB 的平方和

$$SS_{AB} = \frac{1}{cr}\sum_{i=1}^a \sum_{j=1}^b x_{ij..}^2 - CT = \frac{1}{3 \times 3}(101^2 + 73^2 + 40^2 + 38^2) - 1764.00 = 299.78$$

所以 $A \times B$ 交互效应的平方和

$$SS_{A \times B} = SS_{AB} - SS_A - SS_B = 299.78 - 256.00 - 25.00 = 18.78$$

同理可计算

$$SS_{A \times C} = \frac{1}{2 \times 3}(67^2 + 60^2 + \cdots + 39^2) - 1764.00 - 256.00 - 0.50 = 80.17$$

$$SS_{B \times C} = \frac{1}{2 \times 3}(48^2 + 45^2 + \cdots + 38^2) - 1764.00 - 25.00 - 0.50 = 1.50$$

ABC 组合（处理）的平方和

$$SS_{ABC} = \frac{1}{r}\sum_{i=1}^{a}\sum_{j=1}^{b}\sum_{k=1}^{c}x_{ijk}^2 - CT = \frac{1}{3}(39^2 + 34^2 + \cdots + 19^2) - 1764.00 = 382.00$$

所以 $A \times B \times C$ 交互效应的平方和

$$SS_{A \times B \times C} = SS_{ABC} - SS_A - SS_B - SS_C - SS_{A \times B} - SS_{A \times C} - SS_{B \times C}$$

$$= 382.00 - 256.00 - 25.00 - 0.50 - 18.78 - 80.17 - 1.50$$

$$= 0.06$$

误差平方和

$$SS_e = SS_T - SS_{ABC} = 396.00 - 382.00 = 14.00$$

由上述计算，方差分析结果如表 3-40 所示。

表 3-40　　　　　　　　　　水果发酵饮料香气评分试验结果方差分析表

变异来源	平方和 SS	自由度 df	均方 MS	F 值	显著性
A	256.00	1	256.00	441.38	**
B	25.00	1	25.00	43.10	**
C	0.50	2	0.25	0.43	
$A \times B$	18.78	1	18.78	32.38	**
$A \times C$	80.17	2	40.08	69.10	**
$B \times C$	1.50	2	0.75	1.29	
$A \times B \times C$	0.06	2	0.03	0.05	
误差 e	14.00	24	0.58		
总变异	396.00	35			

注：$F_{0.05(1,24)} = 4.26$，$F_{0.01(1,24)} = 7.82$，$F_{0.05(1,24)} = 3.40$，$F_{0.01(2,24)} = 5.61$。

方差分析表明，因素 A、B、$A \times B$ 交互作用、$A \times C$ 交互作用对发酵饮料香气评分结果有极显著影响，因素 C、$B \times C$ 交互作用、$A \times B \times C$ 交互作用的影响不显著。优化组合条件 $A_1B_1C_1$。对 A、B、$A \times B$、$A \times C$ 作多重比较参见有关书籍。

多因素全面试验的优点在于不仅分析主效应，还可分析各种交互作用的影响；另外试验结论较全面、可靠。然而，多因素试验随着试验因素及其水平的增多，处理数急剧增大，不但分析麻烦，而且使试验误差难以控制。所以，一般要求处理数不超过 20 个。如果在试验前，根据以往的经验，已知多因素高级交互效应可以忽略不计时，那么在每个水平组合下只需作一次试验即可，否则每个水平组合至少要重复 2 次试验。通常对于多因素试验，可以考虑采用部分析因试验（如正交试验、均匀试验等），也可考虑用组合试验设计、旋转试验设计等。

由以上讨论可以看出，方差分析的计算工作量随着因素、水平的增多而增大，所以可借助统计软件如 SAS、SPSS、Minitab 等来完成分析。

第六节　方差分析的基本假定和数据转换

一、　基本假定

对试验数据进行方差分析是有条件的，即方差分析的有效性建立在一些基本假定上，如果分析的数据不符合这些基本假定，得出的结论就不会正确。一般来说，在试验设计时，就应考虑到方差分析的前提条件。

1. 分布的正态性（normality）

指所有试验误差 ε_{ij} 应该是随机的、彼此独立的，具有平均数为零且作正态分布，即"正态性"（normality）。因为多样本的 F 检验是假定 k 个样本是从 k 个正态总体中随机抽取的，所以 ε_{ij} 一定是随机性的。在试验中，观测值要用随机方法取得，随机分组或随机取样这些措施都是为了保证各个误差的彼此独立性和随机性，顺序排列或顺序取样资料是不能做方差分析的。应用方差分析的资料应服从正态分布，即每一观测值应围绕相应的平均数呈正态分布，非正态分布的资料进行适当数据转换后，亦能进行方差分析。

2. 效应可加性（additivity）

方差分析是建立在线性可加模型基础上的，所有方差分析的数据都可以根据变异原因分解成相应分量之和，即 $x_{ij} = \mu + \alpha_i + \varepsilon_{ij}$。如果试验资料不具备"效应可加性"这一性质，那么变量的总变异依据变异原因的剖分将失去依据，方差分析则不能进行。

3. 方差同质性（homogeneity）

因为方差分析中的误差项方差是将各处理的误差合并而获得的一个共同的误差方差，因此必须假定资料中各处理有一个共同的误差方差存在，即假定各处理的误差 ε_{ij} 都服从正态分布 $N(0, \sigma^2)$。这就是所谓的方差同质性，也称为方差齐性。如果各处理的误差方差具有异质性（$\sigma_i^2 \neq \sigma_j^2$），则没有理由将各处理内误差方差的合并方差作为检验各处理差异显著性的共用的误差均方。否则，在假设检验中必然会使某些处理的效应得不到正确的反映。所以，如果发现各处理内的方差相差比较悬殊时，一般可用相应的方法对资料进行方差同质性检验。

如果检验结果是方差不同质，则应当考虑采取适当措施对数据资料加以处理。常用措施有：

①如果在方差分析前发现有异常的观测值、处理或单位组，只要不属于研究对象本身的原因，在不影响分析正确性的条件下应加以删除。如把方差特大或特小的处理剔除，保留具有同质方差的处理。但要剔除特大方差的处理时须经 Cochran 检验（可参阅其他文献）后方可剔除，否则不能随便剔除。

②将全部试验裂解为几个方差为同质的部分，而后对各部分分别进行方差分析。

③有时方差出现异质性是因为资料中的数据太少，这时就需要增加样本的含量。如果不能再增加数据，则可考虑采用非参数法进行分析。

④对不同特点的数据采用不同的转换方法，对转换后的数据进行方差分析。

二、 数据转换

对于不符合基本假定的试验资料应采用适当方法进行处理。前述的如果发现有异常的观测值、处理或单位组，只要不属于研究对象本身的原因，在不影响分析正确的条件下应加以删除。但是，有些资料就其性质来说就不符合方差分析的基本假定。其中最常见的一种情况是处理平均数和均方有一定关系（如二项分布资料，平均数 $\mu = np$，均方 $\sigma^2 = np(1-p)$；泊松分布资料的平均数与方差相等）。对这类资料不能直接进行方差分析，可考虑采用非参数方法分析或进行适当数据转换（transformation of data）后再作方差分析。这里介绍几种常用的数据转换方法。

1. 平方根转换（square root transformation）

此法适用于各组均方与其平均数之间有某种比例关系的资料，尤其适用于总体呈泊松（Poisson）分布的资料。它可使服从泊松分布的资料或轻度偏态的资料正态化。采用平方根转换可获得一个同质的方差，同时也可减小非可加性的影响。这种转换常用于存在稀有现象的计数资料，如某些发生率较低的事件在时间或地域上的发生例数分布等。转换的方法是求出原数据的平方根 $\sqrt{x}$。若原观测值中有为 0 的数或多数观测值小于 10，则把原数据变换成 $\sqrt{x+1}$ 稳定均方，使方差符合同质性的作用更加明显。

2. 对数转换（logarithmic transformation）

如果各组数据的标准差或全距与其平均数大体成比例，或者效应为可乘性或非可加性，则将原数据变换为对数（$\lg x$ 或 $\ln x$）后，可以使方差变成比较一致而且使效应由可乘性变成可加性。对数变换能使服从对数正态分布的变量正态化。如环境中某些污染物的分布、人体中某些微量元素的分布，可用对数转换改善其正态性。如果原数据包括有 0，可以采用 $\lg(x+1)$ 变换的方法。一般而言，对数转换对于削弱大变数的作用要比平方根转换更有效。例如变数 1、10、100 作平方根转换是 1、3.16、10，作对数转换则是 0、1、2。

3. 平方根反正弦转换（arcsine transformation）

平方根反正弦转换是将原始数据 x 的平方根反正弦值作为新的分析数据。即

用角度表示：

$$x' = \sin^{-1}\sqrt{x+1}$$

用弧度表示：

$$x' = \frac{\pi}{180}\sin^{-1}\sqrt{x}$$

平方根反正弦转换常用于服从二项分布的百分率或百分比的资料，如产品的合格率、分装食品的污染率等。在大部分的统计学书中都有百分数的反正弦转换表，可直接查得 x 的反正弦值（附表 8）。二项分布的特点是其方差与平均数有着函数关系。这种关系表现在，当平均数接近极端值（即接近于 0 和 100%）时，方差趋向于较小；而平均数处于中间数值附近（50% 左右）时，方差趋向于较大。把数据变成角度以后，接近于 0 和 100% 的数值变异程度变大，因此使方差较为增大，这样有利于满足方差同质性的要求。一般，若资料中的百分数介于30% ~ 70% 时，因资料的分布接近于正态分布，数据变换与否对分析的影响不大，即可直接进行方差分析。通过样本率的平方根反正弦变换，可使资料接近正态分布，达到方差齐性的要求。

4. 倒数转换 （reciprocal transformation）

倒数转换是将原始数据的倒数 $x' = \frac{1}{x}$ 作为新的分析数据。当各组数据的标准差与其平均数的平方成比例时，可进行倒数转换。这种转换常用于以出现反应时间为指标的数据资料，也可以用于数据两端波动较大的资料，可使极端值的影响减小。应当注意的是，在对转换后的数据进行方差分析时，若经检验差异显著，则进行平均数的多重比较应用转换后的数据进行计算。但在解释分析最终结果时，应还原为原来的数值。

[例 3 - 7] 为研究面团中的酵母在不同贮藏条件的活力，试验设计了三种处理：A、面团放于烧杯内，覆盖纱布，贮藏于冰箱中；B、面团放于烧杯内，置于干燥器中，贮藏于冰箱中；C、面团放于烧杯内，在室温下放置。经贮藏 4h 后，在显微镜下检查有活力酵母的百分数，对照 ck 为新鲜酵母。每个处理检查 5 个视野，不同处理下有活力酵母的百分数如表 3 - 41 所示，试作方差分析。

表 3 - 41　　　　　　　　　不同处理下有活力酵母的百分数

处理	有活力酵母百分数/%				
ck	97	91	82	85	78
A	95	77	72	64	56
B	93	78	75	76	63
C	70	68	66	49	55

由于本例试验结果为百分数数据，有大于 70% 的，故需作反正弦转换。查百分数反正弦转换表附表 8，得各个 x 的反正弦值如表 3 - 42 所示。

表 3 - 42　　　　　　　有活力酵母百分数的反正弦值 （$\sin^{-1}\sqrt{x}$）

处理	有活力酵母百分数反正旋转换数值					合计 $x_{i.}$	平均值 $\bar{x}_{i.}$
ck	80.02	72.54	64.90	67.21	62.03	346.70	69.34
A	77.08	61.34	58.05	53.13	48.45	298.05	59.61
B	74.66	62.03	60.00	60.67	52.53	309.89	61.98
C	56.79	55.55	54.33	44.43	47.87	258.97	51.79

可以看出，表 3 - 42 所示为单因素等重复数据资料，其方差分析结果见表 3 - 43。

表 3 - 43　　　　　　　　表 3 - 42 数据资料的方差分析表

变异来源	平方和	自由度	均方	F	显著性
处理间	783.93	3	261.310	3.982	*
误差 e	1050.00	16	65.625		
总和	1833.93	19			

采用 *LSD* 法作多重比较时，

$$S_{\bar{x}_{i.} - \bar{x}_{j.}} = \sqrt{2MS_e/r} = \sqrt{\frac{2 \times 65.625}{5}} = 5.123$$

$$LSD_{0.05} = t_{0.05(16)}S_{\bar{x}_{i.} - \bar{x}_{j.}} = 2.120 \times 5.123 = 10.862$$

$$LSD_{0.01} = t_{0.01(16)}S_{\bar{x}_{i.} - \bar{x}_{j.}} = 2.921 \times 5.123 = 14.966$$

不同处理多重比较结果见表 3 – 44。

表 3 – 44　　　　　　　　　　　不同处理酵母活力的比较

处理	平均数	α =0.05	还原的百分数/%
ck	69.34	a	87.5
B	61.98	ab	78.0
A	59.61	ab	74.4
C	51.79	b	61.7

检验结果表明，3 个处理的活力均低于对照 ck，其中 C 处理活力显著低于对照。将各反正弦平均数转换为百分数，可以看出，处理 A 比对照降低 13.1%，处理 B 降低 9.5%，处理 C 降低 25.8%。

以上介绍了 4 种常用数据转换常用方法。对于一般非连续性的数据，最好在方差分析前先检查各处理平均数与相应处理内均方是否存在相关性和各处理均方间的变异是否较大。如果存在相关性，或者变异较大，则应考虑对数据作适应变换。有时要确定适当的转换方法并不容易，可事先在试验中选取几个其平均数为大、中、小的处理试验作转换。哪种方法能使处理平均数与其均方的相关性最小，该方法就是相对合适的转换方法。另外，还有一些别的转换方法可以考虑。例如采用观测值的平均数做方差分析。因为平均数比单个观察值更容易符合正态分布，若抽取小样本求得其平均数，再以这些平均数做方差分析，则可减小各种不符合基本假定的因素的影响。对于一些分布明显偏态的二项分布资料，进行 $x = (\sin^{-1}\sqrt{p})^{1/2}$ 的转换，可使 x 呈良好的正态分布。

习　　题

1. 多个处理平均数间的相互比较为什么不宜用 t 检验法？

2. 简述方差分析的基本思想和基本步骤。

3. 简述多因素全面试验的优缺点。

4. 为什么要作数据转换？常用的数据转换方法有哪几种？各在什么条件下应用？

5. 为考察温度对竹叶黄酮类物质提取得率的影响，设计五种不同提取温度进行试验，试验结果如下。试分析提取温度对得率有无显著影响。

温度/℃	产品得率/%		
60	90	92	88
65	97	93	92
70	96	96	93
75	84	83	88
80	84	86	82

6. 研究五种消毒液对四种细菌的抑制效果。抑制效果用抑菌圈直径（mm）表示。数据见下表，试分析五种消毒液的抑制作用有无差异，对四种细菌的抑制效果有无差异。

细菌类型	消毒液类型				
	A	B	C	D	E
大肠杆菌/mm	15	17	15	14	12
绿脓杆菌/mm	11	12	14	13	9
葡萄球菌/mm	25	28	25	30	22
痢疾杆菌/mm	20	17	19	13	17

7. 为考察蒸馏水 pH（A 因素）和硫酸铜浓度（B 因素）对化验血清中白蛋白与球蛋白的影响，A 因素取 4 个水平，B 因素取 3 个水平，不同水平组合下各测一次白蛋白与球蛋白之比，结果列于下表中，试分析蒸馏水 pH 和硫酸铜浓度对化验结果有无显著影响。

pH	硫酸铜浓度/%		
	B_1	B_2	B_3
A_1	3.5	2.3	2.0
A_2	2.6	2.0	1.9
A_3	2.0	1.5	1.2
A_4	1.4	0.8	0.3

8. 为了研究温度、压力对提取率的影响，试验设计四种温度（A_1、A_2、A_3、A_4）和三种压力（B_1、B_2、B_3）组成试验方案，试验结果如下表。试分析压力、温度以及交互作用对提取率有无显著影响。

温度 A	压力 B								
	B_1				B_2			B_3	
A_1	52	43	39	41	47	53	49	38	42
A_2	48	37	39	50	41	30	36	48	47
A_3	34	42	38	36	39	44	37	40	32
A_4	45	58	42	44	46	60	43	56	41

9. 某种抗生素的发酵培养基主要由黄豆饼粉、蛋白胨、葡萄糖、KH_2PO_4 等组成。黄豆饼粉与蛋白胨合并为 1 个因素 A，葡萄糖、KH_2PO_4 作为因素 B、因素 C 设计三因素三水平全面试验，需要分析交互作用 $A \times B$、$A \times C$、$B \times C$ 对试验结果的影响，试验结果见表（试验指标要求越大越好），试作方差分析，确定优化条件。

处理号	A	B	C	抗生素产率/%	处理号	A	B	C	抗生素产率/%
1	1	1	1	0.69	15	2	2	3	1.17
2	1	1	2	0.54	16	2	3	1	0.99
3	1	1	3	0.37	17	2	3	2	1.13
4	1	2	1	0.66	18	2	3	3	0.8
5	1	2	2	0.75	19	3	1	1	0.69
6	1	2	3	0.48	20	3	1	2	1.1
7	1	3	1	0.81	21	3	1	3	0.91
8	1	3	2	0.68	22	3	2	1	0.86
9	1	3	3	0.39	23	3	2	2	1.16
10	2	1	1	0.93	24	3	2	3	1.3
11	2	1	2	1.15	25	3	3	1	0.66
12	2	1	3	0.9	26	3	3	2	1.38
13	2	2	1	0.86	27	3	3	3	0.73
14	2	2	2	0.97					

第四章

CHAPTER

回归与相关分析

4

第一节　回归与相关基本概念

客观事物在发展过程中是相互联系、相互影响的，在科学试验研究中常常需要研究两个或两个以上变量间的关系。例如，身高与体重、电流与电阻、商品价格与销售量、含糖量与固形物含量、温度与保藏期的关系等。这些变量间的关系有两类，一类是完全确定性的关系，又称函数关系，可以用精确的数学表达式来表示，即当变量 x 的值取定后，变量 y 有唯一确定的值与之对应。如长方形的面积（S）与长（a）和宽（b）的关系可以表达为：$S = ab$。另一类是非确定性关系，不能用精确的数学公式来表示，当变量 x 取某值时，y 有若干种可能取值与之对应。如人的身高与体重的关系、作物种植密度与产量的关系、食品价格与需求量的关系、人的年龄与血压的关系等，这些变量间都存在着十分密切的关系，但不能由一个或几个变量的值精确地求出另一个变量的值。在一定范围内，对一个变量的任意数值 x_i，虽然没有另一个变量的确定数值 y_i 与之对应，但是却有一个特定 y_i 的条件概率分布与之对应，这种变量的不确定关系，称为相关关系，把存在相关关系的变量称为相关变量。

相关变量间的关系，一种是因果关系，即一个变量的变化受另一个或几个变量的影响，如食品干燥速率受原料含水率、干燥温度等的影响，子女的身高受父母身高的影响；另一种是平行关系，即两个以上变量之间共同受到另外因素的影响，如人的身高和体重之间的关系，兄弟身高之间的关系等都属于平行关系。变量间的关系及分析方法如图 4-1 所示。

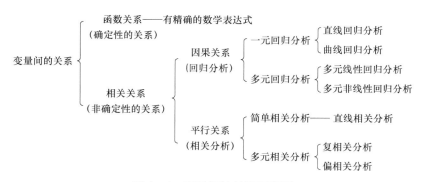

图 4-1　变量间的关系示意图

一、 回 归 分 析

两个变量间的关系若具有原因和反应（结果）的性质，则称这两个变量间存在因果关系。表示原因的变量称为自变量（independent variable），以 x 表示，一般情况下，x 是固定的，是在试验时预先设定的，没有误差或误差很小；表示结果的变量称为因变量（dependent variable），以 y 表示，y 随 x 的变化而变化，并且受随机误差影响。例如在果汁生产中，榨汁操作压力与出汁率之间的关系，操作压力是出汁率变化的原因，是自变量 x，操作压力是事先设计好的，是固定的而且没有误差；出汁率是对操作压力的反映，是因变量 y，是随机的，有试验误差干扰。对于具有因果关系的两个变量，统计分析的任务就是由试验数据建立一个表示 y 随 x 的改变而改变的回归方程 $\hat{y} = f(x)$（regression equation of y on x），式中 $\hat{y}$ 表示在给定的 x 时由该方程估计出的理论 y 值。研究两个变量间存在的因果关系，并可由原因预测结果的这种理论模型称为回归模型，$\hat{y} = f(x)$ 为回归方程式。在统计学上，以建立回归方程为基础的统计分析方法称为回归分析（regression analysis）。回归分析的任务是揭示出呈因果关系相关变量间的联系形式，建立它们之间的回归方程，利用所建立的回归方程，由自变量（原因）来预测、控制因变量（结果）。

按照自变量的个数，回归分析可分为一元回归和多元回归。研究"一因一果"，即一个自变量与一个因变量的回归分析称为一元回归分析；研究"多因一果"，即多个自变量与一个因变量的回归分析称为多元回归分析。一元回归分析又分为直线回归分析与曲线回归分析两种；多元回归分析又分为多元线性回归分析与多元非线性回归分析两种。实际分析时应根据客观现象的性质、特点、研究目的和任务选取不同的回归分析方法。

二、 相 关 分 析

如果两个变量并不是原因和结果的关系，而呈现一种共同变化的特点，即 x 和 y 是一种不分主从的平行关系。在这个关系中两个变量都是随机变量，并没有自变量和因变量之分。例如果实成熟度和出汁率这两个变量的关系中，它们是同步增减、互有影响的，既不能说成熟度是出汁率的原因，也不能说出汁率决定成熟度。对于具有平行关系的两个变量 x、y，统计分析的目标是计算 y 和 x 的线性相关密切程度的统计量，并检验其显著性。这一统计量称为相关系数（correlation coefficient），记为 r。相关系数仅表示两个变量共同变异程度和相关性质，不具备预测性质。以计算相关系数为基础的统计分析方法称为相关分析（correlation analysis）。

依据相关变量的多少，相关分析可分为单相关、复相关和偏相关。单相关（simple correlation）也叫简单相关，是指两个变量的相关关系，即一个变量与另一个变量之间的简单依存关系。在简单相关中，只有两个变量。例如，身高和体重之间的关系。复相关（multiple correlation）是指三个或者三个以上的变量之间的相关关系。例如，出汁率与成熟度、果实大小、品种等因素之间的相关。偏相关（partial correlation）是指在分析一个变量与两个或两个以上变量相关的，假定其他变量不变时，其中两个变量之间的相关关系称为偏相关。例如，在假定影响出汁率的其他因素不变时，出汁率和成熟度之间的关系就是偏相关。

三、 回归与相关的关系

（一） 相关分析与回归分析的联系

相关分析是回归分析的基础和前提，回归分析则是相关分析的深入和继续。相关分析需要依靠回归分析来表现变量之间数量相关的具体形式，而回归分析则需要依靠相关分析来表现变量之间数量变化的相关程度。只有当变量之间存在高度相关时，进行回归分析寻求其相关的具体形式才有意义。如果在没有对变量之间是否相关以及相关方向和程度做出正确判断之前，就进行回归分析，很容易造成"虚假回归"。与此同时，相关分析只研究变量之间相关的方向和程度，不能推断变量之间相互关系的具体形式，也无法从一个变量的变化来推测另一个变量的变化情况，因此，在具体应用过程中，只有把相关分析和回归分析结合起来才能达到研究和分析的目的。

（二） 相关分析与回归分析的区别

①相关分析中涉及的变量不存在自变量和因变量的划分问题，变量之间的关系是对等的；而在回归分析中，则必须根据研究对象的性质和研究分析的目的，对变量进行自变量和因变量的划分。因此，在回归分析中，变量之间的关系是不对等的。

②在相关分析中所有的变量都必须是随机变量；而在回归分析中，自变量是确定的，因变量才是随机的，即将自变量的给定值代入回归方程后，所得到的因变量的估计值不是唯一确定的，而会表现出一定的随机波动性。

③相关分析主要是通过一个指标（统计量）即相关系数来反映变量之间相关程度的大小，由于变量之间是对等的，因此相关系数是唯一确定的。而在回归分析中，对于互为因果的两个变量（如人的身高与体重），则有可能存在多个回归方程。

需要指出的是，变量之间是否存在"真实相关"，是由变量之间的内在联系所决定的。相关分析和回归分析只是定量分析的手段，通过相关分析和回归分析，虽然可以从数量上反映变量之间的联系形式及其密切程度，但是无法准确判断变量之间内在联系的存在与否，也无法判断变量之间的因果关系。因此，在具体应用过程中，一定要注意把定性分析和定量分析结合起来，在定性分析的基础上开展定量分析。表 4 – 1 所示为直线相关与直线回归的比较。

表 4 – 1　　　　　　　　　　　直线相关与直线回归

区别	直线相关	直线回归
变量地位	变量 x 和变量 y 处于平等的地位，彼此是相关关系	变量 y 称为因变量，处在被解释的地位，x 称为自变量，用于预测因变量的变化
变量性质	所涉及的变量 x 和 y 都是随机变量，要求两个变量都服从正态分布	因变量 y 是随机变量，自变量 x 可以是随机变量，也可以是非随机的确定变量
实际作用	主要是描述两个变量之间线性关系的密切程度（相关系数无单位）	揭示变量 x 对变量 y 的影响大小（回归系数有单位），还可以由回归方程进行预测和控制

第二节　一元线性回归分析

一、 一元线性回归数学模型

如果两个相关变量间的关系是线性的，那么变量 y 与 x 之间的内在联系可表示为 $y = \alpha +$

βx，由于因变量 y 的实际观测值总是带有随机误差，因而实际观测值 y_i 可表示为：

$$y_i = \alpha + \beta x_i + \varepsilon_i (i = 1, 2, \cdots, n) \tag{4-1}$$

式中，α、β 为未知参数，ε_i 为相互独立且服从 $N(0, \sigma^2)$ 的随机变量。这就是一元线性回归数学模型。

对于 x 某一确定的值，其对应的 y 值虽有波动，但在大量观察中随机误差的期望值为零，即 $E(\varepsilon_i) = 0$，因而从平均意义上说，总体线性回归方程：

$$E(y) = \alpha + \beta x \tag{4-2}$$

二、参数 α、β 的估计

一元线性回归分析根据样本观测数据资料对式（4-2）中的未知参数 α、β 进行估计，由此可得 $E(y)$ 的估计值 $\hat{y}$：

$$\hat{y} = a + bx \tag{4-3}$$

式中，a 是 α 的估计值，b 是 β 的估计值，式（4-3）称为 y 关于 x 的一元线性回归方程 (linear regression equation of y on x)。这就是 y 与 x 之间的定量关系表达式，其图形为回归直线。

回归直线在平面坐标系中的位置取决于 a、b 的取值，为了使 $\hat{y} = a + bx$ 能最好地反映 y 和 x 两变量间的数量关系，回归直线 $\hat{y} = a + bx$ 尽可能地靠近观测值 (x_i, y_i) $(i = 1, 2, \cdots, n)$，即回归估计值 $\hat{y}$ 与观测值 y 的偏差平方和（离回归平方和、剩余平方和）最小，即：

$$Q = \sum_{i=1}^{n} (y_i - \hat{y}_i)^2 = \sum (y_i - a - bx)^2 = 最小 \tag{4-4}$$

这就是常采用的最小二乘估计法 (ordinary least squares estimation)。

根据极值原理，令 Q 对 a、b 的一阶偏导数等于 0，即：

$$\begin{cases} \dfrac{\partial Q}{\partial a} = -2 \sum_{i=1}^{n} [y_i - (a + bx_i)] = 0 \\ \dfrac{\partial Q}{\partial b} = -2 \sum_{i=1}^{n} \{[y_i - (a + bx_i)]x_i\} = 0 \end{cases} \tag{4-5}$$

经整理后得方程组

$$\begin{cases} na + b\sum_{i=1}^{n} x_i = \sum_{i=1}^{n} y_i \\ a\sum_{i=1}^{n} x_i + (\sum_{i=1}^{n} x_i^2)b = \sum_{i=1}^{n} x_i y_i \end{cases} \tag{4-6}$$

称式（4-6）为正规方程组 (normal equation)，其解 a、b 分别为 α、β 的最小二乘估计值。

解正规方程组

$$a = \frac{\sum y}{n} - b\frac{\sum x}{n} = \bar{y} - b\bar{x} \tag{4-7}$$

$$b = \frac{\sum xy - \dfrac{1}{n}(\sum x)(\sum y)}{\sum x^2 - \dfrac{1}{n}(\sum x)^2} = \frac{\sum (x - \bar{x})(y - \bar{y})}{\sum (x - \bar{x})^2} \tag{4-8}$$

在式（4-8）中，分子是自变量 x 的离均差与因变量 y 的离均差的乘积和 $\sum (x - \bar{x})(y -$

$\bar{y}$），简称乘积和，记作 SP_{xy}，分母是自变量 x 的离均差平方和 $\sum (x - \bar{x})^2$，记作 SS_x。即 $SS_x = \sum (x - \bar{x})^2, SP_{xy} = \sum (x - \bar{x})(y - \bar{y})$，则

$$b = \frac{\sum xy - (\sum x)(\sum y)/n}{\sum x^2 - (\sum x)^2/n} = \frac{\sum (x - \bar{x})(y - \bar{y})}{\sum (x - \bar{x})^2} = \frac{SP_{xy}}{SS_x} \qquad (4-9)$$

$$a = \bar{y} - b\bar{x} \qquad (4-10)$$

a 为回归截距（regression intercept），是回归直线与 y 轴交点的纵坐标，当 $x = 0$ 时，$\hat{y} = a$；b 为回归系数（regression coefficient），是回归直线的斜率。b 表示 x 改变一个单位时，y 平均变化数量；b 反映了 x 影响 y 的性质，b 的绝对值大小反映了 x 影响 y 的程度。

三、 回归方程的显著性检验

由样本数据建立了变量 y 与 x 之间的回归关系，但并不能说明两个变量关系密切。那么如何判断所配置的回归方程是有意义的，需要进行回归方程的显著性检验。如果 y 与 x 之间没有线性关系，那么式（4 - 2）中的 $\beta = 0$，所以回归方程显著性检验就是检验 β 是否等于 0。要检验假设 $H_0 : \beta = 0$ 是否成立，可采用 F 检验法，也可采用 t 检验法。

1. 平方和与自由度分解

由图 4 - 2 可以看出，因变量 y 的变异 $(y - \bar{y})$ 可分解为 $(\hat{y} - \bar{y})$ 与 $(y - \hat{y})$ 两部分，即

$$(y - \bar{y}) = (\hat{y} - \bar{y}) + (y - \hat{y}) \qquad (4-11)$$

其中，$(\hat{y} - \bar{y}) = (a + bx - \bar{y})$ 是 y 与 x 间存在直线关系所引起的，$(y - \hat{y})$ 是试验偏差。

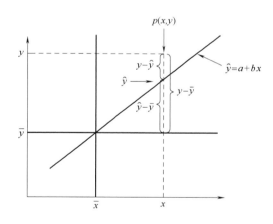

图 4 - 2　　$(y - \bar{y})$ 的分解图

若因变量 y 的总变异用 y 的离均差平方和 $SS_y = \sum (y - \bar{y})^2$ 来表示，简称 y 的总平方和，其总自由度为 $df = n - 1$。那么，总平方和可分解为：

$$\sum (y - \bar{y})^2 = \sum [(\hat{y} - \bar{y}) + (y - \hat{y})]^2$$
$$= \sum (\hat{y} - \bar{y})^2 + 2(\hat{y} - \bar{y})(y - \hat{y}) + \sum (y - \hat{y})^2 \qquad (4-12)$$

因为

$$\sum (\hat{y} - \bar{y})(y - \hat{y}) = \sum \{[(a + bx) - \bar{y}][y - (a + bx)]\}$$

将 $a = \bar{y} - b\bar{x}$ 代入，所以

$$\sum \{[y - (a + bx)][(a + bx) - \bar{y}]\} = \sum \{[(y - \bar{y}) - b(x - \bar{x})][b(x - \bar{x})]\}$$

$$= b[\sum (y - \bar{y})(x - \bar{x}) - b\sum (x - \bar{x})^2]$$

$$= b(SP_{xy} - bSS_x)$$

$$= b(SP_{xy} - \frac{SP_{xy}}{SS_x} \cdot SS_x)$$

$$= 0$$

所以

$$\sum (y - \bar{y})^2 = \sum (\hat{y} - \bar{y})^2 + \sum (y - \hat{y})^2 \qquad (4-13)$$

上式中的 $\sum (\hat{y} - \bar{y})^2$ 是回归理论值 $\hat{y}$ 与平均值 $\bar{y}$ 之差的平方和，从回归方程 $\hat{y} = a + bx$ 分析，$\hat{y}$ 的变异取决于自变量 x 的变化，即 y 受 x 的制约，反映了由于 y 与 x 间存在直线关系所引起的 y 的变异程度，称为回归平方和，记为 SS_R。

$\sum (y - \hat{y})^2$ 是实测值 y 与理论值 $\hat{y}$ 之间的总偏差，它反映了除自变量 x 对因变量 y 的线性影响之外的一切因素（包括 x 对 y 的非线性影响和测量误差等）对因变量 y 的作用，称为离回归平方和或剩余平方和，记为 SS_r。那么，式（4-13）可表示为：

$$SS_y = SS_R + SS_r \qquad (4-14)$$

这表明 y 的总平方和分解为回归平方和与剩余平方和两部分。与此相对应，y 的总自由度 df_y 也分解为回归自由度 df_R 与剩余自由度 df_r 两部分，即

$$df_y = df_R + df_r \qquad (4-15)$$

在直线回归分析中，回归自由度等于自变量的个数 m，即 $df_R = m$。当一元线性回归时，$m = 1$，$df_R = 1$；y 的总自由度 $df_y = n - 1$，剩余自由度 $df_r = n - 1 - m$。所以

回归均方为

$$MS_R = SS_R / df_R \qquad (4-16)$$

剩余均方为

$$MS_r = SS_r / df_r \qquad (4-17)$$

2. 回归方程的显著性检验——F 检验

由式（4-2）可推知，若 x 与 y 间不存在直线关系，则总体回归系数 $\beta = 0$，若 x 与 y 间存在直线关系，则总体回归系数 $\beta \neq 0$。所以，x 与 y 间是否存在直线关系的假设检验时，原假设为 $H_0: \beta = 0$，备择假设 $H_A: \beta \neq 0$。当 $H_0: \beta = 0$ 成立时，回归均方与剩余均方的比值服从 $df_1 = 1$ 和 $df_2 = n - 2$ 的 F 分布，即

$$F = \frac{MS_R}{MS_r} = \frac{\sum (\hat{y} - \bar{y})^2 / 1}{\sum (y - \hat{y})^2 / (n - 2)} \qquad (4-18)$$

$$= \frac{SS_R}{SS_r / (n - 2)} \sim F_{(1, n-2)}$$

根据已知条件，构造 F 统计量来检验回归关系。

由前边分析可知，回归平方和

$$SS_R = \sum (\hat{y} - \bar{y})^2 = \sum [b(x - \bar{x})]^2 \qquad (4-19)$$

$$= b^2 \sum (x - \bar{x})^2 = b^2 SS_x = bSP_{xy}$$

根据式（4-14），可得剩余平方和：

$$SS_r = SSy - SS_R = SS_y - \frac{SP_{xy}^2}{SS_x}$$ (4-20)

回归方程显著性检验结果见表4-2。

表4-2 直线回归方程显著性检验方差分析表

变异来源	平方和	自由度	均方	F	F_α	显著性
回归	SS_R	1	$MS_R = SS_R/df_R$	$F = MS_R/MS_r$	查附表5	
剩余	SS_r	$n-2$	$MS_r = SS_r/df_r$			
总和	$SS_y = SS_R + SS_r$	$n-1$				

对于给定的显著水平 α（α 一般取 0.05、0.01 等），查 F 分布表得 $F_{\alpha(1,n-2)}$，如果 $F < F_{\alpha(1,n-2)}$，则 F 检验不显著，回归方程没有意义，变量 x 与 y 没有明显的线性关系。若 $F \geq F_{\alpha(1,n-2)}$，则 F 检验显著，说明 x 与 y 有显著的线性关系，所建回归方程有意义。

若回归方程检验不显著时有以下几种可能：①影响 y 的因素除 x 外，可能还有其他不可忽略的因素；②x 与 y 之间不是直线关系，有可能是曲线关系；③x 与 y 根本无任何关系。

应该指出，上述用剩余平方和去检验回归平方和所作出的"回归方程显著"这一判断，只是表明相对其他因素及试验误差来说，因素 x 的一次项对指标 y 的影响是主要的，但并不能说明影响 y 的因素除 x 外，是否还有一个或几个不可忽视的其他因素，以及 x 和 y 的关系确实是线性关系，也就是说，在上述意义下"回归方程显著"并不表明这个回归方程拟合得很好。

3. 回归系数的显著性检验——t 检验

采用回归系数的显著性检验——t 检验也可检验 x 与 y 间是否存在直线关系。回归系数显著性检验时，原假设 H_0：$\beta = 0$，备择假设 H_A：$\beta \neq 0$。

在原假设 H_0：$\beta = 0$ 成立时，t 的计算公式为：

$$t = \frac{b}{S_b}, \quad df = n-2$$ (4-21)

其中，S_b 为样本回归系数标准误，$S_b = S_{yx}/\sqrt{SS_x}$。$S_{yx} = \sqrt{SS_r/df_r} = \sqrt{MS_r}$，称为剩余标准误，其大小反映了回归估测值 $\hat{y}$ 与实测值 y_i 的偏离程度。由式（4-21）算得 t 值与临界 $t_{\alpha(n-2)}$ 比较，以判断回归方程是否显著。

事实上，统计学已证明，在直线回归分析中，这两种检验方法是等价的。

四、 一元线性回归分析实例

[例4-1] 某食品干制加工试验中，10 批物料平均含水率 x（%）与干燥初速度 y（kg/h）的测定结果见表4-3，试建立干燥初速度 y 对平均含水率 x 的回归关系。

表4-3 物料平均含水率与干燥初速度的试验结果

平均含水率 x/%	3.60	4.05	4.27	4.58	4.60	4.85	5.23	5.40	5.58	5.90
干燥初速度 y/(kg/h)	5.25	5.43	5.64	6.15	5.85	6.13	6.38	6.60	6.71	6.89

1. 作散点图，探索其回归模型

以 x 为横坐标，y 为纵坐标作散点图。如图 4－3 所示，可以看出，物料平均含水率 x 与干燥初速度 y 之间存在直线关系，所以有必要建立其线性回归关系。

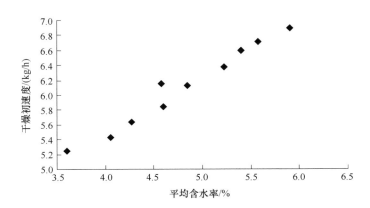

图 4－3 物料平均含水率 x 与干燥初速度 y 的关系散点图

2. 计算回归参数 α、β 的估计值 a、b，建立直线回归方程

根据实际观测值 x，y 计算：

$$\bar{x} = \sum x/n = 48.06/10 = 4.806, \bar{y} = \sum y/n = 61.03/10 = 6.103$$

$$SS_x = \sum x^2 - \left(\sum x\right)^2/n = 235.7136 - (48.06)^2/10 = 4.73724$$

$$SP_{xy} = \sum xy - \frac{\left(\sum x\right)\left(\sum y\right)}{n} = 296.882 - \frac{48.06 \times 61.03}{10} = 3.57182$$

$$SS_y = \sum y^2 - \left(\sum y\right)^2/n = 375.2395 - (61.03)^2/10 = 2.77341$$

由以上数据计算 b、a：

$$b = \frac{SP_{xy}}{SS_x} = \frac{3.57182}{4.73724} = 0.754$$

$$a = \bar{y} - b\bar{x} = 6.103 - 0.754 \times 4.806 = 2.479$$

所以 y 对 x 的直线回归方程为：

$$\hat{y} = 2.479 + 0.754x$$

3. 回归方程的显著性检验——F 检验

由 SS_x、SP_{xy}、SS_y 计算回归平方和 SS_R 和剩余平方和 SS_r。

$$SS_R = \frac{SP_{xy}^2}{SS_x} = \frac{3.57^2}{4.73} = 2.693, SS_r = SS_y - SS_R = 2.773 - 2.693 = 0.080$$

而 $df_y = n - 1 = 10 - 1 = 9$，$df_R = 1$，$df_r = 10 - 2 = 8$。

构造 F 统计量，计算 F 统计量值

$$F = \frac{SS_R/df_R}{SS_r/df_r}$$

$$= \frac{2.693/1}{0.080/(10 - 2)}$$

$$= 269.3$$

方差分析表见表 4 – 4。

表 4 – 4   方差分析表

变异来源	自由度	平方和	均方	F	显著性
回归	1	2.693	2.693	269.3	**
剩余	8	0.080	0.010		
总和	9	2.773			

查 F 表可得 $F_{0.05(1,8)} = 5.32$，$F_{0.01(1,8)} = 11.26$，因为 $F = 269.3 > F_{0.01(1,8)} = 11.26$，$P < 0.01$，表明 y 与 x 之间具有高度显著线性关系，回归直线方程有效。物料干燥初速度 y 与平均含水率 x 之间的关系可以用 $\hat{y} = 2.479 + 0.754x$ 来描述。

4. 回归系数的显著性检验——t 检验

由 $S_b = S_{yx} / \sqrt{SS_x}$、$S_{yx} = \sqrt{SS_r / df_r} = \sqrt{MS_r}$ 计算

$$S_{yx} = \sqrt{SS_r / df_r} = \sqrt{MS_r} = \sqrt{0.01} = 0.1，S_b = S_{yx} / \sqrt{SS_x} = 0.1 / \sqrt{4.73} = 0.046$$

构造 t 统计量，计算

$$t = \frac{b}{S_b} = \frac{0.754}{0.046} = 16.391$$

当 $df = n - 2 = 10 - 2 = 8$，查附表 3，得 $t_{0.05(8)} = 2.306$，$t_{0.01(8)} = 3.355$。因 $t = 16.391 > t_{0.01(8)}$，$P < 0.01$，表明物料平均含水率 x 与干燥初速度 y 间的直线回归系数 $b = 0.754$ 是极显著的，回归直线方程有意义，生产实践中可用所建立的一元线性数学模型来进行估计。

最后需要指出的是，一元线性回归分析中，回归方程的显著性检验和回归系数的显著性检验效果一致，在实际应用时选择一种即可。但多元回归分析中，应分别进行回归方程的显著性检验和回归系数的显著性检验。

五、 可直线化的一元曲线回归分析

曲线回归分析（curvilinear regression analysis）的基本任务是通过两个相关变量 x 与 y 的实际观测数据建立曲线回归方程，以揭示 x 与 y 间的曲线联系形式。

曲线回归分析的首要工作是确定变量 y 与 x 间的曲线关系类型。通常通过两个途径来确定：①利用生物科学的有关专业知识，根据已知的理论规律和实践经验。例如，细菌数量的增长常具有指数函数的形式：$y = ae^{bx}$。②若没有已知的理论规律和经验可利用，则可用描点法将实测点在直角坐标纸上描出，观察实测点的分布趋势与哪一类已知的函数曲线最接近，然后再选用该函数关系式来拟合实测点。

对于可直线化的曲线函数类型，曲线回归分析的基本过程是先将 x 或 y 进行变量转换，然后对新变量进行直线回归分析，建立直线回归方程并进行显著性检验，最后将新变量还原为原变量，由新变量的直线回归方程导出原变量的曲线回归方程。下面就几种能直线化的曲线函数类型加以讨论。

1. 双曲线函数 $\frac{1}{y} = a + \frac{b}{x}$

若令 $y' = 1/y$，$x' = 1/x$，则可将双曲线函数（图 4 – 4）直线化为：$y' = a + bx'$

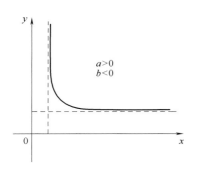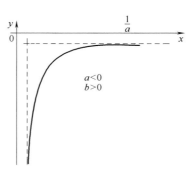

图 4 - 4　双曲线函数 $1/y = a + b/x$ 图形　（虚线为渐近线）

2. 幂函数 $y = ax^b$ （$a > 0$）

若对幂函数 $y = ax^b$ （图 4 - 5）两端求自然对数，得：$\ln y = \ln a + b\ln x$

令 $y' = \ln y$，$a' = \ln a$，$x' = \ln x$，则可将幂函数直线化为：$y' = a' + bx'$

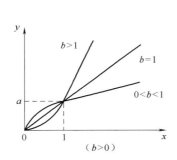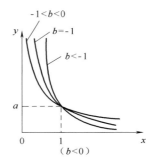

图 4 - 5　幂函数 $y = ax^b$ （$a > 0$）图形

3. 指数函数 $y = ae^{bx}$ 或 $y = ae^{b/x}$ （$a > 0$）

（1）若对指数函数 $y = ae^{bx}$ （图 4 - 6）两端求自然对数，得：$\ln y = \ln a + bx$

令 $y' = \ln y$，$a' = \ln a$ 则可将其直线化为：$y' = a' + bx$

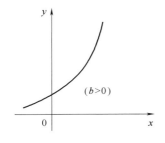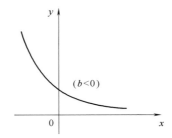

图 4 - 6　指数函数 $y = ae^{bx}$ 图形

（2）若对指数函数 $y = ae^{b/x}$ （图 4 - 7）两端取自然对数，得：$\ln y = \ln a + b/x$

令 $y' = \ln y$，$a' = \ln a$，$x' = 1/x$，则可将其直线化为：$y' = a' + bx'$

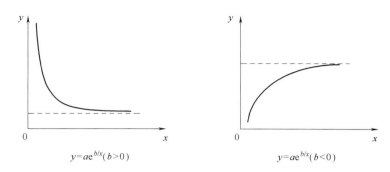

$$图4-7 \quad 指数函数 \ y=ae^{b/x}图形$$

4. 对数函数 $y = a + b\lg x$

令 $x' = \lg x$，则将对数函数（图4-8）直线化为：$y = a + bx'$

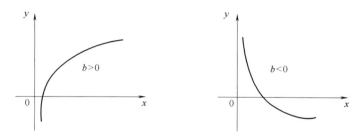

$$图4-8 \quad 对数函数 \ y = a + b\lg x 图$$

5. Logistic 生长曲线 $y = \dfrac{k}{1 + ae^{-bx}}$

若将 Logistic 生长曲线（图4-9）两端取倒数，得：

$$\frac{k}{y} = 1 + ae^{-bx} , \frac{k-y}{y} = ae^{-bx}$$

对两端取自然对数，得 $\ln\dfrac{k-y}{y} = \ln a - bx$

令 $y' = \ln\dfrac{k-y}{y}$，$a' = \ln a$，$b' = -b$，可将其直线化为：$y' = a' + b'x$

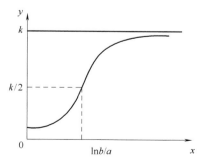

$$图4-9 \quad Logistic \ 生长曲线 \ y = \frac{k}{1 + ae^{-bx}} \ 图形$$

第三节　直线相关分析

在前面讨论的事例中，x 和 y 有自变量和因变量之分，或具有由 x 决定 y 的性质。但是也有不少的变数资料，其散点图呈现明显的线性关系，却并不能区别出自变量和因变量。例如大豆蛋白质含量与脂肪含量的测定结果呈负相关，但既不能认为蛋白质含量决定脂肪含量，又不能认为脂肪含量决定蛋白质含量。在这种情况下，求取回归方程并不是恰当的，而需确定一个不因自变量和因变量区分而变化的统计量——相关系数（coefficient of correlation）。

直线相关分析的基本任务就是根据 x、y 的实际观测值，计算出表示两个相关变量 x、y 间线性相关程度和性质的统计量——相关系数 r，并对其进行显著性检验。

一、　决定系数与相关系数

由上节等式 $\sum(y-\bar{y})^2 = \sum(\hat{y}-\bar{y})^2 + \sum(y-\hat{y})^2$ 可以看出，y 与 x 直线回归效果的好坏取决于回归平方和 $\sum(\hat{y}-\bar{y})^2$ 与剩余平方和 $\sum(y-\hat{y})^2$ 的大小，或者说取决于回归平方和在 y 的总平方和 $\sum(y-\bar{y})^2$ 中所占的比例大小。这个比例越大，y 与 x 的直线回归效果就越好，反之则越差。我们把比值 $\sum(\hat{y}-\bar{y})^2 / \sum(y-\bar{y})^2$ 称为 x 对 y 的决定系数（coefficient of determination），记为 r^2，即

$$r^2 = \frac{\sum(\hat{y}-\bar{y})^2}{\sum(y-\bar{y})^2} \tag{4-22}$$

r^2 反映了回归平方和 $\sum(\hat{y}-\bar{y})^2$ 在 y 的总平方和 $\sum(y-\bar{y})^2$ 中所占的比例大小。决定系数的大小表示了回归方程估测可靠程度的高低，或者说表示了回归直线拟合度的高低，显然有 $0 \le r^2 \le 1$。因为

$$r^2 = \frac{\sum(\hat{y}-\bar{y})^2}{\sum(y-\bar{y})^2} = \frac{SP_{xy}^2}{SS_x SS_y} = \frac{SP_{xy}}{SS_x} \cdot \frac{SP_{xy}}{SS_y} = b_{yx} \cdot b_{xy} \tag{4-23}$$

所以，决定系数表示了两个互为因果关系的相关变量 x、y 间的直线相关程度，介于 0 和 1 之间，但不能反映直线关系的性质，是同向增减或是异向增减。

若求 r^2 的平方根，平方根的符号与乘积和 SP_{xy} 的符号一致，这样求出的平方根既可表示 y 与 x 的直线相关的程度，也可表示直线相关的性质。统计学上把这个统计量称为 x 与 y 的相关系数（coefficient of correlation），记为 r，即

$$r = \frac{SP_{xy}}{\sqrt{SS_x SS_y}}$$

$$= \frac{\sum xy - \dfrac{\left(\sum x\right)\left(\sum y\right)}{n}}{\sqrt{\left[\sum x^2 - \dfrac{\left(\sum x\right)^2}{n}\right]\left[\sum y^2 - \dfrac{\left(\sum y\right)^2}{n}\right]}} \tag{4-24}$$

相关系数 r 表示两个变量 x 和 y 之间线性关系的密切程度，如图 4-10 所示，其值介于 -1 与 1 之间，即 $-1 \leqslant r \leqslant 1$。其性质如下：

（1）当 $r > 0$ 时，表示两个变量为正相关；

（2）$r < 0$ 时，表示两个变量为负相关；

（3）当 $|r| = 1$ 时，表示两个变量为完全线性相关；

（4）当 $r = 0$ 时，表示两个变量间无线性相关关系；

（5）当 $0 < |r| < 1$ 时，表示两个变量存在一定程度的线性相关，且 $|r|$ 越接近 1，两个变量间线性关系越密切；

（6）$|r|$ 越接近于 0，表示两个变量的线性相关程度越弱。

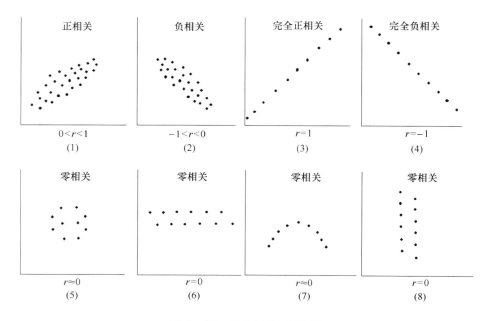

图 4-10　相关系数 r 示意图

二、　相关系数的计算

［例 4-2］　操作压力与水果出汁率的关系测定结果见表 4-5，计算二者的相关系数。

表 4-5　　　　　　　　　　操作压力与水果出汁率的数据资料

批次	1	2	3	4	5	6	7	8	9	10
操作压力/kg	68	70	70	71	71	71	73	74	76	76
水果出汁率/%	50	60	68	65	69	72	71	73	75	77

根据表 4-5 所列数据先计算：

$$SS_x = \sum x^2 - (\sum x)^2 / n = 51904 - (720)^2 / 10 = 64$$

$$SS_y = \sum y^2 - (\sum y)^2 / n = 46818 - (680)^2 / 10 = 578$$

$$SP_{xy} = \sum xy - (\sum x)(\sum y) / n = 49123 - (720)(680) / 10 = 163$$

代入式（4-24）得：

$$r = \frac{SP_{xy}}{\sqrt{SS_x \cdot SS_y}} = \frac{163}{\sqrt{64 \times 578}} = 0.8475$$

即操作压力与果实出汁率的相关系数为0.8475。

三、 相关系数的假设检验

由实际观测值计算的相关系数r是样本相关系数，它是双变量正态总体的总体相关系数ρ的估计值，也需对其进行显著性检验。此时，无效假设为$H_0: \rho = 0$；备择假设为$H_A: \rho \neq 0$，可采用t检验法或F检验法来进行相关系数r的显著性检验。

采用t检验时，t统计量计算公式为

$$t = \frac{r}{S_r} \tag{4-25}$$

式中，$S_r = \sqrt{(1 - r^2) / (n - 2)}$为相关系数标准误，自由度$df = n - 2$。

采用F检验时，F统计量计算公式为

$$F = \frac{r^2/df_1}{(1 - r^2)/df_2} = \frac{r^2/1}{(1 - r^2)/(n - 2)}, \quad \text{自由度} \ df_1 = 1, \ df_2 = n - 2 \tag{4-26}$$

为了方便应用，统计学家已根据t检验法计算出对应$df = n - 2$的临界r值，列出了相关系数临界值表（附表9），所以可以直接采用查表法对相关系数r进行显著性检验。

具体做法如下：

①查临界值r。根据自由度$n - 2$查临界r值，得$r_{0.05(n-2)}$、$r_{0.01(n-2)}$。

②比较，做出判断。若$|r| < r_{0.05(n-2)}$，表明$P > 0.05$，则两个变量的相关系数r不显著，在r的右上方标记"ns"；若$r_{0.05(n-2)} \leq |r| < r_{0.01(n-2)}$，表明$0.01 < P \leq 0.05$，则两个变量的相关系数$r$显著，在$r$的右上方标记"$*$"；若$|r| \geq r_{0.01(n-2)}$，$P \leq 0.01$，则两个变量的相关系数$r$极显著，在$r$的右上方标记"$**$"。

对于［例4-2］，由于$df = n - 2 = 10 - 2 = 8$，查附表9得$r_{0.05(8)} = 0.632$，$r_{0.01(8)} = 0.765$，而实际计算的$r = 0.8475 > r_{0.01(8)}$，$P < 0.01$，表明操作压力与水果出汁率的相关系数极显著，两个变量高度相关。

第四节 直线回归和相关的应用要点

直线回归和相关分析由于方法简单、结果直观，在科学研究中得到了广泛的应用，是普及和应用最广的统计方法之一。但虽然简单，实践中仍出现了不少的误用，或者对结果的不恰当的解释与推断。为了正确应用这一工具，特说明以下应用要点：

（1）回归和相关分析要有学科专业知识作指导。变量间是否存在相关以及在什么条件下会有什么相关等问题，都必须由各具体学科本身来决定。客观规律要由各具体学科根据自己的理论和实践去发现，回归和相关分析只是作为一种工具，帮助完成有关的认识和解释。如果不以一定的科学依据为前提，把风马牛不相及的资料随意地凑到一起作回归或相关分析，那是根

本性的错误。

（2）要严格控制研究对象（x 和 y）以外的有关因素，即要在 x 和 y 的变化过程中尽量使其他因素保持稳定一致。由于自然界各种事物间的相互联系和相互制约，一种事物的变化通常都会受到许多其他事物的影响。因此，如果仅研究该事物（y）和另一事物（x）的关系，则要求其余事物的均匀性必须得到尽可能严格的控制。否则，回归和相关分析有可能导致完全虚假的结果。例如研究种植密度和产量的关系，由于品种、播期、肥水条件等的不同也影响产量，所以这些条件必须尽可能地控制一致，才能比较真实地反映出密度和产量的关系。

（3）直线回归和相关分析结果不显著，并不意味着 x 和 y 没有关系，而只说明 x 和 y 没有显著的线性关系，但并不能排除两变量间存在曲线关系的可能性。

（4）一个显著的 r 或 b 并不代表 x 和 y 的关系就一定是线性的，因为它并不排斥能够更好地描述 x 和 y 的各种曲线的存在。一般地说，如 x 和 y 的真实关系是抛物线、双曲线或指数曲线等，当仅仅观察（x, y）的某一区间时，完全有可能给出一个极显著的线性关系。对这一问题的正确认识更有赖于专业知识的支持。

（5）虽然显著的线性相关和回归并不意味着 x 和 y 的真实关系就是线性，但在农学和生物学研究中要发现 x 和 y 的真实曲线关系又是相当困难的。因此，在 x 和 y 的一定区间内，用线性关系作近似描述是允许的，它的精确度至少要比仅用 $\bar{y}$ 描述 y 变量有显著提高。但是，研究结果的适用范围应加以限制，一般应以观察区间为准。外推到这一区间之外是危险的，因为该区间外的 x 和 y 的关系是否仍为线性，试验未给出任何信息。

（6）一个显著的相关或回归并不一定具有实践上的预测意义。例如当 $n = 50$ 时，$|r| = 0.273$ 检验显著，但这表明 x 和 y 可用线性关系说明的部分仅占总变异的 7.4%，未被说明的部分高达 92.6%，显然由 x 预测 y 并不可靠。一般而言，当需要由 x 预测 y 时，$|r|$ 必须在 0.7 以上，此时 y 的变异将有 49% 以上可以为 x 的变异说明。

（7）为了提高回归和相关分析的准确性，两个变量的样本容量 n（观察值对数）要尽可能大一些，至少应有 5 对以上。同时，x 变量的取值范围也应尽可能宽些，这样一方面可降低回归方程的误差，另一方面也能及时发现 x 和 y 间可能存在的曲线关系。

第五节　多元线性回归分析

一元线性回归是对客观现象进行高度简化的结果。在实际问题中，一个变量往往受许多因素（或变量）的影响，要研究它们之间的关系就是多元回归问题（multiple regression）。而其中最为简单、常用的是多元线性回归分析（multiple linear regression analysis），许多非线性回归（non - linear regression）和多项式回归（polynomial regression）都可以转化为多元线性回归来解决，多元线性回归分析有着广泛的应用。

多元线性回归分析的基本任务：根据因变量与多个自变量的实际观测值建立因变量对多个自变量的多元线性回归方程；检验、分析各个自变量对因变量的综合线性影响的显著性；检验、分析各个自变量对因变量的单纯线性影响的显著性，选择仅对因变量有显著线性影响的自变量，建立最优多元线性回归方程；评定各个自变量对因变量影响的相对重要性以及测定最优多元线性回归方程的偏离度等。

一、 多元线性回归方程的建立

设因变量 y 与 m 个自变量 x_1、x_2、$\cdots$、x_m 共有 n 组实际观测数据，数据模式见表 4-6。

表 4-6　　　因变量 y 与 m 个自变量 x_1、　x_2、　$\cdots$、　x_m 的对应 n 组观测数据

序号	因变量	自变量			
	y	x_1	x_2	$\cdots$	x_m
1	y_1	x_{11}	x_{21}	$\cdots$	x_{m1}
2	y_2	x_{12}	x_{22}	$\cdots$	x_{m2}
$\vdots$	$\vdots$	$\vdots$	$\vdots$	$\cdots$	$\vdots$
n	y_n	x_{1n}	x_{2n}	$\cdots$	x_{mn}

假定因变量 y 与自变量 x_1、x_2、$\cdots$、x_m 间存在线性关系，那么

$$y_j = \beta_0 + \beta_1 x_{1j} + \beta_2 x_{2j} + \cdots + \beta_m x_{mj} + \varepsilon_j (j = 1, 2, \cdots, n) \tag{4-27}$$

式中，x_1、x_2、$\cdots$、x_m 为可以观测的一般变量（可以观测的随机变量）；y 为可以观测的随机变量，随 x_1、x_2、$\cdots$、x_m 而变，受试验误差影响；ε_j 为相互独立且都服从 $N(0, \sigma^2)$ 的随机变量。式（4-27）就是多元线性回归的数学模型。

若假设 y 对 x_1、x_2、$\cdots$、x_m 的 m 元线性回归方程为：

$$\hat{y} = b_0 + b_1 x_1 + b_2 x_2 + \cdots + b_m x_m \tag{4-28}$$

式中，b_0、b_1、b_2、$\cdots$、b_m 为 β_0、β_1、β_2、$\cdots$、β_m 的最小二乘估计值。即要求 b_0、b_1、b_2、$\cdots$、b_m 应使实际观测值 y 与回归估计值 $\hat{y}$ 的偏差平方和最小，即 $Q = \sum\limits_{j=1}^{n}(y_j - \hat{y}_j)^2$ 达到最小。

由于 $Q = \sum\limits_{j=1}^{n}(y_j - \hat{y}_j)^2 = \sum\limits_{j=1}^{n}(y_j - b_0 - b_1 x_{1j} - b_2 x_{2j} - \cdots - b_m x_{mj})^2$ 是关于 b_0、b_1、b_2、$\cdots$、b_m 的 $m+1$ 元非负二次函数，存在最小值。

根据微分学中复合函数求极值的方法，要使 Q 最小，则应使：

$$\frac{\partial Q}{\partial b_0} = -2\sum\limits_{j=1}^{n}(y_j - b_0 - b_1 x_{1j} - b_2 x_{2j} - \cdots - b_m x_{mj}) = 0$$

$$\frac{\partial Q}{\partial b_i} = -2\sum\limits_{j=1}^{n}x_{ij}(y_j - b_0 - b_1 x_{1j} - b_2 x_{2j} - \cdots - b_m x_{mj}) = 0$$

$$(i = 1, 2, \cdots, m)$$

对上式整理得：

$$\begin{cases} nb_0 + (\sum x_1)b_1 + (\sum x_2)b_2 + \cdots + (\sum x_m)b_m = \sum y \\ (\sum x_1)b_0 + (\sum x_1^2)b_1 + (\sum x_1 x_2)b_2 + \cdots + (\sum x_1 x_m)b_m = \sum x_1 y \\ (\sum x_2)b_0 + (\sum x_2 x_1)b_1 + (\sum x_2^2)b_2 + \cdots + (\sum x_2 x_m)b_m = \sum x_2 y \\ \vdots \quad\quad \vdots \quad\quad \vdots \quad\quad \cdots \quad\quad \vdots \quad\quad \vdots \\ (\sum x_m)b_0 + (\sum x_m x_1)b_1 + (\sum x_m x_2)b_2 + \cdots + (\sum x_m^2)b_m = \sum x_m y \end{cases} \tag{4-29}$$

由方程组（4－29）中的第一个方程可得

$$b_0 = \bar{y} - b_1\bar{x}_1 - b_2\bar{x}_2 - \cdots - b_m\bar{x}_m \qquad (4-30)$$

即

$$b_0 = \bar{y} - \sum_{i=1}^{m} b_i\bar{x}_i$$

若记

$$SS_i = \sum_{j=1}^{n} (x_{ij} - \bar{x}_i)^2, \quad SS_y = \sum_{j=1}^{n} (y_j - \bar{y})^2$$

$$SP_{ik} = \sum_{j=1}^{n} (x_{ij} - \bar{x}_i(x_{kj} - \bar{x}_k) = SP_{ki} \quad SP_{iy} = \sum_{j=1}^{n} (x_{ij} - \bar{x}_i)(y_j - \bar{y})$$

$$(i, k = 1, 2, \cdots, m; i \neq k)$$

$$\bar{x}_i = \frac{1}{n} \sum_{j=1}^{n} x_{ij} \quad \bar{y} = \frac{1}{n} \sum_{j=1}^{n} y_j$$

并将 $b_0 = \bar{y} - b_1\bar{x}_1 - b_2\bar{x}_2 - \cdots - b_m\bar{x}_m$ 分别代入方程组（4－29）中的后 m 个方程，经整理可得到关于偏回归系数 b_1、b_2、$\cdots$、b_m 的正规方程组（normal equations）为：

$$\begin{cases} SS_1 b_1 + SP_{12}b_2 + \cdots + SP_{1m}b_m = SP_{1y} \\ SP_{21}b_1 + SS_2 b_2 + \cdots + SP_{2m}b_m = SP_{2y} \\ \vdots \qquad \vdots \qquad \cdots \qquad \vdots \\ SP_{m1}b_1 + SP_{m2}b_2 + \cdots + SS_m b_m = SP_{my} \end{cases} \qquad (4-31)$$

解正规方程组（4－31）即可得偏回归系数 b_1、b_2、$\cdots$、b_m 的解，于是得到 m 元线性回归方程

$$\hat{y} = b_0 + b_1 x_1 + b_2 x_2 + \cdots + b_m x_m$$

m 元线性回归方程的图形为 $m+1$ 维空间的一个平面，称为回归平面；b_0 称为回归常数项，当 $x_1 = x_2 = \cdots = x_m = 0$ 时，$\hat{y} = 0$，在 b_0 有实际意义时，b_0 表示 y 的起始值；b_i（$i = 1$、2、$\cdots$、m）称为因变量 y 对自变量 x_i 的偏回归系数（partial regression coefficient），表示除自变量 x_i 以外的其余 $m-1$ 个自变量都固定不变时，自变量 x_i 每变化一个单位，因变量 y 平均变化的单位数值。

对于正规方程组（4－31），若定义

$$\boldsymbol{A} = \begin{bmatrix} SS_1 & SP_{12} & \cdots & SP_{1m} \\ SP_{21} & SS_2 & \cdots & SP_{2m} \\ \vdots & \vdots & \cdots & \vdots \\ SP_{m1} & SP_{m2} & \cdots & SS_m \end{bmatrix}, \boldsymbol{b} = \begin{bmatrix} b_1 \\ b_2 \\ \vdots \\ b_m \end{bmatrix}, \boldsymbol{B} = \begin{bmatrix} SP_{1y} \\ SP_{2y} \\ \vdots \\ SP_{my} \end{bmatrix}$$

则正规方程组（4－31）可用矩阵形式表示为

$$\begin{bmatrix} SS_1 & SP_{12} & \cdots & SP_{1m} \\ SP_{21} & SS_2 & \cdots & SP_{2m} \\ \vdots & \vdots & \cdots & \vdots \\ SP_{m1} & SP_{m2} & \cdots & SS_m \end{bmatrix} \begin{bmatrix} b_1 \\ b_2 \\ \vdots \\ b_m \end{bmatrix} = \begin{bmatrix} SP_{1y} \\ SP_{2y} \\ \vdots \\ SP_{my} \end{bmatrix} \qquad (4-32)$$

即

$$Ab = B \qquad (4-33)$$

其中 A 为正规方程组的系数矩阵，b 为偏回归系数矩阵（列向量），B 为常数项矩阵（列向量）。

设系数矩阵 A 的逆矩阵为 C 矩阵，则

$$C = A^{-1} = \begin{bmatrix} SS_1 & SP_{12} & \cdots & SP_{1m} \\ SP_{21} & SS_2 & \cdots & SP_{2m} \\ \vdots & \vdots & \cdots & \vdots \\ SP_{m1} & SP_{m2} & \cdots & SS_m \end{bmatrix}^{-1} = \begin{bmatrix} c_{11} & c_{12} & \cdots & c_{1m} \\ c_{21} & c_{22} & \cdots & c_{2m} \\ \vdots & \vdots & \cdots & \vdots \\ c_{m1} & c_{m2} & \cdots & c_{mm} \end{bmatrix}$$

其中，C 矩阵的元素 c_{ij}（i、$j=1，2，\cdots，m$）称为高斯乘数，是多元线性回归分析中显著性检验所需要的。

关于求系数矩阵 A 的逆矩阵 A^{-1}，请参阅有关书籍。

对矩阵方程（4-33）求解，有：

$$b = A^{-1}B$$
$$b = CB$$

即：

$$\begin{bmatrix} b_1 \\ b_2 \\ \vdots \\ b_m \end{bmatrix} = \begin{bmatrix} c_{11} & c_{12} & \cdots & c_{1m} \\ c_{21} & c_{22} & \cdots & c_{2m} \\ \vdots & \vdots & \cdots & \vdots \\ c_{m1} & c_{m2} & \cdots & c_{mm} \end{bmatrix} \begin{bmatrix} SP_{1y} \\ SP_{2y} \\ \vdots \\ SP_{my} \end{bmatrix} \qquad (4-34)$$

关于偏回归系数 b_1、b_2、$\cdots$、b_m 的解可表示为：

$$b_i = c_{i1}SP_{1y} + c_{i2}SP_{2y} + \cdots + c_{im}SP_{my}$$
$$(i = 1，2，\cdots，m) \qquad (4-35)$$

或者 $b_i = \sum_{j=1}^{m} c_{ij}SP_{jy}$，$b_0 = \bar{y} - b_1\bar{x}_1 - b_2\bar{x}_2 - \cdots - b_m\bar{x}_m$

[例 4-3]　瘦肉量是肉用型猪育种中的重要考察指标，而影响猪瘦肉量的有猪的眼肌面积、胴体长、膘厚等性状。设因变量 y 为瘦肉量（kg），自变量 x_1 为眼肌面积（cm^2），自变量 x_2 为胴体长（cm），自变量 x_3 为膘厚（cm）。根据三江猪育种组的 54 头杂种猪的实测数据资料，经过整理计算，得到如下数据：

$$SS_1 = 846.2281 \qquad SS_2 = 745.6041 \qquad SS_3 = 13.8987$$
$$SP_{12} = 40.6832 \qquad SP_{13} = -6.2594 \qquad SP_{23} = -45.1511$$
$$SP_{1y} = 114.4530 \qquad SP_{2y} = 76.2799 \qquad SP_{3y} = -11.2966$$
$$\bar{x}_1 = 25.7002 \qquad \bar{x}_2 = 94.4343 \qquad \bar{x}_3 = 3.4344$$
$$SS_y = 70.6617 \qquad \bar{y} = 14.8722$$

试建立 y 对 x_1、x_2、x_3 的三元线性回归方程 $\hat{y} = b_0 + b_1x_1 + b_2x_2 + b_3x_3$。

将上述有关数据代入式（4-31），得到关于偏回归系数 b_1、b_2、b_3 的正规方程组：

$$\begin{cases} 846.2281b_1 + 40.6832b_2 - 6.2594b_3 = 114.4530 \\ 40.6832b_1 + 745.6041b_2 - 45.1511b_3 = 76.2799 \\ -6.2594b_1 - 45.1511b_2 + 13.8987b_3 = -11.2966 \end{cases}$$

采用矩阵运算有关方法求得系数矩阵的逆矩阵如下：

$$C = A^{-1}$$
$$= \begin{bmatrix} 846.2281 & 40.6832 & -6.2594 \\ 40.6832 & 745.6041 & -45.1511 \\ -6.2594 & -45.1511 & 13.8987 \end{bmatrix}^{-1}$$

$$= \begin{bmatrix} 0.001187 & -0.000040 & 0.000403 \\ -0.000040 & 0.001671 & 0.005410 \\ 0.000403 & 0.005410 & 0.089707 \end{bmatrix}$$

$$= \begin{bmatrix} c_{11} & c_{12} & c_{13} \\ c_{21} & c_{22} & c_{23} \\ c_{31} & c_{32} & c_{33} \end{bmatrix}$$

根据式（4-34），关于 b_1、b_2、b_3 的解可表示为：

$$\begin{bmatrix} b_1 \\ b_2 \\ b_3 \end{bmatrix} = \begin{bmatrix} c_{11} & c_{12} & c_{13} \\ c_{21} & c_{22} & c_{23} \\ c_{31} & c_{32} & c_{33} \end{bmatrix} \begin{bmatrix} SP_{1y} \\ SP_{2y} \\ SP_{3y} \end{bmatrix}$$

即关于 b_1、b_2、b_3 的解为：

$$\begin{bmatrix} b_1 \\ b_2 \\ b_3 \end{bmatrix} = \begin{bmatrix} 0.001187 & -0.000040 & 0.000403 \\ -0.000040 & 0.001671 & 0.005410 \\ 0.000403 & 0.005410 & 0.089707 \end{bmatrix} \begin{bmatrix} 114.4530 \\ 76.2799 \\ -11.2966 \end{bmatrix} = \begin{bmatrix} 0.1282 \\ 0.0617 \\ -0.5545 \end{bmatrix}$$

而

$$\begin{aligned} b_0 &= \bar{y} - b_1\bar{x}_1 - b_2\bar{x}_2 - b_3\bar{x}_3 \\ &= 14.8722 - 0.1282 \times 25.7002 - 0.0617 \times 94.4343 - (-0.5545) \times 3.4344 \\ &= 7.6552 \end{aligned}$$

于是得到关于瘦肉量 y 与眼肌面积 x_1、胴体长 x_2、膘厚 x_3 的三元线性回归方程为：

$$\hat{y} = 7.6552 + 0.1282x_1 + 0.0617x_2 - 0.5545x_3$$

二、 多元线性回归关系的显著性检验

（一） 回归方程的检验

建立了多元线性回归方程后，还必须对因变量与多个自变量间的线性关系假设进行显著性检验，也就是进行多元线性回归关系的显著性检验，采用 F 检验法。

1. 平方和与自由度的分解

与一元线性回归分析一样，将因变量 y 的总平方和 SS_y 分解为回归平方和 SS_R 与剩余平方和或离回归平方和 SS_r 两部分，即：

$$SS_y = SS_R + SS_r \tag{4-36}$$

式中，$SS_y = \sum (y - \bar{y})^2$ 反映了因变量 y 的总变异；$SS_R = \sum (\hat{y} - \bar{y})^2$ 反映了由于因变量 y 与多个自变量 x_1、x_2、$\cdots$、x_m 间存在线性关系所引起的变异，或者反映了多个自变量对因变量的综合线性影响所引起的变异；$SS_r = \sum (y - \hat{y})^2$ 反映了除因变量与多个自变量间线性关系以外的其他因素（包括试验误差）所引起的变异。

式（4-36）中各项平方和的计算方法如下：

$$SS_y = \sum y^2 - (\sum y)^2/n$$

$$SS_R = b_1 SP_{1y} + b_2 SP_{2y} + \cdots + b_m SP_{my} = \sum_{i=1}^{m} b_i SP_{iy}$$

$$SS_r = SS_y - SS_R \tag{4-37}$$

同理，因变量 y 的总自由度 df_y 也可以分解为回归自由度 df_R 与离回归自由度 df_r 两部分，即：

$$df_y = df_R + df_r \tag{4-38}$$

其中 $df_y = n-1$，$df_R = m$，$df_r = n-1-m$，m 为线性回归方程中自变量的个数，n 为实际观测数据的组数。

2. 计算回归均方 MS_R 与离回归均方 MS_r

$$MS_R = \frac{SS_R}{df_R}，MS_r = \frac{SS_r}{df_r} \tag{4-39}$$

3. 构造 F 统计量，进行显著性检验

检验多元线性回归关系是否显著，实质也就是检验各自变量的总体偏回归系数 β_i（$i = 1$、2、$\cdots$、m）是否全部等于零。所以，显著性检验的无效假设与备择假设分别为：H_0：$\beta_1 = \beta_2 = \cdots = \beta_m = 0$，$H_A$：$\beta_1$、$\beta_2$、$\cdots$、$\beta_m$ 不全为零。

在 H_0 成立条件下，有

$$F = \frac{MS_R}{MS_r} \text{ 服从 } F \text{ 分布，且 } df_1 = df_R，df_2 = df_r \tag{4-40}$$

由 F 统计量进行 F 检验即可推断多元线性回归关系的显著性。

这里特别要说明的是，上述显著性检验实质上是测定各自变量对因变量的综合线性影响的显著性，或者是测定因变量与各自变量的综合线性关系的显著性。如果经过 F 检验，多元线性回归关系或多元线性回归方程是显著的，但并不一定说明每一个自变量与因变量的线性关系都是显著的，或者说每一个偏回归系数不一定都是显著的。在上述多元线性回归关系显著性检验中，无法区别全部自变量中，哪些是对因变量的线性影响是显著的，哪些是不显著的。因此，当多元线性回归关系经检验为显著时，还必须逐一对各偏回归系数进行显著性检验，发现和剔除不显著的偏回归关系对应的自变量。另外，多元线性回归关系显著并不排斥有更合理的多元非线性回归关系的存在，这正如直线回归显著并不排斥有更合理的曲线回归方程存在是一样的。

对于〔例 4-3〕资料所建立的三元线性回归方程 $\hat{y} = 7.6552 + 0.1282x_1 + 0.0617x_2 - 0.5545x_3$ 进行显著性检验。

由数据资料计算得

$$SS_y = 70.6617$$

$$\begin{aligned} SS_R &= b_1 SP_{1y} + b_2 SP_{2y} + b_3 SP_{3y} \\ &= 0.1282 \times 114.4530 + 0.0617 \times 76.2799 + (-0.5545) \times (-11.2966) \\ &= 25.6433 \end{aligned}$$

$$\begin{aligned} SS_r &= SS_y - SS_R \\ &= 70.6617 - 25.6433 \\ &= 45.0184 \end{aligned}$$

$$df_y = n-1 = 54-1 = 53，df_R = m = 3，df_r = n-1-m = 54-1-3 = 50$$

列方差分析表，见表 4-7。

表 4-7　　　　　　　　　　　三元线性回归关系方差分析表

变异来源	平方和	自由度	均方	F	显著性
回归	25.6433	3	8.5478	9.493	**

续表

变异来源	平方和	自由度	均方	F	显著性
剩余	45.0184	50	0.9004		
总和	70.6617	53			

由 $df_1 = 3$、$df_2 = 50$ 查 F 值表得 $F_{0.01(3,50)} = 4.20$，因实际计算的 $F > F_{0.01(3,50)}$，$P < 0.01$，表明猪瘦肉量 y 与眼肌面积 x_1、胴体长 x_2、膘厚 x_3 之间存在极显著的线性关系。

（二） 偏回归系数的显著性检验

如果某一自变量 x_i 对 y 的线性影响不显著，则多元线性回归模型中的偏回归系数 β_i 应为 0。故偏回归系数 b_i（$i = 1$，2，$\cdots$，m）的显著性检验或某一个自变量对因变量的线性影响的显著性检验所对应的无效假设与备择假设为：

$$H_0: \beta_i = 0, \ H_A: \beta_i \neq 0 \ (i = 1, 2, \cdots, m)$$

用于偏回归系数显著性检验有两种完全等价的方法——t 检验和 F 检验。

1. t 检验

$$t_{b_i} = \frac{b_i}{S_{b_i}}, \ df = n - m - 1, (i = 1, 2, \cdots, m) \tag{4-41}$$

式中 $S_{b_i} = S_{y \cdot 12 \cdots m} \cdot \sqrt{c_{ii}}$——偏回归系数标准误；

$S_{y \cdot 12 \cdots m} = \sqrt{\dfrac{\sum (y - \hat{y})^2}{n - m - 1}} = \sqrt{MS_r}$——离回归标准误；

c_{ii}——$C = A^{-1}$ 的主对角线元素。

2. F 检验

在多元线性回归分析中，回归平方和 SS_R 反映了所有自变量对因变量的综合线性影响，它总是随着自变量的个数增多而有所增加，因此当去掉一个自变量时，回归平方和 SS_R 只会减少，其减少的数值越大，说明该自变量在回归中所起的作用越大，也就是该自变量越重要。

设 SS_R 为 m 个自变量 x_1，x_2，$\cdots$，x_m 所引起的回归平方和，SS'_R 为去掉一个自变量 x_i 后 $m - 1$ 个自变量所引起的回归平方和，那么 $SS_R - SS'_R$ 即为去掉自变量 x_i 之后回归平方和所减少的量，称为自变量 x_i 的偏回归平方和，记为 SS_{b_i}，即：

$$SS_{b_i} = SS_R - SS'_R$$

经证明

$$SS_{b_i} = b_i^2 / c_{ii} (i = 1, 2, \cdots, m) \tag{4-42}$$

偏回归平方和可衡量每个自变量在回归中所起作用的大小，或者说反映了每个自变量对因变量的影响程度。值得注意的是，在一般情况下，

$$SS_R \neq \sum_{i=1}^{m} SS_{b_i}$$

这是因为 m 个自变量之间往往存在着不同程度的相关，使得各自变量对因变量的作用相互影响。只有当 m 个自变量相互独立时，才有

$$SS_R = \sum_{i=1}^{m} SS_{b_i}$$

偏回归平方和 SS_{b_i} 是去掉一个自变量使回归平方和减少的部分，或也可理解为添加一个自变量使回归平方和增加的部分，故其自由度为 1，称为偏回归自由度，记为 df_{b_i}，即 $df_{b_i}=1$。所以，偏回归均方 MS_{b_i} 为

$$MS_{b_i} = SS_{b_i}/df_{b_i} = SS_{b_i}/1 = b_i^2/c_{ii}(i=1,2,\cdots,m) \qquad (4-43)$$

各偏回归系数显著性检验的 F 统计量为：

$$F_{b_i} = \frac{MS_{b_i}}{MS_r}(df_1 = 1, df_2 = n-m-1)(i=1,2,\cdots,m) \qquad (4-44)$$

上述检验可在方差分析表中完成。

3. 两种检验方法的比较

对于〔例 4-3〕回归方程中的偏回归系数进行显著性检验。

（1）t 检验法　根据数据资料计算各偏回归系数的标准误：

$$S_{y\cdot123} = \sqrt{MS_r} = \sqrt{0.9004} = 0.9489$$

$$S_{b_1} = S_{y\cdot123}\sqrt{c_{11}} = 0.9489 \times \sqrt{0.001187} = 0.0327$$

$$S_{b_2} = S_{y\cdot123}\sqrt{c_{22}} = 0.9489 \times \sqrt{0.001671} = 0.0388$$

$$S_{b_3} = S_{y\cdot123}\sqrt{c_{33}} = 0.9489 \times \sqrt{0.089707} = 0.2842$$

计算各 t 统计量值：

$$t_{b_1} = b_1/S_{b_1} = 0.1282/0.0327 = 3.921$$

$$t_{b_2} = b_2/S_{b_2} = 0.0617/0.0388 = 1.590$$

$$t_{b_3} = b_3/S_{b_3} = -0.5545/0.2842 = -1.951$$

由 $df = n-m-1 = 54-3-1 = 50$ 查 t 值表得 $t_{0.05(50)} = 2.008$，$t_{0.01(50)} = 2.678$。因为 $|t_{b_1}| > t_{0.01(50)}$、$|t_{b_2}| < t_{0.05(50)}$、$|t_{b_3}| < t_{0.05(50)}$，所以偏回归系数 b_1 是极显著的，而偏回归系数 b_2、b_3 都是不显著的，有必要逐步去掉不显著的变量，重新进行回归分析。

（2）F 检验法　首先计算各个偏回归平方和：

$$SS_{b_1} = b_1^2/c_{11} = 0.1282^2/0.001187 = 13.8460$$

$$SS_{b_2} = b_2^2/c_{22} = 0.0617^2/0.001671 = 2.2782$$

$$SS_{b_3} = b_3^2/c_{33} = (-0.5545)^2/0.089707 = 3.4275$$

进而计算各个偏回归均方：

$$MS_{b_1} = SS_{b_1}/1 = 13.8460$$

$$MS_{b_2} = SS_{b_2}/1 = 2.2782$$

$$MS_{b_3} = SS_{b_3}/1 = 3.4275$$

最后计算各 F 值：

$$F_{b_1} = MS_{b_1}/MS_r = 13.8460/0.9004 = 15.378^{**}$$

$$F_{b_2} = MS_{b_2}/MS_r = 2.2782/0.9004 = 2.530$$

$$F_{b_3} = MS_{b_3}/MS_r = 3.4275/0.9004 = 3.807$$

由 $df_1 = 1$，$df_2 = 50$ 查 F 值表得 $F_{0.05(1,50)} = 4.03$，$F_{0.01(1,50)} = 7.17$。因为 $F_{b_1} > F_{0.01(1,50)}$，$F_{b_2} < F_{0.05(1,50)}$，$F_{b_3} < F_{0.05(1,50)}$，因此偏回归系数 b_1 极显著，而偏回归系数 b_2、b_3 均不显著。这与 t 检

验的结论是一致的。

上述偏回归系数显著性检验的 F 检验结果见表 4 – 8。

表 4 –8　　　　　　　　　　　偏回归系数显著性检验方差分析表

变异来源	平方和	自由度	均方	F	显著性
x_1 的偏回归	13. 8460	1	13. 8460	15. 378	**
x_2 的偏回归	2. 2782	1	2. 2782	2. 530	
x_3 的偏回归	3. 4275	1	3. 4275	3. 807	
剩余	45. 0184	50	0. 9004		

对于偏回归系数的 t 检验和 F 检验是完全等价的，可以看出 $t_i = \sqrt{F_i}$。所以，在实际分析时可以任选一种。

三、 自变量剔除与重新建立多元线性回归方程

当对显著的多元线性回归方程中各个偏回归系数进行显著性检验，若有一个或几个偏回归系数检验不显著时，说明其对应的自变量对因变量的作用或影响不显著，或者说这些自变量在回归方程中是不重要的，此时应该从回归方程中剔除一个不显著的偏回归系数对应的自变量，重新建立多元线性回归方程，再对新的多元线性回归方程或多元线性回归关系以及各个新的偏回归系数进行显著性检验，直至多元线性回归方程显著，并且各个偏回归系数都显著为止。此时的多元线性回归方程为最优多元线性回归方程（the best multiple linear regression equation）。

1. 自变量剔除

当有几个不显著的偏回归系数时，我们一次只能剔除一个不显著的偏回归系数对应的自变量，被剔除的自变量其对应的偏回归系数应该是所有不显著的偏回归系数中的 F 值（或 $|t|$ 值、或偏回归平方和）为最小者。这是因为各自变量之间往往存在着一定相关性，当剔除某一个不显著的自变量之后，其对因变量的影响会很大部分地转加到另外不显著的自变量对因变量的影响上。如果同时剔除两个以上不显著的自变量，就会较多地减少回归平方和，从而影响利用回归方程进行估测的可靠程度。

2. 重新进行少一个自变量的多元线性回归分析

由于自变量间往往存在相关性，所以，当剔除一个自变量时，其余自变量的偏回归系数的数值将发生改变，回归方程的显著性检验、偏回归系数的显著性检验也都须重新进行，也就是说应该重新进行剩余自变量的多元线性回归分析。

设因变量 y 与自变量 x_1，x_2，$\cdots$，x_m 的 m 元线性回归方程为：
$$\hat{y} = b_0 + b_1 x_1 + b_2 x_2 + \cdots + b_m x_m$$

如果 x_i 为被剔除的自变量，则 $m - 1$ 元线性回归方程变为：
$$\hat{y} = b'_0 + b'_1 + \cdots + b'_{i-1} x_{i-1} + b'_{i+1} x_{i+1} + \cdots + b'_m x_m \tag{4 –45}$$

可以证明，$m - 1$ 元线性回归方程中的偏回归系数 b'_j 与 m 元线性回归方程中偏回归系数 b_j 之间有如下关系：
$$b'_j = b_j - \frac{c_{ij}}{c_{ii}} \cdot b_i (j = 1, 2, \cdots, i - 1, i + 1, \cdots, m) \tag{4 –46}$$

所以，可以利用原来的 m 元线性回归方程中的偏回归系数和 m 元正规方程组系数矩阵的逆矩阵 C 的元素 c_{ii}、c_{ij} 来计算剔除一个自变量之后新的 $m-1$ 元线性回归方程中的各偏回归系数。

而新的 $m-1$ 元线性回归方程中常数项 b'_0 可由下式计算：

$$b'_0 = \bar{y} - b'_1\bar{x}_1 - \cdots - b'_{i-1}\bar{x}_{i-1} - b'_{i+1}\bar{x}_{i+1} - \cdots - b'_m\bar{x}_m \tag{4-47}$$

那么，剔除一个自变量后新的 $m-1$ 元线性回归方程为

$$\hat{y} = b'_0 + b'_1x_1 + \cdots + b'_{i-1}x_{i-1} + b'_{i+1}x_{i+1} + \cdots + b'_mx_m$$

重新对 $m-1$ 元线性回归关系和偏回归系数 b'_j 进行显著性检验。

重复上述步骤，直至回归方程显著以及各偏回归系数都显著为止，即建立了最优多元线性回归方程。

对于〔例 4-3〕，建立的三元线性回归方程为

$$\hat{y} = 7.6552 + 0.1282x_1 + 0.0617x_2 - 0.5545x_3$$

经显著性检验，回归方程极显著，偏回归系数 b_1 极显著，而 b_2、b_3 都是不显著的。因为 $F_{b_2} < F_{b_3}$，所以剔除偏回归系数 b_2 对应的自变量 x_2（胴体长），重新建立瘦肉量 y 对眼肌面积 x_1、膘厚 x_3 的二元线性回归方程：

$$\hat{y} = b'_0 + b'_1x_1 + b'_3x_3$$

根据式（4-46）

$$b'_j = b_j - \frac{c_{ij}}{c_{ii}} \cdot b_i$$

计算 b'_1 和 b'_3。此时 $i=2$，$j=1$，3。

$$b'_1 = b_1 - \frac{c_{21}}{c_{22}} \cdot b_2$$

$$= 0.1282 - \frac{-0.000040}{0.001671} \times 0.0617 = 0.1297$$

$$b'_3 = b_3 - \frac{c_{23}}{c_{22}} \cdot b_2$$

$$= (-0.5545) - \frac{0.005410}{0.001671} \times 0.0617$$

$$= -0.7544$$

而 b'_0 由 $b'_0 = \bar{y} - b'_1\bar{x}_1 - b'_3\bar{x}_3$ 式计算：

$$b'_0 = \bar{y} - b'_1\bar{x}_1 - b'_3\bar{x}_3$$

$$= 14.8722 - 0.1297 \times 25.7002 - (-0.7544) \times 3.4344$$

$$= 14.1298$$

于是重新建立的二元线性回归方程为：

$$\hat{y} = 14.1298 + 0.1297x_1 - 0.7544x_3$$

对此二元线性回归方程进行显著性检验，已计算得：

$$SS_y = 70.6617$$

$$SS_R = b'_1SP_{1y} + b'_3SP_{3y}$$

$$= 0.1297 \times 114.4530 + (-0.7544) \times (-11.2966)$$

$$= 23.3667$$

$$SS_r = SS_y - SS_R$$

$$= 70.6617 - 23.3667$$

$$= 47.2950$$

$$df_y = n - 1 = 54 - 1 = 53，df_R = 2（自变量个数），df_r = df_y - df_R = 51$$

进行 F 检验，列方差分析如表 4-9 所示。

表 4-9 　　　　　　　　　　　　二元线性回归关系方差分析表

变异来源	平方和	自由度	均方	F	显著性
回归	23.3667	2	11.6834	12.598	**
剩余	47.2950	51	0.9274		
总和	70.6617	53			

由 $df_1 = 2$，$df_2 = 51$，查 F 值表得 $F_{0.01(2,51)} = 5.05$，因为 $F > F_{0.01(2,51)}$，$P < 0.01$，表明二元线性回归方程是极显著的。

下面应用 F 检验法对偏回归系数 b_1' 和 b_3' 进行显著性检验。

首先应用下式

$$c_{jk}' = c_{jk} - \frac{c_{ji}c_{ki}}{c_{ii}} \tag{4-48}$$

计算关于 b_1'、b_3' 的正规方程组系数矩阵的逆矩阵 C' 的主对角线上的各元素，$i = 2$，j，$k = 1$，3。

$$c_{11}' = c_{11} - \frac{c_{12}c_{12}}{c_{22}} = 0.001187 - \frac{(-0.000040)^2}{0.001671} = 0.001186$$

$$c_{33}' = c_{33} - \frac{c_{32}c_{32}}{c_{22}} = 0.089707 - \frac{0.005410^2}{0.001671} = 0.072192$$

计算偏回归平方和：

$$SS_{b_1'} = b_1'^2 / c_{11}' = 0.1297^2 / 0.001186 = 14.1839$$

$$SS_{b_3'} = b_3'^2 / c_{33}' = (-0.7544)^2 / 0.072192 = 7.8834$$

偏回归系数检验结果见表 4-10。

表 4-10 　　　　　　　　　　　偏回归系数显著性检验方差分析表

变异来源	平方和	自由度	均方	F	显著性
x_1 的偏回归	14.1839	1	14.1839	15.294	**
x_3 的偏回归	7.8834	1	7.8834	8.500	**
剩余	47.2950	51	0.9274		

由 $df_1 = 1$，$df_2 = 51$，查 F 值表得 $F_{0.01(1,51)} = 7.16$，因为 $F_{b_1'}$、$F_{b_3'}$ 均大于 $F_{0.01(1,51)}$，表明二元线性回归方程的偏回归系数 b_1' 和 b_3' 都是极显著的，或者说明眼肌面积 x_1、膘厚 x_3 分别对瘦肉量 y 的线性影响都是极显著的。

于是得到 [例 4-3] 的最优二元线性回归方程为：

$$\hat{y} = 14.1298 + 0.1297x_1 - 0.7544x_3$$

回归方程表明，猪的瘦肉量与眼肌面积、膘厚有着极显著的线性回归关系。当膘厚性状保持不变时，眼肌面积性状每增加 1cm^2，瘦肉量平均增加 0.1297kg；而当眼肌面积性状保持不变时，膘厚性状每增加 1cm，瘦肉量平均减少 0.7544kg。

四、 自变量主次的判断

在实际应用中，可以通过标准偏回归系数、偏回归平方和对最优多元线性回归方程中的自变量影响进行主次判断。

1. 标准偏回归系数（standard partial regression coefficient）的比较

$$b_i^* = b_i \frac{S_i}{S_y} = b_i \sqrt{\frac{SS_i}{SS_y}} (i = 1, 2, \cdots, m) \qquad (4-49)$$

式中：S_i 为第 i 个自变量 x_i 的样本标准差；S_y 为因变量 y 的样本标准差；b_i^* 为第 i 个自变量 x_i 的标准偏回归系数。

标准偏回归系数，又称"通径系数"，为不带单位的相对数，其绝对值的大小可以衡量对应的自变量对因变量作用的相对重要性。

在多元线性回归分析中，在各自变量之间无显著相关的情况下，可以比较各标准偏回归系数绝对值的大小，绝对值越大，其对应的自变量对因变量的作用越重要。

2. 偏回归平方和的比较

在多元线性回归分析中，当自变量间存在着显著相关时，或者当无法判断各自变量间的相关性时，应比较各自变量的偏回归平方和 SS_{b_i}（$i=1, 2, \cdots, m$）的大小来判断各自变量对因变量影响的主次，凡是偏回归平方和大的自变量，其对因变量的作用一定是主要的。

对于 ［例 4-3］ 建立的最优二元线性回归方程：

$$\hat{y} = 14.1298 + 0.1297x_1 - 0.7544x_3$$

已算得 $SS_{b_1} = 14.1839$，$SS_{b_3} = 7.8834$

因为 $SS_{b_1} > SS_{b_3}$，所以在上述二元线性回归方程中，自变量 x_1（眼肌面积）对因变量 y（瘦肉量）的影响是主要的。

第六节　多项式回归

研究一个因变量与一个或多个自变量间多项式的回归分析方法，称为多项式回归（polynomial regression）。如果自变量只有一个时，称为一元多项式回归；如果自变量有多个时，称为多元多项式回归。

一元 m 次多项式回归方程为：

$$\hat{y} = b_0 + b_1 x + b_2 x^2 + \cdots + b_m x^m \qquad (4-50)$$

二元二次多项式回归方程为：

$$\hat{y} = b_0 + b_1 x_1 + b_2 x_2 + b_3 x_1^2 + b_4 x_2^2 + b_5 x_1 x_2 \qquad (4-51)$$

在一元回归分析中，如果因变量 y 与自变量 x 的关系为非线性的，但是又找不到适当的函数曲线来拟合，则可以采用一元多项式回归。多项式回归的最大优点就是可以通过增加 x 的高次项对实测点进行逼近，直至满意为止。事实上，多项式回归可以处理相当一类非线性问题，它在回归分析中占有重要的地位，因为任一函数都可以分段用多项式来逼近。因此，在通常的实际问题中，不论因变量与其他自变量的关系如何，我们总可以用多项式回归来进行分析。

一、 多项式回归分析的一般方法

多项式回归问题可以通过变量转换为多元线性回归问题来解决。

对于一元 m 次多项式回归方程（4 – 51），令 $x_1 = x$、$x_2 = x^2$、$\cdots$、$x_m = x^m$，则式（4 – 50）就转化为 m 元线性回归方程

$$\hat{y} = b_0 + b_1 x_1 + b_2 x_2 + \cdots + b_m x_m$$

需要指出的是，在多项式回归分析中，检验回归系数 b_i 是否显著，实质上就是判断自变量 x 的 i 次方项 x^i 对因变量 y 的影响是否显著。

对于二元二次多项式回归方程（4 – 51），令 $z_1 = x_1$、$z_2 = x_2$、$z_3 = x_1^2$、$z_4 = x_2^2$、$z_5 = x_1 x_2$，则式（4 – 51）就转化为五元线性回归方程

$$\hat{y} = b_0 + b_1 z_1 + b_2 z_2 + b_3 z_3 + b_4 z_4 + b_5 z_5$$

但随着自变量个数的增加，多元多项式回归分析的计算量急剧增加，这里不作介绍。

在多项式回归中较为常用的是一元二次多项式回归和一元三次多项式回归，下面结合实例对一元二次多项式回归作介绍。

二、 一元二次多项式回归

[例 4 – 4]　某种食品中的主要成分是淀粉 A 与蛋白质 B，经过试验得到两种成分之比 x 与膨胀系数 y 的资料如表 4 – 11 所示，试建立 y 与 x 之间的关系式，并作显著性检验（$\alpha = 0.05$）。

表 4 – 11　　　　　　　　淀粉与蛋白质之比 x 与膨胀系数 y 的试验资料

序号	1	2	3	4	5	6	7	8	9	10	11	12	13
淀粉/蛋白质 x	37.0	37.5	38.0	38.5	39.0	39.5	40.0	40.5	41.0	41.5	42.0	42.5	43.0
膨胀系数 y	3.40	3.00	2.64	2.40	2.10	1.83	1.53	1.70	1.80	1.90	2.35	2.54	2.90

（一） 绘制散点图

根据数据资料绘制 x 与 y 的散点图，如图 4 – 11 所示。

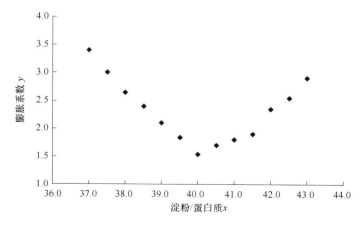

图 4 – 11　某种食品中淀粉与蛋白质之比 x 与膨胀系数 y 的关系

由图 4-11 可以看出，散点图呈抛物线形状，因此可以选用一元二次多项式来描述食品中两种成分之比与膨胀系数的关系，即进行一元二次多项式回归或抛物线回归。

（二） 变量转换

假设一元二次多项式回归方程为 $\hat{y} = b_0 + b_1 x + b_2 x^2$

为了便于计算，对表 4-11 中原始 x 作数据变换：$x' = 2 (x - 40)$，见表 4-12。

令 $x_1 = x'$、$x_2 = x'^2$，则得二元线性回归方程 $\hat{y} = b_0 + b_1 x_1 + b_2 x_2$

表 4-12　　　　　　　　回归计算表

序号	x	y	$x_1 = x' = 2(x-40)$	$x_2 = x'^2$	x_1^2	$x_1 x_2$	x_2^2	$x_1 y$	$x_2 y$	y^2
1	37.0	3.40	-6	36	36	-216	1296	-20.40	122.40	11.5600
2	37.5	3.00	-5	25	25	-125	625	-15.00	75.00	9.0000
3	38.0	2.64	-4	16	16	-64	256	-10.56	42.24	6.9696
4	38.5	2.40	-3	9	9	-27	81	-7.20	21.60	5.7600
5	39.0	2.10	-2	4	4	-8	16	-4.20	8.40	4.4100
6	39.5	1.83	-1	1	1	-1	1	-1.83	1.83	3.3489
7	40.0	1.53	0	0	0	0	0	0.00	0.00	2.3409
8	40.5	1.70	1	1	1	1	1	1.70	1.70	2.8900
9	41.0	1.80	2	4	4	8	16	3.60	7.20	3.2400
10	41.5	1.90	3	9	9	27	81	5.70	17.10	3.6100
11	42.0	2.35	4	16	16	64	256	9.40	37.60	5.5225
12	42.5	2.54	5	25	25	125	625	12.70	63.50	6.4516
13	43.0	2.90	6	36	36	216	1296	17.40	104.40	8.4100
和	520.0	30.09	0	182	182	0	4550	-8.69	502.97	73.5135
平均	40.0	2.3146	0	14	14	0	350.00	-0.67	38.69	5.6549

（三） 二元线性回归分析

1. 建立回归方程

由表 4-12 计算，

$$\bar{x}_1 = 0, \bar{x}_2 = 14, \bar{y} = 2.3146$$

$$SS_{11} = 182 - \frac{1}{13} \times 0 = 182, SP_{12} = SP_{21} = 0 - \frac{1}{13} \times 0 \times 182 = 0$$

$$SS_{22} = 4550 - \frac{1}{13} \times 182^2 = 2002, SP_{1y} = (-8.69) - \frac{1}{13} \times 0 \times 182 = -8.69$$

$$SP_{2y} = 502.97 - \frac{1}{13} \times 182 \times 30.09 = 81.71$$

于是得正规方程组为

$$\begin{cases} 182 \cdot b'_1 + 0 \cdot b'_2 = -8.69 \\ 0 \cdot b'_1 + 2002 \cdot b'_2 = 81.71 \end{cases}$$

对其求解，$b'_1 = -0.0477$，$b'_2 = 0.0408$

$$a' = 2.3146 + 0.0477 \times 0 - 0.0408 \times 14 = 1.7434$$

那么

$$\hat{y} = 1.7434 - 0.0477x_1 + 0.0408x_2$$

2. 回归方程显著性检验

计算平方和

$$SS_y = 73.5135 - \frac{1}{13} \times 30.09^2 = 3.8667$$

$$SS_R = (-0.0477) \times (-8.69) + 0.0408 \times 81.71 = 3.7483$$

$$SS_r = 3.8667 - 3.7483 = 0.1184$$

计算自由度 $df_y = n - 1 = 13 - 1 = 12$，$df_R = 2$，$df_r = df_y - df_R = 12 - 2 = 10$

列方差分析表，见表 4 - 13，进行 F 检验。

表 4 - 13　　　　　　　　　　　二元线性回归关系方差分析表

变异来源	平方和	自由度	均方	F	显著性
回归	3.7483	2	1.87415	158.29	**
剩余	0.1184	10	0.01184		
总和	3.8667	12			

由 $df_1 = 2$，$df_2 = 10$ 查 F 值表得 $F_{0.01(2,10)} = 7.56$，因为 $F > F_{0.01(2,10)}$，$P < 0.01$，表明二元线性回归关系是极显著的。

偏回归系数 b_1、b_2 的显著检验，应用 F 检验或 t 检验即可，这里不再讨论。

3. 建立一元二次多项式回归方程

将 x_1 还原为 x'，x_2 还原为 x'^2，即得 y 对 x 的一元二次多项式回归方程为：

$$\hat{y} = 1.7434 - 0.0477x' + 0.0408x'^2$$

将 $x' = 2(x - 40)$ 代入，得

$$\hat{y} = 1.7434 - 0.0954(x - 40) + 0.1632(x - 40)^2$$

经整理，得

$$\hat{y} = 266.679 - 13.151x + 0.163x^2$$

于是，食品中两种成分之比与膨胀系数的关系方程为：

$$\hat{y} = 266.679 - 13.151x + 0.163x^2$$

习　题

1. 回归分析的意义是什么？它与相关分析有什么异同点。

2. 直线回归分析中回归截距、回归系数与回归估计值 $\hat{y}$ 的统计意义是什么？

3. 什么是直线相关分析？决定系数、相关系数的意义是什么？如何计算？

4. 能直线化的曲线类型主要有哪些？

5. 如何建立多元线性回归方程？多元线性回归的显著性检验包含哪些内容？如何进行？

6. 在多元线性回归分析中，如何剔除不显著的自变量？怎样重新建立多元线性回归方程？

7. 如何将多项式回归转化为多元线性回归？

8. 采用比色法测定还原糖含量时得到如下数据，试建立吸光度 y 对葡萄糖质量浓度 x 的回归方程。

吸光度 y	0	0.084	0.170	0.256	0.342	0.428	0.514	0.601	0.687	0.773
葡萄糖质量浓度 $x/(g/L)$	0	0.05	0.10	0.15	0.20	0.25	0.30	0.35	0.40	0.45

9. 为了明确某种食品添加剂凝胶强度 y 与添加量 x 之间的关系，试验结果见表，试建立 y 与 x 的回归方程。

添加量 $x/\%$	2	2.3	2.6	2.9	3.2	3.5	3.8	4
凝胶强度 $y/(g/cm^2)$	28	31	38	51	49	65	67	79

10. 对不同大豆品种的脂肪含量 x 与蛋白含量 y 进行测定，试分析 x 与 y 所蕴含的规律。

脂肪含量 $x/\%$	15.8	20.4	19.9	22.0	23.8	21.5	24.5	19.6	17.9
蛋白含量 $y/\%$	44.6	40.0	39.8	36.7	36.6	38.9	34.0	40.2	39.8

11. 试对下列资料进行直线相关和回归分析。

x	14.86	14.35	16.81	15.97	20.22	21.04	21.06	19.39	20.37	20.41
y	14.84	14.37	16.89	16.03	20.31	21.5	22.04	19.96	20.51	20.77

12. 在麦芽酶试验中，发现吸氨量 y 与底水 x_1 及吸氨时间 x_2 有关系。试根据表中数据资料建立它们的回归关系。

序号	x_1/g	x_2/min	y/g
1	136.5	215	6.2
2	136.5	250	7.5
3	136.5	180	4.8
4	138.5	250	5.1
5	138.5	180	4.6
6	138.5	215	4.6
7	140.5	180	2.8
8	140.5	215	3.1
9	140.5	250	4.3
10	138.5	215	4.9
11	138.5	215	4.1

13. 玉米淀粉生产中，玉米逆流浸渍过程中浸渍时间 x 和乳酸菌数 y 观测结果见下表，试建立浸渍时间和乳酸菌数之间的回归关系。

浸渍时间 x/h	4	12	20	28	36	44
乳酸菌数 $y/(个/mL)$	226000	362000	659000	839000	1612000	3004000

第五章

非参数检验

前边的统计检验是基于总体分布形式已知或者对总体分布形式作出某种假定为前提的情况下，对未知参数进行估计和假设检验，称为参数检验（parametric test）。若总体分布未知或已知总体分布与检验所要求的条件不符，数据转换也不使其满足参数检验的条件，这时需要采用一种不依赖于总体分布的具体形式，与总体参数无关的检验方法。这种方法不受总体参数的影响，它检验的是分布，不是参数，称为非参数检验（nonparametric test，distribution - free test）。非参数检验和参数检验是统计分析方法的重要组成部分，它们共同构成统计推断的基本内容。

非参数检验的方法有很多，本章主要介绍卡方（χ^2）检验、双样本非参数检验、多样本非参数检验、秩相关等内容。

第一节　χ^2检验

一、χ^2检验的基本原理

n 个相互独立标准正态变量 u_i（$i = 1,\ 2,\ \cdots,\ n$）的平方和称为 χ^2 变量，即：

$$\chi^2 = u_1^2 + u_2^2 + \cdots + u_n^2 = \sum u_i^2 = \sum \left(\frac{x_i - \mu}{\sigma} \right)^2 = \frac{\sum_{i=1}^{n} (x_i - \mu)^2}{\sigma^2}$$

χ^2 变量则服从自由度为 n 的 χ^2 分布。其中，x_i 服从正态分布 $N(\mu,\ \sigma_i^2)$，各 x_i 不一定来自同一个正态总体。σ 是总体标准差，μ 是总体平均值。

χ^2 分布与样本方差的抽样分布有密切关系。设从一正态总体 $N(\mu,\ \sigma^2)$ 中抽取独立随机样本（$x_1,\ x_2,\ \cdots,\ x_n$），若所研究的总体均数 μ 未知，而用样本均数 $\bar{x}$ 代替，则有：

$$\chi^2 = \frac{\sum_{i=1}^{n} (x_i - \bar{x})^2}{\sigma^2} = \frac{(n-1)S^2}{\sigma^2} \sim \chi^2(n-1)$$

此时独立的正态离差个数为 $n-1$ 个，因此样本方差 S^2 的函数服从自由度为 $n-1$ 的 χ^2 分布。

1900 年，英国统计学家皮尔森（K. Pearson）根据 χ^2 的上述定义，从属性（质量）性状的分布推导出用于次数资料分析的 χ^2 公式

$$\chi^2 = \sum_{i=1}^{k} \frac{(A_i - T_i)^2}{T_i} \tag{5-1}$$

式中　　　　　A_i——实际次数（actual frequency）；

　　　　　　　T_i——理论次数（theoretical frequency）；

$i = 1, 2, \cdots, k$——属性资料的分组数，χ^2 近似服从自由度为 $df = k - 1$ 的 χ^2 分布。

事实上，对次数资料进行 χ^2 检验时利用连续性随机变量 χ^2 分布计算出的对应概率常常偏低，尤其是在自由度为 1 时更明显。因此，当自由度为 1 时必须对 χ^2 进行连续性矫正，记为 χ_c^2，其公式为

$$\chi_c^2 = \sum_i \frac{(|A_i - T_i| - 0.5)^2}{T_i} \tag{5-2}$$

当自由度等于或大于 2 时，可以不做连续性矫正，但是要求各组内（单元格）的理论次数不能小于 5。当某一组的理论次数小于 5 时，应与其相邻的一组或几组进行合并，直至使其理论次数大于 5 为止。

χ^2 检验（chi square test）是以 χ^2 分布为基础的一种常用非参数假设检验方法，用途很广。它是统计样本的实际观测值与理论推断值之间的偏离程度，实际观测值与理论推断值之间的偏离程度决定 χ^2 值的大小，χ^2 值越大，二者差异程度就越大，相符合的概率就越小；χ^2 值越小，偏差越小，二者相符合的概率就越大；若两个值完全相等时，χ^2 值为 0 时，表明实际观测值与理论推断值完全符合。

二、 总体分布的 χ^2 检验

总体分布的 χ^2 检验，也叫拟合优度检验（goodness of fit test），是判断实际观察次数属性分布是否遵循已知属性分布理论的一种假设检验方法。它是利用样本信息对总体分布做出推断的，检验总体是否服从某种理论分布（如正态分布、二项分布等）。其方法是首先将观测值分为 k 组，计算 n 次观测值中每组的观测次数，记为 A_i；根据变量的分布规律或概率运算法则，计算每组的理论频率，记为 P_i，然后计算每组的理论次数 T_i；检验 A_i 与 T_i 的差异显著性，判断两者之间的不符合度。自由度为 $(k - r - 1)$，其中 k 为分组数，r 为待定参数个数。总体分布 χ^2 检验的步骤如下：

（1）提出无效假设与备择假设　无效假设 H_0：总体服从设定的分布；备择假设 H_A：总体不服从设定的分布。

（2）确定判断无效假设是否成立的显著水平 α。

（3）利用样本观察值计算理论次数和 χ^2 或 χ_c^2 值。

$$\chi^2 = \sum_{i=1}^{k} \frac{(A_i - T_i)^2}{T_i} \text{ 或 } \chi_c^2 = \sum \frac{(|A_i - T_i| - 0.5)^2}{T_i}$$

要求 T_i 不得小于 5，若小于 5，将相邻的组合并，直到合并后组的 $T_i \geqslant 5$，合并后再计算 χ^2 值。

（4）统计推断　如果利用统计软件进行分析，可以直接根据计算的概率 P 值判断接受还是拒绝无效假设。如果统计软件计算的 P 大于给定的显著水平 α，接受无效假设 H_0，即总体服从设定分布；如果计算 P 小于或等于给定的显著水平 α，否则拒绝无效假设 H_0，即总体不服从设定分布。

如果不用统计软件进行分析，可以不计算概率 P 值，而是将计算的 χ^2（或 χ_c^2 值）与附表4临界值 $\chi_{\alpha_{(df)}}^2$ 比较。如果 χ^2（或 χ_c^2）$<\chi_{\alpha_{(df)}}^2$，说明 $P>\alpha$，则接受无效假设 H_0，即总体服从设定分布；如果 χ^2（或 χ_c^2）$\geqslant\chi_{\alpha_{(df)}}^2$，说明 $P\leqslant\alpha$，则拒绝无效假设 H_0，即总体不服从设定分布。

[例5-1]　根据以往调查可知，消费者对甲乙两个生产企业生产的原味酸奶的喜欢程度分别为48%、52%。现随机选择80个消费者，让他们自愿选择各自最喜欢的产品，结果见表5-1，试分析消费者对两种产品的喜欢程度是否有显著变化。

表5-1　　　　　　　　　　　消费者选择两种产品的调查结果

产品	甲	乙	合计
实际次数（A_i）	34	46	80
理论次数（T_i）	38.4	41.6	80

（1）提出假设　原假设 H_0：消费者对甲、乙两种产品的喜欢程度无显著变化；备择假设 H_A：消费者对甲、乙两种产品的喜欢程度有显著变化。

（2）确定显著水平　$\alpha=0.05$。

（3）计算理论次数和统计量 χ_c^2　如果消费者对各产品的喜欢程度无显著变化，消费者喜欢甲厂产品的理论次数为 $80\times48\%=38.4$，消费者喜欢乙厂产品的理论次数为 $80\times52\%=41.6$。

由于自由度 $df=k-1=2-1=1$，因此需要连续性矫正。

$$\chi_c^2=\sum\frac{(|A_i-T_i|-0.5)^2}{T_i}=\frac{(|34-38.4|-0.5)^2}{38.4}=\frac{(|46-41.6|-0.5)^2}{41.6}=0.7617$$

（4）统计推断　自由度为 $df=k-r-1=2-0-1=1$，由于无待定参数，因此 $r=0$。查附表4（χ^2 值表）得临界值 $\chi_{0.05(1)}^2=3.841$，由于 $\chi_c^2<\chi_{0.05(1)}^2$，表明 $P>0.05$，因此接受原假设 H_0，即消费者对两种产品的喜欢程度无显著变化。

[例5-2]　某食品企业有一台经常出故障需要维修的设备，其故障的主要原因是负荷轴承易损坏。为了制定该设备的维修计划和维修预算，需要了解该轴承的寿命分布。表5-2所示为100个该轴承的寿命观察数据，试分析该轴承寿命是否服从正态分布。

表5-2　　　　　　　　　　　　100个轴承的寿命观察数据　　　　　　　　　　　单位：h

107	165	105	148	49	143	120	115	142	87
103	141	118	168	123	105	80	107	178	122
89	69	97	135	92	31	68	88	95	146
99	121	104	63	22	57	120	139	107	156
167	136	173	136	179	129	88	75	144	105
192	148	128	111	127	91	103	145	113	114
123	136	10	190	181	121	158	83	224	93
72	120	130	103	146	89	113	60	76	176
94	190	139	145	151	145	142	118	185	145
59	118	212	117	52	128	168	174	165	116

（1）提出假设　原假设 H_0：该轴承寿命服从正态分布；备择假设 H_A：该轴承寿命不服从正态分布。

（2）确定显著水平　$\alpha = 0.05$。

（3）计算各组的理论次数（T_i）和统计量 χ^2　先将100个观测值分成7个区间，计算每个区间的理论概率（P），用 P 乘以总的观察次数（n）即得各组的理论次数（T_i），见表5-3。

理论概率计算如下：

第一组：

$$P(x \leqslant 70) = P\left(u < \frac{l - \bar{x}}{S} = \frac{70 - 120.95}{40.58}\right) = P(u < -1.26) = 0.1038$$

第二组：

$$P(70 < x \leqslant 90) = P\left(\frac{l_2 - \bar{x}}{S} < u \leqslant \frac{l_1 - \bar{x}}{S}\right) = P(-1.26 < u < -0.76) = 0.1198$$

按照相同方法计算出其余5个区间的理论概率，并计算出各自区间的理论次数，填入表5-3。从表5-3可计算

$$\chi^2 = \sum_{i=1}^{k} \frac{(A_i - T_i)^2}{T_i} = 2.6748$$

表5-3　　　　　　　　　　理论次数（T_i）和统计量 χ^2 的计算

区间	实际次数（A_i）	理论概率（P）	理论次数（T_i）	$(A_i - T_i)^2 / T_i$
$(-\infty, 70]$	11	0.1038	10.38	0.0370
$(70, 90]$	10	0.1198	11.98	0.3272
$(90, 110]$	17	0.1700	17.00	0.0000
$(110, 130]$	23	0.1935	19.35	0.6885
$(130, 150]$	19	0.1771	17.71	0.0940
$(150, 170]$	8	0.1227	12.27	1.4860
$(170, +\infty)$	12	0.1131	11.31	0.0421
合计	100	1	100	2.6748

（4）统计推断　自由度 $df = 7 - 2 - 1 = 4$（求理论次数时要用均数和标准差，所以 $r = 2$），查 $\chi^2_{0.05(4)} = 9.488$。由于 $\chi^2 < \chi^2_{0.05(4)}$，表明 $P > 0.05$，因此接受原假设，即认为该轴承的使用寿命服从正态分布 $N(120.95, 40.58^2)$。

[例5-3]　苹果贮藏试验中，将600个苹果平均分装在60箱（N）中，每箱10个（n）。试验结束后，每箱苹果变质个数（x）情况统计如表5-4，请分析该试验条件下苹果变质个数是否服从二项分布。

（1）提出假设　原假设 H_0：该试验条件下苹果变质个数服从二项分布；备择假设 H_A：该试验条件下苹果变质个数不服从二项分布。

（2）确定显著水平　$\alpha = 0.05$。

（3）计算各组的理论次数（T_i）和统计量 χ^2　由于已经假设苹果变质个数（x）服从二项分布，即 $x \sim B(n, p)$。$n = 10$，由实际观察数据计算平均变质率（p）：

$$p = \frac{\sum xA_i}{nN} = \frac{0 \times 8 + 1 \times 15 + 2 \times 20 + 3 \times 10 + 4 \times 5 + 5 \times 2 + 6 \times 0 + \cdots + 10 \times 0}{10 \times 60}$$

$$= \frac{115}{600} = 0.1917$$

根据二项分布概率公式 $P(x) = C_n^m p^m q^{n-m}$ 计算各组的理论概率 P，填入表 5 - 4。

$$P(0) = C_{10}^0 0.1917^0 0.8083^{10} = 0.1190 \qquad P(1) = C_{10}^1 0.1917^1 0.8083^9 = 0.2823$$

$$P(2) = C_{10}^2 0.1917^2 0.8083^8 = 0.3013 \qquad P(3) = C_{10}^3 0.1917^3 0.8083^7 = 0.1906$$

$$P(4) = C_{10}^4 0.1917^4 0.8083^6 = 0.07916 \qquad P(5) = C_{10}^5 0.1917^5 0.8083^5 = 0.0225$$

$$P(6) = C_{10}^6 0.1917^6 0.8083^4 = 0.0044 \qquad P(7) = C_{10}^7 0.1917^7 0.8083^3 = 0.0006$$

$$P(8) = C_{10}^8 0.1917^8 0.8083^2 = 0.0001 \qquad P(9) = C_{10}^9 0.1917^9 0.8083^1 = 0.0000$$

$$P(10) = C_{10}^{10} 0.1917^{10} 0.8083^0 = 0.0000$$

然后，用理论概率 P 乘以总箱数（N）即得理论次数（T_i），填入表 5 - 4。

表 5 - 4 　　　　　　　　理论次数 （T_i） 和统计量 χ^2 的计算

苹果变质个数 （x）	实际次数 （A_i）	理论概率 （P）	理论次数 （T_i）	$(A_i - T_i)^2 / T_i$
0	8	0.1190	7.14	0.104
1	15	0.2823	16.94	0.222
2	20	0.3013	18.08	0.204
3	10	0.1906	11.44	0.181
4	5	0.0791	4.75	
5	2	0.0225	1.35	
6	0	0.0044	0.26	
7	0	0.0006	0.04	0.054
8	0	0.0001	0.01	
9	0	0.0000	0.00	
10	0	0.0000	0.00	
合计	60	1	60	0.765

从表 5 - 4 中可知，由于第 5 组及其以后的实际观察次数均小于 5，因此需要将它们合并。统计量 $\chi^2 = 0.765$。

（4）统计推断　自由度 $df = k - r - 1 = 5 - 1 - 1 = 3$（求理论次数时要用平均变质概率 p，$r = 1$），查 $\chi^2_{0.05(3)} = 7.815$。由于 $\chi^2 < \chi^2_{0.05(3)}$，$P > 0.05$，因此接受原假设，即认为该试验条件下苹果变质个数服从二项分布 B（10，0.1917）。

χ^2 检验用于进行次数分布的适合性检验时有一定的近似性，为使该类检验更确切，一般应注意以下几点：①总观察次数应较大，一般不少于 50；②分组数最好在 5 组以上；③每组理论次数应不小于 5，尤其是首尾各组，如果理论次数小于 5，应将其与相邻组合并；④自由度 $df = 1$ 时，用连续性矫正公式计算矫正的 χ^2_c。

三、 独立性 χ^2 检验

对于次数资料，除了进行拟合优度检验外，有时需要分析两类变量（因素）间彼此独立还是关联，这是次数资料的一种关联性分析。这种根据次数资料判断两类因素彼此相关或相互独立的假设检验称之为独立性检验（test of independence），亦称为列联表分析。

独立性检验资料整理的一般形式如表 5-5 所示，行变量 X 有 i 个等级 $i = 1$、2、…、r，列变量 Y 有 j 个等级 $j = 1$、2、…、c，A_{ij} 为观测值（频数），将 rc 个 A_{ij} 排列为一个 r 行 c 列的二维列联表，即 $R \times C$ 列联表。

表 5-5
$R \times C$ 列联表

行变量 X	列变量 Y				
	1	2	…	c	总和
1	A_{11}	A_{12}	…	A_{1c}	R_1
2	A_{21}	A_{22}	…	A_{2c}	R_2
…	…	…	…	…	…
r	A_{r1}	A_{r2}	…	A_{rc}	R_r
总和	C_1	C_2	…	C_c	n

表中第 i 行总和 $R_i = \sum\limits_{j=1}^{c} A_{ij}$；第 j 列总和 $R_j = \sum\limits_{i=1}^{r} A_{ij}$，总观察数 $n = \sum\limits_{i=1}^{r} \sum\limits_{j=1}^{c} A_{ij}$。

1. 独立性检验一般步骤

（1）提出无效假设或备择假设 无效假设 H_0：两类变量（即行变量与列变量）相互独立，即它们之间没有联系；备择假设 H_A：两类变量不独立，即它们之间有联系。

（2）确定判断无效假设是否成立的显著水平 α

（3）计算统计量

$$\chi^2 = \sum_{ij} \frac{(A_{ij} - T_{ij})^2}{T_{ij}}$$

在列联表中，每一行理论次数总和等于该行实际次数的总和，每一列理论次数总和等于该列实际次数的总和。每行每列都含有这个约束条件，因此列联表的自由度 $df = (R-1) \times (C-1)$，R 为列联表的行数，C 为列联表的列数。当自由度 $df = 1$ 时，计算 χ^2 需要用连续性矫正（correct for continuity）公式。

$$\chi_c^2 = \sum_{ij} \frac{(|A_{ij} - T_{ij}| - 0.5)^2}{T_{ij}}$$

式中 A_{ij}——列联表中特定单元的实际观测次数；

T_{ij}——列联表中特定单元的理论观测次数。

根据两变量相互独立的假定，按独立事件概率的乘法原理计算各单元理论次数，

$$T_{ij} = np_{ij} = n \times \frac{R_i}{n} \times \frac{C_j}{n} = \frac{R_i C_j}{n} \tag{5-3}$$

随后将 A_{ij} 和 T_{ij} 代入公式计算 χ^2 或 χ_c^2 值。

（4）统计推断 如果 χ^2 或 $\chi_c^2 < \chi_{\alpha(df)}^2$，说明 $P > \alpha$，接受无效假设 H_0，即两类变量相互独立（它们之间没有联系）；如果 χ^2 或 $\chi_c^2 \geq \chi_{\alpha(df)}^2$，说明 $P \leq \alpha$，拒绝无效假设 H_0，即两类变量不独

立，即它们之间有联系。

2. 2×2 列联表的独立性检验

2×2 列联表（四格表）的一般形式见表 5-6，常用于检验两种处理对两种结果的差异显著性。

表 5-6   2×2 列联表

| 行变量 X | 列变量 Y | | |
	1	2	总和
1	A_{11}	A_{12}	$R_1 = A_{11} + A_{12}$
2	A_{21}	A_{22}	$R_2 = A_{21} + A_{22}$
总和	$C_1 = A_{11} + A_{21}$	$C_2 = A_{12} + A_{22}$	$n = A_{11} + A_{21} + A_{12} + A_{22}$

由于 2×2 列联表的自由度 $df = 1$，因此计算 χ^2 时需要用连续性矫正公式。

$$\chi_c^2 = \sum_{ij} \frac{(|A_{ij} - T_{ij}| - 0.5)^2}{T_{ij}}$$

也可直接计算 χ_c^2，

$$\chi_c^2 = \frac{\left(|A_{11}A_{22} - A_{12}A_{21}| - \frac{n}{2}\right)^2 n}{C_1 C_2 R_1 R_2} \tag{5-4}$$

需要说明的是，当四格表的 $n \geq 40$ 但 $1 \leq T_{ij} < 5$ 时，用连续性矫正公式计算 χ^2；当 $T < 40$ 或任意单元格的 $T_{ij} < 1$ 时，不能用 χ^2 检验，要用四格表的 Fisher 确切概率法计算，详见有关书籍。

[例 5-4]　为研究消费者对有机食品和常规食品的态度，随机在超市选择 50 名男性和 50 名女性消费者进行调查，询问他们更偏爱哪类食品，统计结果见表 5-7。试分析消费者性别与其对食品的偏爱有无关联。

表 5-7   消费者对有机食品和常规食品的态度

性别	有机食品	常规食品	总数
男性	10（15）	40（35）	50
女性	20（15）	30（35）	50
总数	30	70	100

（1）提出假设　无效假设 H_0：性别对食品的偏爱无关联；备择假设 H_A：性别对食品的偏爱有关联。

（2）确定显著性水平　$\alpha = 0.05$。

（3）计算理论次数和统计量 χ_c^2

$T_{11} = \frac{30 \times 50}{100} = 15$，其余类推。由于自由度 $df = 1$，因此需要用连续性矫正公式。

$$\chi_c^2 = \sum_{ij} \frac{(|A_{ij} - T_{ij}| - 0.5)^2}{T_{ij}}$$

$$= \frac{(|10 - 15| - 0.5)^2}{15} + \frac{(|20 - 15| - 0.5)^2}{15} + \frac{(|40 - 35| - 0.5)^2}{35} + \frac{(|30 - 35| - 0.5)^2}{35} = 3.857$$

（4）统计推断 由于 $df=1$，$\alpha=0.05$，查附表 4 χ^2 分布表得临界值 $\chi^2_{0.05(1)}=3.841$。由于 $\chi^2_c>\chi^2_{0.05(1)}$，$P<0.05$，因此拒绝原假设，即性别对食品的偏爱是有关联的，女性对有机食品的偏爱高于男性。

对于符合 2×2 列联表的次数资料且样本较大时，除了采用 χ^2 检验外，还可以用第二章两个样本百分率的假设检验方法分析，两者的结论是一致的。

3. $2\times C$ 列联表的独立性检验

$2\times C$ 列联表的一般形式见表 5-8。

表 5-8 $2\times C$ 列联表

行变量 X	列变量 Y				
	1	2	$\cdots$	c	总和
1	A_{11}	A_{12}	$\cdots$	A_{1c}	$R_1=A_{11}+A_{12}+\cdots+A_{1c}$
2	A_{21}	A_{22}	$\cdots$	A_{2c}	$R_2=A_{11}+A_{12}+\cdots+A_{2c}$
总和	$C_1=A_{11}+A_{21}$	$C_2=A_{12}+A_{22}$	$\cdots$	$C_c=A_{1c}+A_{2c}$	$n=C_1+C_2+\cdots+C_c=R_1+R_2$

对于 $2\times C$ 列联表，$df=(2-1)\times(C-1)=C-1$，由于 $C\geqslant3$，故计算 χ^2 时不需做连续性矫正。其简化公式为

$$\chi^2=\frac{n^2}{R_1R_2}\Big(\sum_j\frac{A_{1j}^2}{C_j}-\frac{R_1^2}{n}\Big) \text{ 或 } \chi^2=\frac{n^2}{R_1R_2}\Big(\sum_j\frac{A_{2j}^2}{C_j}-\frac{R_2^2}{n}\Big) \tag{5-5}$$

[例 5-5] 对 A、B、C 三个地区所种植花生污染黄曲霉毒素情况进行调查，结果见表 5-9。试分析这 3 个地区所种植花生污染黄曲霉毒素情况是否有显著差异？

表 5-9 3 个地区所种植花生的黄曲霉毒素污染情况调查结果

项目	A	B	C	合计
无污染	10（19.71）	40（31.53）	8（6.76）	58
污染	25（15.29）	16（24.47）	4（5.24）	45
合计	35	56	12	103

（1）提出假设 无效假设 H_0：3 个地区所种植花生的黄曲霉毒素污染情况无显著差异；备择假设 H_A：3 个地区所种植花生的黄曲霉毒素污染情况有显著差异。

（2）确定显著性水平 $\alpha=0.05$。

（3）计算理论次数和统计量 χ^2 计算理论次数

$T_{11}=\dfrac{58\times35}{103}=19.71$，其余类推。

$$\begin{aligned}\chi^2&=\sum_{ij}\frac{(A_{ij}-T_{ij})^2}{T_{ij}}\\&=\frac{(10-19.71)^2}{19.71}+\frac{(40-31.53)^2}{31.53}+\frac{(8-6.76)^2}{6.76}+\frac{(25-15.29)^2}{15.29}+\\&\quad\frac{(16-24.47)^2}{24.47}+\frac{(4-5.24)^2}{5.24}=16.67\end{aligned}$$

（4）统计推断　由于 $df = (2 - 1) \times (3 - 1) = 2$ 和 $\alpha = 0.05$，查 χ^2 分布表得临界值 $\chi^2_{0.05(2)} = 5.99$。由于 $\chi^2 > \chi^2_{0.05(2)}$，$P < 0.05$，因此拒绝原假设，表明 3 个地区所种植花生的黄曲霉毒素污染情况有显著差异。需进一步分析是哪个地区与哪个地区之间黄曲霉毒素污染有差异，即进行列联表分割，有关列联表分割详见有关书籍。

采用简化公式计算

$$\chi^2 = \frac{n^2}{R_1 R_2} \left(\sum_{ij} \frac{A_{1j}^2}{C_j} - \frac{R_1^2}{n} \right)$$

$$= \frac{103^2}{58 \times 45} \left(\frac{10^2}{35} + \frac{40^2}{56} + \frac{8^2}{12} - \frac{58^2}{103} \right)$$

$$= 16.67$$

两种方法计算结果一样。

4. $R \times C$ 列联表的独立性检验

$R \times C$ 列联表的一般形式见表 5 - 5，其中 $r \geqslant 3$，$c \geqslant 3$。其简化公式为

$$\chi^2 = n \left(\sum_{ij} \frac{A_{ij}^2}{R_i C_j} - 1 \right) \tag{5-6}$$

式中　$i = 1, 2, \cdots, r$;

$\quad\quad j = 1, 2, \cdots, c$。

[例 5 - 6]　将 117 头奶牛随机分成 3 组（每组 39 头），用 3 种不同配方的饲料喂养，统计 3 组奶牛中发生隐性乳房炎的头数，对实际次数小于 5 的组进行合并整理，结果见表 5 - 10。试分析奶牛发生隐性乳房炎与饲料种类是否有关？

表 5 - 10　　　　　　　　　　　3 组奶牛发生隐性乳房炎的统计结果

发病头数	0	1 ~ 3	4 ~ 5	6 ~ 9	合计
配方 1	19（17.3）	8（7.3）	7（8.0）	5（6.3）	39
配方 2	16（17.3）	12（7.3）	6（8.0）	5（6.3）	39
配方 3	17（17.3）	2（7.3）	11（8.0）	9（6.3）	39
合计	52	22	24	19	117

（1）提出假设　无效假设 H_0：奶牛发生隐性乳房炎与饲料种类无关；备择假设 H_A：奶牛发生隐性乳房炎与饲料种类有关。

（2）确定显著性水平　$\alpha = 0.05$。

（3）计算理论次数和统计量 χ^2

$T_{11} = \frac{52 \times 39}{117} = 17.3$，其余类推。

$$\chi^2 = \sum_{ij} \frac{(A_{ij} - T_{ij})^2}{T_{ij}}$$

$$= \frac{(19 - 17.3)^2}{17.3} + \frac{(8 - 7.3)^2}{7.3} + \cdots + \frac{(9 - 6.3)^2}{6.3}$$

$$= 10.61$$

（4）统计推断　由于 $df = (3 - 1) \times (4 - 1) = 6$ 和 $\alpha = 0.05$，查 χ^2 分布表得临界值 $\chi^2_{0.05(6)} = 12.59$。由于 $\chi^2 < \chi^2_{0.05(6)}$，$P > 0.05$，因此接受原假设，即奶牛发生隐性乳房炎与饲料种类无关。

第二节 双样本比较的非参数检验

一、 配对双样本的非参数检验

如果样本容量很小，并且无法确定样本数据是否来自正态分布总体，此时可以选择以下两种方法来分析两总体均值间的差异：（1）用不依赖于正态总体假设的威尔科克森符号秩检验（Wilcoxon signed – rank test）；（2）对于数据进行正态转换后使用合并方差的 t 检验。

本节介绍 Wilcoxon 符号秩检验来检验两组数值间是否有差别。在符合这些检验的条件下，Wilcoxon 符号秩检验和合并方差的 t 检验一样有效；当 t 检验假设不符合时，Wilcoxon 符号秩检验更有效。

设 X 为一个研究总体，将容量为 n 的样本观察值从小到大排列编号成 $X_{(1)} < X_{(2)} < \cdots < X_{(n)}$，称 $X_{(i)}$ 的下标 i 为 $X_{(i)}$ 的秩，$i = 1, 2, \cdots, n$。当其中几个数据相等时，那么这几个数据的秩取平均值。

来自非正态总体 1 和总体 2 的两个样本（$n_1 = n_2 = n$），由于存在一定的关系，而将数据一一配对，即形成 $(x_{11}, x_{12}), (x_{12}, x_{22}), \cdots, (x_{1n}, x_{2n})$。比较配对双样本均值的差异，目的是推断配对样本差值的总体中位数是否和 0 有差别，即推断配对的两个相关样本所来自的两个总体中位数是否有差别，采用 Wilcoxon 符号秩检验，其步骤如下：

（1）提出假设 原假设 H_0：两个总体均值相等；备择假设 H_A：两个总体均值不等。

（2）确定显著水平 α。

（3）计算 计算各对数据差数，将差数按绝对值从小到大的顺序排列并编定秩次。编秩时，如果有差数为 0，则舍去不计；对于绝对值相等的差数则取其平均秩次；给每个秩恢复原来的正负号，分别将正负号秩相加计算秩和，用 T_+ 和 T_- 表示，取绝对值较小者作为检验统计量 T，即 $T = \min (T_+, T_-)$。

（4）统计推断 根据数对的对子数 n（成对数据之差为 0 者不计）及显著水平 α，从附表 10（Wilcoxon 符号秩检验 T 临界值表）中查出临界值 $T_{\alpha(n)}$，当 $|T| \leq T_{\alpha(n)}$ 时，拒绝 H_0；当 $|T| \geq T_{\alpha(n)}$ 时，接受 H_0。单尾检验时，若 $|T| \leq T_{2\alpha(n)}$，则否定 H_0，反之接受 H_0。

［例 5－7］ 为考察 8 个评价员在某种心理压力下个性分值是否有变化，测定结果见表 5－11。试分析心理压力对个性分值是否有显著影响。

（1）提出假设 原假设 H_0：压力对个性分值无显著影响；备择假设 H_A：压力对个性分值有显著影响。

（2）确定显著水平 $\alpha = 0.05$。

（3）计算 计算每个评价员在两种条件下的个性分值之差 d，再按 $|d|$ 排序求秩，恢复 d 的符号，计算 T 值。带正号的秩求和为 $T_+ = 2$，带负号的秩求和为 $T_- = 26$。取绝对值较小的 T 值作为检验值，即 $T = 2$。

表 5-11　　　　　　　　　　　　8 个评价员个性分值及计算表

评价员	原始分（x_1）	压力下分值（x_2）	$d = (x_2 - x_1)$	d 的秩及符号
1	40	30	-10	(-) 5
2	29	32	+3	(+) 2
3	60	40	-20	(-) 7
4	12	10	-2	(-) 1
5	25	20	-5	(-) 3.5
6	15	0	-15	(-) 6
7	54	49	-5	(-) 3.5
8	23	23	0	剔除
		$n = 7$　　$T_+ = 2$　　$T_- = 26$		

（4）统计推断　由于 8 个差值中有 1 个为 0，被剔除，因此样本容量为 7。查附表 10（Wilcoxon 符号秩检验 T 临界值表），得 $n = 7$ 时，$T_{0.05(7)} = 2$。计算 T 值与临界值相等，因此拒绝原假设，即心理压力对评价员的个性分值有显著影响。

当没有 T 值表可利用时，5% 和 1% 显著水平的临界 T 值由下式近似计算（双侧检验）：

$$T_{0.05(n)} = \frac{n^2 - 7n + 10}{5} \qquad T_{0.01(n)} = \frac{11n^2}{60} - 2n + 5$$

当 $n > 25$ 时，T 近似服从 $N(\mu_T, \sigma_T^2)$ 正态分布。其中 $\mu_T = \dfrac{n(n+1)}{4}$，$\sigma_T^2 = \dfrac{n(n+1)(2n+1)}{24}$。

因此，可以采用近似正态分布的大样本 u 检验分析，统计量为

$$u = \frac{|T - \mu_T| - 0.5}{\sigma_T} = \frac{|T - n(n+1)/4| - 0.5}{\sqrt{n(n+1)(2n+1)/24}} \tag{5-7}$$

式中　T——较小的秩和；

　　　n——去掉差值为 0 后的样本容量。

当相同差值（绝对值）数较多时（不包括差值为 0 的），利用上式求得的 u 值较小，应对其进行修正。

$$u = \frac{|T - n(n+1)/4| - 0.5}{\sqrt{\dfrac{n(n+1)(2n+1)}{24} - \dfrac{\sum(t_j^3 - t_j)}{48}}} \tag{5-8}$$

式中　t_j——第 j 个相同差值的个数。

由于 T 值不连续，所以分子中有连续性矫正数 0.5，通常这个矫正数 0.5 也可以省略。

[**例 5-8**]　某研究者欲研究保健食品对小鼠抗疲劳作用，将同种属的小鼠按性别和年龄相同、体重相近配成对子，共 10 对，并将每对中的两只小鼠随机分到两个不同的剂量组，喂养一段时间后将小鼠杀死，测得其肝糖原含量（mg/100g），结果见表 5-12，分析不同剂量组小鼠肝糖原含量有无差别。

表 5-12　　　　　　　　　　　不同剂量组小鼠肝糖原含量　　　　　　　　　单位：mg/100g

小鼠对号	中剂量组	高剂量组	差值 d	秩次
1	620.16	958.47	338.31	10

续表

小鼠对号	中剂量组	高剂量组	差值 d	秩次
2	866.5	838.42	−28.08	−5
3	641.22	788.9	147.68	8
4	812.91	815.2	2.29	1.5
5	738.96	783.17	44.21	6
6	899.38	910.92	11.54	3.5
7	760.78	758.49	−2.29	−1.5
8	694.95	870.8	175.85	9
9	749.92	862.26	112.34	7
10	793.94	805.48	11.54	3.5

本例配对样本差值经正态性检验，推断总体不服从正态分布，需用 Wilcoxon 符号秩检验。

（1）建立检验假设，确定检验水平　原假设 H_0：不同剂量组小鼠肝糖原含量没有显著差异，即差值的总体中位数 $M_d = 0$；

备择假设 H_A：不同剂量组小鼠肝糖原含量差异显著，即 $M_d \neq 0$。

显著水平 $\alpha = 0.05$。

（2）计算检验统计量 T　计算每对高剂量组与中剂量组小鼠肝糖原含量的差值 d，按 $|d|$ 排序求秩（表 5−12），计算 T 值。带正号的秩求和为 $T_+ = 48.5$，带负号的秩求和为 $T_- = 6.5$，所以检验统计量 $T = 6.5$。

（3）统计推断　由于 $n = 10$，查附表 10 得 $T_{0.05(10)} = 8$，计算 T 值小于临界值，因此拒绝原假设 H_0，可以认为不同剂量对小鼠肝糖原含量有显著影响。

二、 独立双样本的非参数检验

从非正态总体 1 和总体 2 中分别抽取容量为 n_1 和 n_2 的样本，两样本独立，而且 $n = n_1 + n_2$，假设 $n_1 \leqslant n_2$，比较总体 1 和总体 2 的均值之间的差异。利用 Wilcoxon 秩和检验（Wilcoxon rank sums test）步骤如下：

（1）提出假设　原假设 H_0：两个总体均值相等；备择假设 H_A：两个总体均值不等。

（2）确定显著水平 α。

（3）编秩次、求秩次和　将两个样本的观测值放在一起，按从小到大的顺序排列，求出每个样本值的秩（即编号）。编秩时，不同样本的相同观测值取原秩次的平均秩次。将属于第 1 个总体的样本值的秩次相加，设为 T_1，称为第 1 个样本的秩次和；其余的秩次总和记为 T_2，称为第 2 个样本的秩次和。

$$T_1 + T_2 = \frac{(n_1 + n_2)(n_1 + n_2 + 1)}{2} = \frac{n(n+1)}{2} \tag{5−9}$$

一般只考虑统计量 T_1 即可。当 $n_1 = n_2$ 时，两个样本容量中任何一个都可以用来计算 T_1。

（4）统计推断　由 n_1、n_2 和 α 值查独立双样本比较的秩和检验 T 临界值表附表 11（附表只给出了样本容量 n_1 和 n_2 都不大于 10 的临界值），可得下临界值 T'_α 和上临界值 T_α。该检验有双尾、单尾检验之分，见表 5 – 13。

表 5 – 13　　　　　　　　　　Wilcoxon 秩和检验的原假设和备择假设

双尾检验	单尾检验	单尾检验
$H_0: M_1 = M_2$	$H_0: M_1 \geqslant M_2$	$H_0: M_1 \leqslant M_2$
$H_A: M_1 \neq M_2$	$H_A: M_1 < M_2$	$H_A: M_1 > M_2$

注：M_1 和 M_2 分别为总体 1 和总体 2 的均值。

对于双尾检验，如果计算值 T_1 在（T'_α，T_α）范围之内，则接受原假设；如果计算值 T_1 等于或大于上临界值 T_α 或 T_1 等于或小于下临界值 T'_α，则拒绝原假设。对于单尾检验，如果 $H_0: M_1 \geqslant M_2$，T_1 值大于下临界值 T'_α，接受原假设，否则拒绝原假设；如果 $H_0: M_1 \leqslant M_2$，T_1 值小于上临界值 T_α，接受原假设，否则拒绝原假设。

对于大样本（当样本容量 n_1、n_2 超过 10 时），检验统计量 T_1 近似服从均值 μ_{T_1}，标准差为 σ_{T_1} 的正态分布，其中

$$\mu_{T_1} = \frac{n_1(n+1)}{2} \qquad \sigma_{T_1} = \sqrt{\frac{n_1 n_2 (n+1)}{12}}$$

因此，也可以采用 u 检验，其统计量为

$$u = \frac{|T_1 - \mu_{T_1}| - 0.5}{\sigma_{T_1}} = \frac{|T_1 - n_1(n+1)/2| - 0.5}{\sqrt{n_1 n_2 (n+1)/12}} \qquad (5-10)$$

当相同秩次较多（尤其是等级资料或 $\sum t_i \geqslant n/4$）时，应对 u 值进行修正。

$$u = \frac{|T_1 - n_1(n+1)/2| - 0.5}{\sqrt{\dfrac{n_1 n_2}{12n(n-1)}[n^3 - n - \sum(t_i^3 - t_i)]}} \qquad (5-11)$$

式中　t_i——相同秩次的个数。如果无相同秩次，则 $\sum(t_i^3 - t_i) = 0$。

这一检验方法的基本思想是：如果 H_0 成立，则两个样本来自分布相同的总体。此时，两个样本的平均秩次 T_1/n_1 和 T_2/n_2 应相等或很接近，且都和总的平均秩次 $(n_1 + n_2 + 1)/2$ 相差很小。样本含量为 n_1 的样本秩次和 T_1 应在 $n_1(n_1 + n_2 + 1)/2$（T 值表范围中心为 $n_1(n_1 + n_2 + 1)/2$）左右变化。若 T 值偏离此值太远，发生的可能性就很小。若偏离出给定 α 值所确定的范围时，即 $P < \alpha$，拒绝 H_0。

注意，对于两独立样本比较的秩和检验，一般文献上使用 Mann – Whitney U 检验，该方法与 Wilcoxon 秩和检验方法分析结果完全等价。

[例 5 – 9]　有的人对 PTC 敏感，感觉它呈苦味，有的人对它不敏感而感觉无味。对 PTC 敏感（T），对 PTC 不敏感（NT）评价员各 5 人。考察它们对另一苦味化合物的敏感性，结果见表 5 – 14。问这两类评价员对第二种苦味化合物的敏感性是否有差异。

表 5 – 14　　　　　　　　两类评价员对第二种苦味化合物的敏感性秩次

评价员	（NT）	（NT）	（NT）	（NT）	（T）	（T）	（T）	（T）	（T）	（NT）
敏感性秩次	1	2	3	4	5	6	7	8	9	10

（1）提出假设　原假设 H_0：两类评价员对第二种苦味化合物的敏感性无差异；备择假设

H_A：两类评价员对第二种苦味化合物的敏感性有差异。

（2）确定显著水平　$\alpha = 0.05$，双尾检验。

（3）编秩次、求秩次和 T　所编秩次见表 5 – 14。由于 $n_1 = n_2 = 5$，因此选择不敏感组秩次和 T_1 或者敏感组秩次和 T_2 均可以作为检验统计量 T。

$$T_1 = 1 + 2 + 3 + 4 + 10 = 20 \qquad T_2 = 5 + 6 + 7 + 8 + 9 = 35$$

（4）统计推断　由 n_1、n_2 和 α 值查附表 11，可得下临界值 $T'_\alpha = 17$ 和上临界值 $T_\alpha = 38$。计算统计量 T 值在临界 T 值范围内（$P > 0.05$），因此接受原假设，即两类评价员对第二种苦味化合物的敏感性无差异。

[例 5 – 10]　利用原有仪器 A 和新仪器 B 分别测定某物质在 30min 后的溶解度如下：A 仪器测试结果为 55.7，50.4，54.8，52.3；B 仪器测试结果为 53.0，52.9，55.1，57.4，56.6。试判断两台仪器测试的结果是否一致。

（1）提出假设　原假设 H_0：两台仪器测试的结果一致；备择假设 H_A：两台仪器测试的结果不一致。

（2）确定显著水平　$\alpha = 0.05$，双尾检验。

（3）编秩次、求秩次和 T　将两组数据混合后从小到大编秩，$n_1 = 4$，$n_2 = 5$；$T_1 = 15$，$T_2 = 30$；$n_1 < n_2$，因此选择 $T_1 = 15$ 为检验统计量。见表 5 – 15。

表 5 – 15　　　　　　　　　　两台仪器测试结果及秩次

	A 仪器				B 仪器			
测试结果	55.7	50.4	54.8	52.3	53.0	52.9	55.1	57.4	56.6
秩次	7	1	5	2	4	3	6	9	8

（4）统计推断　由 $n_1 = 4$、$n_2 = 5$、$\alpha = 0.05$ 查附表 11 可得下临界值 $T'_\alpha = 11$ 和上临界值 $T_\alpha = 29$。计算统计量 T 值在临界 T 值范围内（$P > 0.05$），因此接受原假设，即两台仪器测试的结果一致。

[例 5 – 11]　某公司的市场调研经理从该公司的 A、B 两个销售区分别抽取 $n_A = 15$、$n_B = 13$ 名推销员组成两个随机样本进行销售额的比较，两个地区 28 名推销员上季度销售额排列后，其秩次如下：

地区 A：1，2，4，7，8，10，12，13，14，17，21，24，26，27，28

地区 B：3，5，6，9，11，15，16，18，19，20，22，23，25

试分析两个地区的平均销售水平是否有差异。

（1）提出假设　原假设 H_0：两个地区的平均销售水平无差异；备择假设 H_A：两个地区的平均销售水平有差异。

（2）确定显著水平　$\alpha = 0.05$，双尾检验。

（3）编秩次、求秩次和　由于 $n_B = 13 < n_A = 15$，所以

$$T_1 = T_B = 3 + 5 + 6 + 9 + 11 + 15 + 16 + 18 + 19 + 20 + 22 + 23 + 25 = 192$$

$$T_2 = T_A = 1 + 2 + 4 + 7 + 8 + 10 + 12 + 13 + 14 + 17 + 21 + 24 + 26 + 27 + 28 = 214$$

由于 $n_1 = 13 > 10$、$n_2 = 15 > 10$、$n = n_1 + n_2 = 28$，因此需要选择大样本的近似 u 检验。

$$u = \frac{|T_1 - \mu_{T_1}| - 0.5}{\sigma_{T_1}}$$

$$= \frac{|T_1 - n_1(n+1)/2| - 0.5}{\sqrt{n_1 n_2 (n+1)/12}}$$

$$= \frac{|192 - 13 \times (28+1)/2| - 0.5}{\sqrt{13 \times 15(28+1)/12}} = 0.138 \qquad (5-12)$$

若代入 n_2 和 T_2 时，计算结果相同。

（4）统计推断　由于统计量 $u = 0.138 < u_{0.05} = 1.96$，表明 $P > 0.05$，因此接受原假设，即两个地区的平均销售水平无差异。

［例 5-12］　采用 R-指数法评定同类型两个品牌的食品 A、B 的风味差异。现有 24 名评价员随机分成 2 组，每组 12 人。样品为 A 和 B，让评价员先评定并熟悉这两个样品，再编码后给出 A 或 B，要求评价员评定后，对该样品做出"可能是 A（A?）""肯定是 A（A）""肯定是 B（B）""可能是 B（B?）"的判断。每名评价员评定 1 个样品，结果见表 5-16。分析这两个品牌食品的风味是否有差异。

表 5-16　　　　　　　　　24 名评价员对 A 和 B 的判断结果

项目	A?	A	B	B?
结论序号	1	2	3	4
样品 A	6	4	2	0
样品 B	0	1	4	7

（1）提出假设　原假设 H_0：两个品牌食品的风味无差异；备择假设 H_A：两个品牌食品的风味有差异。

（2）确定显著水平　$\alpha = 0.05$，双尾检验。

（3）计算平均秩次、秩和、统计量　见表 5-17。

表 5-17　　　　　　　　　　　平均秩次计算

结论序号	1	2	3	4
次数	6+0	4+1	2+4	0+7
人数	6	5	6	7
秩次	1~6	7~11	12~17	18~24
平均秩次	3.5	9	14.5	21

样品 A 和样品 B 的秩和分别为

$T_A = 3.5 \times 6 + 9 \times 4 + 14.5 \times 2 + 21 \times 0 = 86$　　$T_B = 3.5 \times 0 + 9 \times 1 + 14.5 \times 4 + 21 \times 7 = 214$

由于 $n_1 = 12 > 10$、$n_2 = 12 > 10$、$n = n_1 + n_2 = 24$，又因为相同秩次者较多（具有相同秩次 3.5、9、14.5、21 的个数分别为 $t_1 = 6$、$t_2 = 5$、$t_3 = 6$、$t_4 = 7$），因此需要选择大样本的矫正 u 检验。

$$u = \frac{|T_1 - n_1(n+1)/2| - 0.5}{\sqrt{\frac{n_1 n_2}{12n(n-1)}\left[n^3 - n - \sum(t_i^3 - t_i)\right]}} = 3.79 \qquad (5-13)$$

（4）统计推断　由于统计量 $u = 3.79 > u_{0.05} = 1.96$，$P < 0.05$，因此拒绝原假设，即两个品牌食品的风味有显著差异。

第三节　多个样本比较的非参数检验

如果单因素试验结果不满足方差分析的条件，或者针对有序（等级）数据的多样本比较时，可采用单因素试验的非参数检验。对于完全随机设计的单因素试验采用 Kruskal – Wallis 法或 Kruskal – Wallis H 检验（Kruskal – Wallis H test），该检验是独立双样本 Wilcoxon 秩和检验的延伸，主要用于检验多个样本（≥3）独立总体均值是否相等。对于随机区组设计的单因素试验，采用 Friedman 检验。

一、完全随机设计多个独立样本的非参数检验

设因素 A 有 k（$k \geqslant 3$）个样本，每个样本含量为 n_i（$i = 1, 2, \cdots, k$），$N = \sum n_i$。比较因素 A 的 k 个样本均值是否相等，即检验因素 A 对试验指标是否有显著影响，用 Kruskal – Wallis H 检验，其步骤如下：

（1）提出假设　原假设 H_0：多个总体均值相等；备择假设 H_A：多个总体均值不等。

（2）确定显著水平 α。

（3）编秩、求秩和、计算统计量 H　将各个样本的观测值放在一起，由小到大顺序排列，给出每个观测值的秩次；编秩时，遇到相同观测值取平均秩次。分别计算各样本的秩和 T_i。可用关系式 $\sum T_i = N(N+1)/2$ 检验 T_i 的计算是否正确。计算统计量 H。

$$H = \frac{12}{N(N+1)} \sum \frac{T_i^2}{n_i} - 3(N+1) \tag{5 – 14}$$

当相同秩次较多（尤其是等级资料或 $\sum t_i \geqslant N/4$，t_i 为相同秩次的个数）时，须采用矫正的 H_c 值：

$$H_c = \frac{H}{1 - \dfrac{\sum (t_i^3 - t_i)}{N^3 - N}} \tag{5 – 15}$$

（4）统计推断　统计量 H 或 H_c 的显著性检验方法与样本含量有关。当 $k \leqslant 3$，且每个样本的观察值个数 $n_i \leqslant 5$ 时，此时根据 n_1、n_2、n_3 查得临界值 H_α。如果 H 或 $H_C \geqslant H_\alpha$，则拒绝原假设 H_0，否则接受原假设 H_0。

当所有样本容量均大于 5 时，H 或 H_c 近似服从自由度 $df = k - 1$ 的 χ^2 分布，可查附表 4（χ^2 临界值表）。如果 H 或 $H_c \geqslant \chi^2_{\alpha(k-1)}$，则在 α 水平上拒绝原假设 H_0，否则接受原假设 H_0。

[例 5 – 13]　由 3 个不同的公司（A、B、C）训练的 10 名评价员，都称自己有很好的风味强度评价方法。对这 10 名评价员的风味强度评价技术进行测验，并根据表现优劣排序（1 = 最好，10 = 最差），结果见表 5 – 18。分析 3 组评价员的技术水平是否有差异。

表5-18   3 组 10 名评价员的技术测试排序

公司	排序				n_i	T_i
A	1	2	3	4	4	10
B	5	6	8		3	19
C	7	9	10		3	26

（1）提出假设　原假设 H_0：3 组评价员的技术水平无差异；备择假设 H_A：3 组评价员的技术水平有差异。

（2）确定显著水平　$\alpha = 0.05$。

（3）计算　编秩和秩和见表5-18。$N = 4 + 3 + 3 = 10$。

$$H = \frac{12}{N(N+1)} \sum \frac{T_i^2}{n_i} - 3(N+1) = \frac{12}{10(10+1)} \left(\frac{10^2}{4} + \frac{19^2}{3} + \frac{26^2}{3} \right) - 3(10+1) = 7.436$$

（4）统计推断　由于 $n_A = 4$、$n_B = 3$、$n_C = 3$，查附表12，$\alpha = 0.05$ 时，$H_{0.05(4,3,3)} = 5.73$。由于 $H > H_{0.05(4,3,3)}$，$P < 0.05$，因此，拒绝原假设，即 3 组评价员的技术水平有差异。

[例5-14]　为了评定产品质量，对 4 个饮料厂（A、B、C、D）生产的浓缩果汁进行检验，每个厂送检产品都为 5 瓶，经检验员评定后按优劣次数排列见表5-19。请分析各厂生产的产品质量分布是否有差异。

表5-19   4 个厂生产的浓缩果汁质量检验结果排序

厂名	排序					n_i	T_i
A	3	5	10	12	14	5	44
B	7	11	15	17	18	5	68
C	1	2	4	6	8	5	21
D	9	13	16	19	20	5	77

（1）提出假设　原假设 H_0：各厂生产的产品质量分布无差异；备择假设 H_A：各厂生产的产品质量分布有差异。

（2）确定显著水平　$\alpha = 0.05$。

（3）编秩、求秩和、计算统计量 H　编秩和秩和见表5-19。$N = 20$。

$$H = \frac{12}{N(N+1)} \sum \frac{T_i^2}{n_i} - 3(N+1) = \frac{12}{20(20+1)} \left(\frac{44^2 + 68^2 + 21^2 + 77^2}{5} \right) - 3(20+1) = 10.886$$

（4）统计推断　$k = 4$，$df = k - 1 = 4 - 1 = 3$，查附表4（χ^2 分布表）得 $\chi^2_{0.05(3)} = 7.81$；由于 $H > \chi^2_{0.05(3)}$，$P < 0.05$，因此拒绝原假设，即各厂生产的产品质量分布有显著差异。

[例5-15]　为评价中草药对猪肉质量的影响，试验结果见表5-20。请比较 3 种中草药配方对猪肉大理石纹间的影响有无显著差异。

（1）提出假设　原假设 H_0：3 种中草药配方对猪肉大理石纹间的影响无显著差异；备择假设 H_A：3 种中草药配方对猪肉大理石纹间的影响有显著差异。

（2）确定显著水平　$\alpha = 0.05$。

表 5 - 20　　　　　　　中草药提高肉质试验的大理石纹间资料及其秩和计算

等级	配方一	配方二	配方三	合计	秩次范围	平均秩次	各组秩和		
							配方一	配方二	配方三
1	—	2	—	2	1 ~ 2	1.5	—	3	—
2	1	1	3	5	3 ~ 7	5	5	5	15
3	3	1	4	8	8 ~ 15	11.5	34.5	11.5	46
4	—	—	1	1	16	16	—	—	16
合计	4	4	8	16			39.5	19.5	77

（3）确定各等级的秩次范围、计算平均秩次、秩和、统计量 H　结果见表 5 - 20。等级 1 有 2 个个体，其秩次范围为 1 ~ 2；等级 2 有 5 个个体，其秩次范围为 3 ~ 7；等级 3 有 8 个个体，其秩次范围为 8 ~ 15；等级 4 有 1 个个体，其秩次范围为 16 ~ 16。

计算各等级的平均秩次，将表中第 6 列中秩次范围的上下两值相加除以 2，列于表第 7 列。然后计算各配方组中各等级的秩和，例如配方二组有 2 个等级 1、1 个等级 2、1 个等级 3，将配方二组各等级的头数与平均秩次相乘，列于配方二组秩和的相应等级中。最后计算秩和，将同一配方组合中各等级的秩和相加。

$$H = \frac{12}{N(N+1)} \sum \frac{T_i^2}{n_i} - 3(N+1) = \frac{12}{16(16+1)} \left(\frac{39.5^2}{4} + \frac{19.5^2}{4} + \frac{77^2}{8} \right) - 3(16+1) = 3.099$$

由于该例中含有较多相同秩次，且为等级资料，因此需要用矫正统计量 H_C

$$C = 1 - \frac{\sum (t_i^3 - t_i)}{N^3 - N} = 1 - \frac{(2^3 - 2) + (5^3 - 5) + (8^3 - 8)}{16^3 - 16} = 0.8456$$

$$H_C = \frac{H}{C} = \frac{3.099}{0.8456} = 3.665$$

（4）统计推断　$k = 3$，$df = k - 1 = 3 - 1 = 3$，查 χ^2 分布表得 $\chi^2_{0.05}(2) = 5.99$；由于 $H_C < \chi^2_{0.05}(2)$，$P > 0.05$，因此接受原假设，即 3 种中草药配方对猪肉大理石纹间的影响无显著差异。

（5）多重比较　若多个样本比较的 Kruskal - Wallis H 检验拒绝了原假设 H_0，认为各总体的均值不等或不全相等时，常常需要做两两比较的秩和检验，以推断哪些总体的均值相等，哪些总体的均值不相等。常用的比较方法有 Nemenyi – Wilcoxon – Wilcox 法、Nemenyi 法、t 检验法、正态近似法等。

①Nemenyi – Wilcoxon – Wilcox 法　也称 q 检验法，适用于各样本容量相等时的两两比较。

计算各对比组的统计量 q。将各样本的秩和从大到小依次排列，求出两两秩和的差数 $T_i - T_j$，并确定这两个秩和差范围内包含的样本数 K（处理数，相当于多重比较中的秩次距）。

$$q = \frac{T_i - T_j}{S_{T_i - T_j}} \tag{5-16}$$

式中，$S_{T_i - T_j}$ 为秩和差数标准误，其计算公式如下：

$$S_{T_i - T_j} = \sqrt{\frac{N(NK)(NK+1)}{12}} \tag{5-17}$$

根据 $df = \infty$ 和秩次距 K 查 q 临界值表附表 6 得临界值 $q_{\alpha(\infty, K)}$。如果计算 q 值 $> q_{\alpha(\infty, K)}$，则 $P < \alpha$，拒绝原假设，说明两个对比组之间有显著差异，否则 $P \geq \alpha$，接受原假设，说明两个对

比组之间无显著差异。

对［例 5 – 14］的资料采用 q 检验法进行 4 个样本间的两两比较。由前面的分析可知 4 个厂家的产品质量分布是存在显著差异的。因此，按各厂秩和从大到小排列，并按此排列将各处理编号，见表 5 – 21。

表 5 – 21　　　　　　　　　　各厂秩和编号对照表

秩和 T_i	77	68	44	21
工厂	D	B	A	C
编号	1	2	3	4

根据编号列出样本间所有可能的两两比较，见表 5 – 22 第 1 列；求出相应的秩和差，见第 2 列；两两比较的秩次距 K，见第 3 列；计算 $S_{T_i - T_j}$，见第 4 列；计算比较的 q 值，列于第 5 列；根据 $df = \infty$ 和秩次距 K，查 q 临界值表，临界值列于第 6、7 列。

表 5 – 22　　　　　　　　　　4 个厂家秩和两两比较表

两两比较组	差数	秩次距 K	$S_{T_i - T_j}$	q 值	临界 q 值 0.05	0.01	显著性
1 与 4	56	4	13.23	4.23	3.63	4.40	*
1 与 3	33	3	10.00	3.30	3.31	4.12	*
1 与 2	9	2	6.77	1.33	2.77	3.64	ns
2 与 4	47	3	10.00	4.70	3.31	4.12	**
2 与 3	24	2	6.77	3.55	2.77	3.64	*
3 与 4	23	2	6.77	3.40	2.77	3.64	*

从表 5 – 22 可以看出，除了 1 与 2 即工厂 D 与 B 差异不显著，1 与 3 即工厂 D 与 A 几乎达到差异显著的临界位点外，其余的比较均差异显著或极显著。根据比较结果，各厂产品整体质量的优劣排序为 C 厂最好，A 厂次之，B、D 两厂差。

②Nemenyi 法　适用于各样本容量不等时的两两比较。

计算各对比组平均秩次之差的绝对值 $|\bar{T}_i - \bar{T}_j|$ 和各对比组相应的临界值 T_α。

$$T_\alpha = \sqrt{C\chi^2_{\alpha(k-1)}[N(N+1)/12][1/n_i + 1/n_j]} \tag{5 – 18}$$

式中，C 为相同秩次矫正数，$C = 1 - \sum (t_i^3 - t_i)/(N^3 - N)$；$\chi^2_{\alpha(k-1)}$ 由 χ^2 值表查得（k 处理组数），N 为各样本容量之和，即总次数。

将各对比组平均秩次之差与临界值 T_α 比较，如果 $|\bar{T}_i - \bar{T}_j| > T_\alpha$，则 $P < \alpha$，拒绝原假设，说明两个对比组之间有显著差异；否则，$P \geqslant \alpha$ 接受原假设，说明两个对比组之间无显著差异。

采用 Nemenyi 法对［例 5 – 13］资料的 3 个公司评价员进行两两比较。计算各对比组平均秩次之差、各对比组相应的临界值 T_α（表 5 – 23）。

$$\bar{T}_A = 2.50,\ \bar{T}_B = 6.33,\ \bar{T}_C = 8.67,\ n = 10,\ C = 1\ （因为\ t_i = 1）$$
$$\chi^2_{0.05}\ (2)\ = 5.99,\ \chi^2_{0.05}\ (2)\ = 9.21$$

表 5 – 23   3 个公司评价员之间的两两比较表

两两比较组	样本容量		两组平均秩次之差 $\|\overline{T}_i - \overline{T}_j\|$	$T_\alpha = \dfrac{}{\sqrt{C\chi^2_{\alpha(k-1)}\,[N(N+1)/12]\,[1/n_i + 1/n_j]}}$		显著性
	n_i	n_j		$\alpha = 0.05$	$\alpha = 0.01$	
A 与 B	4	3	3.83	5.6595	7.0177	*ns*
A 与 C	4	3	6.17	5.6592	7.0177	*
B 与 C	3	3	2.34	6.0503	7.5022	*ns*

从表 5 – 23 可以看出，A 与 C 差异显著，而 A 与 B、B 与 C 之间无显著差异。

③ *t* 检验法   适合于各样本容量相等或不相等的情况。

计算统计量 *t* 值。

$$t = \frac{|\overline{T}_i - \overline{T}_j|}{\sqrt{\dfrac{N(N+1)(N-1-H)}{12(N-k)}\left(\dfrac{1}{n_i} + \dfrac{1}{n_j}\right)}} \tag{5 – 19}$$

式中，$\overline{T}_i$、$\overline{T}_j$ 和 n_i、n_j 分别为任意 2 个对比组的平均秩和与样本容量，$\overline{T}_i = T_i/n_i$，$\overline{T}_j = T_j/n_j$，k 为处理组数，N 为各样本容量之和即总次数，H 为秩和检验中计算得的统计量 H 值或 H_c 值。

根据 $df = N - k$ 和检验水准 α，查 *t* 临界值表得 $t_{(df,\alpha)}$。如果计算 *t* 值 $> t_{(df,\alpha)}$，则 $P < \alpha$，拒绝原假设，说明两个对比组之间有显著差异；否则，$P \geq \alpha$，接受原假设，说明两个对比组之间无显著差异。

采用 *t* 检验法对［例 5 – 13］的资料 3 个公司进行两两比较（表 5 – 24）。

表 5 – 24   3 个公司评价员之间的两两比较 （$\alpha = 0.05$）

两两比较组	n_i	n_j	$\|\overline{T}_i - \overline{T}_j\|$	t	$t_{df,\alpha}$	显著性
A 与 B	4	3	3.83	3.50	2.365	*
A 与 C	4	3	6.17	5.64	2.365	*
B 与 C	3	3	2.34	2.00	2.365	*ns*

④正态近似法   适合于各样本容量相等或不相等的情况。

计算统计量 *u* 值。

$$u = \frac{|\overline{T}_i - \overline{T}_j|}{\sigma_{\overline{T}_i - \overline{T}_j}} = \frac{|\overline{T}_i - \overline{T}_j|}{\sqrt{\dfrac{N(N+1)}{12}\left(\dfrac{1}{n_1} + \dfrac{1}{n_2}\right)}} \tag{5 – 20}$$

根据计算 *u* 值，查标准正态分布表得双尾检验概率 P 值。如果 $P < \alpha$，则拒绝原假设，说明两个对比组之间有显著差异；如果 $P \geq \alpha$，则接受原假设，说明两个对比组之间无显著差异。

采用正态近似法对［例 5 – 13］的资料进行 3 个公司的两两比较（表 5 – 25）。该结果与 Nemenyi 法的检验结果一致。

表 5 –25　　　　　　　　　3 个公司评价员之间的两两比较　（α =0.05 ）

两两比较组	n_i	n_j	$\lvert \bar{T}_i - \bar{T}_j \rvert$	u	P	显著性
A 与 B	4	3	3.83	1.66	0.0969	ns
A 与 C	4	3	6.17	2.67	0.0076	$*$
B 与 C	3	3	2.34	0.95	0.3422	ns

对［例 5 –13］采用不同的两两比较方法（Nemenyi 法、t 检验法、正态近似法）获得结果存在差异，这主要是因为不同的两两比较方法所用的比较尺度存在差异。因此，在实际应用中一定要注明采用何种方法进行两两比较的。

二、 随机区组设计多样本的非参数检验

设有因素 A 有 k（$k \geqslant 3$）个样本，每个样本容量相等且为 b，按照每个样本的容量分成 b 组，然后将各样本的处理随机安排在不同区组中（表 5 –26）。比较因素 A 的 k 个样本的均值是否相等，即检验因素 A 对试验结果是否有影响，用 Friedman 检验（又称 M 检验），其步骤如下：

表 5 –26　　　　　　　　　随机区组设计多样本的数据格式

因素	区组			
	B_1	B_2	...	B_b
A_1	X_{11}	X_{12}	...	X_{1b}
A_2	X_{21}	X_{22}	...	X_{2b}
...	...	...	...	...
A_k	X_{k1}	X_{k2}	...	X_{kb}

（1）提出假设　原假设 H_0：多个总体均值相等；备择假设 H_A：多个总体均值不等。

（2）确定显著水平 α。

（3）求统计量 M 值　将每个区组的数据由小到大分别编秩，遇数据相等者取平均秩。计算各处理组的秩和 T_i 和平均秩 $\bar{T}$。$\bar{T} = b$（$k + 1$）/2，这里 k 为处理组数，b 为区组数。

$$M = \sum_{i=1}^{k} (T_i - \bar{T})^2 \tag{5–21}$$

（4）统计推断

①当处理组数 k、区组数 $b \leqslant 15$ 时，查多样本随机区组 Friedman 检验用 M 临界值表附表 13 进行推断。如果计算 M 值大于或等于临界值，则 $P \leqslant \alpha$，拒绝原假设，说明多个总体均值不全相等；否则，则 $P > \alpha$，接受原假设，说明多个总体均值相等。

②当处理数 k、区组数 b 超出 M 临界值表的范围时，可以采用近似 χ^2 分布法推断，自由度 $df = k - 1$。

$$\chi^2 = \frac{12}{kb(k+1)} \sum_{i=1}^{k} T_i^2 - 3b(k+1) \tag{5–22}$$

当各区组相同秩次较多时，需用校正公式计算：

$$\chi_c^2 = \frac{\chi^2}{C}, \quad C = 1 - \frac{\sum (t_j^3 - t_j)}{kb(k^2 - 1)} \tag{5–23}$$

式中　t_j $(j = 1，2，\cdots)$ ——按区组而言的第 j 个相同秩的个数；

$\qquad\qquad$ C ——校正系数。如果相同秩的个数较少，C 近似等于 1。

如果 χ^2 或 $\chi_c^2 \geqslant \chi_\alpha^2$，则 $P \leqslant \alpha$，拒绝原假设，说明多个总体均值不全相等；如果 χ^2 或 $\chi_c^2 < \chi_\alpha^2$，则 $P > \alpha$，接受原假设，说明多个总体均值相等。

如果经过 Friedman 检验后，$P \leqslant \alpha$，拒绝了原假设，说明多个总体均值不全相等，就需要进行两两比较，以确定哪些样本均值之间是存在差异的，常用的有 q 检验法和正态近似法。

（1）q 检验法　将各处理组的秩和 T_i 从小到大排序，并列出各对比组及其秩次距 K；并计算各对比组的统计量 q。

$$q = \frac{|T_i - T_j|}{S_{T_i - T_j}} = \frac{|T_i - T_j|}{\sqrt{bk(k+1)/12}} \tag{5-24}$$

式中　k ——处理组数；

$\qquad$ b ——区组数；

$\quad$ T_i 和 T_j ——各对比组的秩和；

$\quad$ $S_{T_i - T_j}$ ——对应的标准误。

根据 $df = \infty$ 和秩次距 K 查 q 临界值表得临界值 $q_{\alpha(\infty, K)}$。如果计算值 $q > q_{\alpha(\infty, K)}$，则 $P < \alpha$，拒绝原假设，说明两个对比组之间有显著差异，否则 $P \geqslant \alpha$，接受原假设，说明两个对比组之间无显著差异。

（2）正态近似法　计算统计量 u。设 T_i 和 T_j 分别为比较的第 i 组和第 j 组样本的秩和，其平均秩和分别为 $\overline{T}_i$ 和 $\overline{T}_j$。

$$u_{ij} = \frac{|\overline{T}_i - \overline{T}_j|}{\sigma_{\overline{T}_i - \overline{T}_j}} = \frac{|\overline{T}_i - \overline{T}_j|}{\sqrt{\dfrac{k(k+1)}{6b}}} \tag{5-25}$$

该方法通常需要调整检验水准，调整方法有两种：

① 多组间的两两比较，调整的检验水准 α' 计算如下：

$$\alpha' = \frac{\alpha}{k(k-1)/2}$$

② 实验组与同一对照组的比较，调整的检验水准 α' 计算如下：

$$\alpha' = \frac{\alpha}{比较的次数}$$

根据计算值 u，查正态分布表得双尾检验概率 P 值。如果 $P < \alpha'$，则拒绝原假设，说明两个对比组之间有显著差异；如果 $P \geqslant \alpha'$，则接受原假设，说明两个对比组之间无显著差异。

[例 5-16]　欲用学生的综合评分来评价四种教学方式的不同，按照年龄、性别、年级、社会经济、地位、学习动机相同和智力水平、学习情况相近作为配对条件，将 4 名学生分一组，共 8 组，每区组的 4 名学生随机分到四种不同的教学实验组，经相同的一段时间后，测得学习成绩的综合评分，见表 5-27。试比较四种教学方式对学习成绩的综合评分影响有无不同。

表 5-27　　　　　　　不同区组四种教学方式对学生学习综合评分比较

区组编号	教学方式 A		教学方式 B		教学方式 C		教学方式 D	
	综合评分	秩	综合评分	秩	综合评分	秩	综合评分	秩
1	8.4	1	9.6	2	9.8	3	11.7	4
2	11.6	1	12.7	4	11.8	2	12.0	3

续表

区组编号	教学方式 A		教学方式 B		教学方式 C		教学方式 D	
	综合评分	秩	综合评分	秩	综合评分	秩	综合评分	秩
3	9.4	2	9.1	1	10.4	4	9.8	3
4	9.8	2	8.7	1	9.9	3	12.0	4
5	8.3	2	8.0	1	8.6	3.5	8.6	3.5
6	8.6	1	9.8	3	9.6	2	10.6	4
7	8.9	1	9.0	2	10.6	3	11.4	4
8	8.3	2	8.2	1	8.5	3	10.8	4
T_i		12		15		23.5		29.5

（1）提出假设　原假设 H_0：四种教学方式对学习成绩的综合评分无影响；备择假设 H_A：四种教学方式对学习成绩的综合评分有影响。

（2）确定显著水平　$\alpha = 0.05$。

（3）求统计量 M 值　将每个区组内的数据由小到大分别编秩，遇数据相等者取平均秩。计算各处理组的秩和 T_i 和平均秩 $\overline{T}$：$\overline{T} = b(k+1)/2 = 8(4+1)/2 = 20$。

$$M = \sum (T_i - \overline{T})^2 = (12-20)^2 + (15-20)^2 + (23.5-20)^2 + (29.5-20)^2 = 191.5$$

（4）统计推断　这里 $b = 8$、$k = 4$，查附表 13 得 $M_{(8,4)} = 105$，由于 $M > M_{(8,4)}$，因此，$P < 0.05$，拒绝原假设，即四种教学方式对学习成绩的综合评分有显著影响。

如果采用近似 χ^2 分布法计算

$$\chi^2 = \frac{12}{kb(k+1)} \sum_{i=1}^{k} T_i^2 - 3b(k+1)$$

$$= \frac{12}{4 \times 8 \times (4+1)} \times (12^2 + 15^2 + 23.5^2 + 29.5^2) - 3 \times 8 \times (4+1) = 14.36$$

查 χ^2 分布表得 $\chi^2_{(3,0.05)} = 7.81$，由于 $\chi^2 > \chi^2_{(k-1,\alpha)}$，因此，$P < 0.05$，拒绝原假设，即四种教学方式对学习成绩的综合评分有显著影响。

（5）两两比较

①q 检验法：首先列出两两比较组表 5 - 28，按照 q 统计量公式

$$q = \frac{|T_i - T_j|}{S_{T_i - T_j}} = \frac{|T_i - T_j|}{\sqrt{bk(k+1)/12}} \tag{5-26}$$

计算任意两组样本的统计量 q 值，与相应的临界值进行比较。

表 5 - 28　　　　　　　　　　不同教学方式间的 q 法两两比较结果

两两比较组	计算 q 值	$q_{0.05()(\infty,K)}$ 临界值	显著性
A 与 B	0.82	2.77	ns
A 与 C	3.15	3.31	ns
A 与 D	4.79	3.63	*
B 与 C	2.33	2.77	ns

续表

两两比较组	计算 q 值	$q_{0.05()(\infty, k)}$ 临界值	显著性
B 与 D	3.97	3.31	*
C 与 D	1.64	2.77	ns

②正态近似法：首先列出两两比较组表 5 - 29，按照 u 统计量公式

$$u_{ij} = \frac{|\bar{T}_i - \bar{T}_j|}{\sigma_{\bar{T}_i - \bar{T}_j}} = \frac{|\bar{T}_i - \bar{T}_j|}{\sqrt{\dfrac{k(k+1)}{6b}}} \tag{5-27}$$

计算任意两组样本的统计量 u_{ij} 值，然后由正态分布表查出相应的概率 P 值。对检验水准按 $\alpha = 0.05$ 进行调整计算得 $\alpha' = 0.0083$，将两两比较组的 P 值与调整后的检验水准 $\alpha' = 0.0083$ 进行比较。

表 5 - 29　　　　　　　　　不同教学方式间的正态近似法两两比较结果

两两比较组	u_{ij}	P 值	显著性
A 与 B	0.5809	0.5613	ns
A 与 C	2.2270	0.0259	ns
A 与 D	3.3889	0.0007	*
B 与 C	1.6460	0.0998	ns
B 与 D	2.8079	0.0050	*
C 与 D	1.1619	0.2453	ns

由表 5 - 28、表 5 - 29 可以看出，q 检验法和正态近似法进行两两比较的结果相同。教学方式 A 与 D 以及 B 与 D 之间在 $\alpha = 0.05$ 条件下存在显著性差异，而其他组之间不存在显著性差异。

第四节　秩　相　关

秩相关又称等级相关（rank correlation），是用双变量等级数据做直线相关分析的。先将 x、y 变量分别按从小到大的次序编上等级，或者变量本身就是等级资料，然后分析两变量等级间是否相关。此法适用于：①不服从正态分布的数据资料，不宜作一般直线相关分析；②总体分布型未知；③用等级表示的原始数据。

秩相关程度的大小及性质用秩相关系数（rank correlation coefficient）（又称为等级相关系数）表示。秩相关系数的取值在 - 1 和 1 之间。常用的秩相关分析有 Spearman 秩相关和 Kendall 秩相关，前者只适用于分析两个变量间是否在数量上相关，后者适用于分析两个或多个变量间是否在数量上相关。本节介绍 Spearman 秩相关系数计算及显著性检验。

一、秩相关系数的计算

将 n 对观察值 x_i、y_i（$i = 1, 2, \cdots, n$）分别由小到大编秩（等级），如果有相同观测值

则取平均秩次，再求出每对观测值的秩次之差 d_i，然后按照下式计算 Spearman 秩相关系数 r_s：

$$r_s = 1 - \frac{6 \sum d_i^2}{n(n^2 - 1)} \tag{5-28}$$

由式（5-28）可以看出，当每对 x_i、y_i 的秩次完全相等时，$\sum d_i^2 = 0$，$r_s = 1$，即完全正相关；当 x_i、y_i 两变量的秩完全相反时，在 n 一定的条件下，$\sum d_i^2$ 取最大值，此时 $6 \sum d_i^2 = 2n(n^2 - 1)$，故 $r_s = -1$，即完全负相关。$\sum d_i^2$ 在从 0 到最大值的范围内变化，反映了两个变量 x、y 的相关程度。

当 n 个（x_i，y_i）数对中相同秩次较多时，应采用下式计算校正的秩相关系数 r'_s：

$$r'_s = \frac{[(n^3 - n)/6] - (T_x + T_y) - \sum d_i^2}{\sqrt{[(n^3 - n)/6] - 2T_x} \cdot \sqrt{[(n^3 - n)/6] - 2T_y}} \tag{5-29}$$

其中，T_x、T_y 的计算公式相同，均为 $\sum (t_i^3 - t_i)/12$。在计算 T_x 时，t_i 为 x 变量的相同秩次数；在计算 T_y 时，t_i 为 y 变量的相同秩次数。当 $T_x = T_y = 0$ 时，$r'_s = r_s$。

二、 秩相关系数的假设检验

样本秩相关系数 r_s 是总体秩相关系数 ρ_s 的估计值，也存在抽样误差的问题。因此要推断总体中两变量有无秩相关关系，必须经过假设检验。原假设 H_0：x 和 y 的秩不相关；备择假设 H_1：x 和 y 的秩有相关关系。

当 $n \leqslant 50$ 时，计算出 r_s 后，根据 n 查附表 14 得临界 r_s 值：$r_{s0.05(n)}$、$r_{s0.01(n)}$。如果 $|r_s| < r_{s0.05(n)}$，$P > 0.05$，说明两变量 x 和 y 的秩相关不显著；如果 $r_{s0.05(n)} < |r_s| < r_{s0.01(n)}$，$0.01 < P \leqslant 0.05$，说明两变量 x 和 y 的秩相关显著；如果 $|r_s| \geqslant r_{s0.01(n)}$，$P \leqslant 0.01$，说明两变量 x 和 y 的秩相关极显著。

当 $n > 50$ 时，按照下列公式计算检验统计量 u，查 t 临界值表，$df = \infty$，确定 P 值（即 u 检验）。此时也可以根据自由度 $df = n - 2$，查附表 14，由 r 临界值判断 r_s 是否显著或极显著。

$$u = r_s \sqrt{n - 1} \tag{5-30}$$

习　题

1. 简述非参数检验的优缺点。

2. 简述 χ^2 检验的主要步骤，说明 χ^2 检验在什么情况下需要连续性校正。

3. 简述独立性检验与适合性检验的不同。

4. 根据以往的调查，消费者对三种不同果汁的喜好程度分别为 0.45、0.31 和 0.24。现随机选择 120 名消费者评定该三种不同果汁，从中选出各自最喜欢的产品。结果有 65 人选 A，35 人选 B，20 人选 C，试分析消费者对三种产品的满意态度是否有改变。

5. 对三个不同发达城市食品合格情况进行抽检，结果见表，试分析三个不同发达城市食品合格率是否有显著差异。

	A	B	C
抽检样品（数）	120	150	110
合格样品（数）	110	100	90

6. 用两种药物治疗某种疾病，服用 A 药物的 30 人中有 18 人痊愈，服用 B 药物的 30 人中有 25 人痊愈，试分析两种药物的疗效有无显著差异。

7. 简述配对试验资料的符号秩检验步骤。

8. 两个马铃薯品种的淀粉含量各测定 5 次，A 品种为 12.6、12.4、11.9、12.8、13.0，B 品种为 13.4、13.2、12.7、13.6、13.5。试采用秩和检验法检验两个品种的淀粉含量是否有显著差异。

9. 对三种不同饮品的咖啡因含量进行测定，结果见表，试分析 3 种饮品的咖啡因含量是否有显著差异。

饮品	1	2	3	4	5
茶	70	40	30	40	25
咖啡	80	120	160	90	140
可乐	35	55	48	43	42

10. 为比较 6 个配方发酵饮料的香气强度，选择 15 名评价员采用排序法进行评定，结果见表，试分析 6 个配方发酵饮料的香气强度有无显著差异。

评价员	A	B	C	D	E	F
1	6	1	4	2	5	3
2	5	2	4	1	6	3
3	5	1	4	2	6	3
4	4	3	2	1	6	5
5	6	1	3	2	5	4
6	6	1	4	2	5	3
7	6	2	4	3	5	1
8	6	3	2	1	4	5
9	5	4	3	2	1	6
10	6	1	4	2	3	5
11	6	2	3	1	5	4
12	5	1	4	2	6	3
13	6	1	4	2	5	3
14	5	1	4	2	6	3
15	6	1	4	2	5	3

第六章

正交试验设计与分析

CHAPTER
6

正交试验设计（orthogonal experimental design）是利用"正交表"科学安排多个试验因素，并对结果进行统计分析，探究各因素对试验指标的影响，获得最优或较优试验方案的试验设计方法。正交试验设计是最常用的部分实施试验法，它的主要优点是利用较少的、代表性强的组合试验得到最优试验条件，了解因素重要性及交互作用等信息。

第一节　正交表的结构与性质

一、正　交　表

（一）正交表的基本结构

正交表是正交试验设计的基本工具，是根据均衡分布的思想，运用组合数学理论构造的一种数学表格。表 6-1 是一个四因素三水平正交表，是研究中常用的正交表之一。

表 6-1　　　　　　　　　　　　　　　　正交表 $L_9(3^4)$

试验号	列号			
	1	2	3	4
1	1	1	1	1
2	1	2	2	2
3	1	3	3	3
4	2	1	2	3
5	2	2	3	1
6	2	3	1	2
7	3	1	3	2
8	3	2	1	3
9	3	3	2	1

可以看出，表6-1主体部分共有9行4列，内部的数字代表因素的水平，记为 L_9（3^4）。各部分字母和数字的含义如图6-1所示。

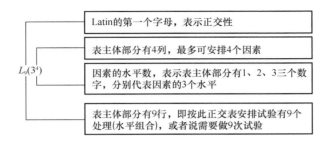

图6-1　L_9（3^4）　正交表中字母及数字的含义

（二）　正交表的类型

1. 等水平正交表

各列水平数相等的正交表称为等水平正交表。一般写为 L_n（m^k），其中 L 表示正交性，k 表示正交表的列数，即最多可安排的因素数，m 表示各因素的水平数，n 表示试验处理总次数。等水平正交表有标准表和非标准表两类，利用标准表可以考察因素间的交互作用，非标准表虽然也是等水平表，但却不能考察因素之间的交互作用。

等水平标准表：二水平表：L_4（2^3），L_8（2^7），L_{16}（2^{15}）

三水平表：L_9（3^4），L_{27}（3^{13}），L_{81}（3^{40}）

四水平表：L_{16}（4^5），L_{64}（4^{21}），…

五水平表：L_{25}（5^6），L_{125}（5^{31}），…

等水平非标准表：二水平表：L_{12}（2^{11}），L_{20}（2^{19}），L_{24}（2^{23}）

其他水平表：L_{18}（3^7），L_{32}（4^9），L_{50}（5^{11}），…

2. 混合水平正交表

各列水平数不完全相等的正交表称为混合水平正交表。一般写为 $L_n(m_1^{k_1} \times m_2^{k_2})$，其中 $m_1^{k_1}$ 表示水平为 m_1 的列有 k_1 列，$m_2^{k_2}$ 表示水平为 m_2 的列有 k_2 列，L 表示正交性，n 为试验处理数。用这种正交表安排试验时，水平数为 m_1 的因素最多可安排 k_1 个，水平数为 m_2 的因素最多可安排 k_2 个。如 L_8（$4^1 \times 2^4$）表中有一列的水平数为4，有4列的水平数为2，也就是说用该表可以安排一个4水平因素和4个2水平因素的试验。

常见的混合水平正交表：L_8（4×2^4），L_{12}（3×2^4），L_{12}（6×2^2），L_{16}（4×2^{12}），L_{16}（$4^2 \times 2^9$），L_{16}（$4^3 \times 2^6$），L_{16}（$4^4 \times 2^3$），L_{18}（2×3^7），L_{18}（6×3^6），L_{20}（5×2^8），L_{20}（10×2^2）等。

混合水平正交表一般不能考察交互作用，但由标准表通过并列法改造而成混合水平正交表，例如 L_8（4×2^4）由 L_8（2^7）并列得到，L_{16}（4×2^{12}），L_{16}（$4^2 \times 2^9$）等由 L_{16}（2^{15}）并列得到，可以考虑交互作用，但必须结合原标准表来设计。

常用的正交表及其交互作用表见附表15。

二、 正交表的性质

（一） 正交性

正交性主要包含两层意思：

①任一列各水平都出现，且出现次数相等。

如 $L_8 (2^7)$ 中有 "1" "2" 两个水平，在每列中它们各出现 4 次；$L_9 (3^4)$ 中有 "1" "2" "3" 三个水平，每列每个水平各出现 3 次。

②任两列之间不同水平的所有可能组合都出现，且出现次数相等。

如表 $L_8 (2^7)$ 中任意两列因素的水平组合包括 (1, 1)、(1, 2)、(2, 1)、(2, 2) 4 组，均出现 2 次。$L_9 (3^4)$ 的任两列之间的所有可能数字对有 (1, 1)、(1, 2)、(1, 3)、(2, 1)、(2, 2)、(2, 3)、(3, 1)、(3, 2)、(3, 3) 共 9 组，都出现，而且各出现 1 次。

由于正交表有以上两点性质，因此用它来安排试验时，各因素各种水平之间的搭配是均衡的。

（二） 代表性

代表性体现在两个方面：

①任一列每个水平都出现，使得部分试验包括了所有因素的所有水平；任两列所有水平组合都出现，能考察两个因素的所有水平信息及两因素间的所有组合信息。正交表虽然安排的只是部分试验，但却能反映全面试验情况，从这一层面上讲，部分试验可以代表全面试验。

②由正交设计的试验点均匀地分布在全面试验点中，具有很强的代表性。因此，部分试验得到的最优条件与全面试验获得的最优条件应有一致的趋势。

（三） 综合可比性

由于正交表的正交性，使得任一因素各水平的试验条件相同，当因素内各水平间进行比较时，可以最大限度地排除其他因素的干扰。综合可比性是正交试验设计进行结果分析的理论基础。

如在考察 A、B、C、D 四个因素三个水平的正交试验中，A 因素 3 个水平 A_1、A_2、A_3 对应的水平组合有：

（1）$A_1 B_1 C_1 D_1$　　　（4）$A_2 B_1 C_2 D_3$　　　（7）$A_3 B_1 C_3 D_2$

（2）$A_1 B_2 C_2 D_2$　　　（5）$A_2 B_2 C_3 D_1$　　　（8）$A_3 B_2 C_1 D_3$

（3）$A_1 B_3 C_3 D_3$　　　（6）$A_2 B_3 C_1 D_2$　　　（9）$A_3 B_3 C_2 D_1$

在这 9 个水平组合中，A 因素各个水平下包括了 B、C、D 因素的 3 个水平，虽然搭配方式不同，但从整体上看 B、C、D 皆处于同等地位，当比较 A 因素不同水平（即 A_1、A_2、A_3）对试验指标的影响情况时，B、C、D 因素对试验指标的影响是相同的，效应相互抵消。所以 A 因素 3 个水平间具有综合可比性。同样，B、C、D 因素的 3 个不同水平间也具有综合可比性。

三、 正交试验设计的优点

下面通过比较三种试验设计方法来说明正交试验设计的优点。

例如一个三因素三水平试验，通常可采用下列方法安排试验。

（一） 单因子轮换法

即每次只改变一个因素的水平，而将其他两个因素的水平固定。例如，在考察 A 因素的影响时，先将 B 因素和 C 因素的水平固定在 B_1 和 C_1 上，只改变 A 因素的水平，这样共进行三次试验，试验点依次为 $A_1B_1C_1$、$A_2B_1C_1$、$A_3B_1C_1$，假设得到的结果是 A 因素在 A_3 时较好；接着考察 B 因素各个水平的影响，先将 A 因素和 C 因素的水平分别固定在 A_3 和 C_1，试验点为 $A_3B_1C_1$、$A_3B_2C_1$、$A_3B_3C_1$，若 B_2 较好；再考察 C 因素的影响，先将 A 因素和 B 因素的水平分别固定在 A_3 和 B_2，只改变 C 因素的水平，同样共需进行三次试验，试验点为 $A_3B_2C_1$、$A_3B_2C_2$、$A_3B_2C_3$，假设得到的结果是 C 因素在 C_3 时较好，则认为最佳试验条件为 $A_3B_2C_3$（结论不一定可靠）。可以看出，单因子轮换法共需要安排 7 个试验，7 个试验点 $A_1B_1C_1$、$A_2B_1C_1$、$A_3B_1C_1$、$A_3B_2C_1$、$A_3B_3C_1$、$A_3B_2C_2$、$A_3B_2C_3$ 在空间的分布如图 6-2 所示。其优点是试验次数少，但缺点是试验点代表性很差，有时采用不同的轮换方法会得出不同的结论；此外，无法考察因素间的交互作用，无法估计试验误差，试验结果的可靠性差。

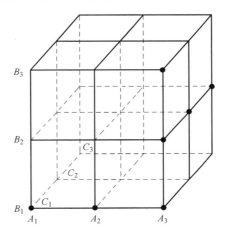

图 6-2　单因子轮换法试验点的分布

（二）全面试验设计

即将所有因子所有水平组合均拿来做试验。对于三因素三水平试验，则全面试验共需进行 $3^3 = 27$ 次试验，27 个试验点在空间的分布如图 6-3 所示。该方法提供的试验信息全面，无一遗漏，但试验次数太多。

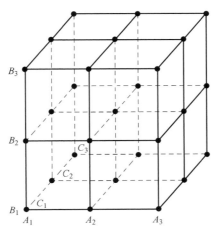

图 6-3　全面试验设计时试验点的分布

（三） 正交试验设计

克服了单因子轮换法、全面试验设计方法的缺点，从全面试验设计组合中选取有代表性的试验点来进行试验（图6-4）。在九个平面中，每个平面上有三个点，每个平面的每行每列都有一个且只有一个点，共九个点。很显然，正交试验的试验点分布是很均匀的，试验次数也只有全面试验的三分之一。由于试验点的均衡分布使得正交试验在一定程度上能够反映出全面试验的基本情况。

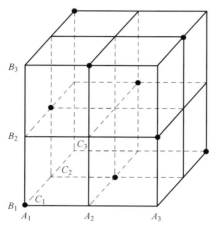

图6-4　正交试验设计的试验点分布

正交试验设计是根据试验的均衡性原理安排试验的。在多因素试验时，每两个因素的水平组合无遗漏，且试验中出现的次数相同。正交试验以任意两因素水平的均衡组合，代替了全面试验时所有因素水平的均衡组合，既保证了试验的均衡性，又减少了试验次数。从正交试验的特点可见，正交试验所用的组合处理不是随意安排的，而是均衡地分散于全部水平的组合之中，从部分试验的组合处理中得到的较优组合处理，虽然有时不是全部组合中的最优者，但可以肯定地说，这些组合离最优组合已相差无几。正交试验组合均衡地分散在整个组合中的，既具有均衡分散性，也具有较强代表性。

正交试验设计的均衡性特点，使其能够全面掌握并区分各因素对试验指标的效应，能在因素的水平变动中分析比较试验因素的主次作用，并展望较优组合处理，分析因素之间的交互作用。

第二节　正交试验设计的基本程序

正交试验设计是最简单最常用的一种多因素试验设计方法，包括试验方案设计和结果分析两部分，如图6-5所示。

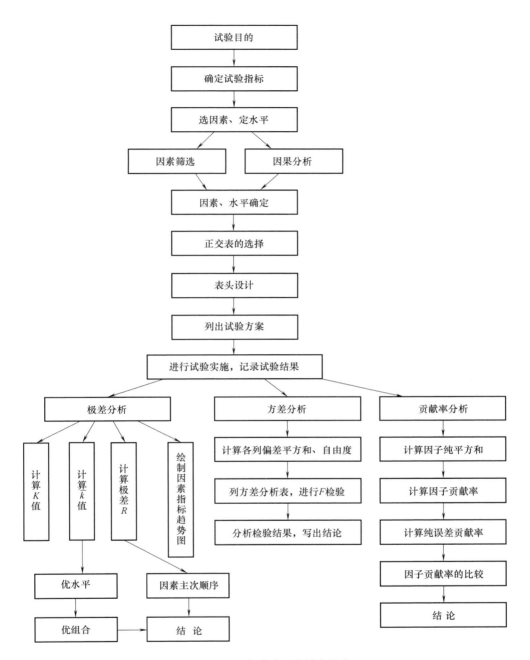

图6-5　正交试验设计基本程序

一、 试验方案设计

正交试验设计需根据试验目的确定试验指标，选择影响试验指标的因素，确定其水平，然后选择相应水平正交表，设计相应试验方案。下面以三因素三水平试验为例，介绍正交试验方案设计的基本程序。

（一） 确定试验指标

试验指标根据试验目的确定。试验设计前，必须明确研究的试验目的，根据所要解决的问题，确定试验指标。一项试验至少应有一个试验指标，有时也可有多个试验指标。有些试验指标为定量指标，如提取率、产量、硬度等，而有些是定性指标，如口感、风味等。对于非数量化的指标，可采用必要手段如打分法、模糊数学处理法或相关设备分析等进行数量化转化，使其成为数量化指标。

（二） 选择试验因素，确定试验水平，列因素水平表

根据专业知识，以往的研究结论和经验，尽可能全面地考虑到影响试验指标的诸因素，然后从中选择出一些对试验指标影响大的主要因素作为试验因素。一般把对试验指标影响大的因素、尚未完全掌握的因素和未被研究过的因素优先选为试验因素。试验因素选定后，根据所掌握的信息资料和相关知识（如单因素试验结果），确定每个因素的水平，一般以 2 ~ 4 个水平为宜。因素水平设置一般应根据专业知识，尽可能把水平值取在最佳区域或接近最佳区域，列出试验因素水平表。

三因素三水平正交试验因素水平如表 6 - 2 所示。

表 6 - 2 试验因素水平表

水平	试验因素		
	A	B	C
1	A_1	B_1	C_1
2	A_2	B_2	C_2
3	A_3	B_3	C_3

（三） 选择合适的正交表

通常是根据试验因素、水平以及需要考察的交互作用来选择合适的正交表。选择正交表应注意：

（1） 等水平试验　所选正交表的水平数与试验因素的水平数应一致，正交表的列数应大于或等于所要考察的因素数及交互作用所占的列数。

（2） 不等水平试验　所选用混合水平正交表的某一水平的列数应大于或等于相应水平的因素个数。

（3） 选择正交表的原则　在安排好试验因素和考察交互作用的前提下，尽量选用试验次数少的正交表，以减少试验次数。另外，为了考察试验误差，选择的正交表最好空出一列，否则要做重复试验。

若用 $L_n(m^k)$ 标记正交表，那么选择适宜的正交表即确定 n、m 和 k 值，可采用下列方法选择：

① 按水平数 m 分析，一般正交表的水平数与试验因素的水平数一致；

② 按列数 k 分析，正交表的列数 k = 因素所占列数 + 交互作用所占列数 + 空列（空列有时可以不要）；

③ 按自由度 df 分析，试验总自由度 $df_T = n - 1$ = 因素自由度 $df_{因素}$ + 交互作用自由度 $df_{交互}$ + 空列自由度 $df_{空列}$。

譬如对于三因素三水平试验，如果忽略因素之间的交互作用，由于因素各有 3 个水平，那么选择的正交表为三水平正交表，如 $L_9(3^4)$ 和 $L_{27}(3^{13})$ 等；由所占列数分析，各个因素均占一列，那么共需 3 列，因此所选正交表的列数 $k = 3 +$ 空列。查附表 15，可以看出，$m = 3$，$k = 3$ 或 4 的最小正交表为 $L_9(3^4)$。因此，选择 $L_9(3^4)$ 正交表比较适宜。

由自由度推算，$df_{因素} = df_A + df_B + df_C = 2 + 2 + 2 = 6$，$df_{空列} \geq 1$（如果结果分析时不考虑误差影响，$df_{空列}$ 也可以取 0），$df_T = n - 1 = df_{因素} + df_{空列}$，所以，$n = df_{因素} + df_{空列} + 1 \geq 6 + 1 + 1 = 8$。查附表 15，$m = 3$，$n \geq 8$ 的最小正交表也是 $L_9(3^4)$。

（四） 表头设计

表头设计就是将试验因素安排到所选正交表的各列中去。若试验因素间的交互作用可以忽略时，各试验因素可任意安排到正交表的各列。如果考虑到交互作用对试验指标的影响，各因素不能随意安排，应按正交表对应的交互作用表进行安排。有关交互作用表的使用后续会详细介绍。

（五） 编制试验方案，实施试验

在表头设计的基础上，将所选正交表各列中的水平数字换成对应因素下的具体水平值，便形成了试验方案。

试验方案设计好后，必须严格按照各试验号的组合处理进行试验。需注意的是，各试验号的排列顺序采用随机化排列，同时注意重复试验，以便减少和估计试验误差。试验结束后，将试验结果直接填入试验指标栏内。

二、 试验结果分析

正交试验结果分析有极差分析法、方差分析法、贡献率分析法等，常用的是极差分析法和方差分析法。通过对试验结果的分析，可以清楚各因素及交互作用的主次影响顺序，即哪个是主要因素，哪个是次要因素；可以判断各因素对试验指标影响的显著程度；找出各因素下的最优水平和最优组合；分析各因素与试验指标间的关系，即当因素水平变化时，试验指标是如何变化的；了解各因素之间的交互作用情况；估计试验误差的大小。

（一） 极差分析

极差分析又称直观分析，简称为 R 法，包括计算和判断两个步骤，见图 6 - 6。

图中，K_{ij} 是第 j 列因素第 i 水平所对应的试验结果之和；k_{ij} 是第 j 列因素第 i 水平所对应的试验结果平均值，即 K_{ij} 除以水平重复数，即 $k_{ij} = \frac{1}{s} K_{ij}$，其中 s 为第 j 列第 i 水平出现的次数；根据正交表的综合可比性，由 k_{ij} 大小可以判断第 j 列因素的优水平和优组合。

R_j 是第 j 列因素的极差，即第 j 列因素下各水平的最大平均值与最小平均值的差值。反映了第 j 列因素水平波动时，试验指标的变动幅度。R_j 越大，说明该因素对试验指标的影响越大。根据 R_j 大小，可以判断因素的主次顺序。

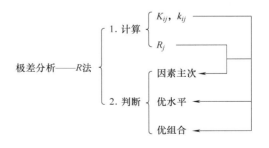

图 6 - 6 极差分析示意图

$$R_j = \max(k_{1j}, k_{2j}, k_{3j}, \cdots, k_{ij}) - \min(k_{1j}, k_{2j}, k_{3j}, \cdots, k_{ij}) \tag{6-1}$$

（二） 方差分析

正交试验结果的方差分析思想、过程与第三章介绍的单因素试验资料、双因素试验资料的方差分析相同，见图 6 – 7。

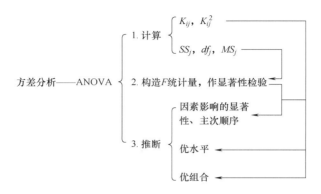

图 6 – 7　方差分析示意图

图中，SS_j、df_j、MS_j 分别代表第 j 列因素的平方和、自由度、均方（方差）。

（三） 贡献率分析法

当试验结果不服从正态分布时，方差分析的前提条件不满足，此时，也可采用贡献率分析法来分析因子对指标的影响大小，也就是通过比较各因子的"贡献率"来衡量因子的作用。

由于 $SS_{因子}$ 中除了因子的效应外，还包含误差的影响，从而称 $SS_{因子} - df_{因子} \times MS_e$ 为因子的纯平方和，将因子纯平方和与总平方和 SS_T 相比称为因子的贡献率。譬如对因子 A 来讲，记其贡献率为 ρ_A，那么

$$\rho_A = \frac{SS_{因子} - df_{因子} \times MS_e}{SS_T} \qquad (6-2)$$

类似可以计算所有因子的贡献率 ρ_B、ρ_C、$\cdots$。

纯误差平方和为　　$SS_e + df_A \times MS_e + df_B \times MS_e + df_C \times MS_e + \cdots = df_T \times MS_e$ 　　$(6-3)$

所以误差贡献率为　　　　　　　　$\rho_e = df_T \times MS_e / SS_T$

表 6 –3　　　　　　　　　　　　　　贡献率分析表

变异来源	平方和 SS	自由度 df	纯平方和	贡献率 ρ /%
因子 A	618	2	600	60.97
因子 B	114	2	96	9.76
因子 C	234	2	216	21.95
误差 e	18	2	72	7.32
总和	984	8	984	

可以看出，因子 A 的影响最重要，它的水平变化引起数据波动在总平方和中占 60.97%，其次是因子 C，而因子 B 的水平变化引起的数据波动与误差引起的数据波动的贡献率差不多，所以，因子 B 可以认为不重要。

第三节　正交试验结果的极差分析

极差分析，是正交试验设计中直观的、常用的结果分析方法。它以计算简便，简单明了，通俗易懂等优点而得到普遍使用。

一、 单指标正交试验设计及其结果的极差分析

[例 6-1]　　超声波辅助提取法具有产品收率高、生产周期短、不用加热、有效成分不被破坏等优点，应用前景十分广阔。本研究拟采用正交试验设计优化亚麻籽油超声波辅助提取的工艺条件。

（一） 试验方案设计

1. 选因素、定水平，列因素水平表

在单因素试验的基础上，选取对油脂提取率有影响的料液比、提取温度、超声波功率、提取时间为试验因素，以油脂提取率为试验指标，试验因素与水平见表 6-4。

表 6-4　　　　　　　　　　　　　　试验因素与水平

水平	试验因素			
	A 料液比/（m/V）	B 提取温度/℃	C 超声波功率/W	D 提取时间/min
1	1:4	40	240	20
2	1:6	50	360	30
3	1:8	60	480	40

2. 选择正交表

本例是一个四因素三水平试验，不考虑因素之间的交互作用，所以选用三水平正交表，且该正交表至少要有 4 列，那么正交表 $L_9(3^4)$ 是最合适的。若按自由度分析，试验总自由度 $n-1 \geqslant 4 \times (3-1)$，所以 $n \geqslant 9$，可选择的最小 3 水平正交表也是 $L_9(3^4)$。

3. 表头设计

在不考虑因素之间的交互作用时，只需将各因素分别填写在所选正交表的列中，一个因素占用一列，不同因素占用不同的列，就得到表头设计（表 6-5）。未放置因素或交互作用的列称为空列，空列在正交试验设计结果的方差分析中当作误差列，有着重要作用，一般要求至少有一个空列。若没有空列可留，要考虑重复试验或重复取样测定来设计试验。

表 6-5　　　　　　　　　　　　　　　表头设计

因素	A	B	C	D
列号	1	2	3	4

4. 编制试验方案

完成表头设计后，将正交表主体部分各列的数字"1""2""3"换成因素的具体水平值即

形成试验方案，正交表的每一行就是一个试验组合方案。因此，按 $L_9(3^4)$ 正交表中组合编制试验方案，共有 9 个试验组合，即需要做 9 次试验，如表 6 - 6 所示。

表 6 - 6　　　　　　　超声波辅助提取亚麻籽油工艺条件优化正交试验方案

试验号	A 料液比/（m/V）	B 提取温度/℃	C 超声波功率/W	D 提取时间/min
1	1 (1:4)	1 (40)	1 (240)	1 (20)
2	1	2 (50)	2 (360)	2 (30)
3	1	3 (60)	3 (480)	3 (40)
4	2 (1:6)	1	2	3
5	2	2	3	1
6	2	3	1	2
7	3 (1:8)	1	3	2
8	3	2	1	3
9	3	3	2	1

5. 按设计方案实施试验

按正交表的各试验号中规定的水平组合进行试验，试验顺序采用随机化排列，将试验结果填入表中（表 6 - 7）。

（二）极差分析

1. 计算 K_{ij}、k_{ij} 和 R_j

对于 ［例 6 - 1］ 试验结果（表 6 - 7），有

$$k_{11} = \frac{1}{3} K_{11} = \frac{1}{3}（39.10 + 29.34 + 32.24）= 33.56$$

$$k_{21} = \frac{1}{3} K_{21} = \frac{1}{3}（35.96 + 31.26 + 31.12）= 32.78$$

$$k_{31} = \frac{1}{3} K_{31} = \frac{1}{3}（35.81 + 36.25 + 36.14）= 36.07$$

所以，

$$R_1 = \max\{k_{11},\ k_{21},\ k_{31}\} - \min\{k_{11},\ k_{21},\ k_{31}\}$$
$$= 36.07 - 32.78 = 3.29$$

同理，可计算其他因素的 K_{ij}、k_{ij}、R_j，计算结果见表 6 - 7。通常如果第 j 列放置了 A 因素，为了方便，有时也把 K_{ij}、k_{ij} 分别写成 K_{iA}、k_{iA}。

表 6 - 7　　　　　超声波辅助提取亚麻籽油工艺条件优化正交试验结果的极差分析

试验号	A 料液比/（m/V）	B 提取温度/℃	C 超声波功率/W	D 提取时间/min	油脂提取率/%
1	1 (1:4)	1 (40)	1 (240)	1 (20)	39.10
2	1	2 (50)	2 (360)	2 (30)	29.34
3	1	3 (60)	3 (480)	3 (40)	32.24
4	2 (1:6)	1	2	3	35.96

续表

试验号	A 料液比/（m/V）	B 提取温度/℃	C 超声波功率/W	D 提取时间/min	油脂提取率/%
5	2	2	3	1	31.26
6	2	3	1	2	31.12
7	3（1:8）	1	3	2	35.81
8	3	2	1	3	36.25
9	3	3	2	1	36.14
K_{1j}	100.68	110.87	106.47	106.50	
K_{2j}	98.34	96.85	101.44	96.27	
K_{3j}	108.20	99.50	99.31	104.45	
k_{1j}	33.56	36.96	35.49	35.50	
k_{2j}	32.78	32.28	33.81	32.09	
k_{3j}	36.07	33.17	33.10	34.82	
R_j	3.29	4.68	2.39	3.41	
因素主次顺序			$B>D>A>C$		
优水平	A_3	B_1	C_1	D_1	
优组合			$A_3B_1C_1D_1$		

2. 确定因素主次顺序

极差 R_j 反映了第 j 列因素水平波动时，试验指标的变动幅度。一般来说，R_j 越大，说明该因素对试验指标的影响也越大，为主要因素，排在前面，反之排在后面。因此，根据 R_j 的大小，可以判断因素对试验结果的影响主次顺序。

对于 ［例 6-1］，$R_2>R_4>R_1>R_3$，因此，各因素对试验结果的影响主次顺序为 $B>D>A>C$。

需要说明的是，极差分析时，应计算空列的 R 值，以确定误差的影响，判断各因素影响的可靠性。各因素的效应是否真正对试验有影响，需将因素 R 值与空列 R 值相比较。因为在有空列的正交试验中，空列的 R 值 R_e 代表了试验误差（当然其中包括一些交互作用的影响）对试验指标的影响情况，所以各因素指标的 R 值只有大于空列 R_e，才能表示其因素真实效应的存在。如果空列的极差值 R_e 大于所有因素的极差 R 值，则说明因素之间可能存在着不可忽略的交互作用，或者存在对试验结果有重要影响的其他因素，或者试验误差较大，或者试验因素、水平选择不理想，应作进一步讨论。

3. 优化方案的确定

根据正交设计的特性，对 A_1、A_2、A_3 三个水平来说，三组试验的试验条件是完全一样的（综合可比性），可进行直接比较。如果因素 A 对试验指标无影响时，那么 k_{A_1}、k_{A_2}、k_{A_3} 应该相等，但由上面的计算可见，k_{A_1}、k_{A_2}、k_{A_3} 实际上不相等。说明，A 因素的水平变动对试验结果有影响。因此，根据 k_{A_1}、k_{A_2}、k_{A_3} 的大小可以判断 A_1、A_2、A_3 对试验指标的影响大小。本研究的试验目的是提高亚麻籽的油脂提取率，其指标要越大越好，所以应该挑选每个因素的 k_{1j}、k_{2j}、k_{3j} 中最大的那个水平，由于 $k_{3A}>k_{1A}>k_{2A}$，所以 A_3 为 A 因素的优水平。同理，由于 $k_{1B}>k_{3B}>k_{2B}$，$k_{1C}>k_{2C}>k_{3C}$，$k_{1D}>k_{3D}>k_{2D}$，所以 B、C、D 三个因素对应的优水平分别为 B_1、C_1、D_1，本研究的优化组合为 $A_3B_1C_1D_1$。

需要注意的是，因素最优水平的挑选与试验指标性质有关，若试验指标要越大越好，则应该选取使指标值大的那个水平，即各列 k_{1j}、k_{2j}、k_{3j}（或 K_{1j}、K_{2j}、K_{3j}）中最大的那个水平；反之，若试验指标要越小越好，则应取使指标值最小的那个水平。

由以上分析可以得出，在超声波辅助法提取亚麻籽油的过程中，各因素对提取率影响的主次顺序为 $B > D > A > C$，即提取温度对提油率的影响最大，料液比、提取时间的影响次之，超声波功率的影响最小。优化方案为 $A_3B_1C_1D_1$，即料液比为 1:8（m/V）、提取温度为 40℃、超声波功率为 240W、提取时间为 20min，油脂提取率最高。

最后要指出的是，在实际科研和生产中，要灵活确定优化方案。对于主要的影响因素，一定要选优水平，而对于次要因素，则应权衡利弊，综合考虑（如生产率、成本、劳动条件等）来选取优水平。另外，极差分析所找到的优化方案并不一定在所实施的正交试验方案中。为了考察优化方案的再现性，应追加验证性试验，从而进一步判断所找出的生产工艺条件是否最优。对于［例 6-1］试验组合分析，发现理论分析得到的试验方案 $A_3B_1C_1D_1$ 没有出现在正交试验的 9 次组合中，故需进行对比验证试验。即按照优化方案 $A_3B_1C_1D_1$ 再试验一次，与正交表中的 9 个试验组合油脂提取率最高的第 1 号试验 $A_1B_1C_1D_1$ 作对比，看是否会得出比第 1 号试验更好的结果。若方案 $A_3B_1C_1D_1$ 比第 1 号试验结果更高，通常就认定所确定的试验方案 $A_3B_1C_1D_1$ 为真正的最优方案，否则就取第 1 号试验组合为最佳方案。若出现后一种情况，一般来说可能是没有考虑交互作用或者试验误差较大所引起的，需要做进一步研究。经对优化方案 $A_3B_1C_1D_1$ 进行验证试验，油脂提取率为 39.57%，高于以上 9 个组合。

以上为正交试验极差分析的基本程序与方法。极差分析过程中的计算也可在表中直接完成，如表 6-7 所示。

二、 多指标正交试验设计及其结果的极差分析

在科学研究与实际生产中，有时需要考察的指标往往不止一个，有时有两个、三个，甚至更多，这就是多指标正交试验。多指标正交试验结果分析相对来说复杂一些，但与单指标试验结果分析无本质差别。在多指标试验设计中，各指标的最优方案之间可能存在一定的矛盾，如何兼顾各指标，找出使每个指标都尽可能好的生产方案，这是比较困难的。下面就介绍两种解决多指标正交试验结果的分析方法：综合平衡法与综合评分法。

（一） 综合平衡法

所谓综合平衡法，就是先分别考察每个因素对各指标的影响，得到每个指标的影响因素主次顺序和最佳水平组合，然后根据相关的专业知识、试验目的和试图解决的实际问题综合权衡分析比较，最终确定出优化水平，得到优化方案。

［例 6-2］ 为了提高可食性包装膜（以大豆分离蛋白和谷朊粉为基本原料）的质量，拟通过正交试验来寻找优化方案。

1. 试验方案设计

（1）根据试验目的，确定试验指标 针对可食性包装膜的质量要求，选定抗拉强度 TS、断裂伸长率 E 和水蒸气透过系数 PV 为试验指标，前两个指标要求越大越好，第三个指标要求越小越好。

（2）选因素、定水平，列因素水平表 根据以往的研究经验，影响可食性包装膜质量的

因素有 4 个，即甘油/溶剂（A）、pH（B）、乙醇/水（C）、加热温度（D），每个因素各有 3 个水平，因素水平见表 6-8。

（3）选择合适正交表，完成表头设计　本例为四因素三水平试验，不需考虑交互作用，所以选择正交表 $L_9(3^4)$ 来安排试验是可行的，每个因素占用 1 列。

（4）编制试验方案，实施试验，记录试验结果。

表 6-8　　　　　　　　　　　　因素水平表

水平	试验因素			
	A 甘油/溶剂/（V/V）	B pH	C 乙醇/水/（V/V）	D 加热温度/℃
1	7:500	9	3:7	60
2	8:500	10	4:6	70
3	9:500	11	5:5	80

根据正交表试验组合进行试验，记录每个组合试验的各个试验指标值。试验方案及结果见表 6-9。

表 6-9　　　　　　　　　　　　试验方案及结果分析

	试验号	试验因素				试验结果		
		A 甘油/溶剂/（V/V）	B pH	C 乙醇/水/（V/V）	D 加热温度/℃	抗拉强度 TS	断裂伸长率 E/%	水蒸气透过系数 PV
	1	1（7:500）	1（9）	1（3:7）	1（60）	1.09	70.6	7.15
	2	1	2（10）	2（4:6）	2（70）	2.19	81.77	6.03
	3	1	3（11）	3（5:5）	3（80）	2.35	67.63	5.84
	4	2（8:500）	1	2	3	1.97	128.57	6.75
	5	2	2	3	1	1.53	106.67	6.01
	6	2	3	1	2	2.47	129.8	5.99
	7	3（9:500）	1	3	2	0.76	125.63	7.33
	8	3	2	1	3	1.64	154.47	5.33
	9	3	3	2	1	1.39	148.83	6.19
TS	K_{1j}	5.63	3.82	5.2	4.01			
	K_{2j}	5.97	5.36	5.55	5.42			
	K_{3j}	3.79	6.21	4.64	5.96			
	k_{1j}	1.88	1.27	1.73	1.34			
	k_{2j}	1.99	1.79	1.85	1.81			
	k_{3j}	1.26	2.07	1.55	1.99			
	R_j	0.73	0.8	0.3	0.65			

续表

试验号		试验因素				试验结果		
		A 甘油/溶剂 (V/V)	B pH	C 乙醇/水 (V/V)	D 加热温度 /℃	抗拉强度 TS	断裂伸长率 E/%	水蒸气透过系数 PV
E	K_{1j}	220	324.8	354.87	326.1			
	K_{2j}	365.04	342.91	359.17	337.2			
	K_{3j}	428.93	346.26	299.93	350.67			
	k_{1j}	73.33	108.27	118.29	108.7			
	k_{2j}	121.68	114.3	119.72	112.4			
	k_{3j}	142.98	115.42	99.98	116.89			
	R_j	69.65	7.15	19.74	8.19			
PV	K_{1j}	19.02	21.23	18.47	19.35			
	K_{2j}	18.75	17.37	18.97	19.35			
	K_{3j}	18.85	18.02	19.18	17.92			
	k_{1j}	6.34	7.08	6.16	6.45			
	k_{2j}	6.25	5.79	6.32	6.45			
	k_{3j}	6.28	6.01	6.39	5.97			
	R_j	0.09	1.29	0.23	0.48			

2. 结果分析

根据表6-9各指标的 k_1、k_2、k_3 确定出试验因素对各指标影响的主次顺序和各指标的最优水平组合分别为

抗拉强度 TS：$B > A > D > C$，$B_3A_2D_3C_2$

断裂伸长率 E：$A > C > D > B$，$A_3C_2D_3B_3$

水蒸气透过系数 PV：$B > D > C > A$，$B_2D_3C_1A_2$

对于因素 A，其对断裂伸长率 E 影响大小排第一位，取 A_3 为好；对抗拉强度 TS 影响大小排第二位，取 A_2 为好；对水蒸气透过系数 PV 影响大小排第四位，为次要因素。A 取 A_2 时，TS 比取 A_3 时增加了 57.93%，而取 A_3 时，E 只比取 A_2 时增加了 17.50%，且在 PV 指标上也是取 A_2 为好，故综合考虑 A 应取 A_2。

对于因素 B，其对 TS 影响大小排第一位，取 B_3 为好；对 PV 影响大小也排第一位，取 B_2 为好；对 E 影响大小排第四位，为次要因素取 B_3 为好。综合考虑 B 应取 B_3。

对于因素 C，其对 E 影响大小排第二位，取 C_2 为好；对 PV 影响大小排第三位，取 C_1 为好；对 TS 影响大小排第四位，为次要因素，取 C_1 为好。但在实际操作过程中，乙醇/水 = 3:7 时膜液极易起泡沫，导致成膜后膜的表面有气泡，严重影响膜的表观特性，故综合考虑 C 应取 C_2。

对于因素 D，其对 PV 影响大小排第二位，此时取 D_3 为好；对 TS 影响大小排第三位，此

时取 D_3 为好；对 E 影响大小排第三位，此时取 D_3 为好。故 D 应取 D_3。

通过各因素对各指标影响的综合分析，得出较好的试验方案为 $A_2B_3C_2D_3$，即甘油/溶剂为 8:500，pH 为 11，乙醇/水为 4:6，加热搅拌温度为 80℃时，由大豆分离蛋白和谷朊粉为基本原料所加工的可食性包装膜有好的质量。

对于多指标问题，综合平衡法的难点在于综合处理，综合处理涉及的专业知识面较广，需要考虑的问题也比较多。因此，综合处理时比较麻烦，有时较难得到指标兼顾的好条件，这也是综合平衡法的缺点。

（二） 综合评分法

1. 指标叠加法

所谓指标叠加法，是指将多指标按照某种计算公式进行叠加，将多指标转化为一个综合指标。指标叠加时，首先应根据相关的专业知识确定各指标的性质及其重要程度，确定所采用叠加公式中的系数。

如综合指标 y 为 $y = a_1y_1 + a_2y_2 + \cdots + a_ky_k$，其中 y_1，y_2，$\cdots$，y_k 为各单项指标；a_1，a_2，$\cdots$，a_k 为各单项指标前的系数，其大小正负要视指标的性质和重要程度而定。

[例 6-3] 某肉类加工企业排放的生产废水中含有一定含量的污染物和悬浮物，拟采用沉淀法进行物化处理。试验目的在于选择出合理的凝聚剂投加量、凝聚剂种类以及絮凝时间，使排水水质达到最佳。根据要求评价排水水质应考察两个指标：排水中有机物含量，以 COD（mg/L）表示；排水中悬浮物含量，以 SS（mg/L）表示。

凝聚剂投加量、凝聚剂种类以及絮凝时间为试验因素，因素水平见表 6-10，试验方案及结果见表 6-11。

表 6-10　　　　　　　　　　　因素水平表

水平	试验因素		
	A 凝聚剂投加量/（mg/L）	B 凝聚剂种类	C 絮凝时间/min
1	10	硫酸铝	10
2	40	三氯化铁	20
3	70	聚合硫酸铝	30

表 6-11　　　　　　　　　　　试验方案及结果

试验号	试验因素				试验指标		综合指标 $y = 1.5COD + SS$
	A 凝聚剂投加量/（mg/L）	B 凝聚剂种类	C 絮凝时间/min	空白	出水 COD/（mg/L）	出水 SS/（mg/L）	
1	1（10）	1（硫酸铝）	1（10）	1	30.4	8.2	53.80
2	1	2（三氯化铁）	2（20）	2	28.5	10.2	52.95
3	1	3（聚合硫酸铝）	3（30）	3	14.6	4.2	26.10

续表

| 试验号 | 试验因素 | | | | 试验指标 | | 综合指标 |
	A 凝聚剂投加量 / (mg/L)	B 凝聚剂种类	C 絮凝时间 /min	空白	出水 COD / (mg/L)	出水 SS / (mg/L)	$y = 1.5COD + SS$
4	2（40）	1	2	3	19.5	5.5	34.75
5	2	2	3	1	18.4	4.5	32.10
6	2	3	1	2	15.6	3.8	27.20
7	3（70）	1	3	2	20.5	5.6	36.35
8	3	2	1	3	20.6	4.8	35.70
9	3	3	2	1	13.0	3.5	23.00
K_{1j}	132.85	124.90	116.70	108.90			
K_{2j}	94.05	120.75	110.70	116.50			
K_{3j}	95.05	76.30	94.55	96.55			
k_{1j}	44.28	41.63	38.90	36.30			
k_{2j}	31.35	40.25	36.90	38.83			
k_{3j}	31.68	25.43	31.52	32.18			
R_j	12.93	16.2	7.38	6.65			
因素							
主次顺序		$B > A > C$					
优水平	A_2	B_3	C_3				
优组合		$A_2 B_3 C_3$					

由于试验结果中排水的 SS 普遍较低，远低于 GB 13457—1992《肉类加工工业水污染物排放标准》，而排水中 COD 浓度较高，因而可认为 COD 是一个比较重要的指标。定义综合指标 $y = 1.5COD + SS$，则计算结果如表 6 – 11 所示。

由表 6 – 11 综合指标结果分析可知，因素影响的主次顺序为 $B > A > C$，即凝聚剂种类的影响最大，为主要因素，凝聚剂投加量影响次之，为次要因素，絮凝时间影响最小，为不重要因素。因素优化组合为 $A_2 B_3 C_3$，即采用 40mg/L 投加量的聚合硫酸铝，絮凝处理 30min，可使排放的废水水质得到明显提高。

2. 排队评分法

排队评分法与指标叠加法并无本质上的区别，其计算过程是首先必须定出一个综合指标 $y = a_1 y_1 + a_2 y_2 + \cdots + a_k y_k$，然后将全部试验结果按照综合指标的优劣进行排队，最好的定为 100 分，依次逐个减小，这种方法相对来说比较粗糙，但计算简便，在试验结果很大或者很小时，采用该方法可使计算简化。

对〔例 6 – 3〕以 $y = COD + SS$ 为评价指标，将 y 值最小者（16.5）定为 100 分，最大者

（38.7）定为 80 分，y 值每增加 11.1，综合评分减小 10 分。排队评分计算结果如表 6 – 12 所示。

表 6 – 12　　　　　　　　　　　　　　　　　排队评分法计算结果

| 试验号 | 试验因素 | | | 空白 | 试验指标 | | 评价指标 | 综合评分 |
	A 凝聚剂投加量 /（mg/L）	B 凝聚剂种类	C 絮凝时间 /min		出水 COD /（mg/L）	出水 SS /（mg/L）	$y = \mathrm{COD} + \mathrm{SS}$	
1	1（10）	1（硫酸铝）	1（10）	1	30.4	8.2	38.6	80
2	1	2（三氯化铁）	2（20）	2	28.5	10.2	38.7	80
3	1	3（聚合硫酸铝）	3（30）	3	14.6	4.2	18.8	98
4	2（40）	1	2	3	19.5	5.5	25.0	92
5	2	2	3	1	18.4	4.5	22.9	94
6	2	3	1	2	15.6	3.8	19.4	97
7	3（70）	1	3	2	20.5	5.6	26.1	91
8	3	2	1	3	20.6	4.8	25.4	92
9	3	3	2	1	13.0	3.5	16.5	100
K_{1j}	258.0	263.0	269.0	274.0				
K_{2j}	283.0	266.0	272.0	268.0		$T = 824$		
K_{3j}	283.0	295.0	283.0	282.0				
k_{1j}	86.0	87.7	89.7	91.3				
k_{2j}	94.3	88.7	90.7	89.3				
k_{3j}	94.3	98.3	94.3	94.0				
R_j	8.3	10.7	4.7	4.7				
主次顺序		$B > A > C$						
优水平	A_2 或 A_3	B_3	C_3					
优组合		A_2（A_3）$B_3 C_3$						

由表 6 – 12 的综合评分结果分析可知，因素影响的主次顺序亦为 $B > A > C$，即凝聚剂种类 > 凝聚剂投加量 > 絮凝时间。但最佳水平组合是凝聚剂种类为聚合硫酸铝，凝聚剂投加量为 40mg/L（或者 70mg/L），絮凝时间为 30min。可以看出凝聚剂投加量出现了两个数值，显然是因为表 6 – 12 中综合评分取正数、计算较为粗糙所致。

总的来说，综合平衡法因为对每一个指标都单独进行了分析，可以从试验结果中得到尽可能多的信息，这对于认识和解决问题是有帮助的，但计算分析的工作量较大，有时情况复杂不易得到平衡。综合评分法是将多指标的问题通过加权计算总分的方法转化为一个指标的问题，这样对结果的分析和计算都比较方便、简单。但是，如何合理地给予评分，也就是如何合理地确定各个指标的权重，是最关键的问题，也是最困难的问题。这一点只能依据实际情况、经验来解决，单纯从数学上是无法解决的。

三、 有交互作用正交试验设计及其结果的极差分析

在多因素试验中，各因素不仅各自独立地对试验指标有影响，而且各因素还经常联合起来起作用，这种因素间的联合搭配对试验指标产生的影响作用称为交互作用。一般情况下，当交互作用的影响很小时，我们就认为因素间不存在交互作用。对于因素间存在交互作用的正交试验，表头设计需要借助两列间的交互作用表来完成。

在试验设计中，表示 A、B 间的交互作用时，记作 $A \times B$，称为 1 级交互作用；表示因素 A、B、C 三者之间的交互作用时，记作 $A \times B \times C$，称为 2 级交互作用；依此类推，有 3 级、4 级交互作用等。通常，2 级和 2 级以上的交互作用统称为高级交互作用。

（一） 交互作用的处理原则

在试验设计中，交互作用一律当作因素看待。作为因素，各级交互作用都应安排在正交表的相应列上，以便计算和分析各个交互作用对试验指标的影响情况。但交互作用又不同于试验因素，主要表现在：①交互作用列不影响试验方案及其实施；②一个交互作用并不一定只占正交表的一列，而是占有 $(m-1)^p$ 列。交互作用所占正交表的列数与因素的水平 m 和交互作用级数 p 有关。显然，m 和 p 越大，交互作用所占列数就越多，会降低正交表列的使用效能。所以，在多因素正交试验设计中，有选择地、合理安排考察某些一级交互作用，忽略高级交互作用是必要的；③有交互作用的试验进行表头设计时，各因素及其交互作用必须严格按交互作用表来进行安排。

有交互作用的正交试验进行表头设计时，为了避免混杂，对于那些主要因素、重点要考察的因素、涉及交互作用较多的因素，应该优先安排；次要因素、不涉及交互作用的因素最后安排。所谓混杂，就是指在正交表的同列中，安排了两个或两个以上的因素或交互作用，这样就无法区分同一列中这些不同因素或交互作用对试验指标的影响效果。

表 6-13 所示为正交表 $L_8(2^7)$ 所对应的交互作用表，由表 6-13 可以查出任何两列的交互作用在正交表中所占列。该表中带括弧数字指因素在正交表中所占列的编号，其他主体部分数字代表因素交互作用列在正交表中的列编号。譬如要查第 1 列与第 5 列的交互作用列，先在表 6-13 的对角线上查出列号(1)与(5)，然后从(1)向右横看、从(5)向上竖看，交叉数字 4 就是它们的交互作用列的列号。也就是说，用 $L_8(2^7)$ 安排试验时，如果因素 A 被安排在第 1 列，因素 B 被安排在第 5 列，那么交互作用 $A \times B$ 就在第 4 列上，此列不能再安排其他因素，以避免发生效应之间的"混杂"。在分析试验结果时，$A \times B$ 仍然作为一个单独因素，同样应计算 K_{ij}、k_{ij} 和 R_j，其极差大小反映 A 和 B 交互作用对试验指标的影响大小。

表 6-13 $L_8(2^7)$ 交互作用表

列号	1	2	3	4	5	6	7
1	(1)	3	2	5	4	7	6
2		(2)	1	6	7	4	5
3			(3)	7	6	5	4
4				(4)	1	2	3
5					(5)	3	2
6						(6)	1
7							(7)

（二）考虑交互作用的正交试验设计

[例6-4]　在水果的酶解榨汁工艺中，酶解温度 A、酶解时间 B 以及酶用量 C 对出汁率有较大影响，拟通过正交试验优化加工工艺参数，每个因素均取两个水平，在试验中，需要考虑因素之间的一级交互作用 $A \times B$、$A \times C$、$B \times C$ 对出汁率的影响。

1. 确定试验指标

根据试验目的，选取出汁率为试验指标。出汁率越高，试验效果越好。

2. 选因素、定水平，列因素水平表

根据以往研究结果、经验和相关专业知识，选取酶解温度 A、酶解时间 B 和酶用量 C 三个因素为试验因素，因素水平设置见表6-14。

表6-14　　　　　　　　　　　　因素水平表

水平	试验因素		
	A 酶解温度/℃	B 酶解时间/h	C 酶用量/%
1	60	1.0	0.06
2	80	1.5	0.08

3. 选择正交表

这是一个三因素二水平的试验。根据实践已知，对水果酶解榨汁有影响的因素除酶解温度 A、酶解时间 B 和酶用量 C 以外，它们之间的交互作用也有一定影响，所以设计试验时，需将 $A \times B$、$A \times C$、$B \times C$ 与试验因素一并加以考察。

由于本例试验因素均为二水平因素，因此交互作用 $A \times B$、$A \times C$、$B \times C$ 各占正交表的一列，连同3个因素所占3列，共需6列，所以，选择 $L_8(2^7)$ 最为合适。如果根据自由度选择正交表，那么 $df_{因素} = df_A + df_B + df_C = (2-1) + (2-1) + (2-1) = 3$，$df_{交互} = df_{A \times B} + df_{A \times C} + df_{B \times C} = 1 + 1 + 1 = 3$（说明 $df_{A \times B} = df_A \times df_B$），对于误差自由度，$df_{误差} = df_e \geqslant 0$，当 df_e 取0时，正交试验结果是不能作方差分析的，可作极差分析。由于 $df_T = n - 1 = df_{因素} + df_{交互} + df_e$，所以 $n = df_{因素} + df_{交互} + df_e + 1 \geqslant 3 + 3 + 0 + 1 = 7$，因此，对于本试验可选用 $L_8(2^7)$ 来安排试验方案。

4. 表头设计

由表6-13 $L_8(2^7)$ 的交互作用表可以看出，若因素 A、B 分别放在表 $L_8(2^7)$ 的第1、2列上，A 与 B 的交互作用 $A \times B$ 应占第3列，第3列就不能再安排其他因素。于是将 C 放在第4列，那么 $A \times C$、$B \times C$ 应分别占第5列、第6列，最后剩余1列（第7列）作为空列，用于估计试验误差。表头设计结果见表6-15。

表6-15　　　　　　　　三因素二水平带有交互作用的试验表头设计

列号	1	2	3	4	5	6	7
因素	A	B	$A \times B$	C	$A \times C$	$B \times C$	空列

通常，为了满足试验的某些要求或为了减少试验次数，可以允许一级交互作用间、次要因素与高级交互作用间出现混杂，但一般不允许因素与一级交互作用混杂。

5. 列出试验方案

完成表头设计后，将表 $L_8(2^7)$ 中 A、B、C 所在列第 1、2、4 列对应的数字"1""2"换成各因素的具体水平数，得到本例的试验方案。试验方案及结果见表 6 – 16。

表 6 – 16　　　　　　　　　　　二水平正交试验方案及结果分析

试验号	A 酶解温度/℃	B 酶解时间/h	$A \times B$	C 酶用量/%	$A \times C$	$B \times C$	空列	y_i 出汁率/%
1	1（60）	1（1.0）	1	1（0.06）	1	1	1	65
2	1	1	1	2（0.08）	2	2	2	73
3	1	2（1.5）	2	1	1	2	2	72
4	1	2	2	2	2	1	1	75
5	2（80）	1	2	1	2	1	2	70
6	2	1	2	2	1	2	1	74
7	2	2	1	1	2	2	1	60
8	2	2	1	2	1	1	2	71
K_{1j}	285	282	269	267	282	281	274	
K_{2j}	275	278	291	293	278	279	286	
k_{1j}	71.25	70.50	67.25	66.75	70.50	70.25	68.50	
k_{2j}	68.75	69.50	72.75	73.25	69.50	69.75	71.50	
R_j	2.5	1.0	5.5	6.5	1.0	0.5	3.0	
因素主次顺序		$C > A \times B > A > B$、$A \times C > B \times C$						
优水平	A_1	B_1		C_2				
优组合		$A_1 B_2 C_2$						

（三）　有交互作用正交试验结果的极差分析

1. 计算

按交互作用处理的总原则，将交互作用与因素同样看待，分别计算 K_{ij}、k_{ij} 和 R_j，计算方法与前面相同。

对于 A 因素，有

$$K_{1A} = 65 + 73 + 72 + 75 = 285，\quad k_{1A} = \frac{285}{4} = 71.25$$

$$K_{2A} = 70 + 74 + 60 + 71 = 275，\quad k_{2A} = \frac{275}{4} = 68.75$$

$$R_A = k_{1A} - k_{2A} = 71.25 - 68.75 = 2.5$$

对于第 3 列的交互作用 $A \times B$，将其看作一个整体因素，计算 $K_{1(A \times B)}$、$k_{1(A \times B)}$、$K_{2(A \times B)}$、$k_{2(A \times B)}$ 以及 $R_{(A \times B)}$：

$$K_{1(A \times B)} = 65 + 73 + 60 + 71 = 269，\quad k_{1(A \times B)} = \frac{269}{4} = 67.25$$

$$K_{2(A \times B)} = 72 + 75 + 70 + 74 = 291，\quad k_{2(A \times B)} = \frac{291}{4} = 72.75$$

$$R_{(A \times B)} = k_{2(A \times B)} - k_{1(A \times B)} = 72.75 - 67.25 = 5.5$$

同理可以分析其他因素以及交互作用，计算结果见表 6 – 16。

2. 确定因素的主次顺序

本例各试验因素及交互作用的 R 值排序为

$$R_C > R_{A \times B} > R_A > R_B 、 R_{A \times C} > R_{B \times C}$$

所以，因素及交互作用对试验指标的影响主次顺序为 $C > A \times B > A > B 、 A \times C > B \times C$。

3. 确定各因素的优水平

根据各因素各水平的 k 值，确定出各因素的优水平。本例试验指标要求越大越好，所以 A、B、C 三个因素应选 A_1、B_1、C_2。

4. 确定优组合

如果不考虑交互作用时，很容易得到优化组合为 $A_1 B_1 C_2$。但是，由于交互作用 $A \times B$ 是影响试验结果的重要因素，是挑选水平组合的最主要依据，所以不能不考虑。可是，$A \times B$ 没有实际水平，因而应该按因素 A、B 的水平搭配好坏来确定。通常对于试验指标影响大的交互作用，应列出二元表，计算两个因素不同搭配时所对应的试验指标平均值，以找出其优化搭配。表 6 – 17 所示为本例 A、B 两因素的搭配二元表。

表 6 – 17　　　　　　　　　　　因素 A、B 搭配二元表

水平	B_1	B_2
A_1	$\dfrac{y_1 + y_2}{2} = \dfrac{65 + 73}{2} = 69.0$	$\dfrac{y_3 + y_4}{2} = \dfrac{72 + 75}{2} = 73.5$
A_2	$\dfrac{y_5 + y_6}{2} = \dfrac{70 + 74}{2} = 72.0$	$\dfrac{y_7 + y_8}{2} = \dfrac{60 + 71}{2} = 65.5$

由于本例的指标 y_i 是越大越好，根据正交表的综合可比性，由二元表可以看出表 6 – 17 中 $A_1 B_2$ 所对应的试验指标值最大，为优搭配。因此，本例的优组合为 $A_1 B_2 C_2$。

综上所述，不考虑交互作用时得到的最优方案为 $A_1 B_1 C_2$，考虑交互作用时得到的最优方案为 $A_1 B_2 C_2$。两个方案不一致之处在于因素 B 的水平选取上，在有交互作用时，这种矛盾现象是经常发生的。此时，因素 B 应取哪一个水平？一般来说，次要因素应该服从主要因素，本例交互作用 $A \times B$ 比因素 B 重要，因此应该选择因素 A、B 的优水平搭配所确定的水平 B_2。所以，最后确定的最优方案是 $A_1 B_2 C_2$，即酶解温度 60℃、酶解时间 1.5h、酶用量 0.08% 时，酶解水果出汁率最高，此方案正好在 8 次正交试验组合中。

需要指出的是，一般情况下，如果试验的主要目的只是优化工艺条件或参数，客观条件又不允许做太多试验，则可以不考虑因素间的交互作用，选用较小的正交表设计试验即可；如果试验的目的是揭示事物内部的规律性，建议选用大的正交表以考察交互作用。

四、　混合水平正交试验设计及其结果的极差分析

前边介绍的多因素试验中，各因素的水平数是相同的。但在实际问题中，由于具体情况不同，有时各因素的水平数是不等的。在这种情况下，正交试验设计有三种方法：①直接选用合适的混合型正交表；②采用拟水平法；③采用拟因素法。其中拟水平法、拟因素法为正交表的

灵活运用方法，在后续章节中介绍。这里举例说明用混合正交表来安排试验及分析试验结果。

[例6-5] 某食品企业的研发机构在研究中发现，油炸膨化食品的体积与油温、物料含水量以及油炸时间有关，为了提高产品质量，拟通过正交试验来寻求理想的油炸工艺参数。

（一）试验方案设计

使用混合型正交表进行试验设计，试验指标的确定、试验因素选择、选取水平、制定因素水平表等与等水平正交试验设计相同，但在正交表选择、表头设计时要注意正交表同供试因素以及各因素下的水平数相一致。

1. 确定试验指标

根据试验研究目的，确定以油炸膨化食品的体积作为试验指标，体积越大，膨化产品越酥松，质量越好。

2. 选因素、定水平，列因素水平表

根据有关专业知识，选定油炸温度、物料含水量、油炸时间为试验因素，其中油炸温度为主要因素，设计四个水平，而物料含水量、油炸时间设计两个水平，因素水平见表6-18。

表6-18　　　　　　　　　　　　　因素水平表

水平	试验因素		
	A 油炸温度/℃	B 物料含水量/%	C 油炸时间/s
1	210	10	30
2	220	14	40
3	230		
4	240		

3. 选择正交表，进行表头设计，编制试验方案

这是1个四水平因素、2个二水平因素的试验，因此可以选用 $L_8(4^1 \times 2^4)$ 正交表安排较合适。表头设计时，将四水平因素 A 放在正交表的四水平列上，其余2个因素 B、C 可随意安排在二水平列上，剩余两列作为空列。把安排因素的各列水平数字换成相应因素的具体水平值，即为试验方案。按这个方案进行试验，试验结果见表6-19。

表6-19　　　　　　　　　　混合水平正交试验方案及结果分析

试验号	试验因素					体积/（cm³/100g）
	A 油炸温度/℃	B 物料含水量/%	C 油炸时间/s	空列	空列	
	1	2	3	4	5	
1	1（210）	1（10）	1（30）	1	1	210
2	1	2（14）	2（40）	2	2	208
3	2（220）	1	1	2	2	215
4	2	2	2	1	1	230
5	3（230）	1	2	1	2	251

续表

试验号	试验因素					体积 /（cm³/100g）
	A 油炸温度 /℃	B 物料 含水量/%	C 油炸 时间/s	空列	空列	
	1	2	3	4	5	
6	3	2	1	2	1	247
7	4（240）	1	2	2	1	238
8	4	2	1	1	2	230
K_{1j}	418	914	902	921	925	
K_{2j}	445	915	927	908	904	
K_{3j}	498					
K_{4j}	468					
k_{1j}	209.00	228.50	225.50	230.25	231.25	
k_{2j}	222.50	228.75	231.75	227.00	226.00	
k_{3j}	249.00					
k_{4j}	234.00					
极差 R	40.00	0.25	6.25	3.25	5.25	
调整 R'	25.46	0.36	8.88	4.62	7.46	
主次顺序	$A > C > B$					
优组合	$A_3B_2C_2$ 或 $A_3B_1C_2$					

（二）　试验结果分析

混合型正交试验的结果分析与等水平正交试验结果分析没有本质的区别，只是在分析计算时，应注意以下两点：①计算各列各水平下的 K、k 时，注意各水平的重复数；②要计算 R 的折算值 R'。

极差折算公式为 $R' = dR\sqrt{r}$，其中 R' 为折算后的极差；R 为因素极差；r 为因素水平的重复数；d 为折算系数，与因素水平数有关，可从表 6 – 20 中查得。

1. 计算各列各水平下的 K_{ij}、k_{ij} 以及 R_j

由于第 1 列为四个水平列，每个水平均出现 2 次，因此

第 1 水平 $K_{1A} = 210 + 208 = 418$，$k_{1A} = K_{1A}/2 = 209.0$；

第 2 水平 $K_{2A} = 215 + 230 = 445$，$k_{2A} = K_{2A}/2 = 222.5$；

第 3 水平 $K_{3A} = 251 + 247 = 498$，$k_{3A} = K_{3A}/2 = 249.0$；

第 4 水平 $K_{4A} = 238 + 230 = 468$，$k_{4A} = K_{4A}/2 = 234.0$；

$$R_A = 249.0 - 209.0 = 40.0$$

第 2 列为两水平，每个水平出现 4 次，那么

第 1 水平 $K_{1B} = 210 + 215 + 251 + 238 = 914$，$k_{2B} = K_{1B}/4 = 228.50$；

第 2 水平 $K_{2B} = 208 + 230 + 247 + 330 = 915$，$k_{2B} = K_{2B}/4 = 228.75$；

$$R_B = 228.75 - 228.50 = 0.25$$

表6-20 极差分析折算系数

水平数 m	2	3	4	5	6	7	8	9	10
折算系数 d	0.71	0.52	0.45	0.40	0.37	0.35	0.34	0.32	0.31

同理，可以计算其他列，结果见表6-19。

2. 计算极差的折算值 R_j'

对极差 R 进行折算，结果如下

$$R_A' = 0.45 \times 40 \times \sqrt{2} = 25.46, \quad R_B' = 0.71 \times 0.25 \times \sqrt{4} = 0.355, \quad R_C' = 0.71 \times 6.25 \times \sqrt{4} = 8.875$$

3. 确定因素影响顺序和优组合

根据 R' 大小，判断试验因素对试验指标的影响主次顺序为 $A > C > B$，即油炸温度对油炸食品体积的影响最大，其次是油炸时间，而物料含水量影响最小。

根据因素水平 k 值确定优组合为 $A_3B_2C_2$ 或 $A_3B_1C_2$，即理想工艺参数为油炸温度230℃，油炸时间40s，物料含水量对体积的影响很小，可视具体情况选取10%或14%。

第四节　正交试验结果的方差分析

一、　方差分析的基本步骤

前几节介绍的极差分析简单直观，计算量较小，便于普及与推广。但极差分析法不能估计试验过程中以及试验结果中存在的误差大小，不能真正区分因素各个水平间所对应的试验结果差异究竟是由水平的改变所引起的，还是由于试验误差所引起的。因此极差分析得到的结论不够精确。而且，极差分析对影响试验结果的各因素的重要程度不能给出精确的数量估计，也不能提出一个标准来考察、判断因素对试验结果的影响是否显著。为弥补极差分析的缺陷，有必要作方差分析。

正交试验结果的方差分析思想、步骤与前述介绍的单因素试验、双因素试验方差分析相同。以正交表 $L_9(3^4)$ 为例（表6-21）来介绍正交试验结果的方差分析思想。

表6-21 $L_9(3^4)$ 正交表及计算表

试验号	第1列 A	第2列 B	第3列 C	第4列 空列	试验结果 y
1	1	1	1	1	y_1
2	1	2	2	2	y_2
3	1	3	3	3	y_3
4	2	1	2	3	y_4

续表

试验号	第1列 A	第2列 B	第3列 C	第4列 空列	试验结果 y
5	2	2	3	1	y_5
6	2	3	1	2	y_6
7	3	1	3	2	y_7
8	3	2	1	3	y_8
9	3	3	2	1	y_9
K_{1j}	$K_{11}=y_1+y_2+y_3$	$K_{12}=y_1+y_4+y_7$	$K_{13}=y_1+y_6+y_8$	$K_{14}=y_1+y_5+y_9$	
K_{2j}	$K_{21}=y_4+y_5+y_6$	$K_{22}=y_2+y_5+y_8$	$K_{23}=y_2+y_4+y_9$	$K_{24}=y_2+y_6+y_7$	
K_{3j}	$K_{31}=y_7+y_8+y_9$	$K_{32}=y_3+y_6+y_9$	$K_{33}=y_3+y_5+y_7$	$K_{34}=y_3+y_4+y_8$	

（一）平方和与自由度分解

对正交表的第1列因素 A 进行分析，可以看出，A 因素的第一水平对试验指标的影响反映在1、2、3号处理，结果为 y_1、y_2、y_3；第二水平对试验指标的影响反映在4、5、6号处理，结果为 y_4、y_5、y_6；第三水平的影响反映在7、8、9号处理，结果为 y_7、y_8、y_9。因此可以将 A 因素各水平的试验结果整理如表6-22所示。

表6-22　　　　　　　　　　正交试验第1列结果转化表

因素	重复1	重复2	重复3	和	K 值
A_1	y_1	y_2	y_3	$y_1+y_2+y_3$	K_{11}
A_2	y_4	y_5	y_6	$y_4+y_5+y_6$	K_{21}
A_3	y_7	y_8	y_9	$y_7+y_8+y_9$	K_{31}

表6-22可以看作单因素试验数据资料格式，根据前面介绍的单因素试验方差分析过程就可完成 A 因素的偏差平方和与自由度计算。

总偏差平方和

$$SS_T=\sum_{i=1}^n (y_i-\bar y)^2=\sum_{i=1}^9 y_i^2-\frac{\left(\sum_{i=1}^9 y_i\right)^2}{9}=\sum_{i=1}^9 y_i^2-\frac{T^2}{9} \tag{6-4}$$

式中　n——试验总次数；

　　　y_i——第 i 个处理组合的观测值；

　　　$\bar y$——n 次试验的总平均数；

　　　T——n 次试验结果总和，$T=\sum_{i=1}^n y_i$。

总自由度 $df_T=n-1=9-1=8$

那么，第1列偏差平方和，即 A 因素的平方和

$$SS_A=\frac{1}{3}[(y_1+y_2+y_3)^2+(y_4+y_5+y_6)^2+(y_7+y_8+y_9)^2]-\frac{(y_1+y_2+\cdots+y_9)^2}{9}$$

$$=\frac{1}{3}(K_{11}^2+K_{21}^2+K_{31}^2)-\frac{T^2}{9}$$

A 因素的自由度 $df_A=a-1=3-1=2$，a 为 A 因素的水平个数。

同理，可以计算出第 2、3、4 列各因素的偏差平方和以及自由度。

$$SS_B = SS_2 = \frac{1}{3}(K_{12}^2 + K_{22}^2 + K_{32}^2) - \frac{T^2}{9}, \ df_B = b - 1 = 3 - 1 = 2$$

$$SS_C = SS_3 = \frac{1}{3}(K_{13}^2 + K_{23}^2 + K_{33}^2) - \frac{T^2}{9}, \ df_C = c - 1 = 3 - 1 = 2$$

$$SS_{空列} = SS_e = SS_4 = \frac{1}{3}(K_{14}^2 + K_{24}^2 + K_{34}^2) - \frac{T^2}{9}, \ df_e = 3 - 1 = 2$$

所以

$$SS_T = SS_1 + SS_2 + SS_3 + SS_4 = SS_A + SS_B + SS_C + SS_e$$
$$df_T = df_1 + df_2 + df_3 + df_4 = df_A + df_B + df_C + df_e \tag{6-5}$$

式（6-5）为正交表 $L_9(3^4)$ 试验结果的总平方和、总自由度的分解公式。

由此可以推广，用正交表 $L_n(m^k)$ 安排试验，试验总次数为 n，每个因素水平数为 m 个，则每个水平的重复数为 $r = \frac{n}{m}$，试验结果为 x_1、x_2、$\cdots$、x_n。资料整理见表 6-23。

表 6-23 $L_n(m^k)$ 正交表及计算表

表头设计	A	B	...	...	试验数据
列号	1	2	...	k	x_i
1	1	...	...	...	x_1
2	1	...	...	...	x_2
...	...	...	...	...	...
n	m	...	...	...	x_n
K_{1j}	K_{11}	K_{12}	...	K_{1k}	
K_{2j}	K_{21}	K_{22}	...	K_{2k}	
...	...	...	...	...	
K_{mj}	K_{m1}	K_{m2}	...	K_{mk}	
K_{1j}^2	K_{11}^2	K_{12}^2	...	K_{1k}^2	
K_{2j}^2	K_{21}^2	K_{22}^2	...	K_{2k}^2	
...	...	...	...	...	
K_{mj}^2	K_{m1}^2	K_{m2}^2	...	K_{mk}^2	
SS_j	SS_1	SS_2	...	SS_k	

$$令 \ T = \sum_{i=1}^{n} x_i, \ CT = \frac{T^2}{n}, \ \bar{x} = \frac{1}{n}\sum_{i=1}^{n} x_i$$

则总平方和

$$SS_T = \sum_{i=1}^{n}(x_i - \bar{x})^2 = \sum_{i=1}^{n} x_i^2 - \frac{\left(\sum_{i=1}^{n} x_i\right)^2}{n} = \sum_{i=1}^{n} x_i^2 - \frac{T^2}{n} \tag{6-6}$$

总平方和SS_T是所有数据与其总平均值的平方和,反映试验数据的总波动情况。SS_T越大,说明各次试验的结果之间差异越大。试验结果之所以会有差异,一方面由于各因素水平的变化引起的,另一方面是因为试验误差所引起的。

$$SS_j = r \sum_{i=1}^{m} (\overline{K}_{ij} - \overline{x})^2 = \frac{1}{r} \sum_{i=1}^{m} K_{ij}^2 - \frac{\left(\sum_{i=1}^{n} x_i\right)^2}{n} \quad (j = 1, 2, \cdots, k) \tag{6-7}$$

式中,K_{ij}为第j列因素第i个水平所对应试验数据之和;n为试验总次数;m为第j列因素水平数;r为第j列因素每个水平出现的次数。

列平方和是第j列中各个水平对应的试验数据平均值与总平均值的偏差平方和,反映了该列水平在变动时所引起的试验数据的波动情况。若该列有试验因素,SS_j称为该因素的平方和;若该列安排交互作用,就称SS_j为交互作用的平方和;若该列没有安排试验因素,即为空列,则SS_j表示由于试验误差和未被考察的因素(或交互作用)所引起的波动,在正交试验方差分析中,通常将空列的平方和看作试验误差的平方和,用于显著性检验。

总自由度df_T等于正交试验总次数减1,即$df_T = n - 1$

第j列因素的自由度df_j等于该列因素水平数减1,即$df_j = m - 1$,m为因素水平数。

A、B两个因素交互作用$A \times B$的自由度

$$df_{A \times B} = df_A \times df_B \tag{6-8}$$

误差自由度

$$df_e = df_{空列} \tag{6-9}$$

所以

$$SS_T = \sum_{j=1}^{k} SS_j = \sum_{k_{因素}} SS_j + \sum_{k_{交互作用}} SS_j + \sum_{k_{空列}} SS_j$$

$$df_T = \sum_{j=1}^{k} df_j = \sum_{k_{因素}} df_j + \sum_{k_{交互作用}} df_j + \sum_{k_{空列}} df_j \tag{6-10}$$

式中　$k_{因素}$、$k_{交互作用}$、$k_{空列}$——试验因素、试验考察的交互作用和空列在正交表中所占的列数。

需要指出的是:①当某个交互作用占有几列时,该交互作用的平方和与自由度等于所占列的平方和之和与自由度之和;②若为混合型正交表$L_n(m_1^{k_1} \times m_2^{k_2})$时,更换相应的$r$、$m$、$k$值即可。

(二)计算方差

由方差的定义可知

$$MS_{因素} = \frac{SS_{因素}}{df_{因素}}, MS_{交互} = \frac{SS_{交互}}{df_{交互}}, MS_{误差} = \frac{SS_{误差}}{df_{误差}} \tag{6-11}$$

(三)构造F统计量

根据F统计量含义,构造并计算F值,其大小反映了各因素以及交互作用对试验结果的影响程度。

$$F_{因素} = \frac{MS_{因素}}{MS_{误差}}, F_{交互} = \frac{MS_{交互}}{MS_{误差}} \tag{6-12}$$

(四)列方差分析表,作显著性检验

在给定的显著水平α下,查附表5,若计算$F > F_{0.01(df_{因素}, df_e)}$,则认为该因素或交互作用对试验

结果有极显著影响,标记为"**";若 $F_{0.05(df_{因素},df_{r})} < F < F_{0.01(df_{因素},df_{r})}$,则认为该因素或交互作用对试验结果有显著影响,标记为"*";若 $F_{0.10(df_{因素},df_{r})} < F < F_{0.05(df_{因素},df_{r})}$,则认为该因素或交互作用对试验结果有较显著影响,标记为"(*)";若 $F < F_{0.10(df_{因素},df_{r})}$,则认为该因素或交互作用对试验结果无显著影响。在有些情况下,仅把 F 值高于 $F_{0.05(df_{因素},df_{r})}$ 的试验因素称为影响显著因素,而 $F_{0.10(df_{因素},df_{r})} < F < F_{0.05(df_{因素},df_{r})}$ 并不做显著因素考虑。

表 6-24　　　　　　　　　　　　　正交试验结果方差分析表

变异来源	平方和	自由度	均方	F	临界值 F_α	显著性
因素 A	SS_A	df_A	SS_A/df_A	MS_A/MS_e	（查表）	
因素 B	SS_B	df_B	SS_B/df_B	MS_B/MS_e	（查表）	
…	…	…	…	…		
误差 e	SS_e	df_e	SS_e/df_e			
总和	SS_T	df_T				

（五）优化条件的确定

对于不考虑交互作用或交互作用不显著的因素,可直接通过比较各因素下 K_{ij} 值大小来确定其优水平,各优水平的组合即为该试验的最优组合;若因素之间的交互作用显著时,则需通过二元表分析,比较两个因素各个水平组合下试验数据的平均值大小来确定其最优组合。各因素及交互作用的影响主次顺序可按 F 值(或 MS 值)的大小进行排列。

（六）正交试验方差分析说明

由于正交试验结果的显著性检验——F 检验要用误差平方和 SS_e 及其自由度 df_e。因此,所选正交表应留出一定空列。否则,若无空列可用时,应进行重复试验以估计试验误差。

误差自由度 df_e 一般不应小于 2,否则 F 检验灵敏度降低,使有影响的试验因素判断不出。为了增大 df_e,提高 F 检验的灵敏度,在进行显著性检验之前,先将各因素和交互作用的方差与误差方差比较,若 $MS_{因}(MS_{交}) \leq 2MS_e$,可以将这些因素或交互作用的平方和、自由度分别并入误差平方和、自由度,提高显著性检验的灵敏度。

二、二水平正交试验结果的方差分析

对于二水平正交试验,由于 $n = 2r$,$\sum_{i=1}^{n} x_i = K_{1j} + K_{2j}$,所以各因素的平方和

$$SS_j = \frac{1}{r} \sum_{i=1}^{2} K_{ij}^2 - \frac{1}{n} (\sum_{k=1}^{n} x_k)^2 = \frac{1}{r} (K_{1j}^2 + K_{2j}^2) - \frac{1}{n} (\sum_{i=1}^{n} x_i)^2$$

$$= \frac{2}{n} (K_{1j}^2 + K_{2j}^2) - \frac{1}{n} (K_{1j} + K_{2j})^2 \qquad (6-13)$$

$$= \frac{1}{n} (K_{1j} - K_{2j})^2 \qquad (j = 1, 2, \cdots, k)$$

[例6-6]　在提取杏仁油的萃取工艺中,有六个因素对出油率有较大影响,分别为 A 浸泡时间/h,B 二氧化硅与杏仁的比例,C 粒度/目,D 杏仁种类,E 压力/MPa,F 流速/(mL/min)。拟通过正交试验来优化工艺参数以期获得高的出油率。试验因素水平见表 6-25。试验以出油率为指标,其数值越大越好。

表6 –25　　　　　　　　　　　　　　　　因素水平表

水平	试验因素					
	A 浸泡 时间/h	B 二氧化 硅：杏仁	C 粒度/目	D 杏仁 种类	E 压力 /MPa	F 流速 /（mL/min）
1	24	1:1	10	甜	8	10
2	2.5	1.5:1	18	苦	20	25

由于各因素为二水平，有6个因素，所以可选用正交表 $L_8(2^7)$ 来设计试验，表头设计、试验方案、试验结果以及数据处理见表6 – 26。

（一）计算

1. 计算 K_{ij}、SS_j、df_j

计算各列各水平的 K_{1j}、K_{2j}、$K_{1j} - K_{2j}$ 以及 SS_j，计算结果列于表6 – 26 中。

对于二水平试验，

$$SS_j = \frac{1}{r} \sum_{i=1}^{2} K_{ij}^2 - \frac{1}{n} \left(\sum_{i=1}^{n} x_i \right)^2 = \frac{1}{8} (K_{1j} - K_{2j})^2$$

$$SS_A = SS_1 = \frac{1}{8} (K_{11} - K_{21})^2 = \frac{1}{8} \times (-100.96)^2 = 1274.1152$$

$$SS_B = SS_2 = \frac{1}{8} (K_{12} - K_{22})^2 = \frac{1}{8} \times (42.56)^2 = 226.4192$$

$$\cdots\cdots$$

$$SS_e = SS_{空列} = SS_7 = \frac{1}{8} (K_{17} - K_{27})^2 = \frac{1}{8} \times (-16.52)^2 = 34.1138$$

$$df_A = df_B = df_C = df_D = df_E = df_F = 2 - 1 = 1$$

$$df_e = df_{空列} = 2 - 1 = 1$$

表6 –26　　　　　　　　　　　　　　　　正交试验方案及结果

试验号	A 浸泡 时间/h	B 二氧化 硅：杏仁	C 粒度/目	D 杏仁 种类	E 压力/ MPa	F 流速/ （mL/min）	空列	y_i 出油率 /%
1	1(24)	1(1:1)	1(10)	1(甜)	1(8)	1(10)	1	23.94
2	1	1	1	2(苦)	2(20)	2(25)	2	29.90
3	1	2(1.5:1)	2(18)	1	1	2	2	36.17
4	1	2	2	2	2	1	1	26.01
5	2(2.5)	1	2	1	2	1	2	71.71
6	2	1	2	2	1	2	1	62.23
7	2	2	1	1	2	2	1	46.06
8	2	2	1	2	1	1	2	36.98
K_{1j}	116.02	187.78	136.88	177.88	159.32	158.64	158.24	
K_{2j}	216.98	145.22	196.12	155.12	173.68	174.36	174.76	
$K_{1j} - K_{2j}$	–100.96	42.56	–59.24	22.76	–14.36	–15.72	–16.52	
SS_j	1274.115	226.419	438.672	64.752	25.776	30.890	34.114	

2. 计算方差

$$MS_A = \frac{SS_A}{df_A} = \frac{1274.115}{1} = 1274.115, MS_B = \frac{SS_B}{df_B} = \frac{226.419}{1} = 226.419$$

$$MS_C = \frac{SS_C}{df_C} = \frac{438.672}{1} = 438.672, MS_D = \frac{SS_D}{df_D} = \frac{64.752}{1} = 64.752$$

$$MS_E = \frac{SS_E}{df_E} = \frac{25.776}{1} = 25.776, MS_F = \frac{SS_F}{df_F} = \frac{30.890}{1} = 30.890$$

$$MS_e = \frac{SS_e}{df_e} = \frac{34.114}{1} = 34.114$$

（二）显著性检验

根据以上计算，构造 F 统计量，作显著性检验，列出方差分析表，结果见表 6-27。

由于 $MS_D < 2MS_e、MS_E < 2MS_e、MS_F < 2MS_e$，因此，将 $SS_D、SS_E、SS_F$ 并入 SS_e 中，$df_D、df_E、df_F$ 并入 df_e 中，可得

$$SS_e^\Delta = SS_e + SS_D + SS_E + SS_F = 25.776 + 64.752 + 30.890 + 34.114 = 155.532$$

$$df_e^\Delta = df_e + df_D + df_E + df_F = 1 + 1 + 1 + 1 = 4$$

由方差分析结果可以看出，因素 A 对试验指标的影响高度显著，因素 C 影响显著，其他因素的影响不显著，各因素对试验指标影响的大小顺序为 $A > C > B > D > F > E$。

（三）优化工艺条件的确定

对于显著性因素，通过比较 K_{ij} 值，确定各因素的优水平。本例试验指标越大越好，因此，因素 A 应选 A_2，因素 C 应选 C_2，对于影响不显著的因素，可视其情况而定，综合考虑，优化组合为 $A_2B_1C_2D_1E_2F_2$。

表 6-27　　　　　　　　　　　　　　方差分析表

变异来源	平方和	自由度	均方	F	F_α	显著性
A 浸泡时间	1274.115	1	1274.115	32.768		**
B 二氧化硅∶杏仁	226.419	1	226.419	5.823	$F_{0.05(1,4)} = 7.71$	
C 粒度	438.672	1	438.672	11.282	$F_{0.01(1,4)} = 21.20$	*
D 杏仁种类$^\Delta$	64.752	1	64.752			
E 压力$^\Delta$	25.776	1	25.776			
F 流速$^\Delta$	30.890	1	30.890			
误差 e	34.114	1	34.114			
误差 e^Δ	155.532	4	38.883			
总和	2094.739	7				

三、三水平正交试验结果的方差分析

三水平正交设计是最简单的、最常用的多水平正交试验设计。本节以三水平正交试验为例来说明多水平正交试验结果的方差分析方法。

[例 6-7]　肌肉盐溶蛋白质形成凝胶的能力对肉制品的保水性及结构特性有重要作用，盐

溶蛋白质的凝胶能力受 A MgCl$_2$ 浓度/(mol/L)、B NaCl 浓度/(mol/L)、C pH 三个因素影响(表 6-28),试验以保水率为评价指标,拟通过正交试验优化盐溶蛋白的凝胶条件。

表 6-28　　　　　　　　　　　　　因素水平表

水平	试验因素		
	A MgCl$_2$ 浓度/(mol/L)	B NaCl 浓度/(mol/L)	C pH
1	0.01	0.4	6.0
2	0.02	0.5	6.5
3	0.03	0.6	7.0

由于各因素为三水平,共 3 个因素,不需考虑交互作用,所以可选用正交表 $L_9(3^4)$ 安排试验,试验方案及结果见表 6-29 所示。

(一)计算

1. 计算各列各水平 K_{ij}、K_{ij}^2、SS_j 及 df_j

由 $SS_j = \dfrac{1}{r} \sum\limits_{i=1}^{m} K_{ij}^2 - CT$，$CT = \dfrac{T^2}{n} = \dfrac{580.19^2}{9} = 37402.2707$，所以

$$SS_A = SS_1 = \frac{1}{3}(K_{11}^2 + K_{21}^2 + K_{31}^2) - CT$$
$$= \frac{1}{3}(99.87^2 + 247.01^2 + 233.31^2) - 37402.2707$$
$$= 4404.9004$$

$$SS_B = SS_2 = \frac{1}{3}(K_{12}^2 + K_{22}^2 + K_{32}^2) - CT$$
$$= \frac{1}{3}(214.8^2 + 179.66^2 + 185.73^2) - 37402.2707$$
$$= 235.1922$$

$$SS_C = SS_3 = \frac{1}{3}(K_{13}^2 + K_{23}^2 + K_{33}^2) - CT$$
$$= \frac{1}{3}(124.84^2 + 230.65^2 + 224.70^2) - 37402.2707$$
$$= 2355.9087$$

$$SS_e = SS_{空列} = SS_4 = \frac{1}{3}(K_{14}^2 + K_{24}^2 + K_{34}^2) - CT$$
$$= \frac{1}{3}(217.87^2 + 190.67^2 + 171.65^2) - 37402.2707$$
$$= 359.7654$$

自由度　$df_A = df_B = df_C = df_e = 3 - 1 = 2$

表 6-29　　　　　　　　　　　　试验方案及结果分析

试验号	试验因素				保水率/%
	A MgCl$_2$ 浓度/(mol/L)	B NaCl 浓度/(mol/L)	C pH	空列	
1	1(0.01)	1(0.4)	1(6.0)	1	25.73

续表

试验号	试验因素				保水率/%
	A MgCl$_2$浓度 / (mol/L)	B NaCl 浓度/ (mol/L)	C pH	空列	
2	1	2(0.5)	2(6.5)	2	40.22
3	1	3(0.6)	3(7.0)	3	33.92
4	2(0.02)	1	2	3	94.64
5	2	2	3	1	96.35
6	2	3	1	2	56.02
7	3(0.03)	1	3	2	94.43
8	3	2	1	3	43.09
9	3	3	2	1	95.79
K_{1j}	99.87	214.80	124.84	217.87	
K_{2j}	247.01	179.66	230.65	190.67	$T=580.19$
K_{3j}	233.31	185.73	224.70	171.65	
K_{1j}^2	9974.017	46139.040	15585.026	47467.337	
K_{2j}^2	61013.990	32277.716	53199.422	36355.049	
K_{3j}^2	54433.556	34495.633	50490.090	29463.723	
SS_j	4404.9004	235.1922	2355.9087	359.7654	

2. 计算方差

$$MS_A = \frac{SS_A}{df_A} = \frac{4404.9004}{2} = 2202.4502, MS_B = \frac{SS_B}{df_B} = \frac{235.1922}{2} = 117.5961$$

$$MS_C = \frac{SS_C}{df_C} = \frac{2355.9087}{2} = 1177.9543, MS_e = \frac{SS_e}{df_e} = \frac{359.7654}{2} = 179.8827$$

（二）构造 F 统计量，作显著性检验，列方差分析表

由于 $MS_B < 2MS_e$，将 SS_B 并入 SS_e 当中，则

$$SS_e^\Delta = SS_e + SS_B = 359.7654 + 235.1922 = 594.9576$$

而 $df_e^\Delta = df_e + df_B = 2 + 2 = 4$，所以

$$MS_e^\Delta = \frac{SS_e^\Delta}{df_e^\Delta} = \frac{594.9576}{4} = 148.7394$$

根据 $F_{因素} = \dfrac{MS_{因}/df_{因}}{MS_e^\Delta/df_e^\Delta}$，计算 F_A、F_C，作显著性检验，列方差分析表，见表 6-30。

表 6-30   方差分析表

变异来源	平方和	自由度	均方	F	F_α	显著性
A MgCl$_2$浓度	4404.9004	2	2202.4502	14.807		*
B NaCl 浓度$^\Delta$	235.1922	2	117.5961		$F_{0.05(2,4)} = 6.944$	

续表

变异来源	平方和	自由度	均方	F	F_α	显著性
C pH	2355.9087	2	1177.9543	7.920	$F_{0.01(2,4)} = 18.000$	*
误差 e	359.7654	2	179.8827			
误差 e^Δ	594.9576	4	148.7394			
总和	7355.7666					

由表 6-30 可以看出，因素 A 和 C 对试验结果有显著影响，因素 B 的影响不显著。因素影响主次顺序为 $A > C > B$。

（三）优化工艺条件的确定

本试验指标越大越好。对显著因素 A、C 分析，可以直接由 K 值确定优水平分别为 A_2、C_2；因素 B 的水平改变对试验结果几乎无影响，从经济角度考虑，选 B_1。试验优组合为 $A_2B_1C_2$，即 $MgCl_2$ 浓度为 0.02mol/L，NaCl 浓度为 0.4mol/L，pH 为 6.5 时所提取的盐溶蛋白具有最高保水率。此组合不包括在 9 次试验中，应追加试验加以验证。

四、考虑交互作用正交试验结果的方差分析

[例 6-8]　为优化酯化淀粉的制备工艺条件，以提高酯化淀粉产量，选取反应温度 A、反应时间 B、酯化剂用量 C 为试验因素，每个因素设置两个水平，因素水平如表 6-31 所示。试验要求考虑因素之间的一级交互作用对试验结果的影响。

表 6-31　　　　　　　　　　因素水平表

水平	试验因素		
	A 反应温度/℃	B 反应时间/h	C 酯化剂用量/%
1	24	1.0	0.8
2	28	2.0	1.5

这是一个三因素二水平的正交试验，3 个因素之间的一级交互作用需要考虑。3 个因素 A、B、C 在正交表上各占用 1 列，共占用 3 列，要考察的交互作用 $A \times B$、$A \times C$、$B \times C$ 也占用 3 列，一共需要用 6 列。满足这个条件的正交表中以 $L_8(2^7)$ 为最小，因此，选用正交表 $L_8(2^7)$ 安排试验。试验方案及结果分析见表 6-32。

表 6-32　　　　　　　　　　正交试验方案及结果分析

试验号	A 反应温度/℃	B 反应时间/h	$A \times B$	C 酯化剂用量/%	$A \times C$	$B \times C$	空列	试验结果 y_i（%）
1	1（24）	1（1.0）	1	1（0.8）	1	1	1	66.2
2	1	1	1	2（1.5）	2	2	2	74.3
3	1	2（2.0）	2	1	1	2	2	73.0
4	1	2	2	2	2	1	1	76.4

续表

试验号	A 反应温度/℃	B 反应时间/h	A ×B	C 酯化剂用量/%	A ×C	B ×C	空列	试验结果 y_i（%）
5	2（28）	1	2	1	2	1	2	70. 2
6	2	1	2	2	1	2	1	75. 0
7	2	2	1	1	2	2	1	62. 3
8	2	2	1	2	1	1	2	71. 2
K_{1j}	289. 9	285. 7	274	271. 7	285. 4	284	279. 9	
K_{2j}	278. 7	282. 9	294. 6	296. 9	283. 2	284. 6	288. 7	
$K_{1j} - K_{2j}$	11. 2	2. 8	− 20. 6	− 25. 2	2. 2	− 0. 6	− 8. 8	
SS_j	15. 680	0. 980	53. 045	79. 380	0. 605	0. 045	9. 680	

（一）计算

1. 计算各列各水平 K_{ij}、SS_j 及 df_j

计算各列各水平的 K_{1j}、K_{2j}、$K_{1j} - K_{2j}$ 以及 SS_j，计算结果如表 6 - 32 所示。

对于有交互作用的二水平正交试验，各列平方和由公式

由 $SS_j = \dfrac{1}{r} \sum\limits_{i=1}^{2} K_{ij}^2 - \dfrac{1}{n} (\sum\limits_{k=1}^{n} x_k)^2 = \dfrac{1}{8} (K_{1j} - K_{2j})^2$ 计算，所以

$$SS_A = SS_1 = \frac{1}{8}(K_{11} - K_{21})^2 = \frac{1}{8} \times (11. 2)^2 = 15. 680$$

$$SS_B = SS_2 = \frac{1}{8}(K_{12} - K_{22})^2 = \frac{1}{8} \times (2. 8)^2 = 0. 980$$

$$SS_{A \times B} = SS_3 = \frac{1}{8}(K_{13} - K_{23})^2 = \frac{1}{8} \times (- 20. 6)^2 = 53. 045$$

$$\cdots\cdots$$

$$SS_e = SS_{空列} = SS_7 = \frac{1}{8}(K_{17} - K_{27})^2 = \frac{1}{8} \times (- 8. 8)^2 = 9. 680$$

自由度 $df_T = n - 1 = 8 - 1 = 7$，$df_{因素} = m - 1 = 2 - 1 = 1$，所以

$$df_A = df_1 = 2 - 1 = 1, df_B = df_2 = 2 - 1 = 1, df_{A \times B} = df_3 = 2 - 1 = 1$$

$$df_C = df_4 = 2 - 1 = 1, df_{A \times C} = df_{B \times C} = 2 - 1 = 1, df_e = df_{空列} = 2 - 1 = 1$$

2. 计算方差 MS_j

$$MS_A = \frac{SS_A}{df_A} = \frac{15. 680}{1} = 15. 680, MS_B = \frac{SS_B}{df_B} = \frac{0. 980}{1} = 0. 980$$

$$MS_{A \times B} = \frac{SS_{A \times B}}{df_{A \times B}} = \frac{53. 045}{1} = 53. 045, MS_C = \frac{SS_C}{df_C} = \frac{79. 380}{1} = 79. 380$$

$$MS_{A \times C} = \frac{SS_{A \times C}}{df_{A \times C}} = \frac{0. 605}{1} = 0. 605, MS_{B \times C} = \frac{SS_{B \times C}}{df_{B \times C}} = \frac{0. 045}{1} = 0. 045$$

$$MS_e = \frac{SS_e}{df_e} = \frac{9. 680}{1} = 9. 680$$

由于 $MS_A < 2MS_e$，$MS_B < 2MS_e$，$MS_{A \times C} < 2MS_e$，$MS_{B \times C} < 2MS_e$，所以将 A、B、A × C、B × C 的平方和、自由度归并入误差中，即

$$SS_e^\Delta = SS_e + SS_A + SS_B + SS_{A \times C} + SS_{B \times C} = 9.680 + 15.680 + 0.980 + 0.605 + 0.045 = 26.990$$

$$df_e^\Delta = df_e + df_A + df_B + df_{A \times C} + df_{B \times C} = 1 + 1 + 1 + 1 + 1 = 5$$

（二）构造 F 统计量，进行显著性检验，列方差分析表

$$F_{A \times B} = \frac{MS_{A \times B}}{MS_e^\Delta} = \frac{53.040/1}{26.990/5} = 9.827,$$

$$F_C = \frac{MS_C}{MS_e^\Delta} = \frac{79.380/1}{26.990/5} = 14.705$$

方差分析表如表 6 – 33 所示。

表 6 – 33　　　　　　　　　　　方差分析表

变异来源	平方和	自由度	均方	F	F_α	显著性
反应温度 A^Δ	15.680	1	15.680			
反应时间 B^Δ	0.980	1	0.980		$F_{0.05(1,5)} = 6.61$	
$A \times B$	53.045	1	53.045	9.827	$F_{0.01(1,5)} = 16.26$	*
酯化剂用量 C	79.380	1	79.380	14.705		*
$A \times C^\Delta$	0.605	1	0.605			
$B \times C^\Delta$	0.045	1	0.045			
误差 e	9.680	1	9.680			
误差 e^Δ	26.990	5	5.398			
总和	159.415					

由表 6 – 33 可以看出，因素 C 和交互作用 $A \times B$ 影响显著，因素 A 影响不显著，因素 B 以及交互作用 $A \times C$、$B \times C$ 的影响很小，可以忽略。

（三）优化组合的确定

本例试验指标要越高越好。对于高度显著的因素 C，直接由 K 值判断取 C_2 为优水平。由于交互作用 $A \times B$ 的影响显著，大于因素 A、因素 B 的单独影响，所以采用二元表法找寻优化组合。A、B 因素的水平搭配二元表如表 6 – 34 所示。可以看出，$A_1 B_2$ 组合的试验结果最大，为优组合。综合分析，本例试验的最优组合为 $A_1 B_2 C_2$，此组合正好在 8 次正交试验组合方案中，试验结果为 76.4%，不需作进一步追加验证试验。

表 6 – 34　　　　　　　　　　因素 A、B 搭配二元表

	B_1	B_2
A_1	$\dfrac{66.2 + 74.3}{2} = 70.25$	$\dfrac{73.0 + 76.4}{2} = 74.7$
A_2	$\dfrac{70.2 + 75.0}{2} = 72.6$	$\dfrac{62.3 + 71.2}{2} = 66.75$

[例 6 – 9]　为提高苹果籽油的提取率，以超声波法为辅助手段，采用正交试验设计方法来寻找苹果籽油的提取优化工艺条件。

根据相关专业知识，在单因素试验的基础上，选取粒度大小、料液比、超声波功率、提取时间为试验因素，因素水平见表6-35。

表6-35 因素水平表

水平	试验因素			
	A 粒度/目	B 料液比/（m/V）	C 超声波功率/W	D 提取时间/min
1	40	1:6	140	15
2	50	1:8	190	30
3	60	1:10	240	45

这是一个四因素三水平的试验，不仅要求考察因素的主效应，而且要求考察 A、B、C 三个因素一级交互作用 $A \times B$、$A \times C$ 以及 $B \times C$ 的影响。下面根据列、自由度来说明正交表的选取。

根据所占列数来选择正交表。在本例中，试验因素共有四个，所以应占正交表的 4 列。由于试验因素为三水平因素，那么 $A \times B$、$A \times C$、$B \times C$ 交互作用应各占 $(m-1)^p = (3-1) = 2$ 列。连同四个因素以及交互作用，共需 $4 + 3 \times 2 = 10$ 列。在三水平标准正交表中，列数大于等于 10 的正交表以 $L_{27}(3^{13})$ 为最小，所以，选择正交表 $L_{27}(3^{13})$ 安排试验。

如果根据自由度来选择正交表，由于本试验有 4 个三水平的因素和三个交互作用需要考察，那么

$$df_{因素} = df_A + df_B + df_C + df_D = (3-1) + (3-1) + (3-1) + (3-1) = 8$$

$$df_{交互} = df_{A \times B} + df_{A \times C} + df_{B \times C} = 4 + 4 + 4 = 12$$

一般要求 $df_{误差} = df_e \geq 1$。

由于 $df_T = n - 1 = df_{因素} + df_{交互} + df_e$，所以 $n = df_{因素} + df_{交互} + df_e + 1 \geq 8 + 12 + 1 + 1 = 22$，因此选择 $L_{27}(3^{13})$ 来安排试验方案。

对于三水平因素，其每一个一级交互作用需要占正交表的两列（$m - 1 = 3 - 1 = 2$）。表头设计时，应利用正交表对应的交互作用列表来安排。正交表 $L_{27}(3^{13})$ 的交互作用表见附表15。

1. 表头设计

譬如将 A 因素放在第 1 列，B 因素放在第 2 列，那么 A 与 B 的交互作用 $A \times B$ 应在第 3、4 列，然后将 C 放在第 5 列，那么 $A \times C$ 应在第 6、7 列，$B \times C$ 应在第 8、11 列，D 因素可以任意安排在其他列上。本试验表头设计结果见表6-36。

表6-36 表头设计

列号	1	2	3	4	5	6	7	8	9	10	11	12	13
因素	A	B	$A \times B$	$A \times B$	C	$A \times C$	$A \times C$	$B \times C$	空列	空列	$B \times C$	空列	D

2. 编制试验方案，实施试验

表头设计好后，将 $L_{27}(3^{13})$ 中安排有试验因素的第 1、2、5、13 列的水平符号"1""2""3"换成相应因素水平值，编制试验方案，如表6-37所示。按照试验方案实施试验，测定试验结果记录于表6-37中。

表 6 - 37　超声波辅助提取苹果籽油试验方案及结果分析

试验号	A 粒度/目	B 料液比/(m/V)	A×B	A×B	C 超声波功率/W	A×C	A×C	B×C	空列	空列	B×C	空列	D 提取时间/min	出油率/%
1	1(40)	1(1:6)	1	1	1(140)	1	1	1	1	1	1	1	1(15)	16.7
2	1	1	1	1	2(190)	2	2	2	2	2	2	2	2(30)	18.2
3	1	1	1	1	3(240)	3	3	3	3	3	3	3	3(45)	18.1
4	1	2(1:8)	2	2	1	1	1	2	2	2	2	2	3	17.5
5	1	2	2	2	2	2	2	3	3	3	3	3	1	17.6
6	1	2	2	2	3	3	3	1	1	1	1	1	2	17.4
7	1	3(1:10)	3	3	1	1	1	3	3	3	3	3	2	17.4
8	1	3	3	3	2	2	2	1	1	1	1	1	3	18.2
9	1	3	3	3	3	3	3	2	2	2	2	2	1	17.0
10	2(50)	1	2	3	1	2	3	1	2	3	1	2	3	19.2
11	2	2	2	3	2	3	1	2	3	1	2	3	1	19.7
12	2	2	2	3	3	1	2	3	1	2	3	1	2	19.4
13	2	2	3	1	1	2	3	2	3	1	2	3	2	20.1
14	2	2	3	1	2	3	1	3	1	2	3	1	3	20.2
15	2	2	3	1	3	1	2	1	2	3	1	2	1	18.7
16	2	3	1	2	1	3	2	3	1	2	3	1	1	19.2
17	2	3	1	2	2	1	3	1	2	3	1	2	2	19.1
18	2	3	1	2	3	2	1	2	3	1	2	3	3	20.0
19	3(60)	1	3	2	1	3	2	1	3	2	1	2	2	19.6
20	3	1	3	2	2	1	3	2	1	3	2	1	3	20.9

续表

试验号	A 粒度/目	B 料液比/(m/V)	$A×B$	$A×B$	C 超声波功率/W	$A×C$	$A×C$	$B×C$	空列	空列	$B×C$	空列	D 提取时间/min	出油率/%
21	3	1	3	2	3	2	1	3	1	2	3	2	1	20.4
22	3	2	1	3	1	3	2	2	3	1	3	2	1	19.9
23	3	2	1	3	2	1	3	3	1	2	1	3	2	20.5
24	3	2	1	3	3	2	1	1	2	3	2	1	3	20.7
25	3	3	2	1	1	3	2	3	1	2	2	1	3	20.4
26	3	3	2	1	2	1	3	1	2	3	3	2	1	20.2
27	3	3	2	1	3	2	1	2	3	1	1	3	2	20.3
K_{1j}	158.1	172.2	172.4	172.9	170.0	171.3	172.0	169.8	173.4	172.2	171.1	171.9	169.4	
K_{2j}	175.6	172.6	171.7	171.7	174.6	173.9	172.0	173.6	172.0	171.0	172.6	172.9	172.0	
K_{3j}	182.9	171.8	172.5	172.0	172.0	171.4	172.6	173.2	171.2	173.4	172.9	171.8	175.2	
K_{1j}^2	24995.61	29652.84	29721.76	29894.41	28900	29343.69	29584	28832.04	30067.56	29652.84	29275.21	29549.61	28696.36	
K_{2j}^2	30835.36	29790.76	29480.89	29480.89	30485.16	30241.21	29584	30136.96	29584	29241	29790.76	29894.41	29584	
K_{3j}^2	33452.41	29515.24	29756.25	29584	29584	29377.96	29790.76	29998.24	29309.44	30067.56	29894.41	29515.24	30695.04	
SS_j	36.096	0.036	0.042	0.087	1.182	0.482	0.027	0.969	0.276	0.320	0.207	0.082	1.876	

3. 结果分析

①计算各列平方和及自由度

根据

$$SS_j = \frac{1}{r} \sum_{i=1}^{m} K_{ij}^2 - \frac{\left(\sum_{i=1}^{n} X_i \right)^2}{n} = \frac{1}{r} \sum_{i=1}^{m} K_{ij}^2 - CT$$

$$CT = \frac{\left(\sum_{i=1}^{n} X_i \right)^2}{n} = \frac{516.6^2}{27} = 9884.28$$

$$SS_A = SS_1 = \frac{1}{9} (K_{11}^2 + K_{21}^2 + K_{31}^2) - \frac{\left(\sum_{i=1}^{27} X_i \right)^2}{27}$$

$$= \frac{1}{9} (158.1^2 + 175.6^2 + 182.9^2) - 9884.28$$

$$= 36.096$$

$$SS_B = SS_2 = \frac{1}{9} (K_{12}^2 + K_{22}^2 + K_{32}^2) - CT$$

$$= \frac{1}{9} (172.2^2 + 172.6^2 + 171.8^2) - 9884.28$$

$$= 0.036$$

同理，可以计算其余列的平方和，计算结果见表6-37。所以，

$$SS_{A \times B} = SS_3 + SS_4 = 0.042 + 0.087 = 0.129, \quad SS_{A \times C} = SS_6 + SS_7 = 0.482 + 0.027 = 0.509$$

$$SS_{B \times C} = SS_8 + SS_{11} = 0.969 + 0.207 = 1.176$$

$$SS_e = SS_{空列} = SS_9 + SS_{10} + SS_{12} = 0.276 + 0.320 + 0.082 = 0.678$$

自由度

$$df_A = df_1 = m - 1 = 3 - 1 = 2, \quad df_B = df_2 = 3 - 1 = 2, \quad df_{A \times B} = df_3 + df_4 = 2 + 2 = 4$$

同理，$df_C = df_D = 3 - 1 = 2$，$df_{A \times C} = df_{B \times C} = 4$

②计算方差

$$MS_A = \frac{SS_A}{df_A} = \frac{36.096}{2} = 18.048, \quad MS_B = \frac{SS_B}{df_B} = \frac{0.036}{2} = 0.018$$

$$MS_{A \times B} = \frac{SS_{A \times B}}{df_{A \times B}} = \frac{0.129}{4} = 0.03225$$

$$\cdots\cdots$$

$$MS_e = \frac{SS_e}{df_e} = \frac{0.678}{6} = 0.113$$

③显著性检验，列方差分析表

由于 $MS_B < 2MS_e$、$MS_{A \times B} < 2MS_e$、$MS_{A \times C} < 2MS_e$，故应将 SS_B、$SS_{A \times B}$、$SS_{A \times C}$ 并入 SS_e 中，则

$$SS_e^\Delta = SS_e + SS_B + SS_{A \times B} + SS_{A \times C} = 0.678 + 0.036 + 0.129 + 0.509 = 1.352$$

而　$df_e^\Delta = df_e + df_B + df_{A \times B} + df_{A \times C} = 6 + 2 + 4 + 4 = 16$，所以

$$MS_e^\Delta = \frac{SS_e^\Delta}{df_e^\Delta} = \frac{1.352}{16} = 0.0845$$

根据 $F_{因素} = \dfrac{MS_{因}/df_{因}}{MS_e^{\Delta}/df_e^{\Delta}}$，计算 F_A、F_C、F_D、$F_{B \times C}$，作显著性检验，结果见表 6 – 38。

表 6 – 38　　　　　　　　　　　　　方差分析表

变异来源	平方和	自由度	均方	F	F_α	显著性
粒度 A	36.096	2	18.048	213.72	$F_{0.05(2,16)} = 3.634$,	**
料液比 B^{Δ}	0.036	2	0.018		$F_{0.01(2,16)} = 6.226$,	
$A \times B^{\Delta}$	0.129	4	0.032		$F_{0.05(4,16)} = 3.007$,	
超声波功率 C	1.182	2	0.591	7.00	$F_{0.01(4,16)} = 4.773$	**
$A \times C^{\Delta}$	0.509	4	0.127			
$B \times C$	1.176	4	0.294	3.48		*
提取时间 D	1.876	2	0.938	11.11		**
误差 e	0.678	6	0.113			
误差 e^{Δ}	1.352	16	0.0845			
总和	41.68	26				

由表 6 – 38 可以看出，因素 A、C、D 对试验结果的影响高度显著，而交互作用 $B \times C$ 影响显著，B 因素以及 $A \times B$、$A \times C$ 影响不显著。

④最优方案的确定

本例试验指标为出油率，要求越大越好。因素影响主次顺序为 $A > D > C > B \times C > A \times C > A \times B > B$，所以因素 A、C、D 可直接由比较 K 值选出优水平，对于 B 因素，可根据实际情况，从经济角度考虑选取。综合分析，优化组合为 $A_3 B_1 C_2 D_3$，此组合正好在正交试验的 27 个试验组合中。当苹果籽粉碎粒度为 60 目，料液比为 1:6，超声波功率为 190W 时，浸泡处理 45min，出油率最高。

五、 混合水平正交试验结果的方差分析

混合水平正交试验方差分析与等水平正交试验方差分析没有本质区别，只是用公式计算时，要注意各个因素水平数的差别。

[例 6 – 10]　对例 6 – 5 试验结果作方差分析。

（一） 计算

1. 计算各列各水平 K 值，列于表 6 – 39 中。

表 6 – 39　　　　　　　　　　　　试验结果方差分析计算表

试验号	A 油炸温度/℃	B 物料含水量/%	C 油炸时间/s	空列	空列	膨化产品体积 $x' = (x_i - 200)/10$
1	1 (210)	1 (14)	1 (30)	1	1	1
2	1	2 (10)	2 (40)	2	2	0.8
3	2 (220)	1	1	2	2	1.5

续表

试验号	A 油炸温度/℃	B 物料含水量/%	C 油炸时间/s	空列	空列	膨化产品体积 $x' = (x_i - 200)/10$
4	2	2	2	1	1	3
5	3（230）	1	2	1	2	5.1
6	3	2	1	2	1	4.7
7	4（240）	1	2	2	1	3.8
8	4	2	1	1	2	3
K_{1j}	1.8	11.4	10.2	12.1	12.5	
K_{2j}	4.5	11.5	12.7	10.8	10.4	
K_{3j}	9.8					
K_{4j}	6.8					
K_{1j}^2	3.24	129.96	104.04	146.41	156.25	
K_{2j}^2	20.25	132.25	161.29	116.64	108.16	
K_{3j}^2	96.04					
K_{4j}^2	46.24					

2. 计算平方和与自由度

对于四水平列，根据 $SS_j = \dfrac{1}{r} \sum\limits_{i=1}^{m} K_{ij}^2 - CT$ 计算

$$SS_A = SS_1 = \frac{1}{2}(3.24 + 20.25 + 96.04 + 46.24) - \frac{22.9^2}{8} = 17.334$$

$$df_A = df_1 = 4 - 1 = 3$$

对于两水平列，根据 $SS_j = \dfrac{1}{n}(K_{1j} - K_{2j})^2 = \dfrac{1}{8}(K_{1j} - K_{2j})^2$ 计算

$$SS_B = SS_2 = \frac{1}{8}(11.4 - 11.5)^2 = 0.00125, \quad SS_C = SS_3 = \frac{1}{8}(10.2 - 12.7)^2 = 0.781$$

$$SS_4 = \frac{1}{8}(12.2 - 10.8)^2 = 0.211, \quad SS_5 = \frac{1}{8}(12.5 - 10.4)^2 = 0.551$$

$$SS_e = SS_{空列} = SS_4 + SS_5 = 0.211 + 0.551 = 0.762$$

$$df_B = df_C = 2 - 1 = 1 \quad df_e = df_4 + df_5 = 1 + 1 = 2$$

（二）显著性检验

根据上述计算，进行显著性检验，列方差分析表，见表 6-40。

表 6-40　　　　　　　　　　　　　方差分析表

变异来源	平方和	自由度	均方	F	F_α	显著性
油炸温度 A	17.334	3	5.778	22.75	$F_{0.05(3,3)} = 9.28$	*
物料含水量 $B^\triangle$	0.00125	1	0.00125		$F_{0.01(3,3)} = 29.46$	
油炸时间 C	0.781	1	0.781	3.07	$F_{0.05(1,3)} = 10.13$	

续表

变异来源	平方和	自由度	均方	F	F_α	显著性
误差 e	0.762	2	0.381		$F_{0.01(1,3)} = 34.12$	
误差 $e^{\triangle}$	0.763	3	0.254			
总和	18.879	7				

由方差分析结果可以看出，油炸温度对膨化产品的体积影响显著，油炸时间影响不显著，物料含水量对试验结果无影响，各因素作用的主次顺序为 $A > C > B$。

（三） 优化条件确定

通过比较因素 A 的各水平 K 值，可确定其优水平为 A_3；因素 B 没有影响，可根据情况确定优水平；因素 C 对试验结果影响不显著，为缩短加工时间，应选 C_1。因此，优化工艺条件为 $A_3B_1C_1$ 或 $A_3B_2C_1$。

第五节　重复试验和重复取样正交试验结果方差分析

一、　重复试验结果的方差分析

前面介绍的正交试验结果的方差分析，其误差是由"空列"来估计的。然而"空列"并不是真正意义上的空列，通常被潜在的、未考察的交互作用所占。这种"误差"既包含试验误差，也包含潜在的交互作用，称为模型误差。若交互作用不存在，用模型误差估计试验误差是可行的；但若因素间存在交互作用，则模型误差会夸大试验误差，有可能掩盖考察因素的显著性。这时，试验误差应通过重复试验值之间的差异来估计。所以，进行正交试验时每个处理组合最好能有两次以上的重复。另外，试验误差较大时，为了提高统计分析的可靠性，在可能的条件下，也可以做重复试验。当用正交表安排试验而没有空列（误差列）时，为了进行方差分析，就必须做重复试验。所谓重复试验，就是在相同的试验条件下，将同一处理组合重复试验若干次，从而得到同一条件下的若干次试验数据。

重复试验的方差分析与无重复试验的方差分析没有本质上的区别，各项计算基本相同。下面着重指出不同之处。

假定用正交表 $L_n(m^k)$ 安排试验，正交表中的每一组合试验均重复 s 次，那么

$N = ns$ 为试验总次数，其中 n 为正交表的试验组合数；

K_{ij} 为第 j 列第 i 个水平所对应的数据总和；

$T = \sum_{i=1}^{N} y_i$ 为所有试验结果总和；

$\overline{y} = \frac{1}{N} \sum_{i=1}^{N} y_i = \frac{T}{N} = \frac{T}{ns}$ 为所有试验结果的总平均数；

$SS_T = \sum_{i=1}^{N} (y_i - \overline{y})^2 = \sum_{i=1}^{N} y_i^2 - \frac{T^2}{N}$, $df_T = N - 1$

各列平方和、自由度为

$$SS_j = \frac{m}{ns} \sum_{i=1}^{r} K_{ij}^2 - \frac{T^2}{N}, \quad df_j = m - 1, \quad m \text{ 为正交试验各列的水平数}$$

合并误差 $SS_e = SS_{e_1} + SS_{e_2}$, $df_e = df_{e_1} + df_{e_2}$

其中 SS_{e_1} 等于正交表上所有空列的平方和之和，为第一类误差（模型误差）引起的。

第二类误差平方和 SS_{e_2}（纯重复试验误差引起的）可由公式计算

$$SS_{e_2} = SS_T - \sum_{j=1}^{k} SS_j$$

也可用

$$SS_{e_2} = \sum_{i=1}^{n} \sum_{j=1}^{s} (y_{ij} - \bar{y}_i)^2 = \sum_{i=1}^{n} \sum_{j=1}^{s} y_{ij}^2 - s \sum_{i=1}^{n} \bar{y}_i^2 = \sum_{i=1}^{n} \sum_{j=1}^{s} y_{ij}^2 - \frac{1}{s} \sum_{i=1}^{n} \left(\sum_{j=1}^{s} y_{ij} \right)^2$$

式中　$y_{ij}(i = 1, 2, \cdots, n; j = 1, 2, \cdots, s)$——试验号为 i 的第 s 次试验结果；

　　　　$\bar{y}_i$——试验号为 i 的 s 次重复试验结果的平均值。

自由度 $df_{e_2} = n(s - 1) = N - n$。

下面举例说明有重复的正交试验结果分析过程。

[**例 6 – 11**]　　在储藏草菇过程中，A 储藏温度（℃）、B 包装方式、C 半胱氨酸浓度（μmol/L）、D 草菇成熟度四个因素对其品质有较大影响，因素水平如表 6 – 41 所示。试验以褐变率为指标，其数值越小越好。拟通过正交试验优化储藏条件，以延长草菇的储藏时间。

表 6 – 41　　　　　　　　　　　　　　　　因素水平

水平	试验因素			
	A 储藏温度/℃	B 包装方式	C 半胱氨酸浓度/（μmol/L）	D 草菇成熟度
1	13	真空	200	八成熟
2	15	普通	400	全熟

这是四因素二水平试验，可选用正交表 $L_8(2^7)$ 来安排试验。为了提高统计分析的可靠性，每个组合重复做 3 次试验。表头设计、试验方案及结果分析见表 6 – 42。

表 6 – 42　　　　　　　　　　　　　　　　试验方案及结果分析

试验号	试验因素							褐变率/%			
	A 储藏温度/℃	B 包装方式	$A \times B$	C 半胱氨酸浓度/（μmol/L）	$A \times C$	D 草菇成熟度	空列	y_{j1}	y_{j2}	y_{j3}	合计
1	1 (13)	1 （真空）	1	1 (200)	1	1 （八成熟）	1	94	97	98	289
2	1	1	1	2 (400)	2	2 （全熟）	2	95	96	99	290
3	1	2 （普通）	2	1	1	2	2	60	58	63	181

续表

试验号	试验因素							褐变率/%			
	A 储藏温度/℃	B 包装方式	$A \times B$	C 半胱氨酸浓度 /（μmol/L）	$A \times C$	D 草菇成熟度	空列	y_{i1}	y_{i2}	y_{i3}	合计
4	1	2	2	2	2	1	1	72	75	73	220
5	2（15）	1	2	1	2	1	2	89	93	92	274
6	2	1	2	2	1	2	1	18	23	21	62
7	2	2	1	1	2	2	1	92	98	96	286
8	2	2	1	2	1	2	2	93	96	94	283
K_{1j}	980	915	1148	1030	815	1066	857	$T = \sum\limits_{i=1}^{8} \sum\limits_{j=1}^{3} y_{ij} = 188$			
K_{2j}	905	970	737	855	1070	819	1028	$\sum\limits_{i=1}^{8} \sum\limits_{j=1}^{3} y_{ij}^2 = 163275$			
$K_{1j} - K_{2j}$	75	−55	411	175	−255	247	−171				
SS_j	234.375	126.042	7038.375	1276.042	2709.375	2542.042	1218.375	$SS_T = 15223.958$			

（一） 计算

1. 计算各列各水平的 K_{ij} 值

$$K_{11} = 289 + 290 + 181 + 220 = 980, \quad K_{21} = 274 + 62 + 286 + 283 = 905$$

$$K_{12} = 289 + 290 + 274 + 62 = 915, \quad K_{22} = 181 + 220 + 286 + 283 = 970$$

$$\cdots\cdots$$

2. 计算各列平方和及其自由度

对于本例，由于水平数 $m = 2$，所以 $SS_j = \dfrac{1}{N}(K_{1j} - K_{2j})^2 = \dfrac{1}{ns}(K_{1j} - K_{2j})^2$

$$SS_A = SS_1 = \frac{1}{N}(K_{11} - K_{21})^2 = \frac{1}{8 \times 3}(980 - 905)^2 = \frac{1}{24} \times 75^2 = 234.375$$

$$df_A = df_1 = m - 1 = 2 - 1 = 1$$

同理，可以计算其余各列的平方和和自由度。计算结果见表 6 – 42。

$$SS_T = \sum_{i=1}^{8} \sum_{j=1}^{3} y_{ij}^2 - \frac{T^2}{24} = 15223.96, \quad df_T = N - 1 = 8 \times 3 - 1 = 23,$$

$$df_B = df_C = df_D = df_{A \times B} = df_{A \times C} = df_{e_1} = r - 1 = 2 - 1 = 1$$

第一类误差引起的平方和（空列平方和） $SS_{e_1} = SS_7 = 1218.38$

第二类误差引起的平方和（重复试验误差平方和）及自由度

$$SS_{e_2} = SS_T - \sum_{j=1}^{7} SS_j = 79.333, \quad df_{e_2} = n(m - 1) = 8 \times (3 - 1) = 16$$

于是，总的试验误差（合并误差）

$$SS_e = SS_{e_1} + SS_{e_2} = 1218.375 + 79.333 = 1297.708$$

合并误差 SS_e 的自由度

$$df_e = df_{e_1} + df_{e_2} = 1 + 16 = 17$$

（二）　显著性检验

列方差分析表，进行显著性检验，如表 6－43 所示。

表 6－43　　　　　　　　　　　　　　　方差分析表

变异来源	平方和	自由度	均方	F	F_α	显著性
A 储藏温度	234.375	1	234.375	2.963	$F_{0.05(1,18)} = 4.41$	
B 包装方式$^\triangle$	126.042	1	126.042		$F_{0.01(1,18)} = 8.29$	
$A \times B$	7038.375	1	7038.375	88.984		**
C 半胱氨酸浓度	1276.042	1	1276.042	16.133		**
$A \times C$	2709.375	1	2709.375	34.254		**
D 草菇成熟度	2542.042	1	2542.042	32.138		**
模型误差 e_1	1218.375	1				
重复误差 e_2	79.333	16				
合并误差 e	1297.708	17	76.336			
合并误差 $e^\triangle$	1423.750	18	79.097			

（三）　优化条件确定

因素 C、D 以及交互作用 $A \times B$ 和 $A \times C$ 对试验结果的影响高度显著，因素 A、B 的影响不显著。因素及交互作用对试验指标影响的主次顺序为 $A \times B > A \times C > D > C > A > B$。由于交互作用 $A \times B$、$A \times C$ 的效果明显高于因素的单独作用，所以，A、B、C 三因素的优组合应按因素水平搭配二元表来确定。对于 D 因素，可以直接比较 K 值来选定 D_2 为优水平。

由于本研究要求试验指标越小越好，所以，由因素 A 和 B 搭配二元表、因素 A 和 C 搭配二元表（表 6－44）分析可以看出，A、B、C 三因素优组合为 $A_2B_1C_2$。综合以上分析，$A_2B_1C_2D_2$ 为最后的优化组合。

表 6－44　　　　　　　　　　　　　　　因素搭配二元表

A、B 搭配		A、C 搭配	
B_1	B_2	C_1	C_2
$\dfrac{289 + 290}{6} = 96.50$	$\dfrac{181 + 220}{6} = 66.83$	$\dfrac{289 + 181}{6} = 78.33$	$\dfrac{290 + 220}{6} = 85.00$
$\dfrac{274 + 62}{6} = 56.0$	$\dfrac{286 + 283}{6} = 94.83$	$\dfrac{274 + 286}{6} = 93.33$	$\dfrac{62 + 283}{6} = 57.50$

二、　重复取样试验结果的方差分析

与重复试验相比，实际工作中，更常见的情形是在一个试验中同时取几个样本进行测试和分析，以便得到更可靠的结论。这种情形称为重复取样。严格来说，重复试验产生的试验误差与重复取样产生的试样误差是有区别的。试样误差是局部性试验误差，但是，当试样误差和试验误差差别不显著时，则可以像重复试验一样进行分析，可以用来作因素的显著性检验。在这种情形下，无论在人力、物力、财力方面，重复取样比重复试验要节约得多，所以有实用价值。

重复取样的有关计算与重复试验相同，只是得到的第二类误差 SS_{e_2} 原则上是不能用来检验因素的显著性的。但是，在以下三种情况下，可以把重复取样得到的 SS_{e_2} 当作试验误差（第二类误差）。

①若 $\dfrac{SS_{e_1}^{\Delta}/df_{e_1}^{\Delta}}{SS_{e_2}/df_{e_2}} < F_{0.05}$ $(df_{e_1},\ df_{e_2})$，其中，$SS_{e_1}^{\Delta}$ 由满足 $MS_j < MS_{e_1}$ 的诸 SS_j 并入 SS_{e_1} 而成。此时，试验总误差为 $SS_e^{\Delta} = SS_{e_1}^{\Delta} + SS_{e_2}$，$df_e = df_{e_1} + df_{e_2}$，可用 SS_e^{Δ} 去检验因素及交互作用的显著性。

②若正交表中各列都已排满，没有空列，此时为了少做实验，只好用重复取样取得的 SS_{e_2} 当作试验总误差 SS_e 去检验各因素及交互作用的显著性。如果检验结果有一半左右的因素或交互作用不显著，则可以认为这种检验还是合理的，能区分出因素或交互作用对试验结果影响的主次。

③若正交表中已无空列，可以用重复取样得到的 SS_{e_2} 去检验各列中最小的那个平方和。检验结果，如无显著差异，则可把两者合并作为试验总误差 SS_e。

下面举例说明重复取样正交试验结果的分析过程。

[例 6 – 12] 在枣汁提取工艺中，A 浸提温度（℃）、B 浸提时间（h）、C pH、D 料液比 4 个因素对枣汁澄清度有影响。现拟通过正交试验优化提取工艺参数。因素水平见表 6 – 45，试验指标为澄清度，值越高越好，为了减少试验误差，采用对试验样品重复取样方式进行正交试验，以找出最好的试验方案。

表 6 –45　　　　　　　　　　　　　　　　因素水平表

水平	试验因素			
	A 浸提温度/℃	B 浸提时间/h	C pH	D 料液比
1	40	4	5.5	1:4
2	50	6	6.5	1:6
3	60	8	7.5	1:8

这是四因素二水平试验，可选用正交表 $L_9(3^4)$ 来设计试验。为了提高统计分析的可靠性，试验采取重复取样法，对每一组合试验均取 5 个试样分析。试验方案及结果见表 6 –46。

表 6 –46　　　　　　　　　　　　　　　试验方案及结果分析

试验号	试验因素				y_{ij} 澄清度/%					
	A 浸提温度/℃	B 浸提时间/h	C pH	D 料液比	y_{i1}	y_{i2}	y_{i3}	y_{i4}	y_{i5}	合计
1	1 (40)	1 (4)	1 (5.5)	1 (1:4)	97.89	97.96	97.86	98.06	98.12	489.89
2	1	2 (6)	2 (6.5)	2 (1:6)	97.81	97.65	97.76	97.78	97.59	488.59
3	1	3 (8)	3 (7.5)	3 (1:8)	97.25	97.39	97.52	97.48	97.42	487.06

续表

试验号	试验因素				y_{ij}澄清度/%					
	A 浸提温度 /℃	B 浸提时间 /h	C pH	D 料液比	y_{i1}	y_{i2}	y_{i3}	y_{i4}	y_{i5}	合计
4	2 (50)	1	2	3	98.80	98.56	98.61	98.72	98.78	493.47
5	2	2	3	1	97.86	97.95	98.12	98.08	98.06	490.07
6	2	3	1	2	99.15	99.23	98.96	98.87	99.18	495.39
7	3 (60)	1	3	2	97.86	98.06	97.92	98.09	98.15	490.08
8	3	2	1	3	98.40	98.51	98.23	98.45	98.29	491.88
9	3	3	2	1	98.81	98.70	98.52	98.61	98.64	493.28
K_{1j}	1465.54	1473.44	1477.16	1473.24	$T = \sum\limits_{i=1}^{9} \sum\limits_{j=1}^{5} y_{ij} = 4419.71$					
K_{2j}	1478.93	1470.54	1475.34	1474.06	$\sum\limits_{i=1}^{9} \sum\limits_{j=1}^{5} y_{ij}^2 = 434096.8$					
K_{3j}	1475.24	1475.73	1467.21	1472.41						
SS_j	6.378	0.902	3.742	0.091	$SS_T = 11.58$					

（一） 计算

计算 K_{ij} 可利用每一组合试验条件下的试验结果之和，例如

$$K_{11} = 489.89 + 488.59 + 487.06 = 1465.54$$

对于本例，由于水平数 $m = 3$，故 $SS_j = \dfrac{m}{N} \sum\limits_{i=1}^{N} K_{ij}^2 - \dfrac{T^2}{N}$

$$SS_A = SS_1 = \frac{3}{9 \times 5}(1465.54^2 + 1478.93^2 + 1475.24^2) - \frac{4419.71^2}{9 \times 5} = 6.38$$

同理，可以计算其余列的平方和。

$$SS_T = \sum_{i=1}^{9} \sum_{j=1}^{5} y_{ij}^2 - \frac{T^2}{45} = 11.58$$

$$df_T = N - 1 = 45 - 1 = 44$$

由于安排试验的正交表没有空列，因此第一类误差

$$SS_{e_1} = 0, \quad df_{e_1} = 0$$

第二类误差

$$SS_{e_2} = SS_T - (SS_1 - SS_2 - SS_3 - SS_4) = 0.47$$

$$df_{e_2} = N - n = n(s-1) = 9 \times (5-1) = 36$$

于是，试验的总误差

$$SS_e = SS_{e_1} + SS_{e_2} = 0 + 0.47 = 0.47$$

$$df_e = df_{e_1} + df_{e_2} = 0 + 36 = 36$$

（二） 构造 F 统计量，作显著性检验

由 $F_{因} = \dfrac{SS_{因}/df_{因}}{SS_e^\Delta/df_e^\Delta}$ 计算，列方差分析表，结果见表6-47。

表6-47 　　　　　　　　　　　　方差分析表

变异来源	平方和	自由度	均方	F	F_α	显著性
浸提温度 A	6.378	2	3.189	243.777		**
浸提时间 B	0.902	2	0.451	34.477		**
pHC	3.742	2	1.871	143.049		**
料液比 D	0.091	2	0.045	3.469	$F_{0.05(2,36)} = 3.259$	*
模型误差 e_1	0	0	0		$F_{0.01(2,36)} = 5.248$	
重复取样误差 e_2	0.471	36	0.013			
合并误差 e	0.471	36	0.013			

（三） 优化条件确定

由表6-47可以看出，因素 A、B、C 对枣汁澄清度的影响高度显著，因素 D 的影响显著。各因素对试验结果影响主次顺序为 $A > C > B > D$。通过比较 K 值确定试验优组合为 $A_2B_3 C_1D_2$。

第六节　　正交试验设计的灵活运用

一、并　列　法

并列法是由标准表构造水平数不等的正交表的一种方法，它是安排水平数不等的多因素试验常用方法。大部分混合水平正交表，都是由等水平的标准正交表运用并列法构造而来的。

[例6-13]　　混合型正交表 L_{16}（$4^1 \times 2^{12}$）的构造。

从正交表 L_{16}（2^{15}）中任取2列，如第1、2列，这两列中的数对有4种（1，1），（1，2），（2，1），（2，2），把这4种数对依次与1、2、3、4对应，这样2个2水平列（第1、2列）就合并成为一个4水平列，随后划掉第1、2列的交互作用列第3列，这样就得到一个混合型正交表 L_{16}（$4^1 \times 2^{12}$）。此表有13列，第1列是4水平列，其余12列仍是2水平列，见附表15。

应用并列法，L_{16} （2^{15}）亦可改造成 L_{16} （$4^2 \times 2^9$）、L_{16} （$4^3 \times 2^6$）、L_{16} （$4^4 \times 2^3$）、L_{16} （4^5）。

并列改造成的混合水平正交表亦具有等水平正交表的特性，其试验设计时的表头设计、方案编制、极差分析、方差分析等与等水平正交表相同。

[**例 6 – 14**]　为了研究塑料膜袋保藏棕李的储藏效果和储藏过程中维生素 C 的变化规律，欲安排四因素多水平正交试验，试验因素水平见表 6 – 48。试验指标为维生素 C 含量（mg/100g）。因素 A 取 4 个水平，因素 B、C、D 各取两个水平，要求考察交互作用 $A \times B$、$A \times C$、$B \times C$。

表 6 –48　　　　　　　　　　　　　因素水平表

水平	试验因素			
	A 包装方式	B 储藏温度	C 处理时间	D 膜剂
1	封口，内放 C_2H_4 吸收剂	4℃	采后 2d	无钙膜剂
2	不封口，内放 CO_2 吸收剂	室温	采后 10d	含钙膜剂
3	封口，不放吸收剂			
4	不封口，不放吸收剂			

本试验是 $4^1 \times 2^3$ 试验，只有一个因素是四水平，其余因素为二水平，显然若选用 L_8 （4×2^4）正交表，则无法安排下交互作用，而选用二水平标准表，就需采用并列法对正交表进行改造。首先选取正交表，以自由度来推算

$$df_A = 4 - 1 = 3, \ df_B = df_C = df_D = 2 - 1 = 1$$

$$df_{A \times B} = df_{A \times C} = （4 - 1） \times （2 - 1） = 3, \ df_{B \times C} = （2 - 1） \times （2 - 1） = 1$$

那么总自由度

$$df_T = 3 + 3 \times 1 + 2 \times 3 + 1 = 13$$

故可选取 L_{16} （2^{15}）正交表设计试验。对 L_{16} （2^{15}）进行并列改造，形成混合型正交表 L_{16} （$4^1 \times 2^{12}$）。在表头设计时，应按照 L_{16} （2^{15}）的交互作用表来安排交互作用列。在本例中，表头设计时，首先将四水平因素 A 放在四水平列上（第 1、2、3 列），因素 B 放在第 4 列上，则 $A \times B$ 交互作用列为 5、6、7 列，再将因素 C 放在第 8 列，则 $A \times C$ 交互作用列为第 9、10、11 列，$B \times C$ 交互作用列为第 12 列。最后因素 D 放在第 13 列上，第 14、15 列为空列，用于估计试验误差，这样就形成了如表 6 –49 所示的表头设计。试验方案及结果见表 6 –50。方差分析结果见表 6 –51。

表 6 –49　　　　　　　　　　$4^1 \times 2^3$ 试验表头设计

因素	A			B	$A \times B$			C	$A \times C$			$B \times C$	D	空列	空列
列号	1	2	3	4	5	6	7	8	9	10	11	12	13	14	15

表6-50 试验方案及结果分析

试验号	试验因素 A	B		A×B		C		A×C		B×C	D	空列	空列	试验结果
	1'	4	5	6	7	8	9	10	11	12	13	14	15	
1	1	1	1	1	1	1	1	1	1	1	1	1	1	0.41
2	1	1	1	1	1	2	2	2	2	2	2	2	2	0.25
3	1	2	2	2	2	1	1	1	1	2	2	2	2	0.37
4	1	2	2	2	2	2	2	2	2	1	1	1	1	0.30
5	2	1	1	2	2	1	1	2	2	1	1	2	2	0.13
6	2	1	1	2	2	2	2	1	1	2	2	1	1	0.25
7	2	2	2	1	1	1	1	2	2	2	2	1	1	0.08
8	2	2	2	1	1	2	2	1	1	1	1	2	2	0.31
9	3	1	2	1	2	1	2	1	2	1	2	1	2	0.34
10	3	1	2	1	2	2	1	2	1	2	1	2	1	0.58
11	3	2	1	2	1	1	2	1	2	2	1	2	1	0.39
12	3	2	1	2	1	2	1	2	1	1	2	1	2	0.51
13	4	1	2	2	1	1	2	2	1	1	2	2	1	0.29
14	4	1	2	2	1	2	1	1	2	2	1	1	2	0.48
15	4	2	1	1	2	1	2	2	1	2	1	1	2	0.35
16	4	2	1	1	2	2	1	1	2	1	2	2	1	0.44
K_{1j}	1.33	2.73	2.73	2.76	2.72	2.36	3.00	2.99	3.07	2.73	2.95	2.72	2.74	
K_{2j}	0.77	2.75	2.75	2.72	2.76	3.12	2.48	2.49	2.41	2.75	2.53	2.76	2.74	
K_{3j}	1.82													
K_{4j}	1.56													
SS_j	0.15	2.5×10^{-5}	2.5×10^{-5}	1×10^{-4}	1×10^{-4}	3.6×10^{-2}	1.69×10^{-2}	1.56×10^{-2}	2.72×10^{-2}	2.5×10^{-5}	1.1×10^{-2}	1×10^{-4}	0	

$$T = 5.48 \quad C = \frac{T^2}{n} = 0.257$$

$$S_T = \sum_{i=1}^{16} x_i^2 - CT$$

表6-51　　　　　　　　　　　　　　　方差分析表

变异来源	偏差平方和	自由度	方差	F	F_α	显著性
A	$SS_A = SS_1 = 0.15$	3	0.05	933.6		**
B^Δ	$SS_B = SS_4 = 2.5 \times 10^{-5}$	1	2.5×10^{-5}			
$A \times B^\Delta$	$SS_{A \times B} = SS_5 + SS_6 + SS_7 = 2.25 \times 10^{-4}$	3	7.5×10^{-5}			
C	$SS_C = SS_8 = 0.0361$	1	0.0361	673.87	$F_{0.05(3,7)} = 4.35$	**
$A \times C$	$SS_{A \times C} = SS_9 + SS_{10} + SS_{11} = 0.0597$	3	0.0199	371.78	$F_{0.01(3,7)} = 8.45$	**
$B \times C^\Delta$	$SS_{B \times C} = SS_{12} = 2.5 \times 10^{-5}$	1	2.5×10^{-5}		$F_{0.05(1,7)} = 5.59$	
D	$SS_D = SS_{13} = 0.011$	1	0.011	205.8	$F_{0.01(1,7)} = 12.25$	**
误差 e	$SS_e = SS_{14} + SS_{15} = 1 \times 10^{-4}$	2	5×10^{-5}			
误差 e^Δ	$SS_e + SS_B + SS_{A \times B} + SS_{B \times C} = 3.75 \times 10^{-4}$	7	5.375×10^{-5}			
总和	$SS_T = 0.257$					

由表6-51可以看出，因素 A、C、D 及交互作用 $A \times C$ 的影响高度显著，交互作用 $A \times B$、因素 B、交互作用 $B \times C$ 对试验结果无影响。因素影响的主次顺序为 $A > C > A \times C > D > A \times B > B$、$B \times C$。通过比较 K_i 的大小，可确定 A 因素的优水平为 A_3，C、D 因素的优水平分别为 C_2、D_1，优组合为 $A_3B_1C_2D_1$ 或 $A_3B_2C_2D_1$。B 因素水平可根据实际情况选择。

二、　拟　水　平　法

拟水平法就是对于某个（或某些）水平数较少的因素，把其中希望重点考察的一个或几个水平做重复，作为假想的（或虚拟的）水平，使之形式上满足可以直接利用比较简单的混合水平正交表或等水平正交表来安排试验的一种设计方法。

采用拟水平法安排试验，正交表的正交性会遭到部分破坏，结果分析时应注意虚拟列的水平变化。极差分析时按照混合水平正交表进行分析；而方差分析时，要考虑拟水平导致的试验误差。

拟水平法是解决水平数不等的多因素试验的一条途径，下面通过一个实例来说明。

[例6-15]　为了提高某化工产品的转化率，选择反应温度 A、加碱量 B、催化剂种类 C、反应状态 D 为试验因素，不考虑因素间的交互作用，拟采用正交试验优化工艺条件。因素水平如表6-52所示。

表6-52　　　　　　　　　　　　　　　因素水平

水平	A 反应温度/℃	B 加碱量/%	C 催化剂种类	D 反应状态
1	80	3	甲	液态
2	85	4	乙	固态
3	90	5	丙	

这是一个四因素的试验，其中因素 A、B、C 可取3个水平，因素 D 由于实际情况所限

仅能取 2 个水平。在这种情况下，如果将 D 因素虚拟一个水平，使其成为三水平的因素，这样，问题就转化为四因素三水平的试验，可以直接用正交表 $L_9(3^4)$ 来安排试验。那么，如何把二水平的因素 D 变为三水平因素？一般根据实践经验，从第 1、第 2 水平中选取一个较好的水平作为第 3 水平的虚拟水平。本研究根据经验认为因素 D 的第 1 水平比第 2 水平好，因此用因素 D 的第 1 水平作为其第 3 虚拟水平。试验方案设计及结果分析如表 6-53 所示。

表 6-53   拟水平试验设计方案及结果分析

试验号	A 反应温度/℃	B 加碱量/%	C 催化剂种类	D 反应状态	转化率/%
1	1（80）	1（3）	1（甲）	1（液态）	59
2	1	2（4）	2（乙）	2（固态）	48
3	1	3（5）	3（丙）	3（液态）	34
4	2（85）	1	2	3	39
5	2	2	3	1	23
6	2	3	1	2	48
7	3（90）	1	3	2	36
8	3	2	1	3	55
9	3	3	2	1	56
K_{1j}	141	134	162	266	
K_{2j}	110	126	143	132	
K_{3j}	147	138	93		
k_{1j}	47.0	44.7	54.0	44.3	
k_{2j}	36.7	42.0	47.7	44.0	
k_{3j}	49.0	46.0	31.0		
R_j	12.3	4.0	23.0	0.3	
调整 R'	11.08	3.60	20.72	0.52	
主次顺序		$C > A > B > D$			
优水平	A_3	B_3	C_1	D_1	
优组合		$A_3B_3C_1D_1$			

（一）极差分析

拟水平试验的极差分析方法与一般正交试验的极差分析方法基本相同，以混合型水平正交试验结果进行处理。对本例,极差分析结果见表 6-53。

(二) 方差分析

拟水平试验的方差分析计算分析过程与混合型水平正交试验结果方差分析无本质区别,主要不同点在于拟水平列的平方和及自由度的计算。

1. 计算各列平方和

$$T = \sum_{i=1}^{9} y_i = 59 + 48 + \cdots + 56 = 398, \quad CT = \frac{T^2}{n} = \frac{398^2}{9} = 17600.44$$

$$SS_T = \sum_{i=1}^{9} y_i^2 - CT = 59^2 + 48^2 + \cdots + 56^2 - \frac{398^2}{9} = 1151.56$$

$$SS_A = \frac{3}{n}(K_1^2 + K_2^2 + K_3^2 + K_4^2) - CT = \frac{1}{3}(141^2 + 110^2 + 147^2) - 17600.44 = 262.90$$

同理

$$SS_B = \frac{3}{n}(K_1^2 + K_2^2 + K_3^2 + K_4^2) - CT = \frac{1}{3}(134^2 + 126^2 + 138^2) - 17600.44 = 24.90$$

$$SS_C = \frac{3}{n}(K_1^2 + K_2^2 + K_3^2 + K_4^2) - CT = \frac{1}{3}(162^2 + 143^2 + 93^2) - 17600.44 = 846.90$$

因素 D 的第 1 水平共重复了 6 次,第 2 水平重复了 3 次,所以因素 D 引起的平方和为

$$SS_D = \frac{K_1^2}{6} + \frac{K_2^2}{3} - CT = \frac{266^2}{6} + \frac{132^2}{3} - 17600.44 = 0.22$$

误差的平方和为

$$SS_e = SS_T - (SS_A + SS_B + SS_C + SS_D) = 1151.56 - (262.90 + 24.90 + 846.90 + 0.22) = 16.64$$

注意,对于拟水平法,虽然没有空列,但误差的平方和与自由度均不为零。这是由于拟水平所造成的。

2. 计算自由度

$$df_T = n - 1 = 9 - 1 = 8, \quad df_A = df_B = df_C = 3 - 1 = 2$$

$$df_D = 2 - 1 = 1, \quad df_e = df_T - (df_A + df_B + df_C + df_D) = 8 - 2 - 2 - 2 - 1 = 1$$

3. 计算均方

$$MS_A = \frac{SS_A}{df_A} = \frac{262.90}{2} = 131.45, \quad MS_B = \frac{SS_B}{df_B} = \frac{24.90}{2} = 12.45$$

$$MS_C = \frac{SS_C}{df_C} = \frac{846.90}{2} = 423.45, \quad MS_D = \frac{SS_D}{df_D} = \frac{0.22}{1} = 0.22$$

$$MS_e = \frac{SS_e}{df_e} = \frac{16.64}{1} = 16.64$$

由于 $MS_B < 2MS_e$,$MS_D < 2MS_e$,所以因素 B、D 对试验结果的影响较小,可以将它们归入误差,所以

新误差平方和 $SS_e^{\Delta} = SS_e + SS_B + SS_D = 16.64 + 24.90 + 0.22 = 41.76$

新误差自由度 $df_e^{\Delta} = df_e + df_B + df_D = 1 + 2 + 1 = 4$

新误差均方 $MS_e^{\Delta} = \frac{SS_e^{\Delta}}{df_e^{\Delta}} = \frac{41.76}{4} = 10.44$

4. 计算 F 值

$$F_A = \frac{MS_A}{MS_e^{\Delta}} = \frac{131.45}{10.44} = 12.59, \quad F_C = \frac{MS_C}{MS_e^{\Delta}} = \frac{423.45}{10.44} = 40.56$$

5. 显著性检验

由表 6 - 54 可以看出，因素 C 对试验结果有非常显著的影响，因素 A 对试验结果有显著的影响，因素 B、D 对试验结果影响较小。

表 6 - 54 方差分析表

变异来源	平方和	自由度	均方	F	F_α	显著性
反应温度 A	262.90	2	131.45	12.59	$F_{0.05(2,4)} = 6.94$	*
加碱量 $B^\triangle$	24.90	2	12.45		$F_{0.01(2,4)} = 18.00$	
催化剂种类 C	846.90	2	423.45	40.56		**
反应状态 $D^\triangle$	0.22	1	0.22			
误差 e	16.64	1	16.64			
误差 $e^\triangle$	41.76	4	10.44			
总和	1151.56	8				

6. 最优方案的确定

根据研究目的、试验指标性质，转化率越高越好，从表 6 - 53 可以看出，在不考虑交互作用的情况下，最优方案应取各因素 K 值最大所对应的水平，即为 $A_3B_3C_1D_1$，即控制反应温度在 90℃、加碱量 5%、用甲类催化剂，采用液态反应时转化率最高。此组合不在 9 个试验组合中，需追加验证试验。

三、组 合 法

所谓组合法，就是把两个水平较少的因素"组合"成一个水平较多的因素，安排到多水平正交表中去的试验设计方法，也称为组合因素法。

譬如，有一个四因素试验，其中 A、B 为二水平因素，C、D 为三水平因素，不考虑因素间的交互作用。试采用正交表设计试验。

本试验是四因素的混合水平试验，A、B 为二水平因素，C、D 为三水平因素。显然，没有合适的混合正交表可选。若用拟水平法设计，需将 A、B 两因素全部拟水平，所拟因素多。下面利用组合设计法进行设计。

选择正交表，由于有三水平因素和二水平因素，因此考虑选择三水平正交表来安排。根据自由度，$df_A + df_B + df_C + df_D = 1 + 1 + 2 + 2 = 6$，所以所选正交表的行数应满足 $n - 1 \geqslant 6$，即 $n \geqslant 7$，故选择 $n = 9$ 的三水平正交表，即 $L_9(3^4)$。

用组合法将两个二水平因素"组合"成一个三水平因素。其组合方法如下：两个二水平因素共有 4 对组合，从中任选 3 对，将这 3 对看成为一个组合因素的三个水平。譬如，把二水平因素 A 和 B 组合一个三水平因素 $\overline{AB}$。从 A 和 B 水平组合中任选三个，如选 11、12、21，分别看作 $\overline{AB}$ 的 1、2、3 水平（表 6 - 55）。再将三水平因素 $\overline{AB}$ 和 C、D 分别安排在 $L_9(3^4)$ 的 1、2、4 列，即可完成表头设计（表 6 - 56）。

表 6 -55　　　　　　　　　　　　　　　　组合说明

因素（二水平）			组合因素（三水平）
A	B		$\overline{AB}$
1	1	$\longrightarrow$	1
1	2	$\longrightarrow$	2
2	1	$\longrightarrow$	3
2	2		不考虑

表 6 -56　　　　　　　　　　　　　　　组合法表头设计

因素	$\overline{AB}$	C	空列	D
列号	1	2	3	4

试验结果分析时，非组合因素的各项计算与分析同前述基本方法。对于组合因素$\overline{AB}$，极差分析时，当A、B间交互作用可忽略时，因素A、B的各项计算和判断如下：

$$R_A = \overline{K_{AB_1}} - \overline{K_{AB_3}}$$
$$R_B = \overline{K_{AB_1}} - \overline{K_{AB_2}}$$

当A、B间有明显交互作用时，不能确定A、B因素的主次和优水平，而只能确定它们的优搭配，因此并不影响最优组合分析。

方差分析时，由于正交表不再具有正交性，二水平因素A、B的平方和计算与前边有所不同。因素A与B的平方和：

$$SS_A = 3\ (\overline{K_{11}} - \overline{K_{B_1}})^2 + 3\ (\overline{K_{13}} - \overline{K_{B_1}})^2 = \frac{(K_{11} - K_{13})^2}{6}, \ df_A = 2 - 1 = 1$$

$$SS_B = 3\ (\overline{K_{11}} - \overline{K_{A_1}})^2 + 3\ (\overline{K_{12}} - \overline{K_{A_1}})^2 = \frac{(K_{11} - K_{12})^2}{6}, \ df_B = 2 - 1 = 1$$

其中$\overline{K_{B_1}} = \dfrac{(\overline{K_{11}} + \overline{K_{13}})}{2} = \dfrac{K_{11} + K_{13}}{6}$，$\overline{K_{A_1}} = \dfrac{(\overline{K_{11}} + \overline{K_{12}})}{2} = \dfrac{K_{11} + K_{12}}{6}$。

注意$SS_A + SS_B \neq SS_1$。

误差平方和仍然可用空列的平方和表示，即$SS_e = SS_3$，其$df_e = 3 - 1 = 2$。

[例 6 -16]　为了提高改性淀粉的特性，做四因素混合水平试验，A、B为二水平因素，C、D为三水平因素，不考虑因素间的交互作用。采用组合设计法设计试验。试验方案及结果见表 6 -57，对其进行方差分析。

表 6 -57　　　　　　　　　　　组合法设计的方案及结果

表头设计	A	B	$\overline{AB}$	C	空列	D	
列号 试验号	1'	1"	1	2	3	4	试验结果 y_i
1	1	1	1	1	1	1	5
2	1	1	1	2	2	2	8

续表

表头设计	A	B	$\overline{AB}$	C	空列	D	
列号 试验号	1'	1"	1	2	3	4	试验结果 y_i
3	1	1	1	3	3	3	15
4	1	2	2	1	2	3	10
5	1	2	2	2	3	1	7
6	1	2	2	3	1	2	17
7	2	1	3	1	3	2	8
8	2	1	3	2	1	3	5
9	2	1	3	3	2	1	14
K_1	28	28	28	23	27	26	$T = 89$
K_2	27	34	34	20	32	33	$\sum\limits_{i=1}^{9} y_i^2 = 1037$
K_3			27	46	30	30	$SS_T = 156.89$
SS	0.17	6.00	9.56	134.89	4.22	8.22	

方差分析见表 6 - 58。由表 6 - 58 可以看出，$MS_A < MS_e$，故因素 A 影响必然不显著，所以第一列可以认为是用拟水平法仅安置了因素 B，从而可以按拟水平法重新计算因素 B 的平方和，

$$SS_B = \frac{(28 + 27)^2}{6} + \frac{34^2}{3} - \frac{89^2}{9} = 9.39, \quad df_B = 2 - 1 = 1$$

而把 $SS_1 = SS_A = 0.17$ 并入误差平方和中，则得方差分析表 6 - 59。

当 $\alpha = 0.10$ 时，$F_{0.10(1,3)} = 5.54$，$F_{0.10(2,3)} = 5.46$；当 $\alpha = 0.05$ 时，$F_{0.05(1,3)} = 10.1$，$F_{0.05(2,3)} = 9.55$；当 $\alpha = 0.01$ 时，$F_{0.01(1,3)} = 34.1$，$F_{0.01(2,3)} = 30.8$。所以可以看出，因素 C 在 $\alpha = 0.01$ 时的影响是显著的，因素 B 在 $\alpha = 0.10$ 时的影响是显著的，A、D 因素没有显著影响。

表6 - 58　　　　　　　　　　　方差分析表

变异来源	平方和	自由度	均方	F
A	0.17	1	0.17	
B	6.00	1	6.00	
C	134.89	2	67.45	
D	8.22	2	4.11	
误差 e	4.22	2	2.11	
总和	156.89	8		

表 6 - 59　　　　　　　　　　　　　　最终方差分析表

变异来源	平方和	自由度	均方	F
B	9.39	1	9.39	6.43
C	134.89	2	67.45	46.20
D	8.22	2	4.11	2.89
误差 $e^{\triangle}$	4.39	3	1.46	
总和	156.89	8		

最佳水平组合的选取。对于因素 B，可以按拟水平法选取，对于因素 C，可从分析表中选取。本试验指标要求越大越理想，所以综合考虑选取优组合为 B_2C_3，A、D 根据情况选取。

除以上几种灵活方法外，还有拟因素法、分割法、赋闲列法等，详见有关书籍。

习　题

1. 什么是正交试验设计，有哪些特点？

2. 表头设计应注意哪些问题？

3. 某试验考察 A、B、C 三个因素，且每个因素均有三个水平，且要求考察交互作用 $A \times B$、$A \times C$、$B \times C$，试选择正交表，完成表头设计。

4. 某试验考察 A、B、C、D、E 五个因素，每个因素均取两个水平，且要求考察交互作用 $A \times B$、$A \times C$、$B \times E$、$D \times E$，试完成表头设计。

5. 为优化复合保鲜膜的制备参数，选取壳聚糖浓度 A、1，2 - 丙二醇浓度 B、乙酸浓度 C 为试验因素，试验方案及结果如下，试作极差分析。

试验号	A 壳聚糖浓度/%	B1，2 - 丙二醇浓度/%	C 乙酸浓度/%	空列	失水率/%
1	1 (1.0)	1 (1)	1 (0.5)	1	8.55
2	1	2 (2)	2 (1.0)	2	7.55
3	1	3 (3)	3 (1.5)	3	6.99
4	2 (1.5)	1	2	3	7.28
5	2	2	3	1	8.09
6	2	3	1	2	6.65
7	3 (2.0)	1	3	2	7.98
8	3	2	1	3	9.25
9	3	3	2	1	9.02

6. 某企业拟采用正交试验优化液体葡萄糖的生产工艺，采用 $L_9(3^4)$ 设计试验方案，试验结果见下表。试用综合平衡法进行分析，优化出生产方案。

试验号	A 粉浆浓度 /%	B 粉浆酸度	C 稳压 时间/min	D 工作 压力/10^5Pa	产量/kg	还原糖/%
1	1（16）	1（1.5）	1（0）	1（2.2）	49.8	41.6
2	1	2（2.0）	2（5）	2（2.7）	56.8	39.4
3	1	3（2.5）	3（10）	3（3.2）	56.8	31.0
4	2（18）	1	2	3	57.7	42.4
5	2	2	3	1	51.2	37.2
6	2	3	1	2	54.0	30.2
7	3（20）	1	3	2	50.1	42.4
8	3	2	1	3	55.0	40.4
9	3	3	2	1	51.0	30.0

7. 为了提高某种化工产物的合成率，今利用正交试验优化工艺条件，试验方案及结果如下表，试作极差分析。

试验号	A 加酸量/mL	B 加水量/mL	A×B	C 反应 时间/h	A×C	B×C	D 添加剂	合成率/%
1	1（25）	1（24）	1	1（1）	1	1	1（有）	5.5
2	1	1	1	2（2）	2	2	2（无）	6.3
3	1	2（40）	2	1	1	2	2	7.2
4	1	2	2	2	2	1	1	8.1
5	2（20）	1	2	1	2	1	2	6.9
6	2	1	2	2	1	2	1	5.8
7	2	2	1	1	2	2	1	7.7
8	2	2	1	2	1	1	2	6.4

8. 膨化香蕉的品质受膨化温度 A、膨化压差 B 和抽空温度 C 三个因素影响，选用 L_9（3^4）设计正交试验，试验结果见下表，试作方差分析。

试验号	A 膨化 温度/℃	B 膨化 压差	C 抽空 温度/℃	空列	脆度
1	1（35）	1（0.03）	1（55）	1	23.05
2	1	2（0.1）	2（60）	2	16.24
3	1	3（0.2）	3（65）	3	19.44
4	2（40）	1	2	3	17.10
5	2	2	3	1	21.50
6	2	3	1	2	24.35
7	3（45）	1	3	2	14.26
8	3	2	1	3	16.00
9	3	3	2	1	12.51

9. 利用 $L_8(2^7)$ 正交表来优化野生资源活性成分的提取工艺条件，试验方案及结果见表，试作方差分析。

试验号	A	B	$A \times B$	C	空列	空列	D	提取率/%
1	1	1	1	1	1	1	1	2.05
2	1	1	1	2	2	2	2	2.24
3	1	2	2	1	1	2	2	2.44
4	1	2	2	2	2	1	1	1.10
5	2	1	2	1	2	1	2	1.50
6	2	1	2	2	1	2	1	1.35
7	2	2	1	1	2	2	1	1.26
8	2	2	1	2	1	1	2	2.00

回归试验设计与分析

回归试验设计，也称为响应曲面设计、反应曲面设计、响应面方法等（response surface methodology），简称 RSM 设计，就是在因子空间选择适当的试验点，以较少的试验处理，建立一个有效的回归方程，通过对回归方程分析来解决生产中的优化问题。它是在多元线性回归的基础上主动收集数据进而获得具有较好性质回归方程的一种试验设计方法。它克服了传统回归分析（古典回归分析）的缺陷，传统的回归分析只是被动地处理已有的试验（或统计）数据，对试验方案几乎不提任何要求，对如何提高所求回归方程的精度也很少考虑。这种被动性数据分析，运算相对比较复杂，不仅盲目地增加了试验次数，而且试验数据还往往不能提供充分的信息，以致在许多多因子试验（问题）研究中达不到试验目的。另外，同一试验点上一般没有重复试验数据，无法对模型的拟合性进行检验。

回归试验设计摆脱古典回归分析的被动局面，主动地把试验的安排、数据的处理和回归方程的精度统一起来加以考虑，根据试验目的和数据分析来选择试验点，使得在每个试验点上能获得比较充分、有用的信息，从而减少试验次数，并使其数据分析能提供更为科学、充分、有用的信息。目前，回归试验设计已成为寻找试验指标与各因子间的定量规律、降低试验成本、优化工艺条件的一种有效的多元统计方法，已被广泛地应用于农业、生物、食品、化工等领域。

回归试验设计始于 20 世纪 50 年代初期，发展至今其内容相当丰富。根据所建立的回归方程次数不同，回归试验设计有一次回归试验设计、二次回归试验设计、三次回归试验设计等；根据设计的性质不同，回归试验设计有回归正交设计、回归旋转设计、回归 D - 最优设计等。本章将重点介绍一次回归正交设计、二次回归正交旋转组合设计和二次回归通用旋转组合设计。

第一节 一次回归正交设计

当研究的因变量 y 与自变量 $z_1, z_2, \cdots, z_p$ 之间呈线性关系时，可采用一次回归正交设计试验。一次回归正交设计的数学模型是：

$$y_i = \beta_0 + \beta_1 z_{i1} + \beta_2 z_{i2} + \cdots + \beta_p z_{ip} + \varepsilon_i \quad (i = 1, 2, \cdots, k) \tag{7-1}$$

可以看出，一次回归正交设计是解决在回归模型中，变量的最高次数为一次的（不包括交互项的次数）多元回归问题。

对一次回归正交设计试验结果进行回归分析，可获得回归方程为

$$y = b_0 + b_1 z_1 + b_2 z_2 + \cdots + b_p z_p \tag{7-2}$$

其中，$b_0, b_1, b_2, \cdots, b_p$ 是 $\beta_0, \beta_1, \beta_2, \cdots, \beta_p$ 参数的估计值。

一、 一次回归正交设计的原理

由前述的古典回归分析过程可知，多元回归分析十分复杂，其复杂性在于系数矩阵的计算。

一次回归数学模型（7-1）是表示因变量 y 与自变量 $z_1, z_2, \cdots, z_p$ 间相互关系的数学结构式。其结构矩阵 $\mathbf{Z}$ 可写为：

$$\mathbf{Z} = \begin{bmatrix} 1 & z_{11} & z_{12} & \cdots & z_{1p} \\ 1 & z_{21} & z_{22} & \cdots & z_{2p} \\ 1 & z_{31} & z_{32} & \cdots & z_{3p} \\ \vdots & \vdots & \vdots & \vdots & \vdots \\ 1 & z_{n1} & z_{n2} & \cdots & z_{np} \end{bmatrix}$$

那么，多元回归时正规方程组的系数矩阵 A 即为：

$$A = Z'Z = \begin{bmatrix} N & \sum_i z_{i1} & \sum_i z_{i2} & \cdots & \sum_i z_{ip} \\ \sum_i z_{i1} & \sum_i z_{i1}^2 & \sum_i z_{i1} z_{i2} & \cdots & \sum_i z_{i1} z_{ip} \\ \sum_i z_{i2} & \sum_i z_{i2} z_{i1} & \sum_i z_{i2}^2 & \cdots & \sum_i z_{i2} z_{ip} \\ \vdots & \vdots & \vdots & \vdots \\ \sum_i z_{ip} & \sum_i z_{ip} z_{i1} & \sum_i z_{ip} z_{i2} & \cdots & \sum_i z_{ip}^2 \end{bmatrix}$$

根据矩阵运算规律，如果系数矩阵 A 为对角矩阵时，即可大大简化其逆矩阵的计算，同时会使得回归系数间不存在相关性，这为回归方程的建立、优化提供方便。欲使上述系数矩阵 A 为对角阵，要求

$$\sum_i z_{ij} = 0, \sum_i z_{ij} z_{it} = 0 \quad (i = 1,2,\cdots,n; j = 1,2,\cdots,p; t = 1,2,\cdots,p; j \neq t)$$

即结构矩阵 $\mathbf{Z}$ 中的任一列之和为零，任两列相应元素的乘积之和为零。从数学意义上讲，也就是要结构矩阵 $\mathbf{Z}$ 具有正交性。表 7-1 所示为二水平正交表 $L_8(2^7)$，若用"1"代换表中第1水平符号"1""-1"代换第二水平符号"2"，或用"-1"代换表中符号"1""1"代换符号"2"，均能使正交表的每一列之和，以及任两列乘积之和均为零，可满足以上正交性要求。若以 x_{ij} 表示第 i 号试验第 j 个因子 x_j 的取值，即

$$\sum_{i=1}^n x_{ij} = 0, \quad j = 1,2,\cdots,p, \sum_{k=1}^n x_{ki} x_{kj} = 0, \quad (i \neq j; i, j = 1,2,\cdots,p) \tag{7-3}$$

可以看出，代换后的正交表本质上与原正交表并无差别，不会影响正交试验的设计。具有上述正交性的设计称为正交设计。

表 7-1　　　　　　　　　　　　　　　$L_8(2^7)$　正交表

变换前的 $L_8(2^7)$ 正交表								变换后的 $L_8(2^7)$ 正交表															
	1	2	3	4	5	6	7		1	2	3	4	5	6	7		1	2	3	4	5	6	7
1	1	1	1	1	1	1	1	1	1	1	1	1	1	1	1	1	-1	-1	-1	-1	-1	-1	-1
2	1	1	1	2	2	2	2	2	1	1	1	-1	-1	-1	-1	2	-1	-1	-1	1	1	1	1
3	1	2	2	1	1	2	2	3	1	-1	-1	1	1	-1	-1	3	-1	1	1	-1	-1	1	1
4	1	2	2	2	2	1	1	4	1	-1	-1	-1	-1	1	1	4	-1	1	1	1	1	-1	-1
5	2	1	2	1	2	1	2	5	-1	1	-1	1	-1	1	-1	5	1	-1	1	-1	1	-1	1
6	2	1	2	2	1	2	1	6	-1	1	-1	-1	1	-1	1	6	1	-1	1	1	-1	1	-1
7	2	2	1	1	2	2	1	7	-1	-1	1	1	-1	-1	1	7	1	1	-1	-1	1	1	-1
8	2	2	1	2	1	1	2	8	-1	-1	1	-1	1	1	-1	8	1	1	-1	1	-1	-1	1

一次回归正交设计就是用二水平正交表 $L_4(2^3)$、$L_8(2^7)$、$L_{12}(2^{11})$、$L_{16}(2^{15})$ 等来安排试验的。

二、 一次回归正交设计的步骤

一次回归正交设计步骤与正交试验设计、均匀试验设计一样，也包括试验方案设计与结果分析两部分。

（一） 试验方案设计

1. 根据试验目的，选定试验指标

回归设计时试验指标的选定以数量化指标为主，对于非数量指标要考虑通过必要的手段转化为数量化指标，以方便后续的回归分析。

2. 确定试验因素和水平范围

根据试验研究的目的和要求，结合实践经验、前期研究等筛选对试验指标有影响的因素（因子）为试验因素，拟定每个因素 z_j 的变化范围。通常，回归正交设计时的因素数 $3 \leqslant m \leqslant 5$。各试验因素取值最高的那个水平称为上水平，以 z_{2j} 表示；取值最低的那个水平称为下水平，以 z_{1j} 表示；上、下水平的算术平均数称为零水平，以 z_{0j} 表示，即

$$z_{0j} = \frac{z_{2j} + z_{1j}}{2} \tag{7-4}$$

上水平与零水平之差称为因素 z_j 的变化间距（步长），记作 Δ_j

$$\Delta_j = z_{2j} - z_{0j} \ 或 \ \Delta_j = \frac{z_{2j} - z_{1j}}{2} \tag{7-5}$$

3. 因素水平编码

因素水平编码就是对自然因素 z_j 的各个自然水平进行适当线性变换，使其各个水平取值转化在 [1，-1] 区间内，这样就消除了各原自然因素 z_j 不同量纲、不同取值范围大小的影响。其线性变换公式为

$$x_{ij} = \frac{z_{ij} - z_{0j}}{\Delta_j} \tag{7-6}$$

式（7-6）称为编码公式，其中 z_{ij} 为因素 z_j 在自然空间取值，x_{ij} 为编码空间取值。

通过对各个自然因素进行以上的编码处理后，将原有的 y 对自然因素 $z_1, z_2, \cdots, z_p$ 的回归问题转化为 y 对编码因素 $x_1, x_2, \cdots, x_p$ 的回归问题。这样，试验方案的设计、方程的回归建立以及其统计检验都相应转化在编码空间中进行。正是由于对自然因素的编码，使回归设计有了正交性，为简化数据分析创造了条件。所以，对因素编码是回归正交设计中的一个重要环节。因素水平编码表如表 7-2 所示。

表 7-2　　　　　　　　　　　　　　　　　因素水平编码

	因　　素			
	z_1	z_2	$\cdots$	z_p
下水平（-1）	z_{11}	z_{12}	$\cdots$	z_{1p}
上水平（+1）	z_{21}	z_{22}	$\cdots$	z_{2p}
零水平（0）	z_{01}	z_{02}	$\cdots$	z_{0p}
变化间距 Δ_j	Δ_1	Δ_2	$\cdots$	Δ_p
编码公式	$x_{i1} = \dfrac{z_{i1} - z_{01}}{\Delta_1}$	$x_{i2} = \dfrac{z_{i2} - z_{02}}{\Delta_2}$		$x_{ip} = \dfrac{z_{ip} - z_{0p}}{\Delta_p}$

譬如，温度为某项研究的第 1 个试验因素，其试验范围为 $10 \sim 70℃$，所以温度的上水平 $z_{21} = 70$，下水平 $z_{11} = 10$

即，零水平 $z_{01} = \dfrac{z_{11} + z_{21}}{2} = 40$

变化间距 $\Delta_1 = \dfrac{z_{21} - z_{11}}{2} = \dfrac{70 - 10}{2} = 30$

那么，各个水平的编码值为：

$$x_{11} = (z_{11} - z_{01})/\Delta_1 = (10 - 40)/30 = -1$$
$$x_{01} = (z_{01} - z_{01})/\Delta_1 = (40 - 40)/30 = 0$$
$$x_{21} = (z_{21} - z_{01})/\Delta_1 = (70 - 40)/30 = +1$$

经过上述编码变换后，建立了因素 z_j 与 x_j 之间的一一对应关系

$$下水平 z_{11}(10) \rightarrow x_{11}(-1)$$
$$零水平 z_{01}(40) \rightarrow x_{01}(0)$$
$$上水平 z_{21}(70) \rightarrow x_{21}(+1)$$

4. 选择适宜正交表，列出试验方案

一次回归正交设计是运用二水平正交表来设计的，正交表的选择和方案设计同正交试验设计相似，首先根据因素个数和交互作用情况选择适宜的正交表。随后用"-1"代换正交表中的"2"，用"+1"代换"1"，以适应因素水平编码的需要。代换后的正交表中"+1"和"-1"不仅表示因素水平的不同状态，而且表示因素水平的数量大小。经过这样的代换后，正交表交互作用列可以直接由表中相应列的对应元素相乘而得到，不必再应用原正交表的交互

作用列表来安排。随后，将各因素及交互作用分别放置到正交表的相应列上，将各因素的每一水平自然空间真实值填入相应的编码位置，这样就形成一次回归正交设计的试验方案。

通常，根据模型检验需要，在上述正交试验的基础上，会适当增加"0"水平重复试验。所谓零水平重复试验，就是指所有试验因素 z_j 的水平编码值均取零水平时的处理组合重复进行若干次试验。设置零水平重复试验的主要作用：一方面是检验所拟合的回归方程在被研究区域内与零水平上的拟合情况；另一方面是可以提供剩余自由度来估计误差，以提高试验误差估计的精确度和准确度，以便于进行后续的显著性检验。至于零水平重复试验应做多少次，一般主要根据试验的要求和实际情况而定。当需要进行失拟性（拟合度）检验时，零水平试验应该至少重复 2～6 次。

例如有三因素 z_1、z_2、z_3 的试验，要求考虑各因素的主效应以及 z_1 与其他因素的互作 z_1z_2、z_1z_3 对试验结果的影响。根据试验要求选择正交表 $L_8(2^7)$，先将因素 z_1、z_2 放在第 1、2 列，那么第 3 列即为 z_1z_2 互作，不可再安排其他因素，若 z_3 放于第 4 列，那么 z_1z_3 就在第 5 列，这样就完成了表头设计。将各列因素的水平编码换成具体的实际水平数值，即得到一张如表 7-3 的试验方案，交互作用列不影响试验方案的编制。由表 7-3 可以看出，前 8 个组合为原正交表的试验组合，后三个为零水平重复试验。

表 7-3　　　　　　　　　　　　试验方案

试验号	1 x_1（z_1）	2 x_2（z_2）	4 x_3（z_3）	试验结果 y_i
1	1(z_{21})	1(z_{22})	1(z_{23})	y_1
2	1	1	-1(z_{13})	y_2
3	1	-1(z_{12})	1	y_3
4	1	-1	-1	y_4
5	-1(z_{11})	1	1	y_5
6	-1	1	-1	y_6
7	-1	-1	1	y_7
8	-1	-1	-1	y_8
9	0(z_{01})	0(z_{02})	0(z_{03})	y_9
10	0	0	0	y_{10}
11	0	0	0	y_{11}

5. 实施试验方案，记录试验结果

试验方案设计好后，按方案组合严格进行试验，记录试验结果，随后进行结果分析。

（二）　结果分析

1. 回归系数的估计

假设影响试验指标 y 的因子有 p 个 $z_1, z_2, \cdots, z_p$，希望通过试验建立 y 关于 $z_1, z_2, \cdots, z_p$ 的一次回归方程。如果采用二水平正交表编制 p 元一次回归正交设计方案，具有 N 次试验，其试验结果为 $y_i(i = 1, 2, \cdots, N)$，则一次回归数学模型可表示为：

$$y_i = \beta_0 + \sum_{j=1}^{p} \beta_j x_{ij} + \sum_{k<j} \beta_{kj} x_{ik} x_{ij} + \varepsilon_i \tag{7-7}$$

$$i = 1, 2, \cdots, N; j = 1, 2, \cdots, p; k = 1, 2, \cdots, p$$

式中　　x_{ij} ——第 i 次试验中第 j 个变量的编码值；

$\qquad x_{ik} x_{ij}$ ——第 i 次试验中第 k 个变量与第 j 个变量的交互之积（交互作用项），各 ε_i 相互独立且服从正态分布，即 $\varepsilon_i \sim N(0, \sigma^2)$。

根据最小二乘估计原理所建立的回归方程为：

$$\hat{y} = b_0 + \sum_{j=1}^{p} b_j x_{ij} + \sum_{k<j} b_{kj} x_{ik} x_{ij} \tag{7-8}$$

其中，$b_0, b_1, b_2, \cdots, b_p, b_{12}, b_{13}, \cdots, b_{(p-1)p}$ 是 $\beta_0, \beta_1, \beta_2, \cdots, \beta_p, \beta_{12}, \beta_{13}, \cdots, \beta_{(p-1)p}$ 参数的估计值。

由于一次回归正交设计的结构矩阵具有正交性，因而正规方程组的系数矩阵（信息矩阵）为对角阵，即

$$\boldsymbol{A} = X'X = \begin{bmatrix} N & & & & & & 0 \\ & \sum x_{i1}^2 & & & & & \\ & & \cdots & \sum x_{ip}^2 & & & \\ & & & & \sum (x_{i1} x_{i2})^2 & & \\ 0 & & & & & \cdots & \sum (x_{i(p-1)} x_{ip})^2 \end{bmatrix} \tag{7-9}$$

令

$$a_1 = \sum x_{i1}^2, \cdots, a_p = \sum x_{ip}^2, a_{12} = \sum (x_{i1} x_{i2})^2, \cdots, a_{(p-1)p} = \sum (x_{i(p-1)} x_{ip})^2$$

所以，

$$A = X'X = \begin{bmatrix} N & & & & & & & & 0 \\ & a_1 & & & & & & & \\ & & a_2 & & & & & & \\ & & & \ddots & & & & & \\ & & & & a_p & & & & \\ & & & & & a_{12} & & & \\ & & & & & & a_{13} & & \\ & & & & & & & \ddots & \\ 0 & & & & & & & & a_{(p-1)p} \end{bmatrix}$$

当 N 次试验中，零水平试验重复 m_0 次时，矩阵 $\boldsymbol{A}$ 为：

$$\boldsymbol{A} = \begin{bmatrix} N & & & & & & & & 0 \\ & N-m_0 & & & & & & & \\ & & N-m_0 & & & & & & \\ & & & \ddots & & & & & \\ & & & & N-m_0 & & & & \\ & & & & & N-m_0 & & & \\ & & & & & & N-m_0 & & \\ & & & & & & & \ddots & \\ 0 & & & & & & & & N-m_0 \end{bmatrix}$$

那么逆矩阵（相关矩阵）c 为

$$c = A^{-1} = \begin{bmatrix} N^{-1} & & & & & & & & & 0 \\ & a_1^{-1} & & & & & & & & \\ & & a_2^{-1} & & & & & & & \\ & & & \ddots & & & & & & \\ & & & & a_p^{-1} & & & & & \\ & & & & & a_{12}^{-1} & & & & \\ & & & & & & a_{13}^{-1} & & & \\ & & & & & & & \ddots & & \\ 0 & & & & & & & & a_{(p-1)p}^{-1} \end{bmatrix}$$

$$= \begin{bmatrix} \dfrac{1}{N} & & & & & & & & & 0 \\ & \dfrac{1}{N-m_0} & & & & & & & & \\ & & \dfrac{1}{N-m_0} & & & & & & & \\ & & & \ddots & & & & & & \\ & & & & \dfrac{1}{N-m_0} & & & & & \\ & & & & & \dfrac{1}{N-m_0} & & & & \\ & & & & & & \dfrac{1}{N-m_0} & & & \\ & & & & & & & \ddots & & \\ 0 & & & & & & & & \dfrac{1}{N-m_0} \end{bmatrix} \quad (7-10)$$

由于常数项矩阵 B 为

$$B = X'Y = \begin{bmatrix} \sum_i y_i \\ \sum_i x_{i1}y_i \\ \sum_i x_{i2}y_i \\ \vdots \\ \sum_i x_{ip}y_i \\ \sum_i x_{i1}x_{i2}y_i \\ \vdots \\ \sum_i x_{i(p-1)}x_{ip}y_i \end{bmatrix} = \begin{bmatrix} B_0 \\ B_1 \\ B_2 \\ \vdots \\ B_p \\ B_{12} \\ \vdots \\ B_{(p-1)p} \end{bmatrix} \quad (7-11)$$

那么，参数 β 的最小二乘估计 $b = (X'X)^{-1}X'Y = A^{-1}B$，即回归系数

$$b_0 = \frac{B_0}{N} = \frac{1}{N}\sum y_i, \quad b_j = \frac{B_j}{a_j} = \frac{1}{a_j}\sum x_{ij}y_i, \quad b_{kj} = \frac{B_{kj}}{a_{kj}} = \frac{1}{a_{kj}}\sum x_{ik}x_{ij}y_i$$

$$(i = 1,2,\cdots,N; j = 1,2,\cdots,p; k = 1,2,\cdots,p) \qquad (7-12)$$

由以上分析可以看出，由于按正交表来安排试验和对变量进行了线性代换，使得系数矩阵的逆矩阵 c 运算简单，回归系数之间不存在相关性，为回归方程与系数的检验带来方便，并且在删除不显著变量后回归系数不需重新计算，大大简化了统计运算。

以上回归系数的计算可在表中进行，如表 7 - 4 所示。

表 7 - 4　　　　　　　　　　　　　一次回归正交设计计算表*

试验号	x_0	x_1	x_2	...	x_p	$x_1 x_2$	...	$x_{(p-1)} x_p$	试验结果 y_i
1	1	x_{11}	x_{12}	...	x_{1p}	$x_{11} x_{12}$	...	$x_{1(p-1)} x_{1p}$	y_1
2	1	x_{21}	x_{22}	...	x_{2p}	$x_{21} x_{22}$	...	$x_{2(p-1)} x_{2p}$	y_2
$\vdots$	$\vdots$	$\vdots$	$\vdots$	$\vdots$	$\vdots$	$\vdots$	$\vdots$	$\vdots$	$\vdots$
N	1	x_{N1}	x_{N2}	...	x_{Np}	$x_{N1} x_{N2}$	...	$x_{N(p-1)} x_{Np}$	y_N
$a_j = \sum x_j^2$	N	$N - m_0$	$N - m_0$		$N - m_0$	$N - m_0$		$N - m_0$	$\sum\limits_{i=1}^{N} y_i^2$
$B_j = \sum x_j y$	$\sum\limits_{i} y_i$	$\sum\limits_{i} x_{i1} y_i$	$\sum\limits_{i} x_{i2} y_i$	...	$\sum\limits_{i} x_{ip} y_i$	$\sum\limits_{i} x_{i1} x_{i2} y_i$	...	$\sum\limits_{i} x_{i(p-1)} x_{ip} y_i$	$SS_y = \sum\limits_{i} y_i^2 - \dfrac{B_0^2}{N}$
$b_j = \dfrac{B_j}{a_j}$	$\dfrac{B_0}{N}$	$\dfrac{B_1}{N-m_0}$	$\dfrac{B_2}{N-m_0}$	...	$\dfrac{B_p}{N-m_0}$	$\dfrac{B_{12}}{N-m_0}$	...	$\dfrac{B_{(p-1)p}}{N-m_0}$	$SS_R = \sum\limits_{j} SS_j$
$SS_j = \dfrac{B_j^2}{a_j}$		$\dfrac{B_1^2}{N-m_0}$	$\dfrac{B_2^2}{N-m_0}$	...	$\dfrac{B_p^2}{N-m_0}$	$\dfrac{B_{12}^2}{N-m_0}$	...	$\dfrac{B_{(p-1)p}^2}{N-m_0}$	$SS_r = SS_y - SS_R$

注：* m_0 为零水平重复试验次数，对于非整体设计（不包括零水平重复的试验设计，即 $m_0 = 0$）时，a_j 均等于 N。

2. 显著性检验

（1）回归方程的显著性检验

①平方和和自由度的分解：总平方和的分解公式为

$$SS_T = SS_y = \sum_{i=1}^{N} (y_i - \bar{y})^2 = \sum_{i=1}^{N} (y_i - \hat{y}_i)^2 + \sum_{i=1}^{N} (\hat{y}_i - \bar{y})^2 + 2 \sum_{i=1}^{N} (y_i - \hat{y}_i)(\hat{y}_i - \bar{y})$$

由于 $2 \sum\limits_{i=1}^{N} (y_i - \hat{y}_i)(\hat{y}_i - \bar{y}) = 0$ ，所以

$$SS_y = \sum_{i=1}^{N} (y_i - \bar{y})^2 = \sum_{i=1}^{N} (y_i - \hat{y}_i)^2 + \sum_{i=1}^{N} (\hat{y}_i - \bar{y})^2 = SS_R + SS_r \qquad (7-13)$$

相应自由度可分解为

$$df_y = df_R + df_r \qquad (7-14)$$

SS_R 为回归平方和，包括一次项偏回归平方和 SS_j 和交互项偏回归平方和 SS_{kj}。df_R 为回归自由度，是各偏回归项自由度之和。SS_r 是剩余平方和（残差平方和），df_r 为剩余自由度（残差自由度）。

其中，总平方和、自由度可用式（7 - 15）计算

$$SS_y = \sum_{i=1}^{N} (y_i - \bar{y})^2 = \sum_{i} y_i^2 - \frac{1}{N} \left(\sum_{i=1}^{N} y_i \right)^2 = \sum_{i} y_i^2 - \frac{B_0^2}{N} = \sum_{i} y_i^2 - b_0 B_0, \ df_y = N - 1 \quad (7-15)$$

各因素一次项偏回归平方和、自由度用式（7-16）计算

$$SS_j = b_j B_j, df_j = 1 \quad (j = 1,2,\cdots,p) \tag{7-16}$$

各因素之间的交互项偏回归平方和、自由度用式（7-17）计算

$$SS_{kj} = \frac{B_{kj}^2}{a_{kj}} = b_{kj} B_{kj}, df_{kj} = 1 \quad (k = 1,2,\cdots,p; j = 1,2,\cdots,p; k < j) \tag{7-17}$$

由于一次回归正交试验设计具有正交性，消除了回归系数间的相关性，所以回归平方和、自由度就等于回归方程中各个回归项的偏回归平方和、自由度之和，可根据式（7-18）、（7-19）计算：

$$SS_R = \sum SS_j + \sum SS_{kj} \tag{7-18}$$

$$df_R = \sum df_i + \sum df_{kj} \tag{7-19}$$

那么，剩余平方和、剩余自由度计算如下

$$SS_r = SS_y - SS_R, \quad df_r = df_y - df_R \tag{7-20}$$

②构造 F 统计量，作回归方程的显著性检验：由于 $MS_R = \dfrac{SS_R}{df_R}$、$MS_r = \dfrac{SS_r}{df_r}$，构造 $F_R = \dfrac{MS_R}{MS_r}$ 作显著性检验。

（2）偏回归系数的显著性检验 当回归方程显著时，进一步检验各个偏回归系数是否为 0。各因素一次项偏回归系数 b_j、交互项偏回归系数 b_{kj} 显著性检验可采用 F 检验或 t 检验。若采用 F 检验，那么

$$MS_j = \frac{SS_j}{df_j}, MS_{kj} = \frac{SS_{kj}}{df_{kj}}, MS_r = \frac{SS_r}{df_r} \tag{7-21}$$

$$F_j = \frac{MS_j}{MS_r}, F_{kj} = \frac{MS_{kj}}{MS_r} \tag{7-22}$$

由于一次正交回归设计消除了回归系数间的相关性，因此，对于经偏回归系数显著性检验不显著的回归项（因素或交互作用）可以直接从原回归方程中剔除，不会影响其他回归系数的数值，也不需要重新再进行回归方程的建立。但应将被剔除变量的偏回归平方和与自由度并入到剩余平方和与自由度中，对回归方程、偏回归系数重新进行检验。

回归方程、（偏）回归系数的检验如表7-5所示。

表7-5　　　　　　　　　　　　　一次正交回归设计方差分析表

变异来源	平方和	自由度	均方	F
x_1	$SS_1 = B_1^2/(N-m_0)$	1	MS_1	$\dfrac{SS_1}{SS_r/df_r}$
x_2	$SS_2 = B_2^2/(N-m_0)$	1	MS_2	$\dfrac{SS_2}{SS_r/df_r}$
$\vdots$	$\vdots$	$\vdots$	$\vdots$	$\vdots$
x_p	$SS_p = B_p^2/(N-m_0)$	1	MS_p	$\dfrac{SS_p}{SS_r/df_r}$

续表

变异来源	平方和	自由度	均方	F
$x_1 x_2$	$SS_{12} = B_{12}^2/(N - m_0)$	1	MS_{12}	$\dfrac{SS_{12}}{SS_r/df_r}$
$x_1 x_3$	$SS_{13} = B_{13}^2/(N - m_0)$	1	MS_{13}	$\dfrac{SS_{13}}{SS_r/df_r}$
$\vdots$	$\vdots$	$\vdots$	$\vdots$	$\vdots$
$x_{(p-1)} x_p$	$SS_{(p-1)p} = B_{(p-1)p}^2/(N - m_0)$	1	$MS_{(p-1)p}$	$\dfrac{SS_{(p-1)p}}{SS_r/df_r}$
回归	$SS_R = SS_1 + SS_2 + \cdots + SS_{(p-1)p}$	$df_R = p(p+1)/2$	SS_R/df_R	$\dfrac{SS_R/df_R}{SS_r/df_r}$
剩余	$SS_r = SS_y - SS_R$	$df_r = df_y - df_R$	SS_r/df_r	
总和	$SS_y = \sum_i y_i^2 - \dfrac{B_0}{N}$	$df_y = N - 1$		

由式（7-16）、表7-4可以看出，各个变量的偏回归平方和 $SS_j = b_j B_j = (N - m_0) b_j^2$，即 SS_j 与 b_j 的平方成正比，b_j 的绝对值越大，SS_j 也就越大。所以，在由正交回归设计所求得的回归方程中，每一个回归系数 b_j 的绝对值大小，反映了对应变量（因素）在方程中的作用大小。根据回归系数绝对值的大小可判断这些变量在方程中的作用，回归系数的符号反映了这种作用的性质。

（3）失拟性检验　上述对回归方程的检验，只能说明相对于平均剩余平方和（SS_r/df_r）而言，变量部分的影响显著与否。即使回归方程检验显著，也只能说明回归方程在试验点上（边界点）与试验结果拟合得很好，但不能保证在整个被研究区域内部（中心区）也能与实测值有好的拟合。为此，还需对回归方程的拟合情况进行检验。为了检验一次回归方程在整个研究范围内的拟合情况，则应在零水平（$z_{01}, z_{02}, \cdots, z_{0p}$）处理上，安排一些重复试验，求其算术平均值 $\bar{y}_0$，估计出真正的试验误差，随后进行回归方程的失拟性检验［又称拟合检验（test of goodness of fit）］，可用 F 检验法、t 检验法完成。

①F 检验法：假设零水平试验重复 m_0 次，试验结果分别为 $y_{01}, y_{02}, \cdots, y_{0m_0}$，根据 m_0 次重复试验结果，计算算术平均数为：

$$\bar{y}_0 = \sum_{i=1}^{m_0} y_{0i} \Big/ m_0 \qquad (7-23)$$

由零水平重复试验结果可以计算出反映真正试验误差的平方和，即纯误差平方和。那么，$SS_r - SS_e$ 反映除各 x_j 一次项（考虑互作时，还包括有关一级互作）以外的其他因素（包括别的因素和各 x_j 的高次项等）所引起的变异，是回归方程所未能拟合的部分，称为失拟平方和，记作 SS_{Lf}，相应的自由度记为 df_{Lf}。

在零水平上重复试验 m_0 次，那么零水平重复试验的平方和（反映真正试验误差的平方和，

即纯误差平方和 SS_e ） 及自由度 df_e 为

$$SS_e = SS_0 = \sum_{i=1}^{m_0} (y_{0i} - \bar{y}_0)^2 = \sum_{i=1}^{m_0} (y_{0i})^2 - \frac{1}{m_0} \left(\sum_{i=1}^{m_0} y_{0i} \right)^2 \qquad (7-24)$$

$$df_e = df_0 = m_0 - 1 \qquad (7-25)$$

所以，SS_{Lf} 和 df_{Lf} 为：

$$SS_{Lf} = SS_r - SS_e, \quad df_{Lf} = df_r - df_e$$

那么，构造 F 统计量

$$F_{Lf} = \frac{SS_{Lf}/df_{Lf}}{SS_e/df_e} \sim F_\alpha(df_{Lf}, df_e) \qquad (7-26)$$

在给定的显著性水平 α （一般取 0.1） 下，通过比较 F_{Lf} 与 $F_{\alpha(df_{Lf}, df_e)}$ 的大小以判断回归方程的失拟性。若统计量 $F_{Lf} > F_{\alpha(df_{Lf}, df_e)}$，则表明所求得的回归方程是失拟的，即拟合得不好，这说明失拟平方和 SS_{Lf} 中，除含有试验误差外，或者还含有其他条件因素及其交互作用的影响，或者还含有 x 的非线性影响，即 y 与 x 不仅存在一次关系，可能还有二次或更高次关系，这尚需进一步研究；若 $F_{Lf} < F_{\alpha(df_{Lf}, df_e)}$，则表明该方程不失拟，失拟平方和基本上是由试验误差引起的，回归方程拟合良好。

一般为了提高统计检验的灵敏度，应尽量增加误差自由度 df_e，降低 $F_{\alpha(df_R, df_e)}$ 和 $F_{\alpha(df_{Lf}, df_e)}$，可以将从方程中剔除的因素项与交互项的自由度并入 df_e 中。

②t 检验法：假如一次回归模型在整个编码空间上都合适时，当各因子取 0 水平，按一次回归方程应有

$$\hat{y}_0 = b_0$$

构造 t 统计量 $t = \dfrac{\hat{y}_0 - \bar{y}_0}{S_P \sqrt{\dfrac{1}{N} + \dfrac{1}{m_0}}}$，其中 $S_P = \sqrt{\dfrac{SS_r + SS_0}{df_r + df_0}}$，$N$ 为不包括 m_0 次零水平重复的总试验次数。

计算统计量 t 值

$$t = \frac{\hat{y}_0 - \bar{y}_0}{S_P \sqrt{\dfrac{1}{N} + \dfrac{1}{m_0}}} = \frac{|b_0 - \bar{y}_0|}{\sqrt{\dfrac{SS_r + SS_0}{df_r + df_0}} \sqrt{\dfrac{1}{N} + \dfrac{1}{m_0}}} \qquad (7-27)$$

在给定的显著水平 α 下，若有 $t < t_{\alpha(df_r + df_0)}$，则认为 b_0 与 $\bar{y}_0$ 无显著差异，说明一次回归模型在编码空间中心的预测值与实际观测值拟合较好，所建立的一次回归模型是恰当的，不存在因子的非线性效应；若 $t > t_{\alpha(df_r + df_0)}$，表明用一次回归方程来描述还不够恰当，需补做试验，建立二次或更高次回归方程。

由以上分析可以看出，回归方程的显著性检验包括：①回归方程的检验，主要考察回归方程中的所有因素整体对试验指标是否有显著影响；②回归系数的检验，主要考察各试验因素对试验指标是否有显著的影响；③失拟性检验，主要考察事先假定的回归模型是否符合实际，在整个试验空间是否有效，这是一项容易被忽视但却是非常重要的检验。上述三项检验，均可采用 F 检验进行。

对于 F_{Lf} 与 F_R 检验结果给予说明：①若 F_R 显著，F_{Lf} 不显著，表明所建立的回归方程是有预测意义的，拟合效果好。②若 F_R 显著，F_{Lf} 亦显著，表明所建立的一次回归方程在试验点上有

一定预测作用，但不能在整个研究区域有好的拟合，仍需查明原因，选用别的数学模型作进一步研究。③若 F_{Lf} 显著，而 F_R 不显著，表明所建立的回归方程拟合度差，需考虑别的因素或有必要建立二次甚至更高次的回归方程，或 y 与诸因素 x_j 无关。④若 F_{Lf} 及 F_R 均不显著，表明诸因素 x_j 与 y 之间没有关系，或试验误差太大。

3. 回归方程的回代

通过上述步骤，建立了试验指标 y 与 x 之间显著且不失拟的回归方程，它表述了编码因素 x 与试验指标 y 之间的关系。根据试验要求与实际需要，通常应由编码空间转换到自然因素空间，即将各因子的编码公式 $x_{ij} = \dfrac{z_{ij} - z_{0j}}{\Delta_j}$ 回代，得到试验指标 y 关于自然因素 z_j 的回归方程。应当注意，无论用于预测、控制，还是用于调优，回归方程只在所试验的范围内有效，超出原有的试验范围就可能失去实际意义。

三、 一次回归正交设计及统计分析实例

[**例 7-1**]　研究表明，某种多糖的提取率高低与时间和温度有关。根据实际经验，提取时间在 $20\sim60\mathrm{min}$，提取温度在 $30\sim60℃$，试用一次回归正交设计法建立多糖提取率与时间、温度的回归关系。

（一）　试验方案设计

1. 确定试验因素及水平范围

本研究的目的是为了建立多糖提取率与提取时间和提取温度的关系，以提取时间 z_1 和提取温度 z_2 为试验因素，以多糖提取率 y 为试验指标。根据提取时间 z_1、提取温度 z_2 的设置范围，由式（7-4）和式（7-5）计算各因素的零水平 z_0 及变化间距 Δ。

提取时间 z_1 的上水平 $z_{21} = 60$，下水平 $z_{11} = 20$，则零水平 $z_{01} = \dfrac{z_{11} + z_{21}}{2} = 40$，变化间距 $\Delta_1 = \dfrac{z_{21} - z_{11}}{2} = 20$。

提取温度 z_2 的上水平 $z_{22} = 60$，下水平 $z_{12} = 30$，则 $z_{02} = \dfrac{z_{12} + z_{22}}{2} = 45$，$\Delta_2 = \dfrac{z_{22} - z_{12}}{2} = 15$。

2. 对各因素进行编码，列出因素水平编码表

表 7-6　　　　　　　　　　　　因素水平编码

x_{ij}	因素	
	z_1提取时间/min	z_2提取温度/℃
下水平（-1）	20	30
上水平（+1）	60	60
零水平 z_{0j}	40	45
变化间距 Δ_j	20	15
编码公式	$x_{i1} = \dfrac{z_{i1} - 40}{20}$	$x_{i2} = \dfrac{z_{i2} - 45}{15}$

3. 选择适当的二水平正交表，设计试验方案

根据被研究因素的个数及互作情况，选择适宜正交表。本例为两因素试验，加上互作共需 3 列，可选用 $L_4(2^3)$ 正交表设计试验方案。试验方案见表 7-7，零水平处的重复试验方案见表 7-8。

表 7-7　　　　　　　　　　　　　试验方案

试验号	x_1（z_1、提取时间/min）	x_2（z_2、提取温度/℃）
1	1（60）	1（60）
2	1	-1（30）
3	-1（20）	1
4	-1	-1

表 7-8　　　　　　　　　零水平（中心点）重复试验方案

中心点试验	x_{01}（z_{01}）	x_{02}（z_{02}）
1	0（40）	0（45）
2	0	0
3	0	0
4	0	0
5	0	0

试验方案设计好后进行试验，记录试验结果。

（二）　试验结果统计分析

1. 建立回归方程

一次回归正交非整体设计计算表如表 7-9 所示。

表 7-9　　　　　　　　一次回归正交非整体设计计算表（不包括零水平试验）

试验号	x_0	x_1	x_2	$x_1 x_2$	y
1	1	1	1	1	31.5
2	1	1	-1	-1	30.9
3	1	-1	1	-1	30.0
4	1	-1	-1	1	29.3
$B_j = \sum xy$	121.7	3.1	1.3	-0.1	$N=4$
$b_j = B_j/N$	30.425	0.775	0.325	-0.025	$SS_y = \sum y^2 - \dfrac{1}{N}\left(\sum y\right)^2 = 2.8275$ $df_y = N - 1 = 4 - 1 = 3$
$SS_j = b_j B_j$		2.4025	0.4225	0.0025	$SS_R = SS_1 + SS_2 = 2.8250, df_R = 2$ $SS_r = SS_y - SS_1 - SS_2 = 0.0025, df_r = 1$

根据以上计算数据，建立如下回归方程

$$\hat{y} = 30.425 + 0.775x_1 + 0.325x_2$$

2. 回归关系的显著性检验

在本例中由于不需考虑两个因素的交互作用，所以可利用交互作用列来计算剩余平方和。各项平方和、自由度计算结果见表 7 – 9，方差分析结果见表 7 – 10。

表 7 – 10　　　　　　　　　　　　方差分析表

变异来源	平方和	自由度	均方	F	F_α	显著性
x_1	2.4025	1	2.4025	961	$F_{0.05(1,1)} = 161.4$	*
x_2	0.4225	1	0.4225	169	$F_{0.01(1,1)} = 4052$	*
回归	2.8250	2	1.4125	565	$F_{0.05(2,1)} = 199.5$	*
剩余	0.0025	1	0.0025		$F_{0.01(2,1)} = 4999$	
总和	2.8275	3				

经回归系数的 F 检验表明，x_1、x_2 对 y 的影响均达到显著水平，回归方程为 $\hat{y} = 30.425 + 0.775x_1 + 0.325x_2$，此回归方程经 F 检验显著。

3. 拟合性的检验

上述回归方程显著，只说明一次回归方程在试验点上与试验结果拟合得比较好，为检验在整个区域内部回归方程是否拟合得好，需在零水平上安排重复试验，结果见表 7 – 11。

表 7 – 11　　　　　　　　　　　　中心点试验方案及结果

中心点试验	$x_{01}\ (z_{01})$	$x_{02}\ (z_{02})$	y
1	0 (40)	0 (45)	30.3
2	0	0	30.5
3	0	0	30.7
4	0	0	30.2
5	0	0	30.6

①F 检验法：若采用 F 检验方程的拟合性，将 9 次试验结果合并在一起按整体设计结果进行分析（表 7 – 12）。计算各项平方和，构造 F 统计量，进行回归方程的失拟性检验（表 7 – 13）。

表 7 – 12　　　　　　　　一次回归正交整体设计计算表（包括零水平试验）

试验号	x_0	x_1	x_2	$x_1 x_2$	y_i
1	1	1	1	1	31.5
2	1	1	−1	−1	30.9
3	1	−1	1	−1	30.0
4	1	−1	−1	1	29.3

续表

试验号	x_0	x_1	x_2	$x_1 x_2$	y_i
5	1	0	0	0	30.3
6	1	0	0	0	30.5
7	1	0	0	0	30.7
8	1	0	0	0	30.2
9	1	0	0	0	30.6

$a_j = \sum x_j^2$	9	4	4	4	$N = 9$
$B_j = \sum xy$	274	3.1	1.3	-0.1	$SS_y = \sum_{i=1}^N y^2 - \frac{1}{N}(\sum_{i=1}^N y)^2 = 3.002$
					$df_y = N - 1 = 9 - 1 = 8$
$b_j = B_j/a_j$	30.44	0.775	0.325	-0.025	$SS_R = SS_1 + SS_2 = 2.825, df_R = 2$
					$SS_r = SS_y - SS_R = 0.1772, df_r = 6$
					$SS_e = \sum_{i=1}^5 (y_{0i} - \bar{y}_0)^2 = 0.1720$
$SS_j = b_j B_j$		2.4025	0.4225	0.0025	$df_e = m_0 - 1 = 5 - 1 = 4$
					$SS_{lf} = SS_r - SS_e = 0.1772 - 0.1720 = 0.0052$
					$df_{lf} = df_r - df_e = 6 - 4 = 2$

表 7 – 13　　　　　　　　　　　　　　　方差分析表

变异来源	平方和	自由度	均方	F	F_α	显著性
x_1	2.4025	1	2.4025	81.44	$F_{0.01(1,6)} = 13.75$	**
x_2	0.4225	1	0.4225	14.32		**
回归	2.825	2	1.4125	47.88	$F_{0.01(2,6)} = 10.92$	**
剩余	0.1772	6	0.0295			
失拟	0.0052	2	0.0026	0.0605	$F_{0.1(2,4)} = 4.32$	
误差 e	0.1720	4	0.043			
总和	3.0022	8				

经 F 检验表明，x_1、x_2 对 y 的影响均达到极显著水平，失拟项检验不显著，表明回归方程不失拟，拟合性好，有预测意义。回归方程为 $\hat{y} = 30.425 + 0.775x_1 + 0.325x_2$。

②t 检验法：根据公式（7 – 27）计算统计量 t。

$$SS_0 = \sum_{i=1}^{m_0} (y_{0i} - \bar{y}_0)^2 = \sum_{i=1}^5 (y_{0i} - 30.46)^2 = 0.172, df_0 = m_0 - 1 = 5 - 1 = 4$$

$$t = \frac{|b_0 - \bar{y}_0| \sqrt{df_r + df_0}}{\sqrt{SS_r + SS_0} \sqrt{\frac{1}{N} + \frac{1}{m_0}}} = \frac{|30.425 - 30.46| \sqrt{1 + 4}}{\sqrt{0.0025 + 0.172} \sqrt{\frac{1}{4} + \frac{1}{5}}} = 0.279$$

由于 $t < t_{0.05(1,4)} = 2.571$ ，所以回归方程在整个研究区域内部拟合很好。

4. 确定多糖提取率与提取时间和提取温度的回归关系

$$y = 30.44 + 0.775 \times \left(\frac{z_1 - 40}{20} \right) + 0.325 \times \left(\frac{z_2 - 45}{15} \right)$$

$$y = 27.915 + 0.039z_1 + 0.022z_2$$

由回归方程可以看出，提取温度在 30 ~ 60℃ ，提取时间在 20 ~ 60min 范围内，多糖提取率与时间和温度呈正相关，随着提取温度的升高，提取时间的延长，多糖提取率有增大趋势。

在编制试验方案与配列计算格式表时，考虑到计算试验误差与显著性检验的需要，若将零点重复试验一并编入试验方案与计算格式表中，这种设计称为整体设计，而将试验方案与零点重复试验分别考虑的设计称为非整体设计。

整体设计的试验方案是一次全面编制的，因此进行试验时，可以全面考虑，统一安排，既为所有试验点进行同时试验创造了条件，也为进一步缩小试验时空范围，减少试验干扰提供了可能。与非整体设计相比，整体设计可以更充分地利用零点试验信息，提高常数项回归系数 b_0 上的精度，而对一次项回归系数 b_j 的计算无任何影响。

[例 7 - 2]　拟从某野生植物资源中提取活性成分，初步研究结果表明活性成分的提取率 y（％）与时间 z_1、温度 z_2、压力 z_3 和萃取液浓度 z_4 有关。试用一次回归正交设计方法寻求其回归关系，要求考虑到一级互作 $z_1 z_2$、$z_1 z_3$。

四、 一次回归正交设计的编码、 试验方案设计及回归方程

（一） 确定自然因素的变化范围并进行编码

根据试验目的、研究经验，确定时间 z_1、温度 z_2、压力 z_3 和萃取液浓度 z_4 为试验因素，各因素的水平范围、变化间距及因素编码见表 7 - 14。

表 7 - 14　　　　　　　　　　因素水平编码

z_{ij} (x_{ij})	z_1 /min	z_2 /℃	z_3 /kPa	z_4 /%
下水平 z_{1j} (- 1)	10	30	200	20
上水平 z_{2j} (+ 1)	50	60	600	40
零水平 z_{0j} (0)	30	45	400	30
变化间距 Δ_j	20	15	2	10
编码公式	$x_{i1} = \dfrac{z_{i1} - 30}{20}$	$x_{i2} = \dfrac{z_{i2} - 45}{15}$	$x_{i3} = \dfrac{z_{i3} - 400}{200}$	$x_{i4} = \dfrac{z_{i4} - 30}{10}$

（二） 试验方案设计

本研究有 4 个因子，同时要求考虑 z_1 和 z_2、z_1 和 z_3 的一级互作。所以，选择 L_8（2^7）正交表安排实验较合理。由正交表 L_8（2^7）的交互作用列表可知，因素 x_1、x_2、x_3、x_4 依次安排在正交表的第 1、2、4、7 列时，交互项 $x_1 x_2$、$x_1 x_3$ 应在第 3 列、第 5 列，试验方案如表 7 - 15 所示。

表7-15 试验方案及计算格式表

试验号	x_0	$x_1\ (z_1)$ 第1列	$x_2\ (z_2)$ 第2列	$x_3\ (z_3)$ 第4列	$x_4\ (z_4)$ 第7列	x_1x_2 第3列	x_1x_3 第5列	$y_1/\%$
1	1	1	1	1	1	1	1	7.7
2	1	1	1	-1	-1	1	-1	2.6
3	1	1	-1	1	-1	-1	1	8.0
4	1	1	-1	-1	1	-1	-1	9.0
5	1	-1	1	1	-1	-1	-1	7.0
6	1	-1	1	-1	1	-1	1	8.0
7	1	-1	-1	1	1	1	-1	5.3
8	1	-1	-1	-1	-1	1	1	0.4
9	1	0	0	0	0	0	0	5.9
10	1	0	0	0	0	0	0	6.1
11	1	0	0	0	0	0	0	5.4
$a_j = \sum x_j^2$	11	8	8	8	8	8	8	
$B_j = \sum x_j y$	65.4	6.6	2.6	8.0	12.0	-16.0	0.2	
$b_j = \dfrac{B_j}{a_j}$	5.945	0.825	0.325	1.000	1.500	-2.00	0.025	
$SS_j = \dfrac{B_j^2}{a_j}$		5.445	0.845	8.000	18.000	32.000	0.005	

（三） 计算回归系数，构造回归方程

根据回归系数计算公式，由表7-15得回归系数，构造出回归方程为

$$\hat{y} = 5.945 + 0.825x_1 + 0.325x_2 + x_3 + 1.5x_4 - 2x_1x_2 + 0.025x_1x_3$$

（四）显著性检验

计算显著性检验所需的各类平方和及自由度。

$$SS_y = \sum_{i=1}^{n+m_0} y_i^2 - \frac{1}{N}\Big(\sum_{i=1}^{n+m_0} y_i\Big)^2 = \sum_{i=1}^{11} y_i^2 - \frac{1}{11}\Big(\sum_{i=1}^{11} y_i\Big)^2 = 64.647, df_y = N - 1 = 11 - 1 = 10$$

式中　m_0——零水平重复试验次数；

　　　N——整体设计试验总次数，$N = m_0 + n$。

$$SS_R = \sum_{j=1}^{6} SS_j = SS_1 + SS_2 + SS_4 + SS_7 + SS_3 + SS_5$$
$$= 5.445 + 0.845 + 8.000 + 18.000 + 32.000 + 0.005$$
$$= 64.295$$

$df_R = 6$（方程中的变量个数，包括4个一次项、2个交互项）

$$SS_r = SS_y - SS_R = 64.647 - 64.295 = 0.352, \quad df_r = df_y - df_R = 10 - 6 = 4$$

$$SS_e = SS_0 = \sum_{i=1}^{m_0} (y_{0i} - \bar{y}_0)^2 = \sum_{i=1}^{3} (y_{0i} - 5.8)^2 = 0.26, df_e = m_0 - 1 = 3 - 1 = 2$$

$$SS_{Lf(失拟)} = SS_r - SS_e = 0.352 - 0.26 = 0.092, \quad df_{Lf} = df_r - df_e = 4 - 2 = 2$$

1. 回归系数检验

回归系数 b_j 的检验 F 值为：

$$F_j = \frac{SS_j/df_j}{SS_r/df_r} \sim F_\alpha(df_j, df_r) \tag{7-28}$$

回归系数检验结果见表 7-16。可以看出，除 x_1 与 x_3 的交互项 x_1x_3 对试验指标 y 没有显著影响外，其余各因素的一次项以及交互项 x_1x_2 对试验指标 y 有显著或极显著影响。所以，应由原回归方程中剔除变量 x_1x_3，并将被剔除变量的偏回归平方和、自由度并入剩余平方和和自由度，重新对回归方程再次进行检验，其方差分析结果见表 7-17。

表 7-16　　　　　　　一次正交回归设计试验结果初步方差分析表

变异来源	平方和	自由度	均方	F	显著水平
x_1	5.445	1	5.445	61.88	0.001
x_2	0.845	1	0.845	9.60	0.036
x_3	8.000	1	8.000	90.91	0.001
x_4	18.000	1	18.000	204.55	0.000
x_1x_2	32.000	1	32.000	363.64	0.000
x_1x_3	0.005	1	0.005	0.06	0.823
回归	64.295	6	10.716	121.77	0.000
剩余	0.352	4	0.088		
总和	64.647	10			

注：$F_{0.05(1,4)} = 7.71$，$F_{0.01(1,4)} = 21.20$，$F_{0.01(6,4)} = 15.21$。

2. 回归方程的检验

回归方程的检验 F 值为：

$$F_R = \frac{SS_R/df_R}{SS_r/df_r} \sim F_\alpha(df_R, df_r) \tag{7-29}$$

剔除不显著变量 x_1x_3 后的优化回归方程显著性检验结果见表 7-17。可以看出，回归模型的 $F_R = 180.08 > F_{0.01(5,5)} = 10.97$，表明优化后的回归方程高度显著。

表 7-17　　　　　　　剔除不显著变量后的方差分析表

变异来源	平方和	自由度	均方	F	显著水平
x_1	5.445	1	5.445	76.26	0.0003
x_2	0.845	1	0.845	11.83	0.0184
x_3	8.000	1	8.000	112.04	0.0001
x_4	18.000	1	18.000	252.10	0.0000
x_1x_2	32.000	1	32.000	448.18	0.0000
回归	64.290	5	12.858	180.08	0.0000
剩余	0.357	5	0.0714		

续表

变异来源	平方和	自由度	均方	F	显著水平
失拟	0.097	3	0.0323	0.25	0.8576
误差 e	0.26	2	0.13		
总和	64.647	10			

注：$F_{0.05(1,5)} = 6.61$，$F_{0.01(1,5)} = 16.26$，$F_{0.01(5,5)} = 10.97$，$F_{0.10(3,2)} = 9.16$。

3. 失拟性检验

$$F_{lf} = \frac{SS_{lf}/df_{lf}}{SS_e/df_e} \sim F_\alpha(df_{lf}, df_e) \tag{7-30}$$

由失拟性检验结果可以看出（表 7 – 17），$F_{lf} = 0.25 < F_{0.10(3,2)} = 9.16$，表明回归方程不失拟，方程拟合效果好。

综合以上计算与显著性检验，优化回归方程为

$$\hat{y} = 5.945 + 0.825x_1 + 0.325x_2 + x_3 + 1.5x_4 - 2x_1x_2$$

（五） 回归方程的回代变换

将表 7 – 14 中的各因素编码公式代入，整理得出活性成分的提取率 y 与时间 z_1、温度 z_2、压力 z_3 和萃取液浓度 z_4 之间的关系。

$$\hat{y} = 5.945 + 0.825\left(\frac{z_1 - 30}{20}\right) + 0.325\left(\frac{z_2 - 45}{15}\right) + \frac{z_3 - 400}{200} + 1.5\left(\frac{z_4 - 30}{10}\right) - 2\left(\frac{z_1 - 30}{20}\right)\left(\frac{z_2 - 45}{15}\right)$$

$$y = -11.767 + 0.341z_1 + 0.222z_2 + 0.005z_3 + 0.15z_4 - 0.007z_1z_2$$

第二节　二次回归组合设计

在生物和农业科学研究中，有些研究应用一次回归描述某个过程不合适时，就需要用二次或高次回归方程来近似地描述变量间的关系。二次回归设计是建立在一次回归设计基础上的一种设计。大多数食品试验研究，重点是寻找最优工艺参数、最佳配比组合和最适研究条件等，其试验多数为二次或更高次反应，因而掌握二次回归组合设计十分必要。

一、 二次回归组合设计原理

当有 p 个变量 $z_1, z_2, \cdots, z_p$ 时，二次回归方程的一般形式可表示为：

$$y = b_0 + \sum_{j=1}^{p} b_j z_j + \sum_{j=1}^{p} b_{jj}z_j^2 + \sum_{i<j} b_{ij}z_iz_j \tag{7-31}$$

从上式可以看出，二次回归方程中包括有 q 个回归系数，即

$$q = 1 + C_p^1 + C_p^1 + C_p^2 = 1 + 2p + \frac{p(p-1)}{2} = C_{p+2}^2 \tag{7-32}$$

所以，要想获得这 p 个变量的二次回归方程式，就需要确定 q 个回归系数。一方面试验次数 N 当然不能小于 q；另一方面，为了计算二次回归方程的系数，每个变量所取的水平不应少

于 3 个。因而所要做的试验次数是比较多的。譬如有 $p=4$ 个变量，三水平全因子试验次数为 $3^4=81$ 次，远大于 4 个变量的二次回归方程中的待定系数 $C_{4+2}^2=15$，这样产生的剩余自由度

$$df_r = df_y - df_R = N - 1 - C_{p+2}^2 = 81 - 1 - C_{4+2}^2 = 81 - 1 - 15 = 65$$

可以看出，剩余自由度太多，做了大量的没有必要的试验，造成时间、人力、物力、财力的浪费，而且试验次数太多反而会造成误差的增大。因此三水平全因子试验作为二次回归设计的基础是不可取的。经过分析研究，人们提出了一种"中心组合设计（central composite design，简称 CCD）"方案。所谓"中心组合设计"，就是在因子空间中选择几类具有不同特点的试验点，适当组合而形成试验方案。这类设计中包含三类试验点：第一类试验点是二水平全因子试验点；第二类是分布在 p 个坐标轴上的星号点；第三类是坐标原点（中心试验点）。这样，中心组合设计中的试验点在因子空间的分布是比较"均匀的"。以 $p=2$ 和 $p=3$ 为例予以说明。

$p=2$ 时，中心组合设计的试验点见表 7-18，试验点分布见图 7-1。

表 7-18　二因子中心组合设计试验点

试验号	x_1	x_2	
1	1	1	前 4 个试验点组成二水平的全因子试验 2^2
2	1	-1	
3	-1	1	
4	-1	-1	
5	r	0	中间 4 个点是分布在 x_1、x_2 轴上的星号点
6	$-r$	0	
7	0	r	
8	0	$-r$	
9	0	0	其余点是由 x_1、x_2 的零水平组成的中心试验点，试验次数可根据需要调整
10	0	0	
⋮	⋮	⋮	
N	0	0	

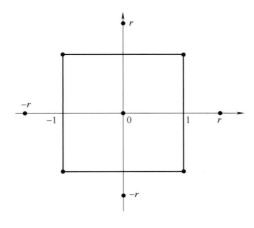

图 7-1　$p=2$ 的二次回归中心组合设计试验点分布图

$p = 3$ 时，中心组合设计试验点见表 7 – 19，试验点分布见图 7 – 2。

表 7 – 19　三因子中心组合设计试验点

试验号	x_1	x_2	x_3	
1	1	1	1	
2	1	1	– 1	
3	1	– 1	1	
4	1	– 1	– 1	前 8 个试验点组成二水平的全因子试验 2^3
5	– 1	1	1	
6	– 1	1	– 1	
7	– 1	– 1	1	
8	– 1	– 1	– 1	
9	r	0	0	
10	– r	0	0	
11	0	r	0	中间 6 个点是分布在 x_1、x_2、x_3 轴上的星号点
12	0	– r	0	
13	0	0	r	
14	0	0	– r	
15	0	0	0	
16	0	0	0	其余点是由 x_1、x_2、x_3 的零水平组成的中心试验点，其次数可根据需要调整
17	0	0	0	
⋮	⋮	⋮	⋮	
N	0	0	0	

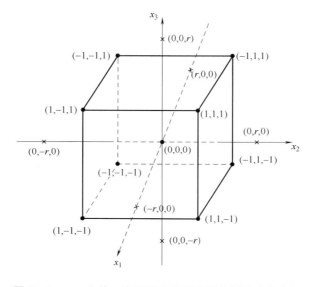

图 7 – 2　$p = 3$ 的二次回归中心组合设计试验点分布图

由上述分析可以看出，一般 p 个变量的中心组合设计由 N 个点组成

$$N = m_c + m_r + m_0 \tag{7-33}$$

式中，m_c 为 2 水平（ $+1$ 和 -1 ）的全因子试验点个数 2^p，或部分实施的试验点个数 2^{p-1}，2^{p-2} 等；调节 m_c 大小，可相应地调节剩余自由度 df_r 大小；$m_r = 2p$ 为分布在 p 个坐标轴上的星号点，它们与中心点的距离 r 称为星号臂，r 是待定参数，可根据试验设计的正交性或旋转性的要求来调节 r；m_0 为各变量都取零水平时中心点的重复试验次数，可以做 1 次，也可以重复多次，根据试验设计需求调节 m_0，显然也能相应地调节剩余自由度 df_r 大小。

二、 二次回归正交组合设计

（一） 星号臂的确定与二次项的中心化处理

要使二次中心组合设计具有正交性，需要确定适当的星号臂 r。以 $p = 3$ 为例分析

当有 3 个变量 x_1、x_2、x_3 时，二次回归方程为：

$$y_i = b_0 + b_1 x_1 + b_2 x_2 + b_3 x_3 + b_{12} x_1 x_2 + b_{13} x_1 x_3 + b_{23} x_2 x_3 + b_{11} x_1^2 + b_{22} x_2^2 + b_{33} x_3^2$$

其回归模型的结构矩阵见表 7-20。

表 7-20　　　　　　　　　　三变量二次回归组合设计的结构矩阵

试验号	x_0	x_1	x_2	x_3	$x_1 x_2$	$x_1 x_3$	$x_2 x_3$	x_1^2	x_2^2	x_3^2
1	1	1	1	1	1	1	1	1	1	1
2	1	1	1	-1	1	-1	-1	1	1	1
3	1	1	-1	1	-1	1	-1	1	1	1
4	1	1	-1	-1	-1	-1	1	1	1	1
5	1	-1	1	1	-1	-1	1	1	1	1
6	1	-1	1	-1	-1	1	-1	1	1	1
7	1	-1	-1	1	1	-1	-1	1	1	1
8	1	-1	-1	-1	1	1	1	1	1	1
9	1	r	0	0	0	0	0	r^2	0	0
10	1	$-r$	0	0	0	0	0	r^2	0	0
11	1	0	r	0	0	0	0	0	r^2	0
12	1	0	$-r$	0	0	0	0	0	r^2	0
13	1	0	0	r	0	0	0	0	0	r^2
14	1	0	0	$-r$	0	0	0	0	0	r^2
15	1	0	0	0	0	0	0	0	0	0
16	1	0	0	0	0	0	0	0	0	0
⋮	⋮	⋮	⋮	⋮	⋮	⋮	⋮	⋮	⋮	⋮
N	1	0	0	0	0	0	0	0	0	0

由表7-20可以看出，二次中心组合设计实际是在一次回归正交设计的基础上补加星号点试验和中心点试验形成的。星号点试验的加入，一次项和交互项的正交性没有失去，$\sum_{j=1}^{p} x_j = 0$，$\sum_{i \neq j} x_i x_j = 0$，$(i, j = 1, 2, \cdots, p)$，而 x_0 项和二次项 x_j^2 失去了正交性，因为

$$\sum_{i=1}^{N} x_{ij}^2 = m_c + 2r^2 \neq 0, \sum_{i=1}^{N} x_0 x_{ij}^2 = m_c + 2r^2 \neq 0, \sum_{i=1}^{N} x_{ij}^2 x_{iu}^2 = m_c \neq 0, t \neq j \qquad (7-34)$$

为使组合设计的结构矩阵具有正交性，首先对二次项 x_j^2 进行中心化变换，即

$$x'_{ij} = x_{ij}^2 - \frac{1}{N}\sum_{i=1}^{N} x_{ij}^2 = x_{ij}^2 - (m_c + 2r^2)/N \qquad (i = 1,2,\cdots,N; j = 1,2,\cdots,p) \qquad (7-35)$$

这样变换后的 $x'_1, x'_2, \cdots, x'_p$ 项与 x_0 项正交，即

$$\sum_{i=1}^{N} x_0 x'_{ij} = 0 \qquad (j = 1,2,\cdots,p)$$

其次，调节星号臂 r，取适当的 r 使变换后的 $x'_1, x'_2, \cdots, x'_p$ 项之间正交，即

$$\sum_{i=1}^{N} x'_{ij} x'_{iu} = 0 \qquad (j \neq t, j, t = 1,2,\cdots,p) \qquad (7-36)$$

将式（7-35）与式（7-33）代入（7-36），整理得

$$r^4 + m_c r^2 - \frac{1}{2}m_c\left(p + \frac{1}{2}m_0\right) = 0 \qquad (7-37)$$

由于 $r > 0$，所以为了使式（7-37）成立，只须使

$$r = \sqrt{\frac{\sqrt{(m_c + 2p + m_o)m_c} - m_c}{2}} \qquad (7-38)$$

可见，臂长 r 的取值与因素个数 p、中心点试验次数 m_0 及二水平试验点个数 m_c 有关。

为了方便实际使用，将常用的二次回归正交组合设计的 r 整理于表7-21中。

表7-21　　　　　　　　　　　　二次回归正交组合设计常用 r 值

m_0	因素数 p							
	2	3	4	5(1/2 实施)	5	6(1/2 实施)	6	7(1/2 实施)
1	1.000	1.215	1.414	1.547	1.596	1.724	1.761	1.885
2	1.078	1.287	1.483	1.607	1.662	1.784	1.824	1.943
3	1.147	1.353	1.546	1.664	1.724	1.841	1.885	2.000
4	1.210	1.414	1.607	1.719	1.784	1.896	1.943	2.055
5	1.267	1.471	1.664	1.771	1.841	1.949	2.000	2.108
6	1.320	1.525	1.719	1.820	1.896	2.000	2.055	2.159
7	1.369	1.575	1.771	1.868	1.949	2.049	2.108	2.209
8	1.414	1.623	1.820	1.914	2.000	2.097	2.159	2.257
9	1.457	1.668	1.868	1.958	2.049	2.143	2.209	2.304
10	1.498	1.711	1.914	2.000	2.097	2.187	2.257	2.350
11	1.536	1.752	1.958	2.041	2.143	2.231	2.304	2.395

例如，以三因素二次回归正交组合设计为例，$p = 3$ 时，$m_c = 2^p = 8$，在 $m_0 = 1$ 的情形下，由表 7-21 可查得 $r = 1.215$，$N = m_c + 2p + m_0 = 8 + 6 + 1 = 15$，对所有二次项 x_j^2 进行中心化变换，即：

$$x'_{ij} = x_{ij}^2 - \frac{(m_c + 2r^2)}{N} = x_{ij}^2 - \frac{(8 + 2 \times 1.215^2)}{(8 + 2 \times 3 + 1)} = x_{ij}^2 - 0.730$$

变换后使得 $\sum x'_{ij} = 0$，实现了结构矩阵的正交性。经中心化变换后的三元二次回归正交设计的结构矩阵如表 7-22 所示。

表 7-22 三元二次回归正交组合设计的结构矩阵

试验号	x_0	x_1	x_2	x_3	$x_1 x_2$	$x_1 x_3$	$x_2 x_3$	x_1^2	x_2^2	x_3^2	x'_1	x'_2	x'_3
1	1	1	1	1	1	1	1	1	1	1	0.270	0.270	0.270
2	1	1	1	-1	1	-1	-1	1	1	1	0.270	0.270	0.270
3	1	1	-1	1	-1	1	-1	1	1	1	0.270	0.270	0.270
4	1	1	-1	-1	-1	-1	1	1	1	1	0.270	0.270	0.270
5	1	-1	1	1	-1	-1	1	1	1	1	0.270	0.270	0.270
6	1	-1	1	-1	-1	1	-1	1	1	1	0.270	0.270	0.270
7	1	-1	-1	1	1	-1	-1	1	1	1	0.270	0.270	0.270
8	1	-1	-1	-1	1	1	1	1	1	1	0.270	0.270	0.270
9	1	1.215	0	0	0	0	0	1.476	0	0	0.746	-0.730	-0.730
10	1	-1.215	0	0	0	0	0	1.476	0	0	0.746	-0.730	-0.730
11	1	0	1.215	0	0	0	0	0	1.476	0	-0.730	0.746	-0.730
12	1	0	-1.215	0	0	0	0	0	1.476	0	-0.730	0.746	-0.730
13	1	0	0	1.215	0	0	0	0	0	1.476	-0.730	-0.730	0.746
14	1	0	0	-1.215	0	0	0	0	0	1.476	-0.730	-0.730	0.746
15	1	0	0	0	0	0	0	0	0	0	-0.730	-0.730	-0.730

由表 7-22 可以看出，1~8 号试验点正好是一次回归正交设计的试验点；9~14 号 6 个试验点是在星号点上进行的，是新增加的试验点；第 15 号试验点为零水平试验点。从中可以看出，通过这样的安排，试验不仅具有正交性，而且试验次数远少于三水平的全面试验次数，体现出了组合设计的优点。

（二）二次回归正交组合设计的步骤

二次回归正交组合设计的步骤与一次回归正交设计类似。

1. 试验方案设计

（1）选定试验因素 z_j，确定变化范围，并对各因素水平进行编码 根据试验研究目的，选定对试验指标有影响的因素为试验因素，试验因素在自然空间用 z_j 表示。在确定试验因素的基础上拟定每个因素的上下水平，试验因素 z_j 的上水平用 z_{2j} 表示，下水平用 z_{1j} 表示，零水平用 z_{0j} 表示，三者之间的关系如下：

$$z_{0j} = \frac{z_{1j} + z_{2j}}{2}$$

上、下水平之差除以 $2r$（参数 r 值为星号臂长），称为因素 z_j 的变化间距，以 Δ_j 表示。

$$\Delta_j = \frac{z_{2j} - z_{0j}}{r} = \frac{z_{2j} - z_{1j}}{2r}$$

那么，因素编码公式为

$$x_{ij} = \frac{z_{ij} - z_{0j}}{\Delta_j} \tag{7-39}$$

按上式对 p 个因素进行编码，就建立了各因素 z_j 与 x_j 取值的一一对应关系，得到因素水平编码表如表 7-23 所示。

表 7-23　　　　　　　　　　　　因素水平编码表

x_{ij}	因子 z_{ij}			
	z_1	z_2	...	z_p
r	z_{21}	z_{22}	...	z_{2p}
1	$z_{01} + \Delta_1$	$z_{02} + \Delta_2$	...	$z_{0p} + \Delta_p$
0	z_{01}	z_{02}	...	z_{0p}
-1	$z_{01} - \Delta_1$	$z_{02} - \Delta_2$	...	$z_{0p} - \Delta_p$
$-r$	z_{11}	z_{12}	...	z_{1p}
编码公式	$x_{i1} = \dfrac{z_{i1} - z_{01}}{\Delta_1}$	$x_{i2} = \dfrac{z_{i2} - z_{02}}{\Delta_2}$	...	$x_{ip} = \dfrac{z_{ip} - z_{0p}}{\Delta_p}$

应当指出的是，因素 z_j 的上下水平对应的不是 +1 和 -1，而是 +r 和 -r，每个因素不是取 3 个水平，而是取 5 个水平。如图 7-3 所示。

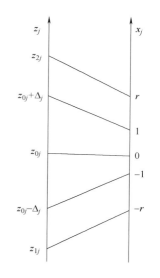

图 7-3　二次回归正交组合设计 z_j 与 x_j 的对应关系

（2）选择适当的组合设计方法设计试验方案　按给定的试验因素个数 p，选取合适的二水平正交表，确定 m_c、m_0。由 $N = m_c + 2p + m_0$ 计算试验次数 N，查出相对应的 r 值，编制试验方案，进行试验实施，记录试验结果。

2. 试验结果的统计分析

（1）回归系数的计算　如果采用二次回归正交组合设计研究 p 个因素与 y 的关系时，有 N 个处理，其试验结果为 y_1，y_2，$\cdots$，y_N，则二次回归的数学模型可表示为

$$y_i = \beta_0 + \sum_{j=1}^{p} \beta_j z_{ij} + \sum_{k<j} \beta_{jk} z_{ij} z_{ik} + \sum_{j=1}^{p} \beta_{jj} z_{ij}^2 + \varepsilon_i$$
$$i = 1, 2, \cdots, N; j, k = 1, 2, \cdots, p$$

用样本估计的编码方程为

$$\hat{y} = b_0 + \sum_{j=1}^{p} b_j x_j + \sum_{k<j} b_{jk} x_j x_k + \sum_{j=1}^{p} b_{jj} x_j^2 \tag{7-40}$$

要建立二次回归方程，首先必须计算回归系数 b_0'，b_j，b_{jk} 和 b_{jj}。

由于二次回归正交组合设计的结构矩阵具有正交性，因而它的信息矩阵 A 为

$$A = X'X = \begin{bmatrix} N & & & & & & & & 0 \\ & a_1 & & & & & & & \\ & & \ddots & & & & & & \\ & & & a_p & & & & & \\ & & & & a_{12} & & & & \\ & & & & & \ddots & & & \\ & & & & & & a_{(p-1)p} & & \\ & & & & & & & a_{11} & \\ & & & & & & & & \ddots & \\ 0 & & & & & & & & a_{pp} \end{bmatrix}$$

其中，$a_j = \sum x_{ij}^2$，$a_{jk} = \sum (x_{ij}x_{ik})^2, j \neq k$，$a_{jj} = \sum (x'_{ij})^2$

常数项矩阵 $\boldsymbol{B}$ 为：

$$\boldsymbol{B} = X'Y = (B_0, B_1 \cdots B_p, B_{12}, \cdots B_{(p-1)p}, B_{11} \cdots B_{pp})' \tag{7-41}$$

其中，$B_0 = \sum y_i$，$B_j = \sum x_{ij}y_i$，$B_{jj} = \sum x'_{ij}y_i$，$B_{jk} = \sum x_{ij}x_{ik}y_i$ $\qquad (j \neq k)$

相关矩阵 $\boldsymbol{c}$ 为：

$$\boldsymbol{c} = A^{-1} = \begin{bmatrix} N^{-1} & & & & & & & & 0 \\ & a_1^{-1} & & & & & & & \\ & & \ddots & & & & & & \\ & & & a_p^{-1} & & & & & \\ & & & & a_{12}^{-1} & & & & \\ & & & & & \ddots & & & \\ & & & & & & a_{(p-1)p}^{-1} & & \\ & & & & & & & a_{11}^{-1} & \\ & & & & & & & & \ddots & \\ 0 & & & & & & & & a_{pp}^{-1} \end{bmatrix}$$

于是二次回归方程的回归系数 $b = \boldsymbol{A}^{-1}\boldsymbol{B}$，则：

$$b'_0 = \frac{B_0}{N} = \frac{1}{N}\sum_{i=1}^{N} y_i = \bar{y} \qquad b_j = \frac{B_j}{a_j} = \frac{\sum\limits_{i=1}^{N} x_{ij}y_i}{\sum x_{ij}^2}$$

$$b_{jj} = \frac{B_{jj}}{a_{jj}} = \frac{\sum\limits_{i=1}^{N} x'_{ij}y_i}{\sum\limits_{i=1}^{N} (x'_{ij})^2} \qquad b_{jk} = \frac{B_{jk}}{a_{jk}} = \frac{\sum\limits_{i=1}^{N} x_{ij}x_{ik}y_i}{\sum\limits_{i=1}^{N} (x_{ij}x_{ik})^2}, j \neq k \tag{7-42}$$

上述这些计算都可在类似"一次回归正交设计的计算表"上进行，如表 7-24 所示。经过运算可建立相应的二次回归方程为：

$$\hat{y} = b'_0 + \sum_{j=1}^{p} b_j x_j + \sum_{k<j} b_{jk}x_j x_k + \sum_{j=1}^{p} b_{jj}x'_j \tag{7-43}$$

由 $x'_{ij} = x_{ij}^2 - \frac{1}{N}\sum_{i=1}^{N} x_{ij}^2$ 得

表 7-24 二次回归正交组合设计结构矩阵及格式运算表

试验号	x_0	x_1	...	x_p	$x_1 x_2$	...	$x_{(p-1)} x_p$	x_1'	...	x_p'	y_i
1	1	x_{11}	...	x_{1p}	$x_{11}x_{12}$	...	$x_{1(p-1)}x_{1p}$	x'_{11}	...	x'_{1P}	y_1
2	1	x_{21}	...	x_{2p}	$x_{21}x_{22}$	...	$x_{2(p-1)}x_{2p}$	x'_{21}	...	x'_{2p}	y_2
...	...	...	...	...	...	...	...	...	...	...	...
...	...	...	...	...	...	...	...	...	...	...	...
N	1	x_{N1}	...	x_{Np}	$x_{N1}x_{N2}$	...	$x_{N(p-1)}x_{Np}$	x'_{N1}	...	x'_{Np}	y_N
$a_j = \sum x_{ij}^2$	N	$\sum x_{i1}^2$	...	$\sum x_{ip}^2$	$\sum (x_{i1}x_{i2})^2$	...	$\sum (x_{i(p-1)}x_{ip})^2$	$\sum x'^2_{i1}$	...	$\sum x'^2_{ip}$	$SS_y = \sum y^2 - (\sum y)^2/N$
$B_j = \sum x_j y$	$\sum y_i$	$\sum x_{i1}y_i$	...	$\sum x_{ip}y_i$	$\sum x_{i1}x_{i2}y_i$	...	$\sum x_{i(p-1)}x_{ip}y_i$	$\sum x'^2_{i1}y_i$	...	$\sum x'^2_{ip}y_i$	$SS_R = \sum SS_j + \sum_{k<j} SS_{jk} + \sum SS_j$
$b_j = \dfrac{B_j}{a_j}$	$\dfrac{\sum y_i}{N}$	$\dfrac{B_1}{a_1}$	...	$\dfrac{B_p}{a_p}$	$\dfrac{B_{12}}{a_{12}}$	...	$\dfrac{B_{(p-1)p}}{a_{(p-1)p}}$	$\dfrac{B_{11}}{a_{11}}$	...	$\dfrac{B_{pp}}{a_{pp}}$	$SS_r = SS_y - SS_R$
$SS_j = B_j^2/a_j$		SS_1	...	SS_p	SS_{12}	...	$SS_{(p-1)p}$	SS_{11}	...	SS_{pp}	

$$y = b_0 + \sum_{j=1}^{p} b_j x_j + \sum_{k<j} b_{jk} x_j x_k + \sum_{j=1}^{p} b_{jj} x_j^2 \tag{7-44}$$

其中 $b_o = \bar{y} - \dfrac{1}{N} \sum_{i=1}^{N} x_{ij}^2 \cdot \sum_{j=1}^{p} b_{jj}$

（2）回归关系的显著性检验　同样，二次回归正交组合设计的回归方程、回归系数、拟合情况均需要检验，与一次回归正交设计完全类似，一般采用 F 检验法。显著性检验方差分析表如表 7-25 所示。

表 7-25　　　　　　　　　　　　　　二次回归方差分析表

变异来源		平方和	自由度	均方	F
一次效应	x_1	$SS_1 = B_1^2/a_1$	1	MS_1	$SS_1/SS_r/df_r$
	⋮	⋮	⋮	⋮	⋮
	x_p	$SS_p = B_p^2/a_p$	1	MS_p	$SS_p/SS_r/df_r$
交互效应	$x_1 x_2$	$SS_{12} = B_{12}^2/a_{12}$	1	MS_{12}	$SS_{12}/SS_r/df_r$
	⋮	⋮	⋮	⋮	⋮
	$x_{(p-1)} x_p$	$SS_{(p-1)p} = B_{(p-1)p}^2/a_{(p-1)p}$	1	$MS_{(p-1)p}$	$SS_{(p-1)p}/SS_r/df_r$
二次效应	x_1^2	$SS_{11} = B_{11}^2/a_{11}$	1	MS_{11}	$SS_{11}/SS_r/df_r$
	⋮	⋮	⋮	⋮	⋮
	x_p^2	$SS_{pp} = B_{pp}^2/a_{pp}$	1	MS_{pp}	$SS_{pp}/SS_r/df_r$
回归		$SS_R = SS_1 + SS_2 + \cdots + SS_{12} + \cdots + SS_{pp}$	$df_R = C_{p+2}^2 - 1$	SS_R/df_R	$\dfrac{SS_R}{df_R}/SS_r/df_r$
剩余		$SS_r = SS_y - SS_R$	$df_r = N - 1 - df_R$	SS_r/df_r	
误差 e		$SS_e = \sum_{i0=1}^{m_0} y_{i0}^2 - \dfrac{1}{m_0} \left(\sum_{i0=1}^{m_0} y_{i_0} \right)^2$	$df_e = m_0 - 1$	SS_e/df_e	
失拟		$SS_{Lf} = SS_r - SS_e$	$df_{Lf} = df_r - df_e$	SS_{Lf}/df_{Lf}	$\dfrac{SS_{Lf}}{df_{Lf}}/SS_e/df_e$
总和		$SS_y = \sum_{i=1}^{N} y_i^2 - \dfrac{1}{N} \left(\sum_{i=1}^{N} y_i \right)^2$	$df_y = N - 1$		

（3）回归方程的优化　由于生物、农业和食品加工等领域试验影响因素的多样性和不确定性，往往造成有些因素对试验指标影响不显著。在回归正交试验设计的统计分析检验中，

至少要求因素的显著水平达到 0.25。当某些因素的显著水平达到 0.25 时，一般不要盲目的将其淘汰。因为在这种回归正交试验中，第一次方差分析往往因为剩余自由度偏小而影响了检验的精确度。由于回归正交试验设计具有的正交性，保证了试验因素的列与列之间没有相关性，因此我们可以将未达到 0.25 以上显著水平的因素（或者互作）剔除，将其平方和与自由度并入剩余项中进行第二次方差分析，以提高检验的精确度，这种方法称为回归方程的优化。

（4）试验组合寻优　通过（偏）回归系数显著性检验、回归方程显著性检验以及失拟检验，剔除了对试验指标影响不显著的变量，建立一个拟合程度较高的简化回归方程。在实际生产中，往往通过回归方程求极值来寻找优化的因素水平组合。

若得到回归方程为

$$\hat{y} = b_0 + \sum_{j=1}^{p} b_j x_j + \sum_{i<j} b_{ij} x_i x_j + \sum_{j=1}^{p} b_{jj} x_j^2$$

根据多元函数极值理论，对该回归方程各变量 x_i 求一阶偏导，令偏导等于零，如

$$\begin{cases} \dfrac{\partial \hat{y}}{\partial x_1} = b_1 + \sum_{i \neq 1} b_{i1} x_i + 2b_{11} x_1 = 0 \\[2mm] \dfrac{\partial \hat{y}}{\partial x_2} = b_2 + \sum_{i \neq 2} b_{i2} x_i + 2b_{22} x_2 = 0 \\[2mm] \dots \\[2mm] \dfrac{\partial \hat{y}}{\partial x_p} = b_p + \sum_{i \neq p} b_{ip} x_i + 2b_{pp} x_p = 0 \end{cases} \qquad (7-45)$$

对该方程组求解就可以得到使试验指标取极值的各个对其有显著影响的变量值，即得到最优变量组合。通常可以通过统计软件去求解优化组合。

当然，也可以对回归模型进行主效应分析、单因素效应分析以及双因素交互效应分析，分析方法参阅有关书籍。

（三）应用示例

[例 7-3]　用二次回归正交设计分析茶叶有效成分浸出率与各参数的关系。经初步试验得知，影响浸出率的主要因素有榨汁压力 P、加压速度 R、物料量 W、榨汁时间 t 四个因素。各因素对浸出率的影响不是简单的线性关系，而且因素间存在不同程度的交互作用，因此用二次回归正交设计安排试验，以建立浸出率与各参数的回归方程。

1. 选择适当的组合设计

由于 $p=4$，所以二水平全面试验点 $m_c = 2^p = 2^4 = 16$ 次，星号试验点 $m_r = 2p = 2 \times 4 = 8$ 次，零水平试验点计划作 $m_0 = 3$ 次，故组合设计试验总次数为 $N = m_c + 2p + m_0 = 2^4 + 2 \times 4 + 3 = 27$。

根据 $p=4$，$m_0 = 3$ 查 r 值表（表 7-21），得星号臂 $r = 1.546$。

2. 确定因素的变化范围，编制因素编码表

根据实践经验、初步试验结果，确定各因素的变化范围为压力 P：500~800kPa，加压速度 R：100~800kPa/s，物料量 W：100~400g，榨汁时间 t：2~4min。因素水平编码见表 7-26。

表 7 - 26   因素水平编码

x_{ij}	因素			
	z_1 P/kPa	z_2 $R/(k \cdot Pa/s)$	z_3 W/g	z_4 t/min
$+r$	800	800	400	4
1	746.98	676.3	347	3.647
0	650	450	250	3.0
-1	553.02	223.7	153	2.353
$-r$	500	100	100	2
Δ_j	96.98	226.3	97	0.647
编码公式	$x_{i1} = \dfrac{z_{i1} - 650}{96.98}$	$x_{i2} = \dfrac{z_{i2} - 450}{226.3}$	$x_{i3} = \dfrac{z_{i3} - 250}{97}$	$x_{i4} = \dfrac{z_{i4} - 3.0}{0.647}$

3. 编制试验方案，进行试验，记录试验结果

按二次回归正交组合设计安排 27 次试验，试验方案见表 7 - 27。交互项（列）、二次项（列）并不影响试验组合。严格按照 x_1、x_2、x_3、x_4 所在列的水平试验组合实施试验，记录试验结果。

4. 试验结果的统计分析

（1）计算回归系数和偏回归平方和　对各个二次项 x_{ij}^2 按照 $x'_{ij} = x_{ij}^2 - \dfrac{1}{N}\sum\limits_{i=1}^{N} x_{ij}^2 = x_{ij}^2 - 0.77$

进行中心化处理，使其具有正交性。按照二次回归正交组合设计运算格式表计算各个回归系数、偏回归平方和，计算结果见表 7 - 27。

（2）计算各平方和及自由度

①总平方和及自由度

$$SS_y = \sum_{i=1}^{N} y_i^2 - \frac{1}{N}\left(\sum_{i=1}^{N} y_i\right)^2 = \sum_{i=1}^{27} y_i^2 - \frac{1}{27}\left(\sum_{i=1}^{27} y_i\right)^2 = 241.361, df_y = 27 - 1 = 26$$

②回归平方和及自由度

$$SS_R = SS_1 + SS_2 + \cdots = 206.713, df_R = 7$$

③剩余平方和及自由度

$$SS_r = SS_y - SS_R = 241.361 - 206.713 = 34.648, df_r = 26 - 7 = 19$$

④误差平方和及自由度

$$SS_e = \sum_{i0=1}^{m_0} y_{i0}^2 - \frac{1}{m_0}\left(\sum_{i0=1}^{m_0} y_{i0}\right)^2 = \sum_{i0=1}^{3} y_{i0}^2 - \frac{1}{3}\left(\sum_{i0=1}^{3} y_{i0}\right)^2 = 6921.454 - \frac{1}{3} \times (144.08)^2 = 1.771$$

$$df_e = m_0 - 1 = 3 - 1 = 2$$

⑤失拟平方和及自由度

$$SS_{lf} = SS_r - SS_e = 34.648 - 1.771 = 32.877, df_{lf} = 19 - 2 = 17$$

（3）显著性检验　回归系数显著性检验、回归方程显著性检验以及失拟性检验结果见表 7 - 28。

表 7 – 27　　　　　　　　　　　　　　试验方案及统计分析

处理	x_0	x_1	x_2	x_3	x_4	x_1x_2	x_1x_3	x_1x_4	x_2x_3	x_2x_4	x_3x_4	x'_1	x'_2	x'_3	x'_4	y
1	1	1	1	1	1	1	1	1	1	1	1	0.23	0.23	0.23	0.23	43.26
2	1	1	1	1	-1	1	1	-1	1	-1	-1	0.23	0.23	0.23	0.23	39.60
3	1	1	1	-1	1	1	-1	1	-1	1	-1	0.23	0.23	0.23	0.23	48.73
4	1	1	1	-1	-1	1	-1	-1	-1	-1	1	0.23	0.23	0.23	0.23	46.93
5	1	1	-1	1	1	-1	1	1	-1	-1	1	0.23	0.23	0.23	0.23	47.26
6	1	1	-1	1	-1	-1	1	-1	-1	1	-1	0.23	0.23	0.23	0.23	42.97
7	1	1	-1	-1	1	-1	-1	1	1	-1	-1	0.23	0.23	0.23	0.23	50.73
8	1	1	-1	-1	-1	-1	-1	-1	1	1	1	0.23	0.23	0.23	0.23	45.33
9	1	-1	1	1	1	-1	-1	-1	1	1	1	0.23	0.23	0.23	0.23	41.86
10	1	-1	1	1	-1	-1	-1	1	1	-1	-1	0.23	0.23	0.23	0.23	40.11
11	1	-1	1	-1	1	-1	1	-1	-1	1	-1	0.23	0.23	0.23	0.23	49.40
12	1	-1	1	-1	-1	-1	1	1	-1	-1	1	0.23	0.23	0.23	0.23	45.73
13	1	-1	-1	1	1	1	-1	-1	-1	-1	1	0.23	0.23	0.23	0.23	45.83
14	1	-1	-1	1	-1	1	-1	1	-1	1	-1	0.23	0.23	0.23	0.23	40.06
15	1	-1	-1	-1	1	1	1	-1	1	-1	-1	0.23	0.23	0.23	0.23	46.40
16	1	-1	-1	-1	-1	1	1	1	1	1	1	0.23	0.23	0.23	0.23	45.13
17	1	1.546	0	0	0	0	0	0	0	0	0	1.62	-0.77	-0.77	-0.77	48.72
18	1	-1.546	0	0	0	0	0	0	0	0	0	1.62	-0.77	-0.77	-0.77	45.48
19	1	0	1.546	0	0	0	0	0	0	0	0	-0.77	1.62	-0.77	-0.77	46.24
20	1	0	-1.546	0	0	0	0	0	0	0	0	-0.77	1.62	-0.77	-0.77	47.52
21	1	0	0	1.546	0	0	0	0	0	0	0	-0.77	-0.77	1.62	-0.77	42.53
22	1	0	0	-1.546	0	0	0	0	0	0	0	-0.77	-0.77	1.62	-0.77	43.20
23	1	0	0	0	1.546	0	0	0	0	0	0	-0.77	-0.77	-0.77	1.62	49.28
24	1	0	0	0	-1.546	0	0	0	0	0	0	-0.77	-0.77	-0.77	1.62	45.92
25	1	0	0	0	0	0	0	0	0	0	0	-0.77	-0.77	-0.77	-0.77	48.08
26	1	0	0	0	0	0	0	0	0	0	0	-0.77	-0.77	-0.77	-0.77	48.94
27	1	0	0	0	0	0	0	0	0	0	0	-0.77	-0.77	-0.77	-0.77	47.06
a_j	27.0	20.8	20.8	20.8	20.8	16.0	16.0	16.0	16.0	16.0	16.0	11.4	11.4	11.4	11.4	
B_j	1232.30	15.30	-10.07	-38.47	32.80	-7.45	0.17	2.69	-14.49	-5.85	3.33	-3.90	-4.95	-24.14	-1.51	
b_j	45.64	0.74	-0.48	-1.85	1.58	-0.47	0.01	0.17	-0.91	-0.37	0.21	-0.34	-0.43	-2.12	-0.13	
SS_j		11.254	4.875	71.151	51.723	3.469	0.002	0.452	13.123	2.139	0.693	1.334	2.149	51.118	0.200	

注：二次项中心化处理公式：$x'_{ij} = x^2_{ij} - \dfrac{1}{N}\sum\limits_{i=1}^{N} x^2_{ij} = x^2_{ij} - 0.77$。

表 7-28　　　　　　　　　　　二次回归关系方差分析表

变异来源	平方和	自由度	均方	F	显著水平
x_1	11.254	1	11.26	6.17	0.02
x_2	4.875	1	4.88	2.67	0.12
x_3	71.151	1	71.2	39.01	0.00
x_4	51.723	1	51.72	28.36	0.00
$x_1 x_2$	3.469	1	3.47	1.90	0.18
$x_1 x_3$ △	0.002	1	0		
$x_1 x_4$ △	0.452	1	0.45		
$x_2 x_3$	13.123	1	13.12	7.19	0.01
$x_2 x_4$ △	2.139	1	2.14		
$x_3 x_4$ △	0.693	1	0.69		
x_1' △	1.334	1	1.33		
x_2' △	2.149	1	2.15		
x_3'	51.118	1	51.12	28.03	0.00
x_4' △	0.200	1	0.2		
回归	206.713	7	29.530	16.19	0.00
剩余	34.648	19	1.824		
误差 e	1.771	2	0.886		
失拟	32.878	17	1.934	2.18	0.36
总和	241.361	26			

注：△ 将小于或接近试验误差平方和的各项回归平方和并入剩余平方和中。

　　回归系数检验临界值 $F_{0.25(1,19)} = 1.41$, $F_{0.05(1,19)} = 4.38$, $F_{0.01(1,19)} = 8.13$。

　　方程显著性检验临界值 $F_{0.05(7,19)} = 2.54$, $F_{0.01(7,19)} = 3.77$。

　　方程拟合度检验临界值 $F_{0.25(17,2)} = 3.42$, $F_{0.05(17,2)} = 19.4$, $F_{0.01(17,2)} = 99.4$。

由表 7-28 可以看出，失拟项的 $F_1 = SS_{lf}/df_{lf}/SS_e/df_e = 2.18 < F_{0.25(17,2)} = 3.42$，回归方程的 $F_2 = SS_R/df_R/SS_r/df_r = 16.19 > F_{0.01(7,19)} = 3.77$，表明所建立的回归方程不失拟，拟合效果好，具有预测意义。

（4）建立优化回归方程　对各个变量显著性进行检验，可以看出交互项 $x_1 x_3$、$x_1 x_4$、$x_2 x_4$、$x_3 x_4$ 以及二次项 x_1'、x_2'、x_4' 对试验结果没有显著影响，应剔除不显著变量，得优化回归方程为

$$y = 45.64 + 0.736 x_1 - 0.485 x_2 - 1.851 x_3 + 1.579 x_4 - 0.466 x_1 x_2 - 0.906 x_2 x_3 - 2.112 x_3'$$

将 $x_1 = \dfrac{z_1 - 650}{96.98}$, $x_2 = \dfrac{z_2 - 450}{226.3}$, $x_3 = \dfrac{z_3 - 250}{97}$, $x_4 = \dfrac{z_4 - 3.0}{0.647}$, $x_3' = x_3^2 - 0.77$ 代入，整理得回归方程为：

$$y = 15.844 + 0.017 z_1 + 0.022 z_2 + 0.112 z_3 + 2.441 z_4 - 2.122 \times 10^{-5} z_1 z_2 - 4.127 \times 10^{-5} z_2 z_3 - 2.248 \times 10^{-4} z_3^2$$

其中 z_1 代表压力 P，z_2 代表加压速度 R，z_3 代表物料量 W，z_4 代表榨汁时间 t。

三、 二次回归连贯设计

在一次回归正交设计的基础上，补充少量试验点，即星号点，进行二次回归设计的方法称为二次回归连贯设计。对于线性回归方程失拟的场合，可以充分利用一次回归的试验信息再继续寻求二次回归方程，以满足实际需要，此时可采用连贯设计。

二次回归连贯设计与二次回归正交组合设计有所不同。在连贯设计时，将一次回归正交设计中水平仅取 1 与 -1 的试验点和零水平试验点，分别作为 m_c 与 m_0。再补充星号点 m_r，编制组合设计方案，连贯设计的因素编码仍利用一次回归正交设计的编码公式：

$$x_{ij} = \frac{z_{ij} - z_{0j}}{\Delta_j}, \quad \text{其中 } \Delta_j = \frac{z_{2j} - z_{1j}}{2}$$

因此，对应于 $x_j = r$、$-r$ 时的自然因素取值，即 z_j 的实际上限 z'_{2j} 与下限 z'_{1j}，应由下式确定。

$$\begin{cases} z'_{2j} = z_{0j} + r\Delta_j = \dfrac{(1 + r)z_{2j} + (1 - r)z_{1j}}{2} \\ z'_{1j} = z_{0j} - r\Delta_j = \dfrac{(1 - r)z_{2j} + (1 + r)z_{1j}}{2} \end{cases} \quad (7-46)$$

显然，对于二次回归连贯设计，自然因素的实际上、下限，不是在试验方案编制前预先选定的，而是根据星号臂长 r，利用一次回归设计编码公式计算确定的，很明显，二次回归连贯设计将自然因素 z_j 的实际试验范围扩大 r 倍。所以，在设计时，应注意实际试验范围是否容许。

二次回归连贯设计是在一次回归正交设计试验的基础上，补加一些星号点试验构成的。其设计步骤及分析与二次回归正交组合设计相同，详见有关书籍。

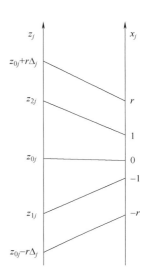

图 7-4 二次连贯设计
z_j 与 x_j 的关系示意图

第三节 二次回归旋转设计

一、 旋转设计的基本原理

（一） 回归设计的旋转性

回归正交设计具有试验次数比较少，计算简便、消除了回归系数之间的相关性等优点。但它和一般的回归分析一样，由于各因素所取水平不同，对应的各个预测值 $\hat{y}$ 的方差亦不相同，即二次回归预测值 $\hat{y}$ 的方差强烈地依赖于试验点在因子空间中的位置，影响了不同预测值之间的直接比较，不易根据预测值寻找最优区域。为了克服这个缺点，人们通过进一步研究，提出了回归旋转设计（rotatable designs）。

利用具有旋转性的回归方程进行预测时，对于同一球面上的点可直接比较其预测值的好坏，从而找出预测值相对较优的区域。使回归方程具有旋转性的设计称为回归旋转设计。

在旋转设计中，预测值$\hat{y}$的方差仅与因素空间各试验点到试验中心的距离ρ有关，而与方向无关；显然一次回归正交设计具有旋转性，而二次回归正交设计不具有旋转性。回归旋转设计，一方面基本保留了回归正交设计的优点，即试验次数较少，计算简便，部分地消除了回归系数间的相关性；另一方面能使二次设计具有旋转性，有助于克服回归正交设计中二次回归的预测值$\hat{y}$的方差依赖于试验点在因子空间中的位置这个缺点。旋转设计分为正交旋转和通用旋转两大类。其中以二次回归正交旋转组合设计和二次回归通用旋转组合设计最为常用。

一般情况下，二次回归设计是不具有旋转性的。为了使p元二次回归设计具有旋转性，必须具备以下两个条件：

1. 旋转性条件

$$\sum_{i=1}^{N} x_{ij}^2 = \lambda_2 N, \quad \sum_{i=1}^{N} (x_{ij}^2)^2 = 3\sum_{h<j} (x_{ih}x_{ij})^2 = 3\lambda_4 N \qquad (h,j = 1,2,\cdots,p) \qquad (7-47)$$

式中　　x_{ij}——第j个编码因素在第i次试验中的水平取值；

　　　　N——总试验次数；

　λ_2,λ_4——待定参数。

2. 非退化条件

$$\frac{\lambda_4}{\lambda_2^2} > \frac{p}{p+2} \qquad (7-48)$$

式（7-48）是使信息矩阵A满秩或非退化，也就是说使所有回归系数具有唯一解的条件，只有待定参数λ_2和λ_4满足上述条件，旋转设计才有可能。式（7-47）为二次旋转设计的信息矩阵$A = X'X$应具有的结构形式，满足式（7-47）是旋转设计的必要条件，满足式（7-48）是使旋转性成为可能的充分条件。

可以证明，只要使N个试验点至少位于两个半径不等的球面上就可能获得二次旋转设计。因此，将N个试验点分布在两个球面上，其中m_0个点分布在半径$\rho = 0$的球面上，即试验中心点上，另外$N-m_0$个点均匀分布在半径为$\rho(\rho \neq 0)$的球面上，就可能获得二次旋转设计。

（二）　二次旋转组合设计

对于3个因素（$p=3$）或更多个因素，通常利用组合设计来实现旋转设计的。在组合设计中，N个试验点是分布在3个球面上。

$$N = m_c + 2p + m_0 = m_c + m_r + m_0 \qquad (7-49)$$

式中，m_c个点分布在半径为$\rho_c = \sqrt{p}$的球面上；$m_r = 2p$个点分布在半径为$\rho_r = r$的球面上；m_0个点集中在半径$\rho_0 = 0$的球面上。

因此，组合设计满足了非退化条件，为了满足旋转性条件，只需使$m_c = r^4$或者

$$r = \begin{cases} 2^{\frac{p}{4}} & \text{当}\ m_c = 2^p，即各因素均取二水平（+1，-1）的全面试验时} \\ 2^{\frac{(p-i)}{4}}\ (i=1,2,\cdots) & \text{当}\ m_c = 2^{(p-i)}，即各因素均取二水平（+1，-1）的}\frac{1}{2^i}\text{实施时} \\ a^{\frac{1}{4}} & \text{当}\ m_c = a，即选}\ L_a(2^c)\ \text{正交表安排}\ m_c\ \text{试验点时} \end{cases}$$

$$(7-50)$$

通过上式可计算出星号点的臂长，如表 7 – 29 所示。

可以看出，采用组合设计方案获得二次旋转设计时，m_0 的选择是相当自由的。适当地选取 m_0 可使二次旋转组合设计具有正交性或通用性。

（三） 二次正交旋转组合设计

二次旋转组合设计具有同一球面预测值 $\hat{y}$ 的方差相等的优点，但回归统计时的计算较为烦琐，如果使它获得正交性就可大大简化计算手续。

在二次旋转组合设计中，一次项 x_j 和交互项 $x_j x_k$ 仍具有正交性，但常数项系数 b_0 与二次项系数 b_{jj} 之间以及 b_{jj} 列之间尚存在相关性。利用对二次项 x_j^2 的中心化变换即可以消除 x_0 与 x_j^2 项间的相关性，即 $x'_{ij} = x_{ij}^2 - \dfrac{1}{N}\sum_a x_{ij}^2$。而对于二次项 x_j^2 之间相关性的消除，只要使

$$\lambda_4 = \lambda_2^2 \tag{7-51}$$

即可。

在组合设计中

$$\frac{\lambda_4}{\lambda_2^2} = \frac{m_c p + 2r^4}{(m_c + 2r^2)^2} \cdot \frac{N}{p+2} \tag{7-52}$$

对于 p 个因素的二次旋转组合设计，式（7 – 52）中的 p、m_c 和 r 都是固定的。因此，只有适当地调整 N 才能使 $\lambda_4/\lambda_2^2 = 1$，而试验处理数 $N = m_c + m_r + m_0$，由于 m_r 也是固定的，所以，只能通过调整中心点试验次数 m_0 使 $\lambda_4/\lambda_2^2 = 1$。

由式（7 – 49）、式（7 – 50）、式（7 – 51）、式（7 – 52）可导出二次正交旋转设计必须进行的中心点试验次数为

$$m_0 = 4(1 + m_c^{1/2}) - 2p \tag{7-53}$$

根据式（7 – 53）选取 m_0，就可使二次旋转组合设计具有一定的正交性，当计算出 m_0 为整数时，表明 $\lambda_4 = \lambda_2^2$，则旋转组合设计是完全正交的。例如，$p = 4$、$m_c = 16$ 时，由式（7 – 53）计算得 $m_0 = 12$，那么这一方案是完全正交旋转设计。但当计算出 m_0 不为整数时，表明 $\lambda_4 \neq \lambda_2^2$，则旋转组合设计是近似正交的，此时 m_0 四舍五入取整。为方便应用，列出了二次正交旋转组合设计的基本设计参数见表 7 – 29。

表 7 –29　　　　　　　　　　　二次正交旋转组合设计参数表

因素数 p	二次旋转设计参数			$N/(\lambda_4/\lambda_2^2)$	N	λ_4/λ_2^2	m_0
	m_c	m_r	r				
2	4	4	1.414	16	16	1.000	8
3	8	6	1.682	23.314	23	0.986	9
4	16	8	2.000	36	36	1.000	12
5	32	10	2.378	58.627	59	1.006	17
6	64	12	2.828	100	100	1.000	24
7	128	14	3.364	177.256	177	0.998	35
8	256	16	4.000	324	324	1.000	52

续表

因素数	二次旋转设计参数			$N/$ (λ_4/λ_2^2)	N	λ_4/λ_2^2	m_0
p	m_c	m_r	r				
5(1/2 实施)	16	10	2.000	36	36	1.000	10
6(1/2 实施)	32	12	2.378	58.627	59	1.006	15
7(1/2 实施)	64	14	2.828	100	100	1.000	22
8(1/2 实施)	128	16	3.364	177.256	177	1.000	33
8(1/4 实施)	64	16	2.828	100	100	1.000	20

二次正交旋转组合设计具有回归正交设计的优点，又具有旋转性，是常用的回归设计方法。但相比二次回归正交设计（一般 $m_0 = 3$）而言，二次正交旋转组合设计的中心点试验次数明显增多，对于试验费用昂贵，或者试验数据取得困难的研究显然是不利的，此时可以采用二次通用旋转组合设计。

（四）二次通用旋转组合设计

二次回归旋转组合设计，具有同一球面上各试验点的预测值 $\hat{y}$ 的方差相等的优点，但它还存在不同半径球面上各试验点的预测值 $\hat{y}$ 的方差不等的缺点。为了解决这一问题，于是提出了旋转设计的通用性问题。所谓"通用性"，就是试验除了仍保持其旋转性外，还使在编码空间内各试验点与中心的距离 ρ 在 $0 < \rho < 1$ 的范围内，其预测值 $\hat{y}$ 的方差基本相等的性质，即同时具有旋转性与通用性。将满足这种条件的试验设计称为通用旋转组合设计。二次通用旋转组合设计也是通过组合设计来实现的。它和二次正交旋转设计一样，N 个试验点由三类试验点组合而成

$$N = m_c + m_r + m_0 = m_c + 2p + m_0$$

式中，p 为因素 x_j 的个数，由于 m_c、$2p$ 是固定的，所以只有调整 N 和 m_0 来满足通用旋转设计要求，表 7-30 所示为二次通用旋转组合设计的有关参数，以供设计查阅。

表 7-30 二次通用旋转组合设计参数表

p	二次通用旋转组合设计参数			N	λ_4	m_0
	m_c	m_r	r			
2	4	4	1.414	13	0.81	5
3	8	6	1.682	20	0.86	6
4	16	8	2	31	0.86	7
4（1/2 实施）	8	8	1.682	20	0.86	4
5	32	10	2.378	52	0.89	10
5（1/2 实施）	16	10	2	32	0.89	6

通用旋转组合设计与正交旋转组合设计基本相同，试验点都是在二水平正交表的基础上增加星号臂点和零水平重复试验点得来的。对于影响因素个数 p 相同的试验来说，通用旋转组合设计和正交旋转组合设计具有相同的 m_c 值和 r 值，唯一不同的是零水平重复试验点的次数 m_0。换句话说，就是通过调整中心试验点的重复次数来分别满足正交性和旋转性的需要。二次通用旋转组合设计中，常数项 b_0 与平方项回归系数 b_{jj}、平方项回归系数 b_{jj} 之间依然存在着相关性，所以说通用旋转设计是牺牲了部分正交性而达到预测精度基本一致的要求，又在一定程度上减少了中心点试验次数 m_0。

二、 二次旋转设计的步骤

二次旋转组合设计主要包括二次正交旋转组合设计和二次通用旋转组合设计，其设计主要步骤和二次回归正交组合设计大体相同。

1. 确定试验因素及水平，对因素水平进行编码。编码公式：

$$\begin{cases} z_{0j} = \dfrac{z_{2j} + z_{1j}}{2} \\[2mm] \Delta_j = z_{2j} - z_{0j}/r \\[2mm] x_{ij} = \dfrac{z_{ij} - z_{0j}}{\Delta_j} \end{cases} \tag{7-54}$$

式中，$z_{2j}, z_{1j}, r, \Delta_j, x_{ij}$ 的意义同二次正交回归组合设计。

旋转设计的因素水平编码表如表 7-31 所示。

表 7-31　　　　　　　　　　旋转设计的因素水平编码表

x_{ij}	因子			
	z_1	z_2	$\cdots$	z_p
r	z_{21}	z_{22}	$\cdots$	z_{2p}
1	$z_{01} + \Delta_1$	$z_{02} + \Delta_2$	$\cdots$	$z_{0p} + \Delta_p$
0	z_{01}	z_{02}	$\cdots$	z_{0p}
-1	$z_{01} - \Delta_1$	$z_{02} - \Delta_2$	$\cdots$	$z_{0p} - \Delta_p$
$-r$	z_{11}	z_{12}	$\cdots$	z_{1p}
编码公式	$x_{i1} = \dfrac{z_{i1} - z_{01}}{\Delta_1}$	$x_{i2} = \dfrac{z_{i2} - z_{02}}{\Delta_2}$	$\cdots$	$x_{ip} = \dfrac{z_{ip} - z_{0p}}{\Delta_p}$

2. 确定组合设计参数

二次旋转组合设计中的 m_c, m_r, m_0, r 和 N 等参数必须按表 7-29、表 7-30 选择。例如，对于 $p=2$，二次旋转组合设计须选取 $m_c = m_r = 4, r = 1.414$，而 m_0 可任选；但若要使方案具有正交性，选 $m_0 = 8$，则 $N = 16$（表 7-29）；若使方案具有通用旋转性，须选 $m_0 = 5$，则 $N = 13$（表 7-30）。按照选取的组合设计参数，编制试验方案，并对 x_j^2 列进行中心化变换，配列计算格式表分析。

3. 回归系数计算、方程建立、显著性的检验对于二次回归正交旋转组合设计，由于试验方案具有正交性，试验结果的统计分析与二次回归正交组合设计试验结果的统计分析方法大体相同，可以配列计算格式表，在计算表格中完成。而二次旋转组合设计、二次通用旋转组合设计回归系数的计算比较复杂，详见有关书籍，通常可以借用统计软件来进行分析，譬如 Design expert、SAS、Minitab 等。

三、 二次回归正交旋转设计的统计分析实例

[例 7 - 4]　　拟用木瓜蛋白酶酶解鹰嘴豆蛋白制备蛋白肽，预试验表明蛋白肽得率与酶用量 z_1、反应温度 z_2 以及底物浓度 z_3 有关，试采用二次回归正交旋转设计建立三个因素与蛋白肽得率的回归关系。

1. 选择适当的组合设计

由实践经验、初步研究已知，蛋白肽得率与酶用量 z_1、反应温度 z_2 以及底物浓度 z_3 有关。试验因素 $p = 3$，查阅二次回归正交旋转组合设计参数表 7 - 29 得，$m_c = 8$，$m_r = 6$，$m_0 = 9$，$r = 1.682$。所以试验总次数为

$$N = m_c + m_r + m_0 = 8 + 6 + 9 = 23$$

2. 确定因素水平范围，对因素水平进行编码

由初步研究确定各个因素的水平范围分别为酶用量 z_1：$4000 \sim 7000\text{U/g}$；反应温度 z_2：$45 \sim 65℃$；底物浓度 z_3：$4\% \sim 6\%$。对因素水平编码见表 7 - 32。

表 7 - 32　　　　　　　三因素二次回归正交旋转组合设计因素水平编码

x_{ij}	因素		
	z_1 酶用量/（U/g）	z_2 反应温度/℃	z_3 底物浓度/%
上星号臂 $+r$	7000	65	6
上水平 $+1$	6392	61	5.6
零水平 0	5500	55	5.0
下水平 -1	4608	49	4.4
下星号臂 $-r$	4000	45	4
变化间距 Δ_j	892	6	0.6
编码公式	$x_{i1} = \dfrac{z_{i1} - 5500}{892}$	$x_{i2} = \dfrac{z_{i2} - 55}{6}$	$x_{i3} = \dfrac{z_{i3} - 5.0}{0.6}$

3. 编制试验方案，实施试验方案，配列计算格式表

根据正交表 $L_8(2^7)$ 和查得的 m_r、m_0 编制试验方案，试验方案见表 7 - 33。按照试验方案进行试验，记录试验结果，配列计算格式表如表 7 - 34 所示。

表 7-33　　　　　　　三因素二次回归正交旋转组合设计试验方案

试验号		x_1	x_2	x_3	z_1	z_2	z_3
	1	1	1	1	6392	61	5.6
	2	1	1	-1	6392	61	4.4
	3	1	-1	1	6392	49	5.6
m_c	4	1	-1	-1	6392	49	4.4
	5	-1	1	1	4608	61	5.6
	6	-1	1	-1	4608	61	4.4
	7	-1	-1	1	4608	49	5.6
	8	-1	-1	-1	4608	49	4.4
	9	1.682	0	0	7000	55	5.0
	10	-1.682	0	0	4000	55	5.0
m_r	11	0	1.682	0	5500	65	5.0
	12	0	-1.682	0	5500	45	5.0
	13	0	0	1.682	5500	55	6.0
	14	0	0	-1.682	5500	55	4.0
	15	0	0	0	5500	55	5.0
	16	0	0	0	5500	55	5.0
	17	0	0	0	5500	55	5.0
	18	0	0	0	5500	55	5.0
m_0	19	0	0	0	5500	55	5.0
	20	0	0	0	5500	55	5.0
	21	0	0	0	5500	55	5.0
	22	0	0	0	5500	55	5.0
	23	0	0	0	5500	55	5.0

表 7-34　　　　　　　三因素二次回归正交旋转组合设计试验结果及计算格式表

试验号	x_0	x_1	x_2	x_3	x_1x_2	x_1x_3	x_2x_3	x'_1	x'_2	x'_3	y
1	1	1	1	1	1	1	1	0.406	0.406	0.406	34.93
2	1	1	1	-1	1	-1	-1	0.406	0.406	0.406	35.51
3	1	1	-1	1	-1	1	-1	0.406	0.406	0.406	37.88
4	1	1	-1	-1	-1	-1	1	0.406	0.406	0.406	36.59
5	1	-1	1	1	-1	-1	1	0.406	0.406	0.406	35.95
6	1	-1	1	-1	-1	1	-1	0.406	0.406	0.406	35.20
7	1	-1	-1	1	1	-1	-1	0.406	0.406	0.406	36.25
8	1	-1	-1	-1	1	1	1	0.406	0.406	0.406	35.60

续表

试验号	x_0	x_1	x_2	x_3	x_1x_2	x_1x_3	x_2x_3	x'_1	x'_2	x'_3	y
9	1	1.682	0	0	0	0	0	2.234	−0.594	−0.594	44.97
10	1	−1.682	0	0	0	0	0	2.234	−0.594	−0.594	36.40
11	1	0	1.682	0	0	0	0	−0.594	2.234	−0.594	37.90
12	1	0	−1.682	0	0	0	0	−0.594	2.234	−0.594	35.97
13	1	0	0	1.682	0	0	0	−0.594	−0.594	2.234	35.60
14	1	0	0	−1.682	0	0	0	−0.594	−0.594	2.234	35.90
15	1	0	0	0	0	0	0	−0.594	−0.594	−0.594	42.45
16	1	0	0	0	0	0	0	−0.594	−0.594	−0.594	36.59
17	1	0	0	0	0	0	0	−0.594	−0.594	−0.594	39.80
18	1	0	0	0	0	0	0	−0.594	−0.594	−0.594	41.80
19	1	0	0	0	0	0	0	−0.594	−0.594	−0.594	40.10
20	1	0	0	0	0	0	0	−0.594	−0.594	−0.594	40.20
21	1	0	0	0	0	0	0	−0.594	−0.594	−0.594	40.70
22	1	0	0	0	0	0	0	−0.594	−0.594	−0.594	41.90
23	1	0	0	0	0	0	0	−0.594	−0.594	−0.594	39.10
a_j	23	13.658	13.658	13.658	8	8	8	15.887	15.887	15.887	
B_j	877.290	16.325	−1.484	1.605	−3.330	−0.690	−1.770	−2.851	−24.070	−30.775	
b_j	38.143	1.195	−0.109	0.118	−0.416	−0.086	−0.221	−0.179	−1.514	−1.936	
SS_j		19.512	0.161	0.189	1.386	0.060	0.392	0.511	36.444	59.576	

注：$x'_{ij} = x^2_{ij} - \dfrac{1}{N}\sum\limits_{i=1}^{N} x^2_{ij} = x^2_{ij} - 0.594$。

4. 建立回归方程

根据表 7 − 24 中的公式可求得回归系数 b_0、b_j、b_{ij}、b_{jj}，见表 7 − 34，得初步回归方程为

$$\hat{y} = 38.143 + 1.195x_1 - 0.109x_2 + 0.118x_3 - 0.416x_1x_2 - 0.086x_1x_3 -$$
$$0.221x_2x_3 - 0.179x'_1 - 1.514x'_2 - 1.936x'_3$$

5. 回归系数、回归方程的显著性检验

回归系数、回归方程显著性检验结果见表 7 − 35。

表 7 −35 方差分析表

变异来源	平方和	自由度	均方	F	显著性
x_1	19.512	1	19.512	4.399	*
x_2	0.161	1	0.161	0.036	
x_3	0.189	1	0.189	0.043	
x_1x_2	1.386	1	1.386	0.312	
x_1x_3	0.060	1	0.060	0.013	

续表

变异来源	平方和	自由度	均方	F	显著性
x_2x_3	0.392	1	0.392	0.088	
x_1'	0.511	1	0.511	0.115	
x_2'	36.444	1	36.444	8.216	*
x_3'	59.576	1	59.576	13.431	**
回归	118.230	9	13.137	2.962	*
剩余	57.664	13	4.436		
总和	175.894				

注：$F_{0.05(1,13)} = 4.667$，$F_{0.01(1,13)} = 9.074$，$F_{0.1(1,13)} = 3.136$，$F_{0.05(9,13)} = 2.714$，$F_{0.01(9,13)} = 4.191$。

回归系数显著性检验结果表明，x_2、x_3、x_1x_2、x_1x_3、x_2x_3、x_1' 对指标的影响不显著，因此，应剔除影响不显著的变量，建立简化的回归方程并对其重新进行显著性检验，见表 7 - 36。

表 7 - 36　　　　　　　　　简化后回归方程的方差分析表

变异来源	平方和	自由度	均方	F	显著性
x_1	19.512	1	19.512	6.142	*
x_2'	36.444	1	36.444	11.471	**
x_3'	59.576	1	59.576	18.752	**
回归	115.532	3	38.511	12.122	**
剩余	60.363	19	3.177		
失拟	35.266	11	3.206	1.022	
误差 e	25.096	8	3.137		
总和	175.894	22			

注：$F_{0.05(1,19)} = 4.381$，$F_{0.01(1,19)} = 8.185$，$F_{0.01(3,19)} = 5.010$，$F_{0.1(11,8)} = 2.519$。

由表 7 - 36 可知，剔除不显著因素后，x_2'、x_3' 的回归系数高度显著，x_1 的回归系数非常显著，回归方程高度显著，新的优化回归方程为：

$$\hat{y} = 38.143 + 1.195x_1 - 1.514x_2' - 1.936x_3'$$

6. 失拟性检验

零水平重复试验的平方和为 $SS_e = \sum_{i=1}^{m_0} y_{0i}^2 - \dfrac{1}{m_0} \left(\sum_{i=1}^{m_0} y_{0i} \right)^2 = 25.096$，自由度 $df_e = m_0 - 1 = 9 - 1 = 8$。

则失拟平方和为 $SS_{Lf} = SS_r - SS_e = 60.363 - 25.096 = 35.266$，自由度 $df_{Lf} = df_r - df_e = 19 - 8 = 11$。

则 $F_{Lf} = \dfrac{SS_{Lf}/df_{Lf}}{SS_e/df_e} = \dfrac{\dfrac{35.266}{11}}{\dfrac{25.096}{8}} = 1.022$。

由于 $F_{Lf} < F_{0.1(11,8)} = 2.519$，表明失拟不显著，回归模型拟合效果好。

7. 回归方程的回代

由二次项中心化公式可知：$x'_{ij} = x^2_{ij} - \dfrac{1}{N} \displaystyle\sum_{i=1}^{N} x^2_{ij} = x^2_{ij} - 0.594$，即 $x'_2 = x^2_2 - 0.594$，$x'_3 = x^2_3 - 0.594$，代入回归方程得：

$$\hat{y} = 38.143 + 1.195x_1 - 1.514(x^2_2 - 0.594) - 1.936(x^2_3 - 0.594)$$
$$= 40.192 + 1.195x_1 - 1.514x^2_2 - 1.936x^2_3$$

将编码公式代入回归方程

$$x_1 = \frac{z_1 - 5500}{892}, x_2 = \frac{z_2 - 55}{6}, x_3 = \frac{z_3 - 5.0}{0.6}$$

得蛋白肽得率与酶用量 z_1、反应温度 z_2、底物浓度 z_3 回归关系：

$$y = 40.192 + 1.195 \times \frac{z_1 - 5500}{892} - 1.514 \times \left(\frac{z_2 - 55}{6}\right)^2 - 1.936 \times \left(\frac{z_3 - 5.0}{0.6}\right)^2$$

第四节　Box – Behnken 设计

Box – Behnken 设计（Box – Behnken Design，简称 BBD）是 Box 和 Behnken 于 1960 年提出的一种适配响应曲面的三水平二阶试验设计，这种设计是将 2^k 析因子设计与不完全随机区组设计（incomplete block design）结合在一起发展形成的三水平因子设计法。以 $k = 3$ 为例来说明 Box – Behnken 设计。

将三个处理作为响应曲面研究中的三个因素 x_1、x_2、x_3，用二水平 2^2 设计中的两列替换每个区组中的两个"＊"号，"＊"号不出现的地方插入一列零。对剩余的两个区组重复同样操作并增加一些中心点，便可构造出 $k = 3$ 的 Box – Behnken 设计，如图 7 – 5 所示。同理，类似地可以构造出不同因子个数的 Box – Behnken 设计。

区组	处　　理		
	x_1	x_2	x_3
I	＊	＊	
II	＊		＊
III		＊	＊

区组	因　　子		
	x_1	x_2	x_3
I	−1	−1	0
	1	−1	0
	−1	1	0
	1	1	0
II	−1	0	−1
	1	0	−1
	−1	0	1
	1	0	1
III	0	−1	−1
	0	1	−1
	0	−1	1
	0	1	1
中心点	0	0	0
	⋮	⋮	⋮
	0	0	0

图 7 – 5　三因素的 Box – Behnken 设计构造示意图

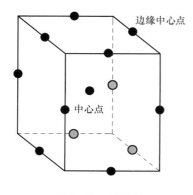

图 7 - 6　三因素
Box - Behnken 试验设计示意图

可以看出，Box - Behnken 设计中每个因子水平仅取 -1、0、1 三个水平，它不像二水平因子设计将试验点选取在立方体的顶点上，而是位于距中心点等距的球体上（半径 $\sqrt{2}$）。它是一种符合旋转性或几乎可旋转的球面设计，又是一种圆形设计，即试验点都位于等距离的端点上。这些试验点避免了因各个变量取上下极端水平时（如二次正交回归设计的星号臂）常因实际条件限制而无法进行试验的缺陷（图 7 - 6）。Box - Behnken 设计通常在试验次数方面是非常有效的，相比三水平全面析因设计，试验次数明显减少。Box - Behnken 设计的试验次数 $N = \dfrac{4k(k-1)}{2} + m_0$，$m_0$ 为中心点试验次数，需视因子数

及区组来决定。当因子数 $k = 3$、4、5，$m_0 = 3$、3、6 时，试验次数 N 分别为 15、27、46。所以，对于 $k = 3$ 的试验，采用的 BBD 设计是十分经济的；当 $k = 4$ 有 27 个设计点，比二阶设计要求的最小次数 $C_{4+2}^2 = 15$ 多出 12 次；当 $k = 5$ 时，比要求的最小次数 $C_{5+2}^2 = 21$ 多出 25 次。通常，一般不使用比要求的最小次数大很多的二阶设计，因此当 $k > 5$ 时，一般不推荐采用 Box - Behnken 设计。

Box - Behnken 设计的重要特点在于试验次数较少，且可估计一次、二次与一级交互作用的多项式模型，是一种较有效率的响应面设计方法，近年来在食品科学研究领域有着广泛的应用。

[例 7 - 5]　拟采用 Box - Behnken 设计对高压诱变细菌纤维素菌株的发酵培养基组成进行优化，建立细菌纤维素产量与乙醇含量、酵母浸出汁含量、$MgSO_4$ 含量的二次回归关系。根据单因素试验结果，选定乙醇含量、酵母浸出汁含量、$MgSO_4$ 含量为试验因素，以细菌纤维素产量为试验指标。

（一）　试验方案设计

1. 确定因素水平范围，对因素水平进行编码

根据单因素试验结果，选择乙醇含量、酵母浸出汁含量、$MgSO_4$ 含量为试验因素，因素水平范围、Box - Behnken 设计因素水平编码见表 7 - 37。

表 7 - 37　　　　　　　　　　Box - Behnken 试验因素水平及编码

x_{ij}	z_1 乙醇含量/%	z_2 酵母浸出汁含量/%	z_3 $MgSO_4$ 含量/%
上水平 1	0.5	1.5	1.5
零水平 0	0.3	1.0	1.0
下水平 -1	0.1	0.5	0.5
变化间距 Δ_j	0.2	0.5	0.5
编码公式	$x_{i1} = \dfrac{z_{i1} - 0.3}{0.2}$	$x_{i2} = \dfrac{z_{i2} - 1.0}{0.5}$	$x_{i3} = \dfrac{z_{i3} - 1.0}{0.5}$

2. 设计 Box – Behnken 试验方案，实施试验，记录试验结果。

由于 $p = 3$，根据 Box – Behnken 设计思想，设计试验方案见表 7 – 38，试验总次数 $N = 17$。

表 7 – 38　　　　　三因素 Box – Behnken 设计的试验方案及细菌纤维素产量

试验号	x_1 乙醇含量/%	x_2 酵母浸出汁含量/%	x_3 MgSO$_4$含量/%	细菌纤维素产量/（g/100mL）
1	– 1	– 1	0	15. 15
2	1	– 1	0	24. 81
3	– 1	1	0	21. 02
4	1	1	0	29. 01
5	– 1	0	– 1	18. 88
6	1	0	– 1	27. 82
7	– 1	0	1	21. 70
8	1	0	1	25. 85
9	0	– 1	– 1	19. 90
10	0	1	– 1	22. 58
11	0	– 1	1	20. 43
12	0	1	1	25. 31
13	0	0	0	25. 43
14	0	0	0	26. 95
15	0	0	0	27. 03
16	0	0	0	25. 99
17	0	0	0	27. 01

（二）　试验结果的统计分析

由于 Box – Behnken 设计中的二次项不具有正交性（表 7 – 39），所以，不能直接配用计算表格进行运算，可应用数据处理软件（如 SPSS、Excel 等）做多元线性回归分析，也可以借用 SAS、Design expert、Minitab 等软件直接进行 BBD 试验数据处理，分析结果整理如下。

表 7 – 39　　　　　三因子 Box – Behnken 试验二次回归模型分析数据表

试验号	x_1	x_2	x_3	$x_1 x_2$	$x_1 x_3$	$x_2 x_3$	x_1^2	x_2^2	x_3^2	y
1	– 1	– 1	0	1	0	0	1	1	0	15. 15
2	1	– 1	0	– 1	0	0	1	1	0	24. 81
3	– 1	1	0	– 1	0	0	1	1	0	21. 02
4	1	1	0	1	0	0	1	1	0	29. 01
5	– 1	0	– 1	0	1	0	1	0	1	18. 88
6	1	0	– 1	0	– 1	0	1	0	1	27. 82
7	– 1	0	1	0	– 1	0	1	0	1	21. 70
8	1	0	1	0	1	0	1	0	1	25. 85

续表

试验号	x_1	x_2	x_3	x_1x_2	x_1x_3	x_2x_3	x_1^2	x_2^2	x_3^2	y
9	0	−1	−1	0	0	1	0	1	1	19.90
10	0	1	−1	0	0	−1	0	1	1	22.58
11	0	−1	1	0	0	−1	0	1	1	20.43
12	0	1	1	0	0	1	0	1	1	25.31
13	0	0	0	0	0	0	0	0	0	25.43
14	0	0	0	0	0	0	0	0	0	26.95
15	0	0	0	0	0	0	0	0	0	27.03
16	0	0	0	0	0	0	0	0	0	25.99
17	0	0	0	0	0	0	0	0	0	27.01

1. 回归方程

$$y = 26.482 + 3.843x_1 + 2.204x_2 + 0.514x_3 - 1.239x_1^2 - 2.746x_2^2 -$$

$$1.681x_3^2 - 0.418x_1x_2 - 1.198x_1x_3 + 0.550x_2x_3$$

2. 回归关系的显著性检验

回归系数、回归方程的显著性检验以及拟合度检验结果见表 7－40。可以看出，模型极显著（$p = 0.0001$），失拟项不显著（$p = 0.1934$），说明该模型拟合良好，可用于细菌纤维素发酵的分析和预测。对回归系数显著性检验可知，一次项（x_1、x_2）、二次项（x_2^2、x_3^2）对细菌纤维素产量的影响极显著，x_1^2、x_1 和 x_3 之间的交互作用 x_1x_3 对细菌纤维素产量的影响显著，而 x_3、x_1 和 x_2、x_2 和 x_3 之间的交互作用对细菌纤维素产量的影响均不显著。

3. 回归方程的优化

去除不显著变量，得简化模型为：$y = 26.48 + 3.84x_1 + 2.20x_2 - 1.24x_1^2 - 2.75x_2^2 - 1.68x_3^2 - 1.20x_1x_3$。

4. 模型分析

利用复合函数极值法进一步分析表明，当 $x_1 = 0.98$、$x_2 = 0.5$、$x_3 = -0.14$，即无水乙醇含量 0.5%、酵母浸出汁含量 1.25%、$MgSO_4$ 含量 0.93% 时，细菌纤维素预测产量最大（29.29g/100mL）。为验证模型的准确性和有效性，对优化得到的发酵培养基参数进行验证试验，实际细菌纤维素产量为 28.99g/100mL，与预测产量之间没有显著性差异。

表 7－40　　　　　　　　　细菌纤维素发酵培养基回归模型方差分析表

变异来源	平方和	自由度	均方	F	显著水平	显著性
x_1 乙醇含量/%	118.118	1	118.118	132.090	<0.0001	**
x_2 酵母浸出汁含量/%	38.852	1	38.852	43.448	0.0003	**
x_3 $MgSO_4$ 含量/%	2.112	1	2.112	2.361	0.1683	
x_1x_2	0.697	1	0.697	0.780	0.4065	
x_1x_3	5.736	1	5.736	6.414	0.0391	*
x_2x_3	1.210	1	1.210	1.353	0.2828	

续表

变异来源	平方和	自由度	均方	F	显著水平	显著性
x_1^2	6.458	1	6.458	7.222	0.0312	*
x_2^2	31.750	1	31.750	35.505	0.0006	**
x_3^2	11.898	1	11.898	13.305	0.0082	**
回归	221.878	9	24.653	27.569	0.0001	*
剩余	6.260	7	0.894			
失拟	4.113	3	1.371	2.554	0.1934	
误差 e	2.147	4	0.537			
总和	228.138	16				

Design expert 软件应用分析过程如图 7 - 7 至图 7 - 11 所示。

图 7 - 9　输入试验结果

图 7 - 7　Design Expert 主页面

图 7 - 8　BBD 设计页面

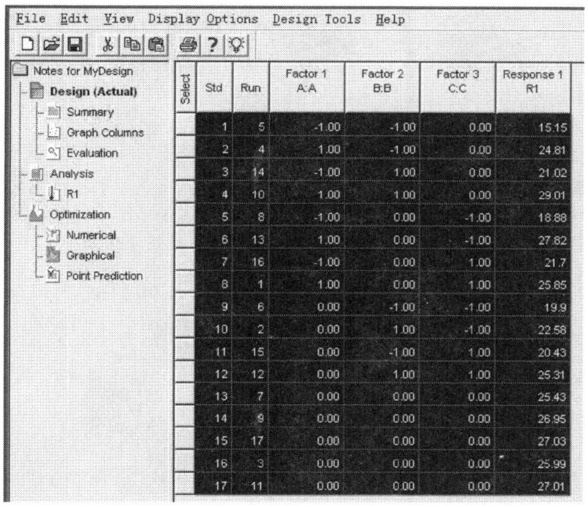

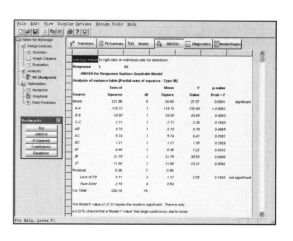

图 7 - 10　回归分析结果

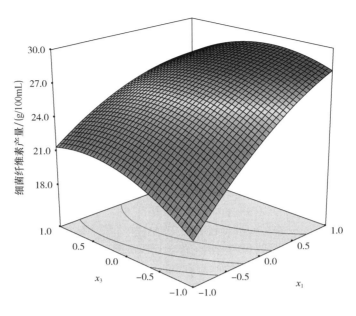

图 7 – 11　响应曲面图

习　　题

1. 回归设计因素水平编码的目的是什么？

2. 零点重复试验的作用是什么？

3. 某产品的提取率 y 与时间 z_1、温度 z_2、真空度 z_3 和提取液浓度 z_4 有关。试验时，各因素控制范围分别为时间 $10 \sim 20$min，温度 $40 \sim 60$℃，真空度 $650 \sim 750$mmHg，浓度 $40\% \sim 50\%$。试按多元线性回归正交设计进行方案设计与分析。

（1）确定因素试验水平及编码；

（2）若考察因素间的全部一级交互作用，试设计其试验方案；

（3）若仅考察时间 z_1 和温度 z_2 间的一级交互作用，试验方案及试验结果如下所示，试建立回归方程，并作统计检验。

试验号	x_0	x_1 (z_1)	x_2 (z_2)	x_3 (z_3)	x_4 (z_4)	$x_1 x_2$	y_i
1	1	1	1	1	1	1	10.5
2	1	1	1	-1	-1	1	5.5
3	1	1	-1	1	-1	-1	12.0
4	1	1	-1	-1	1	-1	14.0
5	1	-1	1	1	-1	-1	10.0
6	1	-1	1	-1	1	-1	12.0
7	1	-1	-1	1	1	1	8.5
8	1	-1	-1	-1	-1	1	3.0
9	1	0	0	0	0	0	8.5
10	1	0	0	0	0	0	9.4
11	1	0	0	0	0	0	8.2

4. 中心组合设计一般由三类不同的试验点组成 $N = m_c + m_r + m_0$

（1）试说明这三类试验点的含义及选择的一般原则；

（2）采用中心组合设计可使试验方案具有什么特点？

（3）二次回归正交组合设计和二次回归旋转组合设计中确定 r 的依据各是什么？m_0 的选取可以任意吗？

5. 在挤压膨化加工过程中，为了考察喂料水分含量 z_1、喂料速度 z_2、螺杆转速 z_3 和加工温度 z_4 4 个可控工艺参数对膨化产品质量的影响情况，试验采用二次旋转组合设计方法（响应面法）进行方案设计，试验方案及结果见表。试分析回归关系。

二次旋转组合设计试验方案

序号	x_1	x_2	x_3	x_4	z_1喂料水分含量/%	z_2喂料速度/(r/min)	z_3螺杆转速/(r/min)	z_4加工温度（五区）/℃	容积密度/(g/mL)
1	−1	−1	−1	−1	17	13	130	165	0.292
2	1	−1	−1	−1	21	13	130	165	0.353
3	−1	1	−1	−1	17	19	130	165	0.193
4	1	1	−1	−1	21	19	130	165	0.340
5	−1	−1	1	−1	17	13	170	165	0.317
6	1	−1	1	−1	21	13	170	165	0.392
7	−1	1	1	−1	17	19	170	165	0.207
8	1	1	1	−1	21	19	170	165	0.298
9	−1	−1	−1	1	17	13	130	195	0.214
10	1	−1	−1	1	21	13	130	195	0.314
11	−1	1	−1	1	17	19	130	195	0.193
12	1	1	−1	1	21	19	130	195	0.378
13	−1	−1	1	1	17	13	170	195	0.232
14	1	−1	1	1	21	13	170	195	0.380
15	−1	1	1	1	17	19	170	195	0.184
16	1	1	1	1	21	19	170	195	0.389
17	−2	0	0	0	15	16	150	180	0.191
18	2	0	0	0	23	16	150	180	0.466
19	0	−2	0	0	19	10	150	180	0.323
20	0	2	0	0	19	22	150	180	0.205
21	0	0	−2	0	19	16	110	180	0.261
22	0	0	2	0	19	16	190	180	0.236
23	0	0	0	−2	19	16	150	150	0.272
24	0	0	0	2	19	16	150	210	0.366
25	0	0	0	0	19	16	150	180	0.245

注：x_1，喂料水分含量；x_2，喂料速度；x_3，螺杆转速；x_4，加工温度（五区）。

SPSS 软件在食品试验数据处理中的应用

SPSS 公司自 1972 年正式成立以来，不断推出 SPSS 软件新版本。随着版本的不断更新，软件功能不断完善，操作越来越简便，与其他软件的接口也越来越多。现在的 SPSS 软件，不仅仅能实现统计功能，还能将分析结果用数种清晰简练的表格和数十种生动形象的二维、三维图形来表达，做到了实用与美观的统一。本章以 SPSS 11.0 for Windows 版本为主重点介绍 SPSS 软件的常用统计分析功能，其制图功能详见有关 SPSS 书籍。

第一节　SPSS 数据文件的建立

一、　数据编辑窗口与数据文件

1. 数据编辑窗口

运行 SPSS 软件之后，屏幕上将显示出数据编辑窗口，如图 8 - 1 所示，用户可在此窗口中建立数据文件。数据编辑窗口的主要功能是编辑变量与观测值、数据编辑、定义系统参数等。运行这种功能通过使用光标及【Edit】菜单中的命令来实现。

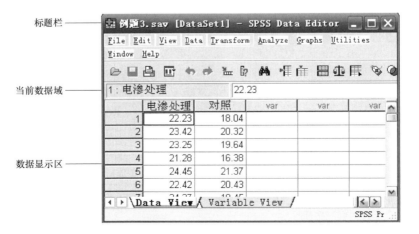

图 8 - 1　数据编辑窗口

2. 数据文件

可以使用【File】菜单中的"New"命令来建立一个数据文件，用【File】菜单中的"Open"命令来打开一个已存在的数据文件。

二、变量

SPSS 变量与数学中的定义类似，需定义变量名和变量类型，而其他属性则可采用默认值。SPSS 变量有数值型、字符型和日期型三种类型，表 8 – 1 为各种变量类型列表。

表 8 – 1　　　　　　　　　　　　　　变量类型

类型	宽度	小数位	显示方式	输入	显示
Numeric	8	2	标准格式，圆点表示小数点	38.42	38.42
Comma	8	2	圆点做小数点，逗点做三位分割符	1,343,438.1	1,343,438.10
Dot	8	2	逗点做小数点，圆点做三位分割符	34.3434E2	34.34340
Scientific Notation	8	2	科学计数法	457.8E4	4.58E + 006
Date	8	2	格式非常多		
Dollar	8	2	前缀为 $，以逗点为分割符	$12343	$12343.00
Custom Currency					
String	8		一串字符串	Believe	Believe

变量定义的基本步骤如下。

1. 打开"Variable View"界面

在打开 SPSS 运行界面后，首显的界面为"Data View"，单击左下角的"Variable View"，"Variable View"界面将会出现，如图 8 – 2 所示。

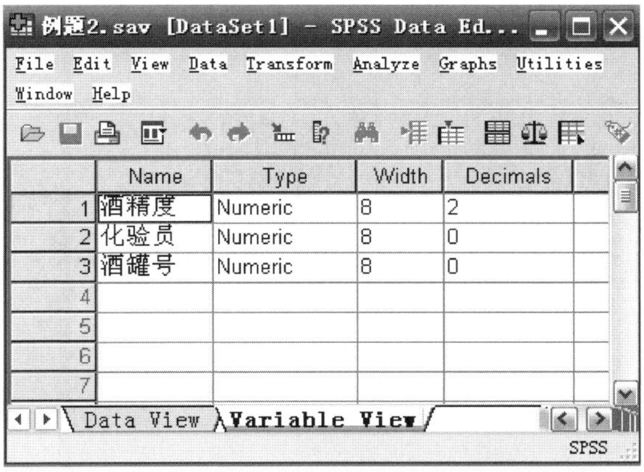

图 8 – 2　Variable View 界面

2. 定义变量名

在图 8 – 2 中，单击"Name"所在列的第一行，就可以输入要定义的第一个变量的变量名称。

3. 定义变量类型

在"Type"栏的第一行单击，会出现省略号，再单击省略号，就会出现定义变量类型的对话框。用户可以在此对话框选择变量类型及更改变量的长度和小数位数。在选择完变量类型并将变量长度及小数位数确定后，单击【OK】按钮，即可回到图 8 - 2 界面。定义变量类型的对话框如图 8 - 3 所示。

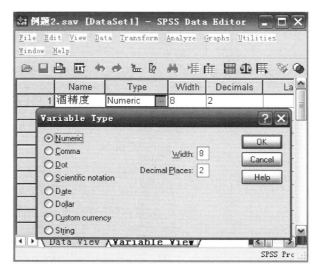

图 8 -3　定义变量类型的对话框

定义变量的长度和小数位数也可以直接在界面上的"Width"和"Decimals"处操作。

4. 定义变量标签和变量标签值

在图 8 - 2 中将滚动条向右边移动之后，会显示出定义变量标签、变量标签值、缺失值、显示列格式、对齐格式等。

在"Values"栏内单击，出现定义变量标签值的对话框，如图 8 - 4 所示。

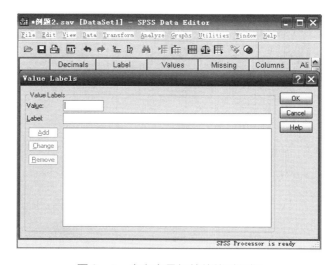

图 8 -4　定义变量标签值的对话框

在图 8 - 4 对话框中的第一框中输入变量的一个值，在第二个框中输入对应的值标签，点击"Add"即在第三框中显示标签列表。例如，在定义"玫瑰颜色"变量的过程中，数值 1 代表白色，数值 2 代表红色，数值 3 代表黄色。先在"Value"框内输入"1"，在"Lable"框内输入"白色"，然后点击【Add】按钮，则标签列表框中出现了一个值标签，显示为：1 = "白色"；随后，再在 Value 框内输入"2"，在"Lable"框内输入"红色"，然后按【Add】按钮，列表框中增加了一个值标签，显示为：2 = "红色"；依据类似的方法，可以加入第三项。

三、　数据输入

在每个变量定义后，就可以进行输入数据的工作。数据输入可直接在数据编辑 Data View 窗口进行。

Data View 窗口显示一个 2D 表格，这个 2D 表格每一列代表一个变量，每一行代表一个观测样本。变量名显示在表格顶部，而观测样本序号显示在表格的左侧。只要确定了变量名和观测样本序号，单元格就能被唯一确定。

在数据编辑窗口中输入数据有两种方法：第一种方法是定义一个变量就先输入这个变量，这种方法是纵向输入数据；第二种方法是在定义完所有的变量之后，按观测样本来输入数据，即输入完一个观测样本之后，再输入第二个观测样本，这种方法是横向进行的。也可以将试验数据按输入数据格式要求在 Excel 单元工作表中整理好后采用"复制""粘贴"编辑命令完成数据输入。当然 SPSS 软件高级版本也可以直接打开数据库文件调用数据，譬如 . txt、. xls、. dat、. dbf 等。

第二节　SPSS 在基本统计分析中的应用

一、　样本统计量计算

[例 8 - 1]　在某品牌桃肉果汁加工过程中，测定了无色花青苷（x_1）、花青苷（x_2）、美拉德反应（x_3）、抗坏血酸含量（x_4）和非酶褐变色度值（y）指标，试验结果如表 8 - 2 所示，试进行描述统计分析。

表 8 - 2　　　　　　　　　　桃肉加工过程中非酶褐变相关指标测定结果

序号	无色花青苷 x_1	花青苷 x_2	美拉德反应 x_3	抗坏血酸含量 x_4	非酶褐变色度值 y
1	0.055	0.019	0.008	2.38	9.33
2	0.060	0.019	0.007	2.83	9.02
3	0.064	0.019	0.005	3.27	8.71
4	0.062	0.012	0.009	3.38	8.13

续表

序号	无色花青苷 x_1	花青苷 x_2	美拉德反应 x_3	抗坏血酸含量 x_4	非酶褐变色度值 y
5	0.060	0.006	0.013	3.49	7.55
6	0.053	0.010	0.017	2.91	7.43
7	0.045	0.013	0.021	2.32	7.31
8	0.055	0.014	0.017	3.35	8.45
9	0.065	0.015	0.013	3.38	9.60
10	0.062	0.023	0.011	3.43	10.91
11	0.059	0.031	0.009	3.47	12.21
12	0.071	0.024	0.015	3.48	9.74
13	0.083	0.016	0.021	3.49	7.26
14	0.082	0.016	0.019	3.47	7.15
15	0.080	0.015	0.017	3.45	7.04
16	0.068	0.017	0.013	2.92	8.19

利用 SPSS 计算统计量的基本步骤如下：

（1）选择功能菜单

【Analysis】→【DescriptiveStatistics】→【Frequences】

（2）选择需要分析的数值型变量到【Variable（s）】框中，本例选择变量无色花青苷、花青苷、美拉德反应、抗坏血酸含量和非酶褐变色度值，如图 8-5 所示。

（3）单击【Statistics】按钮，选定要计算的基本统计量，如图 8-6 所示窗口。待统计量选定后，按【Continue】按钮，返回图 8-5 窗口。

图 8-5　分析变量的选择窗口

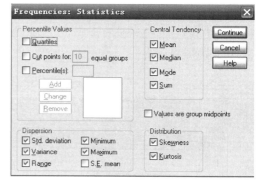

图 8-6　基本描述统计量的选择窗口

（4）单击【OK】按钮，输出统计结果。分析结果整理见表 8-3。

表 8 - 3　　　　　　　　　桃肉加工过程中非酶褐变相关指标的统计量分析结果

相关统计量	无色花青苷 x_1	花青苷 x_2	美拉德反应 x_3	抗坏血酸含量 x_4	非酶褐变色度值 y
Mean（算术平均数）	0.064	0.017	0.013	3.189	8.630
Median（中位数）	0.062	0.016	0.013	3.380	8.320
Mode（众数）	0.055	0.019	0.013	3.380	7.040
Std. Deviation（标准差）	0.011	0.006	0.005	0.395	1.466
Variance（方差）	0.000	0.000	0.000	0.156	2.150
Skewness（偏度）	0.453	0.635	-0.025	-1.353	1.097
Kurtosis（峰度）	-0.186	1.332	-1.070	0.668	0.941
Range（极差）	0.038	0.025	0.016	1.17	5.170
Minimum（最小值）	0.045	0.006	0.005	2.32	7.040
Maximum（最大值）	0.083	0.031	0.021	3.49	12.210
Sum（和）	1.024	0.269	0.215	51.02	138.030

由表 8 - 3 可以看出，桃肉加工过程中非酶褐变相关指标的基本统计量值。如无色花青苷含量的平均数为 0.064，中位数 0.062，众数 0.055，标准差 0.011，方差 0.000（很小），极差 0.038，最小值 0.045，最大值 0.083，总和 1.024，偏度 0.453，峰度 -0.186（当 Skewness 和 Kurtosis 为 0 时，表示此变量数据分布为正体分布）。

二、 统计假设检验

（一） 单个样本（one - sample）平均数的假设检验

检验某一样本平均数 $\bar{x}$ 所在总体的平均数 μ 与一已知总体平均数 μ_0 之间是否有显著差异。当单个正态总体方差已知，或总体方差未知、但样本容量 $n \geq 30$ 时，可构造 u（z）统计量进行样本平均数的显著性检验；当单个正态总体方差未知、样本容量 $n < 30$ 时，可构造 t 统计量进行样本平均数的显著性检验。

[例 8 - 2]　某食品企业生产瓶装矿泉水，其自动罐装机在正常状态时每瓶净质量服从正态分布 N（500, 64）（单位为 mL）。某日随机抽查了 10 瓶水，测定结果为 505，512，497，493，508，515，502，495，490，510g，试分析罐装机该日工作是否正常。

1. 操作步骤

（1） 输入数据，随后依次选中 "Analyze→Compare Means→One - Sample T Test"，如图 8 - 7 所示，即可打开【One - Sample T Test】主对话框，如图 8 - 8 所示。

（2） 用中间的左箭头按钮从左边的原变量名列表框中将变量名 "净质量" 转移到 "Test Variable" 列表框中，则对 "净质量" 对应的变量数据将进行均值检验。

（3） 在 "Test Value" 输入框中输入总体均值 500g，如图 8 - 8 所示。

（4） 单击 Options 按钮，打开 "One - Sample T Test：Options" 对话框，如图 8 - 9 所示，设置检验时的置信度。通常检验置信度为 90%、95%、99%。本例检验置信度设置为 95%。单击【Continue】返回【One - Sample T Test】对话框（图 8 - 9）。

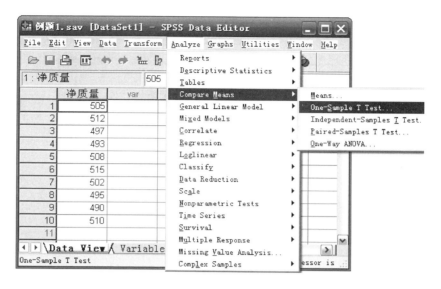

图 8 −7　SPSS 数据编辑窗口

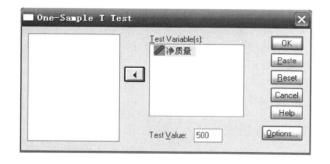

图 8 −8　【One −Sample T Test】对话框

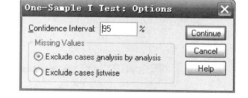

图 8 −9　【Options】窗口

（5）单击【OK】完成统计检验分析。对 SPSS 软件单样本平均数 t 检验分析输出结果整理，见表 8 −4、表 8 −5。

表 8 −4　　　　　　　　　　　　　　　10 瓶矿泉水净质量基本统计结果

	样本容量 N	平均数（Mean）	标准差（S）	标准误（$S_{\bar{x}}$）
净质量	10	502.7	8.6	2.7

表 8 −5　　　　　　　　　　　　　　　10 瓶矿泉水净质量平均数的 t 检验结果

	t	df	双尾显著性	平均差	偏差 95% 的置信区间	
					下限	上限
净质量	0.988	9	0.349	2.70	− 3.48	8.88

2. 结果分析

由表 8 - 4 可以看出，10 瓶矿泉水净质量的平均数为 502.7g，标准差为 8.6，标准误为 2.7。

由表 8 - 5 可以看出，t 值为 0.988，自由度 df 为 9，双尾检验 P 值为 0.349，样本均值与总体平均数之差为 2.70，样品平均数的 95% 置信区间是 $[-3.48, 8.88]$，即罐装容量在 $[500 - 3.48, 500 + 8.88]$ 区间，估计可信度为 95%。

3. 统计推断

由自由度 $df = 9$、显著水平 $\alpha = 0.05$ 查附表 3，得临界 t 值 $t_{0.05(9)} = 2.262$。由于实得 $|t| = 0.988 < t_{0.05(9)}$，故 $P > 0.05$，应接受 H_0，说明该日罐装机工作正常。也可以直接由表 8 - 5 中的双尾检验 P 值来推断。由于本例的 $P = 0.349 > 0.05$，所以接受 H_0，同样可以推断出该日罐装机工作是正常的。

（二） 两个样本平均数的假设检验

两个样本平均数的假设检验就是由两个样本平均数之差（$\bar{x}_1 - \bar{x}_2$）去推断两个样本所在总体平均数 μ_1、μ_2 是否有差异，即检验无效假设 $H_0 : \mu_1 = \mu_2$，备择假设 $H_A : \mu_1 \neq \mu_2$ 或 $\mu_1 > \mu_2$（$\mu_1 < \mu_2$）这类问题。实际上也就是检验两个处理的效应是否一样。检验方法因试验设计或调查取样方式的不同而分为成组资料和成对资料两类。

1. 成组资料（independent - sample）平均数的假设检验

[例 8 - 3]   为比较两种茶多糖提取工艺的提取效果，分别从两种工艺中各取 1 个随机样本来测定其粗提物中的茶多糖含量，结果见表 8 - 6。试分析两种工艺粗提物中茶多糖含量有无显著差异。

表 8 - 6	两种工艺粗提物中茶多糖含量测定结果				单位:%
超滤法 x_1	29.32	28.15	28.00	28.58	29.00	
醇沉淀法 x_2	27.52	27.78	28.03	28.88	28.75	27.94

这是一个典型的成组资料双样本均值假设检验问题。

（1）操作步骤

①将表 8 - 6 中的测定结果按数据输入格式要求输入 SPSS Data Editor 工作表中，其中类别 1 代表超滤法，类别 2 代表醇沉淀法。随后依次选中 "Analyze→Compare Means→Independent - Sample T Test"，如图 8 - 10 所示，即可打开【Independent - Sample T Test】主对话框。

②将 "茶多糖含量" 选入 "Test Variable" 框中作为检验变量。将 "类别" 选入 "Grouping Variable" 框中作为分组变量，如图 8 - 11 所示。单击【Define Groups】，打开【Define Groups】对话框，在 "Group 1" 后的框中输入 "1"，并在 "Group 2" 后的框中输入 "2"，单击【Continue】返回，如图 8 - 12 所示。

③单击【OK】完成分析，输出结果整理见表 8 - 7、表 8 - 8。

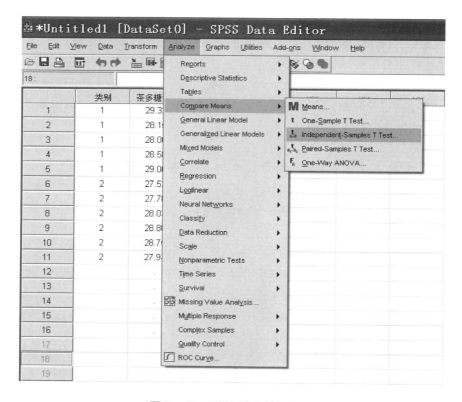

图 8 – 10　SPSS 输入编辑窗口

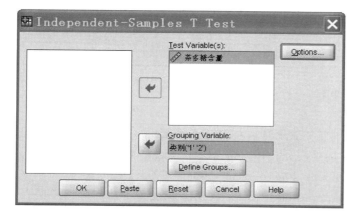

图 8 – 11　【Independent – Samples T Test】对话框

图 8 – 12　【Options】对话框

表 8 – 7　　　　　　　　两种工艺粗提物中茶多糖含量的基本统计结果

	样本数	平均值/%	标准差	均值的标准差
超滤法	5	28.61	0.557	0.249
醇沉淀法	6	28.15	0.545	0.223

表 8 - 8　　　　　　　　　　　　　　　　成组资料 t 检验结果

	Levene 方差齐性检验		等均值假设的 t – 检验						
	F 值	显著性	t 值	自由度	双侧显著性	平均差	标准误差	偏差 95% 的置信区间	
								下限	上限
假设方差相等	0.0005	0.983	1.380	9	0.201	0.46	0.333	-0.294	1.214
假设方差不相等			1.377	8.6	0.203	0.46	0.334	-0.301	1.221

（2）结果分析　由表 8 - 7 可以看出，两种工艺粗提物中茶多糖含量的基本统计结果，主要包括观测数个数、平均值、标准差和标准误。

表 8 - 8 是成组资料样本平均值 t 检验结果，假设方差相等（Equal variances assumed）行是假设方差相等进行的检验，假设方差不相等（Equal variances not assumed）行是假设方差不等进行的检验。在 Levene 方差齐性检验（Levene's Test for Equality of Variance）列中，$F = 0.0005$，$P = 0.983$ 远大于 0.05，所以可以认为两个样本所在总体方差是相等的，所以采纳假设方差相等（Equal variances assumed）行的 t 检验结果。

由表 8 - 8 中假设方差相等（Equal variances assumed）行的 t 检验可以看出，$t = 1.380$，$df = 9$，两尾检验 $P = 0.201$，两样本之间的平均数差值为 0.46，标准误为 0.333，平均数差值的 95% 置信区间为 [-0.294，1.214]。由于差异检验的 $P = 0.201 > 0.05$，所以表明两种工艺粗提物中茶多糖含量没有显著差异。当然也可采用查 t 临界值进行比较作出统计推断。

（3）统计推断　由自由度 $df = 9$、显著水平 $\alpha = 0.05$ 查表得 t 值 $t_{0.05(9)} = 2.262$，由于实得 $|t| = 1.380 < t_{0.05(9)}$，故 $P > 0.05$，应接受 H_0，说明两种工艺粗提物中茶多糖含量没有显著差异。

2. 成对资料（paired – sample）平均数的假设检验

[例 8 - 4]　为研究电渗处理对草莓果实中钙离子含量的影响，选用 10 个草莓品种进行电渗处理与对照的对比试验，结果见表 8 - 9。试分析电渗处理对草莓钙离子含量是否有影响。

本例因每个草莓品种实施了一对处理，所以试验资料为成对资料。

表 8 - 9　　　　　　　　　　电渗处理草莓果实中钙离子含量　　　　　　　　单位：mg

品种编号	1	2	3	4	5	6	7	8	9	10
电渗处理	22.23	23.42	23.25	21.28	24.45	22.42	24.37	21.75	19.82	22.56
对照	18.04	20.32	19.64	16.38	21.37	20.43	18.45	20.04	17.38	18.42

（1）操作步骤

①将表 8 - 9 中测定结果按数据格式要求输入 SPSS Data Editor 后，依次选中"Analyze→Compare Means→Paired – Sample T Test"，如图 8 - 13 所示，即可打开【Paired – Sample T Test】主对话框。

②将"电渗处理"及"对照"选入"Paired Variables"框中，如图 8 - 14 所示。

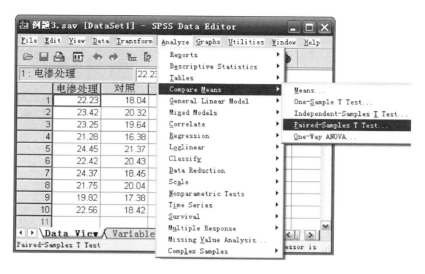

图 8 – 13　SPSS 输入编辑窗口

③单击【Options】按钮，打开"Paired – Sample T Test：Options"对话框，利用该对话框设置检验时采用的置信度，如图 8 – 15 所示，单击【Continue】返回【Paired – Sample T Test】对话框（图 8 – 14）。

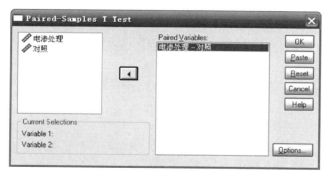

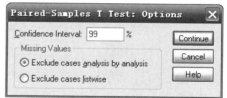

图 8 – 14　【Paired – Sample T Test】对话框　　图 8 – 15　【Options】对话框

④单击【OK】完成统计分析，输出结果整理如表 8 – 10、表 8 – 11、表 8 – 12 所示。

表 8 – 10　　　　　　　　　电渗处理与对照的基本统计结果

组别	平均值	样本数	标准差	均值的标准差
电渗处理	22.5550	10	1.41399	0.44714
对照	19.0470	10	1.56072	0.49354

表 8 – 11　　　　　　　　　电渗处理与对照的相关性

组别	样本数	相关系数	显著性
电渗处理 & 对照	10	0.611	0.061

表 8 – 12 　　　　　　　　　　　成对资料样本均值 t 检验结果

组别	配对差异					t 值	自由度	双尾显著性
	均值	标准差	均值的标准差	偏差的 99% 的置信区间				
				下限	上限			
电渗处理 – 对照	3. 508	1. 319	0. 417	2. 15248	4. 86352	8. 410	9	0. 000

（2）结果分析　由表 8 – 10 可以看出电渗处理与对照试验的基本统计结果，包括平均数、观测量个数、标准差和标准误。表 8 – 11 说明本例共有 10 对观察值，电渗处理与对照试验结果的相关系数为 0. 611，相关系数检验 P 值为 0. 061，表明电渗处理与对照试验结果之间有一定相关性，但在 0. 05 水平上未达到显著。

由表 8 – 12 可以看出，电渗处理与对照试验数据两两之差所组成的差值样品平均值、标准差、标准误分别为 3. 508、1. 319、0. 417，99% 置信区间为［2. 1525，4. 8635］。成对检验结果 $t = 8. 410$，两尾差异检验的 $P = 0. 000 < 0. 01$，所以否定 H_0，接受 H_A，表明电渗处理后草莓钙离子含量与对照有极显著差异。

（3）统计推断　由自由度 $df = 9$ 和显著水平 $\alpha = 0. 01$ 查附表 3，得 $t_{0.01(9)} = 3. 250$。由于实得 $|t| = 8. 410 > t_{0.01(9)}$，故 $P < 0. 01$，应否定 H_0，接受 H_A，电渗处理后草莓果实钙离子含量与对照的钙离子含量差异极显著，表明电渗处理对提高草莓果实钙离子含量有极显著效果。

第三节　SPSS 在方差分析中的应用

一、 单因素试验资料的方差分析

[例 8 – 5]　对四种食品 A、B、C、D 某一质量指标进行感官评价，满分为 20 分，评分结果见表 8 – 13，试比较四种食品在这一质量指标上有无显著差异性。

表 8 – 13 　　　　　　　　　　四种食品感官指标评分结果

食品	评分						
A	14	15	11	13	11	15	11
B	17	14	15	17	14	17	15
C	13	15	13	12	13	10	16
D	15	13	14	15	14	12	17

（一）操作步骤

①将表 8 – 13 数据输入 SPSS Data Editor 窗口后，依次选中 "Analyze→Compare Means→One – Way ANOVA"，即可打开【One – Way ANOVA】主对话框，如图 8 – 16、图 8 – 17 所示。

②用中间的右箭头按钮从左边的原变量名列表框中将变量名 "评分" 转移到 "Dependent List" 列表框中，将因子 "食品" 转移到 "Factor" 内，如图 8 – 17 所示。

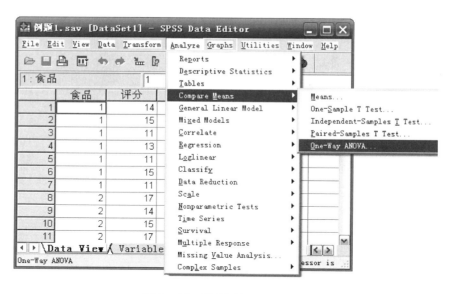

图 8 - 16　SPSS 输入编辑窗口

③单击【Post Hoc …】，打开【Post Hoc…】对话框进行多重比较方法的设置。本例选择 "LSD" "Duncan" 两种方法，差异检验显著水平 α 默认为 0.05，也可以选用 0.01，然后单击【Continue】返回，如图 8 - 18 所示。

④单击图 8 - 17 中的【Options…】按钮，打开【Options】对话框，如图 8 - 19 所示。选择 "Descriptive"（描述统计量）、"Homogeneity of variance test"（方差齐性检验），然后单击【Continue】返回。

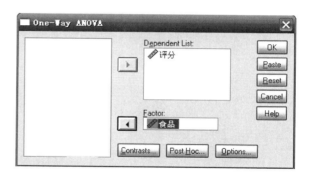

图 8 -17　【One -Way ANOVA】对话框

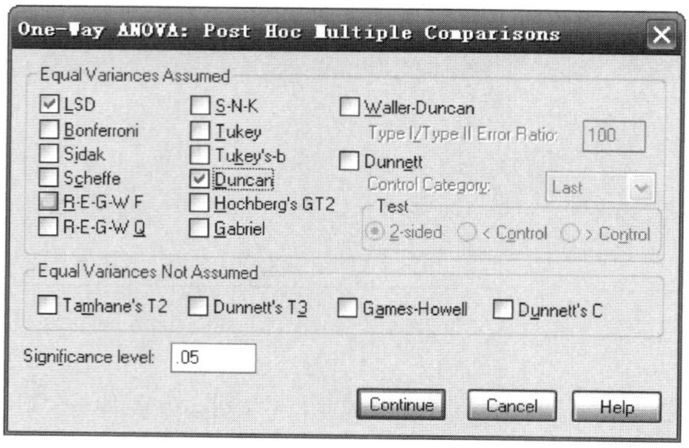

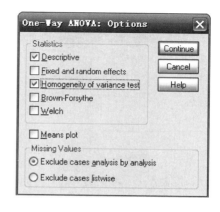

图 8 -18　【Post Hoc Multiple Comparisons】对话框

图 8 -19　【Options】对话框

⑤单击【OK】完成单因素试验数据的方差分析。对输出结果进行整理见表 8 – 14、表 8 – 15、表 8 – 16。

表 8 – 14　　　　　　　　　　　　　　　　基本统计结果

食品	样本数	平均值	标准差	标准误	偏差95%的置信区间		最小值	最大值
					下限	上限		
A	7	12.86	1.864	0.705	11.13	14.58	11	15
B	7	15.57	1.397	0.528	14.28	16.86	14	17
C	7	13.14	1.952	0.738	11.34	14.95	10	16
D	7	14.29	1.604	0.606	12.80	15.77	12	17
总和	28	13.96	1.953	0.369	13.21	14.72	10	17

表 8 – 15　　　　　　　　　　　　　　　　方差分析

变异来源	平方和	自由度	均方	F 值	P 值
处理间	32.107	3	10.702	3.625	0.027
处理内	70.857	24	2.952		
总和	102.964	27			

表 8 – 16　　　　　　　　　　　　　　　LSD 法多重比较结果

（I）食品	（J）食品	平均差（I－J）	标准误	显著性
A	B	− 2.714 *	0.918	0.007
	C	− 0.286	0.918	0.758
	D	− 1.429	0.918	0.133
B	A	2.714 *	0.918	0.007
	C	2.429 *	0.918	0.014
	D	1.286	0.918	0.174
C	A	0.286	0.918	0.758
	B	− 2.429 *	0.918	0.014
	D	− 1.143	0.918	0.225
D	A	1.429	0.918	0.133
	B	− 1.286	0.918	0.174
	C	1.143	0.918	0.225

注：＊均值差的显著性水平为 0.05。

（二）结果分析

1. 基本统计结果

表 8 – 14 所示为 4 种食品 A、B、C、D 某一质量指标感官评分的基本统计结果，包括观察数据个数、平均数、标准差和标准误、平均值的 95% 置信区间、最小值和最大值。

2. 方差分析结果

表 8 – 15 为单因素试验结果的方差分析结果，可以看出，处理间偏差平方和 $SS_t = 32.107$、自由度 $df_t = 3$、均方 $MS_t = 10.702$，而处理内偏差平方和 $SS_e = 70.857$，自由度 $df_e = 24$、处理内均方 $MS_e = 2.952$，总偏差平方和 $SS_T = 102.964$，统计量 $F_t = 3.625$，检验 $P = 0.027$。由于实际计算的差异显著性检验的 $P = 0.027 < 0.05$，表明 4 种食品的感官质量有显著差异。

当然，也可采用查 F 表的方式来推断结果。由自由度 $df_1 = 3$，$df_2 = 24$ 和显著水平 α 查附表 5 得 $F_{0.05(3,24)} = 3.009$，$F_{0.01(3,24)} = 4.718$。由于实得 $F = 3.625$ 大于 $F_{0.05(3,24)}$ 而小于 $F_{0.01(3,24)}$，故 $0.01 < P < 0.05$，拒绝 H_0，接受 H_A，说明 4 种食品的感官质量有显著差异，但未达到极显著。

3. 多重比较结果

表 8 – 16 为 LSD 法多重比较结果。表中各项意义分别为方法 I 和方法 J 之间的均值差（Mean Difference）、标准误（Std. Error）和显著性水平（Sig.）。表中"Mean Difference"列对应的数据中右上角有"＊"的表示该数据对应的两组均值之间有显著差异。譬如，食品 A 和食品 B 的感官质量有显著差异（$P = 0.007$），而食品 A 和食品 C、食品 D 之间的感官质量无显著差异（$P = 0.758$、0.133）。

表 8 – 17 为 Duncan 法多重比较检验结果，平均数不在一列的表明二者之间差异显著。由表 8 – 17 可知在 0.05 水平时，A、C、D 三种食品两两之间均数差异不显著，食品 B 与 D 差异不显著，食品 A 和食品 B 之间差异显著，食品 C 和食品 B 差异显著，这与 LSD 法的分析结果是一致的。

表 8 – 17　　　　　　　　　　　　　Duncan 法多重比较结果

食品	N	$\alpha = 0.05$	
		1	2
A	7	12.86	
C	7	13.14	
D	7	14.29	14.29
B	7		15.57
显著性		0.154	0.174

二、 两因素试验资料的方差分析

（一） 两因素无重复观察值试验结果的方差分析

[例 8 – 6]　　在提取大豆蛋白试验过程中，为研究浸泡温度 A、实验员技能 B 对大豆蛋白提取率（％）的影响，将其他因素固定，浸泡温度 A 取 5 个水平，分别为 A_1（40℃）、A_2（50℃）、A_3（60℃）、A_4（70℃）和 A_5（80℃），实验员 B 设置 B_1、B_2、B_3 三个水平，用微量凯氏定氮法测定蛋白质含量，测定结果如表 8 – 18 所示。试分析浸泡温度 A、实验员技能 B 对试验结果的影响。

表 8－18	浸泡温度、实验员技能对大豆蛋白提取率的影响				
实验员	浸泡温度/℃				
	A_1（40）	A_2（50）	A_3（60）	A_4（70）	A_5（80）
B_1	20.3	32.5	43.7	52.6	50.8
B_2	16.4	31.2	44.1	49.3	55.2
B_3	22.1	29.3	40.5	55.2	52.0

1. 操作步骤

①将表 8－18 试验结果按数据输入格式输入 SPSS Data Editor 窗口后，依次选中"Analyze→General Linear Model→Univariate…"，即可打开【Univariate】主对话框（单变量（单指标）方差分析），如图 8－20 和图 8－21 所示。

图 8－20　SPSS 输入编辑窗口

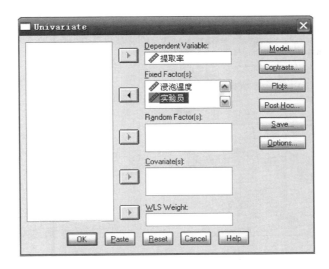

图 8－21　【Univariate】对话框

②将左边"提取率"选入右边"Dependent Variable"（因变量列表），"浸泡温度""实验员"选入"Fixed Factor（s）"（固定因子－自变量），如图 8－21 所示。

③选择【Model...】按钮，打开【Univariate Model】子对话框，如图 8－22 所示。在此对话框中选择"Custom"（自定义模型），中间的选择框选择"Main effects"，将左边"浸泡温度""实验员"项目选入"Model"中，按【Continue】按钮返回【Univariate】主对话框。

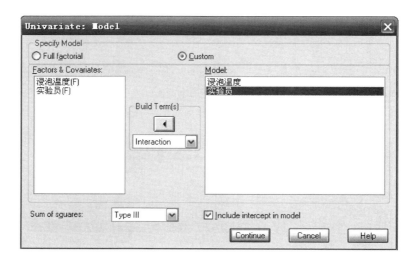

图 8 －22　【Univariate：Model】对话框

④选择【Post Hoc...】打开【Post Hoc Multiple Comparisons for...】对话框，将左边"浸泡温度""实验员"项目选入"Post Hoc Tests for"中。选择"Duncan"，单击【Continue】返回【Univariate】主对话框，如图 8 －23 所示。

⑤选择【Options...】打开【Option】对话框，选择"Descriptive statistics"（描述统计量），如图 8 －24 所示，单击【Continue】返回【Univariate】主对话框。

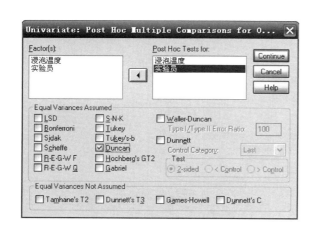

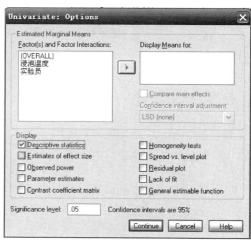

图 8 －23　【Univariate：Post Hoc Multiple Comparisons for Observe Means】对话框

图 8 －24　【Univariate：Options】对话框

⑥单击【OK】完成两因素方差分析设置，输出统计分析结果。

2. 结果分析

由表 8 – 19 可知，浸泡温度对提取率影响的偏差平方和、自由度、均方、F 值和显著性水平分别为 2453.044、4、613.261、87.198 和 0.000；实验员影响的偏差平方和、自由度、均方、F 值和显著性水平分别为 1.516、2、0.758、0.108 和 0.899。由于浸泡温度的影响显著水平 $P = 0.000 < 0.01$，表明不同浸泡温度下的大豆蛋白提取率有极显著差异；实验员的影响显著水平 $P = 0.899 > 0.05$，表明 3 个实验员技能没有显著差异，对大豆蛋白提取率没有显著影响。

表 8 – 19　　　　　　　　　　　　　　　　　方差分析结果

变异来源	平方和	自由度	均方	F	显著性
浸泡温度	2453.044	4	613.261	87.198	0.000
实验员	1.516	2	0.758	0.108	0.899
误差 e	56.264	8	7.033		
总和	2510.824	14			

也可采用查表方法对差异显著性做出判断。因素"浸泡温度"$F = 87.198$，由自由度 $df_1 = 4$，$df_2 = 8$ 和显著水平 $\alpha = 0.01$ 查附表 5 得 $F_{0.01(4,8)} = 7.006$。由于实得 $F = 87.198$ 远大于 $F_{0.01(4,18)}$ 故 $P < 0.01$，应拒绝 H_0，接受 H_A，表明不同浸泡温度下的提取率有极显著差异，浸泡温度对大豆蛋白提取率有高度影响，需进一步作多重比较。因素"试验员"$F = 0.108 < 1$，表明 3 个实验员技能没有显著差异。

表 8 – 20 为"浸泡温度"对大豆蛋白提取率的影响多重比较结果，可以看出，除 A_4 与 A_5 差异不显著外，其余不同浸泡温度条件下的提取率两两之间均有显著差异。提取率最高的是 A_4、A_5，最低的是 A_1。

表 8 – 20　　　　　　　　　　　　　　　Duncan 法多重比较结果

浸泡温度	N	子集			
		1	2	3	4
A_1	3	19.6000			
A_2	3		31.0000		
A_3	3			42.7667	
A_4	3				52.3667
A_5	3				52.6667
显著性		1.000	1.000	1.000	0.893

（二）　两因素有重复观察值试验结果的方差分析

[**例 8 – 7**]　为了提高某产品的得率，研究了提取温度（A）和提取时间（B）对产品得

率（%）的影响。提取温度 A 设置 80、90、100℃ 3 个水平，提取时间 B 设置 40、30、20min 3 个水平，共有 9 个组合，每个水平组合重复 3 次试验，试验结果见表 8 – 21。试分析提取温度和提取时间对产品得率的影响。

表 8 – 21　　　　　　　　提取温度和提取时间对某产品得率的影响

提取温度/℃	提取时间/min		
	B_1（40）	B_2（30）	B_3（20）
A_1（80）	8	7	6
	8	7	5
	8	6	6
A_2（90）	9	7	8
	9	9	7
	8	6	6
A_3（100）	7	8	10
	7	7	9
	6	8	9

1. 操作步骤

①将表 8 – 21 试验结果按数据输入格式输入 SPSS 数据编辑窗口，如图 8 – 25 所示。然后依次选择 "Analyze→General Linear Model→Univariate..."，即可打开【Univariate】主对话框，如图 8 – 26 所示。

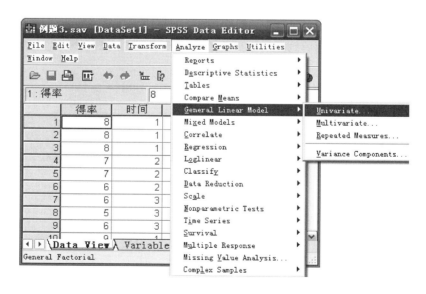

图 8 – 25　SPSS 输入编辑窗口

②将左边 "得率" 变量选入右边 "Dependent Variable"（因变量列表），"时间""温度"项目选入 "Fixed Factor（s）"（自变量），如图 8 – 26 所示。

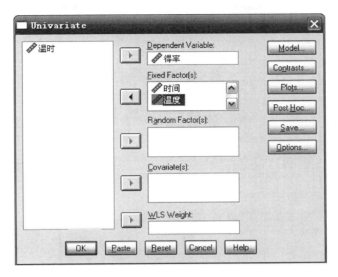

图 8 –26　【Univariate】 对话框

③选择【Model…】按钮，打开【Univariate Model】子对话框，如图 8 – 27 所示。在此对话框中选择 "Custom"（自定义模型），将左边 "温度" 和 "时间" 项目选入右侧栏内，再将左侧 "温度""时间" 同时选中，中间的选择框选择 "Interaction"，单击中间按钮，温度、时间的交互作用 "温度 * 时间" 即出现在右侧栏内，按【Continue】按钮返回【Univariate】主对话框。

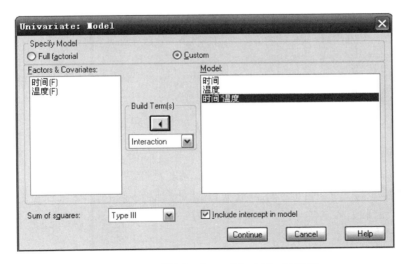

图 8 –27　【Univariate：Model】 对话框

④选择【Plots】对话框，将 "时间" 项目选入 "Horizontal Axis（横坐标）" 栏内，将 "温度" 项目选入 "Separate Lines" 栏内，再单击【Add】按钮，如图 8 – 28 所示，单击【Continue】返回。

⑤选择【Post Hoc …】打开【Post Hoc Multiple Comparisons for …】对话框，选择 "Duncan"，单击【Continue】返回【Univariate】主对话框，如图 8 – 29 所示。

⑥单击【OK】完成设置，输出统计分析结果。

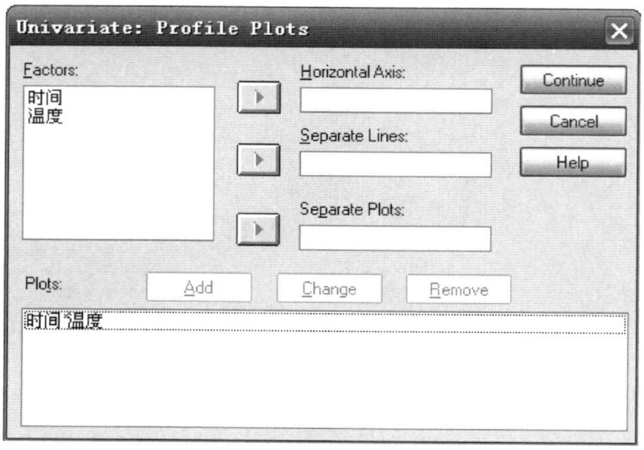

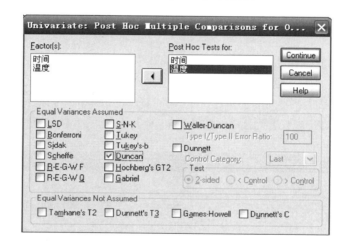

图 8 -28　　【Plots】 对话框

图 8 -29　　【Post Hoc...】 对话框

2. 结果分析

方差分析结果见表 8 - 22，可以看出，提取温度对产品得率的影响达到显著水平（$P = 0.016$），提取温度与提取时间之间的交互作用对产品得率的影响达到极显著水平（$P = 0.000$），而提取时间对产品得率的影响不显著（$P = 0.294$）。对影响显著的因子进一步作进行各处理（水平组合）均数间的多重比较。

表 8 -22　　　　　　　　　　　　　　方差分析结果

变异来源	平方和	自由度	均方	F	显著性
提取温度 A	6.222	2	3.111	5.250	0.016
提取时间 B	1.556	2	0.778	1.313	0.294
$A \times B$	22.222	4	5.556	9.375	0.000
误差 e	10.667	18	0.593		
总和	40.667	26			

表 8 – 23 和表 8 – 24 是提取温度和提取时间两个因素主效应的多重比较结果。可以看出，提取温度 A_1 与 A_3 之间、A_1 与 A_2 之间差异显著、A_2 与 A_3 之间差异不显著，而提取时间的不同水平间差异均不显著。由图 8 – 30 可以看出，3 条线均不平行，表明提取温度与提取时间之间有交互效应，各个因素的水平组合效应不是各个单因素效应的简单相加，是温度效应随时间不同而不同引起的（或反之）。因此，需进一步比较各个水平组合的平均数。通常，当 A、B 两个因素的交互作用显著时，不必进行两个因素的主效应分析（因为此时主效应的显著性分析在实用意义上并不重要），而是直接进行各个水平组合平均数的多重比较，选出最优水平组合。

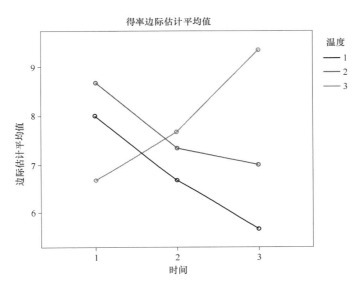

图 8 –30　提取时间和提取温度的交互作用示意图

表 8 –23　　　　　　　提取温度对产品得率影响的 Duncan 多重比较结果

提取温度	N	子集	
		1	2
1	9	6. 78	
2	9		7. 67
3	9		7. 89
显著性		1. 000	0. 548

表 8 –24　　　　　　　提取时间对产品得率影响的 Duncan 法多重比较结果

提取时间	N	子集
		1
2	9	7. 22
3	9	7. 33
1	9	7. 78
显著性		0. 164

表 8-25 所示为各个水平组合平均数的多重比较结果，可以看出，A_3B_3、A_2B_1 两个组合的产品得率最高，为理想优化组合。

表 8-25　提取温度和提取时间交互作用对产品得率影响的 Duncan 法多重比较结果

温度/时间 组合	重复 N	子集			
		1	2	3	4
1.3	3	5.67			
1.2	3	6.67	6.67		
3.1	3	6.67	6.67		
2.3	3	7.00	7.00		
2.2	3		7.33	7.33	
3.2	3		7.67	7.67	
1.1	3		8.00	8.00	8.00
2.1	3			8.67	8.67
3.3	3				9.33
显著性		0.066	0.074	0.066	0.058

（三）　两因素随机区组试验结果的方差分析

[例 8-8]　为研究山楂色素的最佳提取条件，选取提取时间（A）和乙醇体积分数（B）为试验因素，其中提取时间（A）取 2、3、4h 三个水平，乙醇体积分数（B）取 55%、75%、95% 三个水平，每个水平组合重复 3 次，试验结果如表 8-26 所示。现以重复设为区组，对试验结果进行统计分析。

表 8-26　　　　　　　　　　　　山楂色素提取试验结果

重复（区组）	提取时间 A/h	乙醇体积分数 B/%		
		B_1	B_2	B_3
	A_1	0.22	0.18	0.25
I	A_2	0.33	0.35	0.36
	A_3	0.39	0.42	0.35
	A_1	0.18	0.22	0.22
II	A_2	0.32	0.30	0.37
	A_3	0.37	0.40	0.38
	A_1	0.24	0.20	0.27
III	A_2	0.35	0.32	0.38
	A_3	0.41	0.37	0.44

1. 操作步骤

①将表 8-26 试验数据按格式输入 SPSS 数据编辑窗口。然后依次选择 "Analyze→General

Linear Model→Univariate…"，即可打开【Univariate】主对话框，如图 8 – 31 所示。

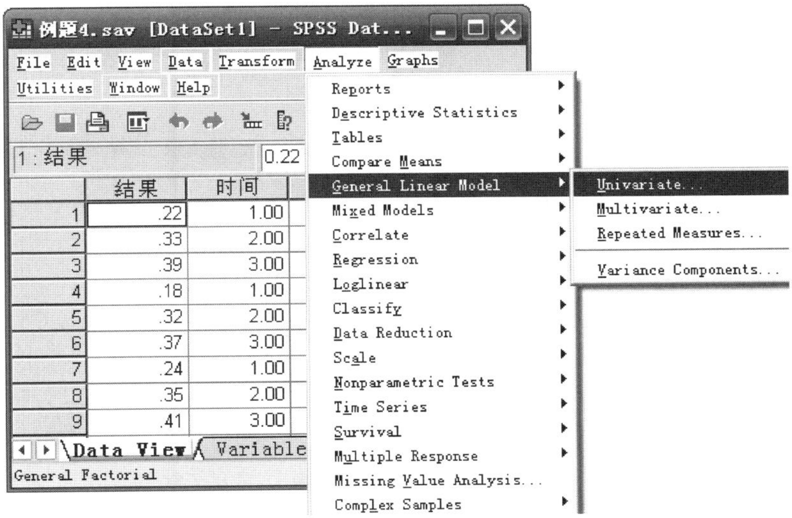

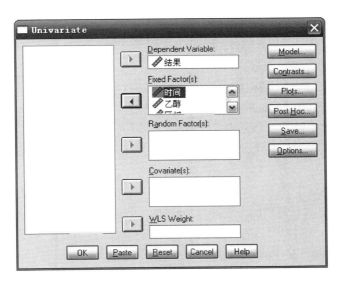

图 8 –31　SPSS 数据编辑窗口

②将左边"结果"变量选入右边"Dependent Variable"（因变量列表），"时间""乙醇"和"区组"项目选入"Fixed Factor（s）"（自变量），如图 8 – 32 所示。

图 8 –32　【Univariate】对话框

③选择【Model…】按钮，打开【Univariate：Model】子对话框，如图 8 – 33 所示。在此对话框中选择"Custom"，分别将左边"时间""乙醇"和"区组"选入右侧栏内，再将左侧"时间"和"乙醇"同时选中，中间的选择框选择"Interaction"，单击中间按钮，时间、乙醇的交互作用"时间 * 乙醇"即出现在右侧栏内，按【Continue】按钮返回【Univariate】主对话框。

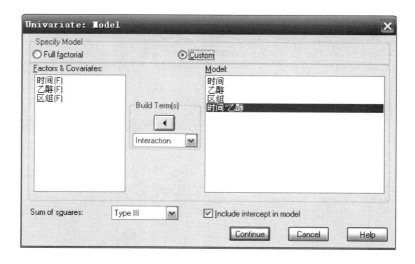

图 8 –33 　【Univariate：Model】 子对话框

④选择【Plots...】 对话框，如图 8 – 34 所示。将"时间"项目选入" Horizontal Axis "栏内，单击【Add】按钮；再将"乙醇"项目选入" Horizontal Axis "栏内，单击【Add】按钮；将"区组"项目选入" Horizontal Axis "栏内，单击【Add】按钮；再将"时间"项目选入" Horizontal Axis "栏内，再将"乙醇"项目选入"Separate Lines"栏内，单击【Add】按钮，再单击【Continue】 返回【Univariate】 主对话框。

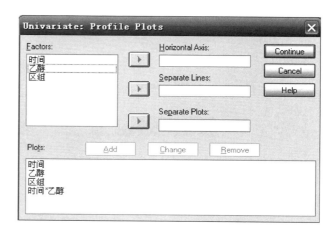

图 8 –34 　【Univariate：Profile Plots】 对话框

⑤选择【Post Hoc...】打开【Post Hoc Multiple Comparisons for...】对话框，如图 8 – 35 所示，将"时间""乙醇"选入右侧栏内，选择"Duncan"，单击【Continue】 返回【Univariate】 主对话框。

⑥单击【OK】，输出统计结果。

2. 结果分析

表 8 – 27 为方差分析结果。由表 8 – 27 可知，区组对提取影响的显著性水平 $P = 0.131$，乙醇体积分数对提取影响的 $P = 0.051$，乙醇和时间交互作用对提取影响的 $P = 0.329$，提取时间影响的 $P = 0.000$，表明提取时间对山楂色素提取有极显著影响，乙醇体积分数、乙醇体积分数与提取时间的交互作用、区组均对试验结果没有显著影响。

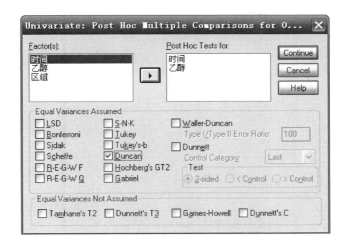

图 8 - 35　【Univariate：Post Hoc Multiple Comparisons for Observed Means】 对话框

表 8 - 27　　　　　　　　　　　　　　方差分析结果

变异来源	平方和	自由度	均方	F	显著性
区组	0.003	2	0.001	2.310	0.131
提取时间 A	0.141	2	0.071	120.063	0.000
乙醇体积分数 B	0.004	2	0.002	3.594	0.051
$A \times B$	0.003	4	0.001	1.253	0.329
误差 e	0.009	16	0.001		
总和	0.160	26			

表 8 - 28 是提取时间影响的多重比较结果，实际上是提取时间主效应的分析结果。由表 8 - 28 可以看出，提取时间的三个水平之间差异显著，第三个水平的提取效果最好。

表 8 - 28　　　　　　　　　　　Duncan 法多重比较结果

提取时间 A	重复 N	子集		
		1	2	3
1	9	0.2200		
2	9		0.3422	
3	9			0.3922
显著性		1.000	1.000	1.000

三、 多因素全面试验资料方差分析

[例 8 - 9]　　某种水果发酵饮料的香气评分与工艺参数因素 A（A_1、A_2）、因素 B（B_1、B_2）、因素 C（C_1、C_2、C_3）有关，每个处理组合重复 3 次试验，试验结果见表 8 - 29，试作方差分析。

表 8 -29　　　　　　　　　　　　水果发酵饮料香气评分试验结果

处理		重复			处理		重复		
		1	2	3			1	2	3
A_1	B_1 C_1	12	14	13	A_2	B_1 C_1	3	2	4
	C_2	12	11	11		C_2	4	3	4
	C_3	10	9	9		C_3	7	6	7
	B_2 C_1	10	9	9		B_2 C_1	2	2	3
	C_2	9	9	8		C_2	3	4	5
	C_3	6	6	7		C_3	5	7	7

注：这是一个 $a=2$，$b=2$，$c=3$，$r=3$ 的三因素等重复试验数据资料。

①将表 8 -29 试验数据按格式输入 SPSS 数据编辑窗口。然后依次选择"Analyze→General Linear Model→Univariate…"，即可打开【Univariate】主对话框，如图 8 -36 所示。

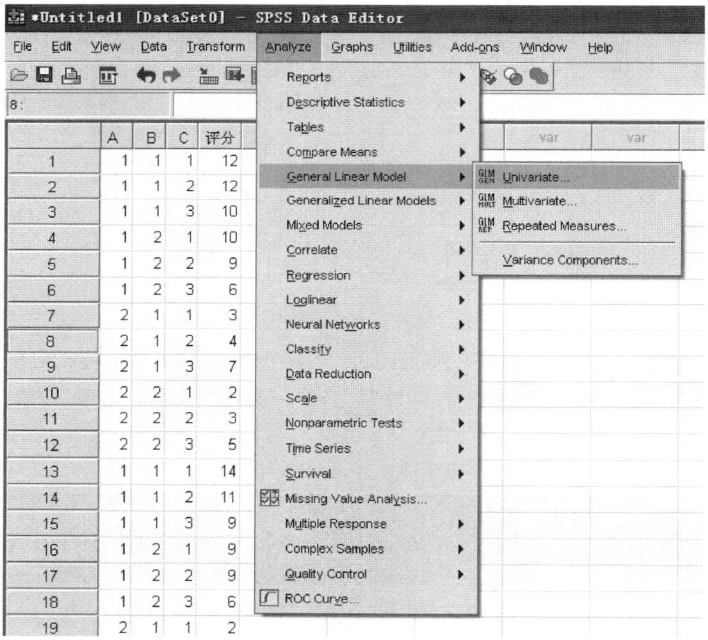

图 8 -36　SPSS 数据编辑窗口

②将左边"评分"变量选入右边"Dependent Variable"（因变量列表），"A""B"和"C"项目选入"Fixed Factor（s）"（自变量），如图 8 -37 所示。

③点击【Model…】按钮，打开【Univariate：Model】子对话框，设置析因的因子。本例选择默认的"Full factorial"，即分析因子的主效应、各交互效应。按【Continue】按钮返回【Univariate】主对话框。如果要修改析因的因子，选择"Custom"来定义设置。

④单击【OK】，输出统计结果，方差分析结果整理如表 8 -30 所示。

由表 8 -30 可知，因素 A、因素 B、$A \times B$ 交互作用、$A \times C$ 交互作用对发酵饮料香气评分结果有极显著影响，因素 C、$B \times C$ 交互作用、$A \times B \times C$ 交互作用的影响不显著。进一步对处理组合进行多重比较，数据输入格式如图 8 – 38 所示。

　　将左边 "评分" 变量选入右边 "Dependent Variable"（因变量列表），"处理组合" 选入 "Fixed Factor（s）"（自变量）；选择【Post Hoc…】打开【Post Hoc Multiple Comparisons for…】对话框，如图 8 – 39 所示，将 "处理组合" 选入右侧栏内，选择 "Duncan"，单击【Continue】返回【Univariate】主对话框。

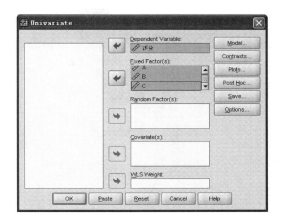

图 8 –37　　【Univariate】对话框

表 8 –30　　　　　　　　　　　水果发酵饮料香气评分方差分析结果

变异来源	平方和	自由度	均方	F 值	显著性
A	256. 00	1	256. 000	438. 857	0. 000
B	25. 000	1	25. 000	42. 857	0. 000
C	0. 500	2	0. 250	0. 429	0. 656
$A \times B$	18. 778	1	18. 778	32. 190	0. 000
$A \times C$	80. 167	2	40. 083	68. 714	0. 000
$B \times C$	1. 500	2	0. 750	1. 286	0. 295
$A \times B \times C$	0. 056	2	0. 028	0. 048	0. 954
误差 e	14. 000	24	0. 583		
总变异	396. 000	35			

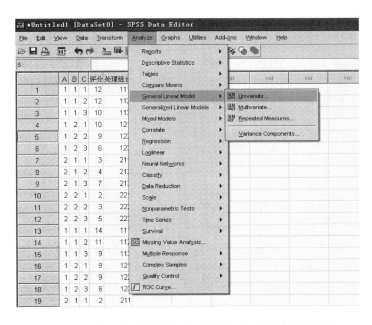

图 8 –38　多因素方差分析多重比较时处理组合输入格式

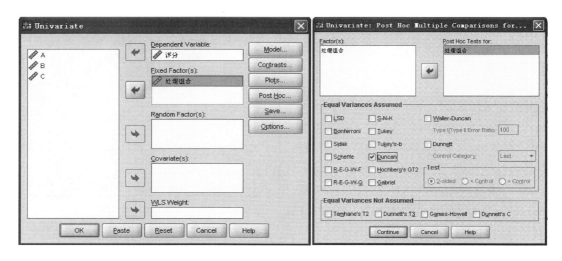

图 8 -39　多因素方差分析多重比较对话框

点击【OK】，输出分析结果。表 8 – 31 是三因素处理组合多重比较结果，可以看出 12 个处理组合之间有显著差异，111 组合的评分显著高于其他组合，221、211、212 三个组合的评分没有差异性，显著小于其他组合。所以优化组合条件 $A_1B_1C_1$。

表 8 – 31　　　　　　　　　　　　　　　　Duncan 法多重比较结果

处理组合	N	子集					
		1	2	3	4	5	6
221	3	2. 33					
211	3	3. 00	3. 00				
212	3	3. 67	3. 67				
222	3		4. 00				
123	3			6. 33			
223	3			6. 33			
213	3			6. 67			
122	3				8. 67		
113	3				9. 33		
121	3				9. 33		
112	3					11. 33	
111	3						13. 00
显著性		0. 053	0. 142	0. 619	0. 323	1. 000	1. 000

第四节　SPSS 在回归分析中的应用

一、一元回归分析

[**例 8 – 10**]　采用碘量法测定还原糖含量，用 0.05 mol/L 硫代硫酸钠滴定标准葡萄糖溶液，记录耗用硫代硫酸钠的体积数（mL），试验结果见表 8 – 32，试求 y 对 x 的线性回归方程。

表 8 – 32　　　　　　　　　硫代硫酸钠的体积数对应的葡萄糖溶液浓度

x 硫代硫酸钠体积/mL	0.9	2.4	3.5	4.7	6.0	7.4	9.2
y 葡萄糖浓度/（mg/mL）	2	4	6	8	10	12	14

1. 操作步骤

①将表 8 – 32 中数据输入 SPSS 数据编辑窗口后，依次选中"Analyze（统计分析）→ Regression（回归分析）→ Linear（线性）"，如图 8 – 40 所示，即打开【Linear Regression】对话框。

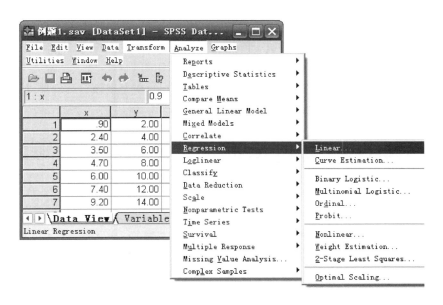

图 8 – 40　SPSS 数据编辑窗口

②在【Linear Regression】对话框中，将左边"y"选入右边"Dependent"（因变量）内，"x"选入右边"Independent"（自变量）内，在"Method"中选中"Enter"，如图 8 – 41 所示。

③按【Statistics…】按钮后如图 8 – 42 所示，勾选"Estimates"（估计值）、"Confidence intervals"（置信区间）、"Model fit"（回归模型拟合度检验）、"R squared change"（选择此项，

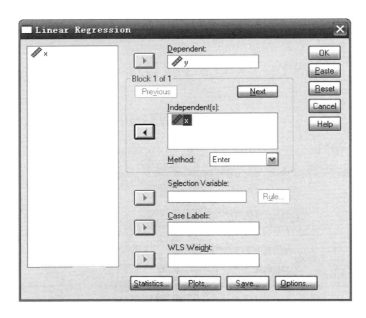

图 8 –41　【Linear Regression】 对话框

显示增删一个独立变量时决定系数的变化。如果增删某变量时，方程决定系数变化较大，则说明该变量对因变量的影响较大）、"Descriptives"（描述统计量）并且勾选残差下的"Durbin – Watson"（用于回归方程精度 – 残差的检验，如 DW 接近于 0，表示残差存在正自相关；如 DW 接近于 4，表示残差存在负自相关；如 DW 约接近于 2，表示残差相互独立，方程精度越高），然后按【Continue】 按钮回到【Linear Regression】 对话框。

　　④按【Options…】 按钮，出现【Options】 对话框，如图 8 – 43 所示，输入引入变量或剔除变量的概率水平，一般 $P < 0.05$ 的变量引入，$P > 0.10$ 的变量剔除，然后按【Continue】 按钮回到【Linear Regression】 主对话框，按【OK】完成设置，输出统计分析结果。

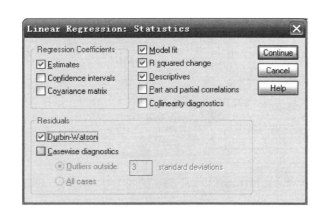

图 8 –42　【Linear Regression：
Statistics】 对话框

图 8 –43　【Linear Regression：
Options】 对话框

2. 结果分析

表 8 - 33 为回归模型综合统计表。表中列出了模型的相关系数（R）、决定系数（R Square）、校正决定系数（Adjusted R Square）、估计的标准误差（Std. Error of the Estimate）、变化统计量（Change Statistics）（包括 R square Change，F Change，df_1，df_2 和 Sig. F Change），Durbin - Watson 线性检验值（Durbin - Watson）。由表 8 - 33 可以看出，回归模型的决定系数 $R^2 = 0.995$，说明变量 x 通过回归模型可以解释变量 y 99.5% 的变异性。Durbin - Watson 线性检测值为 DW = 1.329 < 2，可以认为残差之间存在正相关关系。

表 8 - 33　　　　　　　　　　　　　　回归模型综合统计表

相关系数 R	决定系数 R^2	校正决定系数	估计的标准误差	变化统计量					Durbin - Watson 检验值
				变化决定系数	F 变化	第一自由度	第二自由度	F 显著水平	
0.998	0.995	0.994	0.32629	0.995	1046.976	1	5	0.000	1.329

表 8 - 34 为回归方程的显著性检验结果。表中列出了回归项（Regression）和残差项（Residual）的偏差平方和（Sum of Squares）、自由度（df）、均方（Mean Square）、F 值和显著性水平（Sig.）。由于本例 F 值的显著性水平 $P = 0.000$，小于 1%，所以可以认为回归方程高度显著，有意义。

表 8 - 34　　　　　　　　　　　　　　回归方程显著性检验

变异来源	偏差平方和	自由度	均方	F	显著性
回归	111.468	1	111.468	1046.976	0.000
残差	0.532	5	0.106		
总和	112.000	6			

表 8 - 35 是回归系数显著性检验结果。表中列出了变量 x 和常数项的非标准化系数（Unstandardized Coefficients）[包括变量 x 的待定系数取值和常数项取值（B）及其标准误（Std. Error）]、标准化系数（Standardized Coefficients）（Beta 值）、t 值、显著性水平（Sig.）等。

表 8 - 35　　　　　　　　　　　　　　回归系数显著性检验

	非标准化系数		标准化系数	t 值	显著性水平
	常数项 B	标准误	Beta 值		
常数	0.741	0.256		2.893	0.034
系数 x	1.490	0.046	0.998	32.357	0.000

由表 8 - 35 可得回归方程式为 $y = 1.490x + 0.741$，回归系数检验显著性水平 $P = 0.000$ 远小于 0.01，表明回归系数与 0 之间有极显著差异，x 对 y 的影响高度显著，回归模型有预测意义。

二、　多元线性回归

[**例 8 - 11**]　　为分析果汁加工过程中的非酶褐变原因，在某品牌桃肉果汁加工过程中随

机测定了无色花青素（x_1）、花青苷（x_2）、美拉德反应（x_3）、抗坏血酸含量（x_4）和非酶褐变色度值（y），试验结果如表 8 – 36 所示。试建立 y 与 x_1、x_2、x_3、x_4 的线性回归关系。

表 8 – 36　　　　　桃肉加工过程中非酶褐变原因分析相关指标测定结果

序号	x_1无色花青素 / （mg/100g）	x_2花青苷 / （mg/100g）	x_3美拉德反应	x_4抗坏血酸含量 / （mg/100g）	y非酶褐变色度值
1	0.055	0.019	0.008	2.38	9.33
2	0.06	0.019	0.007	2.83	9.02
3	0.064	0.019	0.005	3.27	8.71
4	0.062	0.012	0.009	3.38	8.13
5	0.06	0.006	0.013	3.49	7.55
6	0.053	0.01	0.017	2.91	7.43
7	0.045	0.013	0.021	2.32	7.31
8	0.055	0.014	0.017	3.35	8.45
9	0.065	0.015	0.013	3.38	9.6
10	0.062	0.023	0.011	3.43	10.91
11	0.059	0.031	0.009	3.47	12.21
12	0.071	0.024	0.015	3.48	9.74
13	0.083	0.016	0.021	3.49	7.26
14	0.082	0.016	0.019	3.47	7.15
15	0.08	0.015	0.017	3.45	7.04
16	0.068	0.017	0.013	2.92	8.19

1. 操作步骤

①将表 8 – 36 数据输入 SPSS 数据编辑窗口后，依次选中 "Analyze（统计分析）→Regression（回归分析）→Linear（线性）"，如图 8 – 44 所示，即可打开【Linear Regression】对话框。

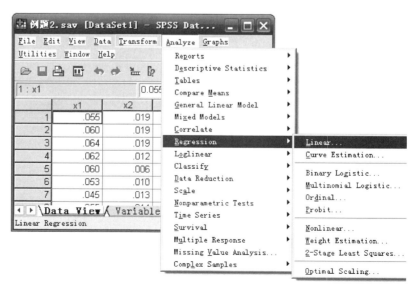

图 8 – 44　SPSS 数据编辑窗口

②将左边 "y" 选入右边 "Dependent" （因变量）内，"x_1" "x_2" "x_3" "x_4" 选入右边 "Independent" （自变量）内，在 "Method" 中选中 "Stepwise" （逐步回归，此处也可选中 Enter、Forward 和 Backward 等回归方法，计算结果可能会有所不同），如图 8 – 45 所示。

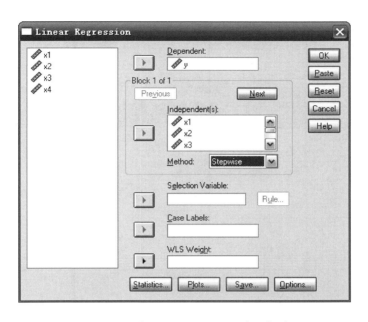

图 8 –45   【Linear Regression】 对话框

③按【Statistics…】按钮后出现的对话框如图 8 – 46 所示，勾选 "Estimates" （估计值）、"Confidence intervals" （置信区间）、"Model fit" （回归模型拟合度检验）、"R squared change" （决定系数），并且勾选残差下的 "DurbinWatson"，然后按【Continue】按钮回到【Linear Regression】 对话框。

④按【Options…】按钮，出现【Options】对话框，如图 8 – 47 所示，输入引入变量或剔除变量的概率水平，通常也可按默认处理，然后按【Continue】按钮回到主画面，按【OK】结束设置，输出统计结果。

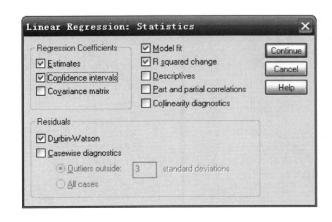

图 8 –46   【Linear Regression：
Statistics】 对话框

图 8 –47   【Linear Regression：
Options】 对话框

2. 结果分析

表 8 – 37 是多元回归时变量输入输出表。表中给出了每一步进入方程式的变量和剔除的变量，以及采用的多元回归方法和相应的准则。从表中可以看出，变量 x_2、x_1、x_4 依次被引入，而 x_3 被剔除。所采用的变量引入剔除准则是 F 检验概率 $P \leqslant 0.05$ 时，对因变量进入方程，F 检验概率 $P \geqslant 0.1$ 时变量将被剔除。利用该准则进行判别，最后方程中仅剩下变量 x_1、x_2 和 x_4。

表 8 – 37   变量输入输出表

模型	输入的变量	剔除的变量	方法
1	x_2	.	Stepwise（Criteria：Probability – of – F – to – enter < = .050, Probability – of – F – to – remove > = .100）.
2	x_1	.	Stepwise（Criteria：Probability – of – F – to – enter < = .050, Probability – of – F – to – remove > = .100）.
3	x_4	.	Stepwise（Criteria：Probability – of – F – to – enter < = .050, Probability – of – F – to – remove > = .100）.

注：因变量：y。

表 8 – 38 是多元线形回归模型综合统计表。表中列出了每一步回归时的相关系数（R）、决定系数（R Square）、校正决定系数（Adjusted R Square）、估计的标准误差（Std. Error of the Estimate）、变化统计量（Change Statistics）〔包括变化决定系数（R square Change）、F 值（F Change），第一自由度（df_1）、第二自由度（df_2）、F 值的显著水平（Sig. F Change）等〕和 Durbin – Watson 线性检验值（Durbin – Watson）。表下脚注显示了每一步用作预测的项目（包括自变量和常数项）。

表 8 – 38   回归模型综合统计表

模型	相关系数 R	决定系数 R^2	校正决定系数	估计的标准误差	变化决定系数	F 值	第一自由度	第二自由度	F 值的显著水平	Durbin – Watson 线性检验值
1	0.821[①]	0.674	0.651	0.86640	0.674	28.971	1	14	0.000	
2	0.885[②]	0.784	0.751	0.73227	0.110	6.598	1	13	0.023	
3	0.939[③]	0.882	0.853	0.56235	0.098	10.044	1	12	0.008	1.577

注：①预测变量：（常量），x_2；②预测变量：（常量），x_2，x_1；③预测变量：（常量），x_2，x_1，x_4；因变量：y。

表 8 – 39 反映了多元逐步回归过程中回归模型显著性检验情况。由表 8 – 39 可以看出，每引入一个显著变量，回归模型更为显著，预测效果提高。

表 8 - 39　　　　　　　　　　回归模型显著性检验的方差分析表

模型		平方和	自由度	均方	F 值	显著性
1	回归	21.747	1	21.747	28.971	0.000[①]
	残差	10.509	14	0.751		
	总和	32.256	15			
2	回归	25.285	2	12.643	23.577	0.000[②]
	残差	6.971	13	0.536		
	总和	32.256	15			
3	回归	28.462	3	9.487	30.001	0.000[③]
	残差	3.795	12	0.316		
	总和	32.256	15			

表 8 - 40 所示为回归系数显著性分析表。表中列出了每一步常数项和各个自变量对应的非标准化系数（Unstandardized Coefficients）［包括常数项和变量系数的取值（B）及其标准误差（Std. Error）］、标准化系数（Standardized Coefficients）（Beta 值）、t 值及显著水平（Sig.）等。表 8 - 41 所示为每一步回归时所剔除的变量。

表 8 - 40　　　　　　　　　　回归系数显著性检验

模型		非标准化系数		标准化系数	t 值	显著性水平	B 的 95% 置信区间	
		B	标准误差	Beta 值			下限	上限
1	常数	5.197	0.673		7.721	0.000	3.753	6.640
	x_2	204.026	37.905	0.821	5.382	0.000	122.726	285.325
2	常数	7.968	1.220		6.533	0.000	5.333	10.602
	x_2	213.120	32.232	0.858	6.612	0.000	143.486	282.754
	x_1	-45.684	17.785	-0.333	-2.569	0.023	-84.106	-7.263
3	常数	5.484	1.221		4.491	0.001	2.824	8.145
	x_2	207.215	24.823	0.834	8.348	0.000	153.131	261.299
	x_1	-79.641	17.359	-0.581	-4.588	0.001	-117.464	-41.819
	x_4	1.491	0.471	0.402	3.169	0.008	0.466	2.517

表 8 - 41　　　　　　　　　　变量剔除表

模型		Beta 值	t 值	显著性水平	偏相关系数	共线性统计 公差
1	x_1	-0.333[①]	-2.569	0.023	-0.580	0.988
	x_3	-0.315[①]	-2.150	0.051	-0.512	0.861
	x_4	0.043[①]	0.269	0.792	0.074	0.984

续表

模型		Beta 值	t 值	显著性水平	偏相关系数	共线性统计 公差
2	x_3	-0.223[②]	-1.605	0.134	-0.420	0.770
	x_4	0.402[②]	3.169	0.008	0.675	0.609
3	x_3	-0.180[③]	-1.705	0.116	-0.457	0.758

注：①模型中的预测因子：（常数），x_2；②模型中的预测因子：（常数），x_2，x_1；③模型中的预测因子：（常数），x_2，x_1，x_4；因变量：y。

综合以上信息可得，用逐步回归方法求得的多元回归方程式为：

$$y = -79.641x_1 + 207.215x_2 + 1.491x_4 + 5.484$$

模型复相关系数为 $R = 0.939$，决定系数 $R^2 = 0.882$（表 8 – 38）。回归方程显著性检验表明回归方程高度显著（表 8 – 39），各回归系数对 y 均有极显著影响（表 8 – 40），模型有意义。

三、 曲线回归

利用 SPSS 软件进行曲线回归的基本思想与线性回归基本相同，都是通过构造一个逼近函数来表达样本数据的总体趋势和特征。所不同的是，曲线回归适用于样本数据不具有线性特征而呈曲线分布的情况。进行曲线回归时比较常用的方法也是最小二乘法，即通过使实测值与模型拟合值差值的平方和最小时的模拟参数，得到最佳的回归函数表达式。曲线回归的拟合方式及相关模型的数学表达式如表 8 – 42 所示。

表 8 – 42　　　　　　　　　　曲线回归的拟合方式及模型表达式

选项	拟合方式	模型
Linear	用线性模型进行拟合	$y = b_0 + b_1 x$
Quadratic	用二次多项式进行拟合	$y = b_0 + b_1 x + b_2 x^2$
Compound	用复合模型进行拟合	$y = b_0 (b_1)^x$
Growth	用生长模型进行拟合	$y = e^{(b_0 + b_1 x)}$
Logarithmic	用对数模型进行拟合	$y = b_0 + b_1 \ln(x)$
Cubic	用三次多项式模型进行拟合	$y = b_0 + b_1 x + b_2 x^2 + b_3 x^3$
S	用 S 曲线模型进行拟合	$y = \exp(b_0 + b_1)/x$
Exponential	用指数模型进行拟合	$y = b_0 e^{b_1 x}$
Inverse	用双曲线模型进行拟合	$y = b_0 + b_1/x$
Power	用幂函数模型进行拟合	$y = b_0 x^{b_1}$
Logistic	用逻辑模型进行拟合	$y = 1/(1/u + b_0 b_1^x)$

[**例 8 – 12**]　　　乳酸菌发酵实验时，为了测得乳酸菌的生长曲线，得到如表 8 – 43 所示的数据。试作曲线回归分析。

表 8 – 43		培养时间和活菌数关系					
x 培养时间/h	0	6	12	18	24	30	36
y 活菌数/($\times 10^7$个/mL)	4.07	6.03	13.49	31.62	87.10	141.25	199.53

1. 操作步骤

①首先将试验数据输入 SPSS 数据编辑窗口中，依次选中"Analyze→Regression→Curve Estimation"，如图 8 – 48 所示，即可打开【Curve Estimation】对话框。

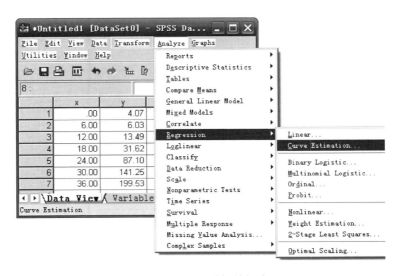

图 8 – 48　SPSS 数据编辑窗口

②在左边的变量对话框中选择变量"x"进入"Variable"框中，"y"进入"Dependent（s）"框中。在"Models"栏内选择所有选项（当无法确认 x 与 y 的曲线类型时，可以将 SPSS 所提供的所有曲线模型选中；如果已知 x 与 y 的曲线类型，可根据类型选择相对应的曲线模型），如图 8 – 49 所示。单击【OK】输出结果。

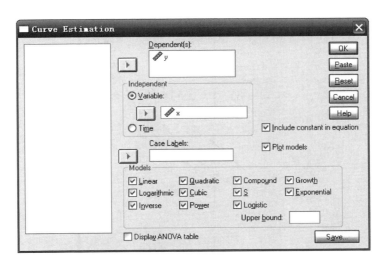

图 8 – 49　【Curve Estimation】对话框

2. 结果分析

输出结果如表 8 – 44、图 8 – 50 所示。

表 8 – 44　　　　　　　　　　曲线回归输出结果

选项	模型拟合					参数估计			
	R^2	F	df_1	df_2	Sig.	b_0	b_1	b_2	b_3
Linear	0.877	35.721	1	5	0.002	– 30.676	5.538		
Logarithmic[1]									
Inverse[2]									
Quadratic	0.995	374.737	2	4	0.000	4.428	– 1.483	0.195	
Cubic	0.996	223.042	3	3	0.001	6.656	– 2.721	0.288	– 0.002
Compound	0.982	273.510	1	5	0.000	3.660	1.125		
Power[1]									
S（b）									
Growth	0.982	273.510	1	5	0.000	1.297	0.118		
Exponential	0.982	273.510	1	5	0.000	3.660	0.118		
Logistic	0.982	273.510	1	5	0.000	0.273	0.889		

注：因变量：y；自变量：x。

[1]The independent variable （x） contains non – positive values. The minimum value is 0.00. The Logarithmic and Power models cannot be calculated. （自变量有负值，最小值为 0.00，所以对数模型、幂函数模型是不能拟合的）

[2]The independent variable （x） contains values of zero. The Inverse and S models cannot be calculated. （自变量含有 0，所以双曲线模型、S 曲线模型不能拟合）

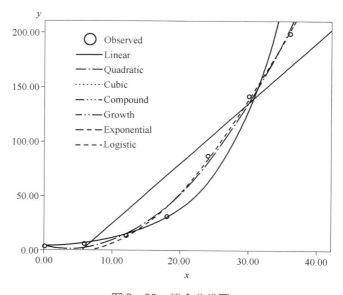

图 8 – 50　拟合曲线图

以上为所有模型的拟合结果，可以通过比较决定系数 R^2 来比较各模型的优劣。决定系数越大，则模型越优。Quadratic（二次多项式模型）的 $R^2 = 0.995$ 和 Cubic（三次多项式模型）的 $R^2 = 0.996$ 最大，因此采用这两种模型进行拟合是合适的。究竟选哪一个模型，可从实际预测意义考虑。

模型方程为

二次多项式模型 $y = 4.428 - 1.483x + 0.195x^2$，

三次多项式模型 $y = 6.656 - 2.721x + 0.288x^2 - 0.002x^3$。

第五节　SPSS 在非参数检验中的应用

非参数统计方法很多，常用的有 χ^2 检验（chi square test）、符号检验（sign test）、符号秩检验（signed - rank test）、秩和检验（rank sum test）和秩相关分析（rank correlation）等。

一、 χ^2 检验

（一）适合性检验（test for goodness of fit）

[例 8 - 13]　根据以往的调查，消费者对三种不同饮料 A、B、C 的满意度分别为 0.45、0.31 和 0.24。现随机选择 60 个消费者评定该三种不同饮料，从中选出各自最喜欢的产品。结果有 30 人选 A，18 人选 B，12 人选 C，试分析消费者对三种产品的满意态度是否有改变。

表 8 - 45　　　　　　　　　　　　　　调查结果

项目	A	B	C
实际次数（O）	30	18	12
满意度	0.45	0.31	0.24
理论次数（E）	27	18.6	14.4

注：样品理论次数 = 满意度 × 60。

1. 操作步骤

①打开 SPSS 软件，在数据编辑窗口输入试验数据；依次选中 "Data → Weight Cases"，打开【Weight Cases】对话框，选中 "Weight cases by"，将左边 "实际次数" 选入右边 "Frequency Variable" 框中，点击【OK】按钮，完成加权。如图 8 - 51 所示。

②执行 "Analyze→Nonparametric Tests→Chi - Square"，如图 8 - 52 所示，打开【Chi - Square Test】对话框；将左边 "产品" 选入右边 "Test Variable List" 框中；随后在 "Expected Values"

图 8 - 51　SPSS 数据编辑窗口

下方"Values"处输入对应的期望值：27、18.6、14.4，如图8-53所示。

图8-52　适合性检验操作窗口　　　　图8-53　【Chi-Square Test】对话框

③单击【OK】输出结果。

2. 结果分析

由输出结果可以看出卡方（Chi-square）$\chi^2 = 0.753$，自由度 $df = 2$，显著性概率 $P = 0.686 > 0.05$，即消费者对3种产品的满意度没有改变。

产品

	Observed N	Expectend N	Residual
A	30	27.0	3.0
B	18	18.6	-0.6
C	12	14.4	-2.4
Total	60		

统计结果

	产品
Chi-Square	0.753①
df	2
Asymp.Sig	0.686

注：①没有单元格的期望值小于5。最小期望值为14.4。

图8-54　适合性检验结果

（二）独立性检验

1. 四格表的独立性检验

［例8-14］　有一调查研究消费者对有机食品和常规食品的态度。在超级市场随机选择50个男性和50个女性消费者作调查，结果见表8-46试分析消费者性别对食品偏爱态度是否有显著影响。

表8-46　　　　　　　　　消费者对有机食品和常规食品的态度

性别	有机	常规
男性	10	40
女性	20	30

（1）操作步骤

①打开SPSS软件，在数据编辑窗口输入表8-46试验数据；选择"Data→Weight Cases"，

弹出【Weight Cases】对话框，如图 8 – 55 所示，选中 "Weight cases by"，将左边 "观测频数"选入右边 "Frequency Variable" 框中，点击【OK】按钮即可。

②执行 "Analyze→Descriptive Statistics→Crosstabs"，打开【Crosstabs】对话框，如图 8 – 56 所示。在 "Rows" 框中选入变量 "性别"，"Columns" 框中选入变量 "食品"。

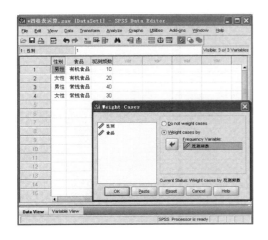

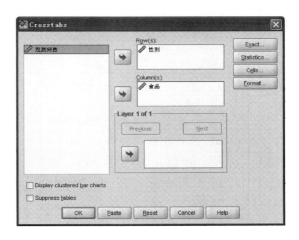

图 8 –55　SPSS 数据编辑窗口与
【Weight Cases】对话框

图 8 –56　【Crosstabs】
对话框

③单击 "Statistics"，弹出【Crosstabs：Statistics】对话框，选中 "卡方"，单击【Continue】按钮，返回【Crosstabs】主页面。

④单击【OK】输出结果。

（2）结果分析

表 8 – 47 所示是卡方分析结果表，包括卡方值（Chi – Square）、自由度（df）、显著性概率（Asymp. Sig.）、Fisher 法计算的精确概率等。可以看出 $\chi^2 = 4.762$，概率 $P = 0.029 < 0.05$，而校正 $\chi_C^2 = 3.857$，概率 $P = 0.050$，所以可以认为消费者性别对食品偏爱态度有显著影响，男女消费者对两类食品有不同的偏爱态度。

表 8 –47　四格表卡方检验结果

项目	卡方值	自由度	显著性概率	双边精确概率	单边精确概率
皮尔逊卡方检验	4.762[1]	1	0.029		
连续性校正[2]	3.857	1	0.050		
似然比检验	4.831	1	0.028		
Fisher 精确检验				0.049	0.024
线性关联	4.714	1	0.030		
有效数[2]	100				

注：①没有单元格的期望值小于 5，最小期望值为 15.00；②仅适用于 2 × 2 表格。

2. $2 \times C$ 表的独立性检验

[**例 8 – 15**] 对 A、B、C 三个地区所种花生黄曲霉污染情况调查结果见表 8 – 48，试分析 A、B、C 三个地区所种花生黄曲霉污染情况是否有显著差异。

表 8 –48 A、 B、 C 三个地区所种花生黄曲霉污染情况调查结果

污染情况	A	B	C
无污染	10	40	8
污染	25	16	4

（1）操作步骤

①打开 SPSS 软件，在数据编辑窗口输入表 8 – 48 试验数据；选择 "Data→Weight Cases"，弹出【Weight Cases】对话框，如图 8 – 57 所示，选中 "Weight cases by"，将左边 "观测频数" 选入右边 "Frequency Variable" 框中，点击【OK】按钮即可。

②执行 "Analyze→Descriptive Statistics→Crosstabs"，打开【Crosstabs】对话框，如图 8 – 58 所示。在 "Rows" 框中选入变量 "污染情况"，"Columns" 框中选入变量 "地区"。

③单击 "Statistics"，弹出的【Crosstabs：Statistics】对话框，选中 "卡方"，如图 8 –59 所示，单击【Continue】按钮，返回【Crosstabs】主页面。

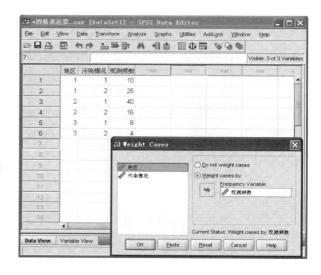

图 8 –57 SPSS 数据编辑窗口与【Weight Cases】对话框

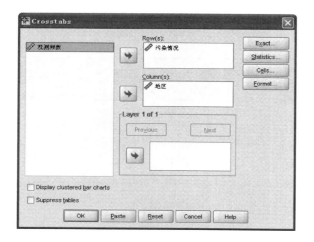

图 8 –58 【Crosstabs】对话框

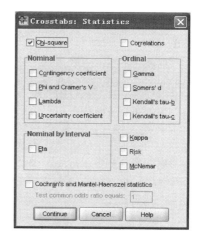

图 8 –59 【Crosstabs：Statistics】对话框

④单击【OK】输出结果。

（2）结果分析

由表 8 - 49 卡方分析结果可以看出，$\chi^2 = 16.672$，概率 $P = 0.000 < 0.01$，表明三个地区的黄曲霉毒素污染情况有极显著差别，黄曲霉毒素污染情况与地区极显著相关。即地区不同，花生黄曲霉污染情况不同。哪个地区与哪个地区有差别，有必要进一步做多个 2×2 列联表检验，即列联表分割 χ^2 检验（A/B；A/C；B/C），但检验显著性水平 p 按下式估计：

$$p = \frac{\alpha}{N}$$

其中，$N = C_n^2 = \frac{n(n-1)}{2}$ 为所需检验的次数，n 为参加检验的组数。对本例而言，$n = 3$，那么 $N = 3$，所以 $p = 0.05/3 = 0.017$。有关列联表分割详见有关书籍。

表 8 - 49　　　　　　　　　　　$2 \times C$ 表卡方检验结果

项目	卡方值	自由度	双侧显著性概率
皮尔逊卡方检验	16.672[①]	2	0.000
似然比检验	16.982	2	0.000
线性关联	11.532	1	0.001
有效数	103		

注：①没有单元格的期望值小于 5，最小期望值为 5.24。

3. $R \times C$ 表的独立性检验

[例 8 - 16]　现有四种不同工艺生产的同类型乳饮，根据不同的质量标准分为 3 级。拟通过分类检验法对四种乳饮的质量进行评价，以判断加工工艺是否对乳饮质量有明显影响。由 30 位评价员进行评价分级，各样品被划入各等级的次数统计见表 8 - 50。

表 8 - 50　　　　　　　　　　　评价结果统计表

工艺	一级	二级	三级
A	7	21	2
B	18	9	3
C	19	9	2
D	12	11	7

操作步骤同【例 8 - 15】。输出结果见表 8 - 51。

表 8 - 51　　　　　　　　　　　$R \times C$ 表卡方检验结果

项目	卡方值	自由度	双侧显著性概率
皮尔逊卡方检验	19.491	6	0.003
似然比检验	18.701	6	0.005
线性关联	0.014	1	0.905
有效数	120		

由于 $\chi^2 = 19.491$，$P = 0.003 < 0.01$，因此四个样品之间在 1% 显著水平上有显著性差异，也就是说这四个样品可以分为三个不同等级。

二、 双样本比较的非参数检验

（一） 配对双样本的非参数检验

符号检验（sign test）和威尔科克森符号秩检验（Wilcoxon signed – rank test）主要适用于配对双样本资料的比较。对于成组（非配对）设计资料，也可采用类似于威尔科克森符号秩检验的方法进行比较，这种方法称为秩和检验（rank sum test），常用方法威尔科克森 – 曼 – 惠特尼秩和检验（Wilcoxon – Mann – Whitney rank sums test）。目的是比较两个样本分别代表的总体分布位置有无差异。

［**例 8 – 17**］ 为评价两种草莓（A、B）的香气强度是否有差异，选择 9 名评价员采用 1 ~ 5 尺度进行评定（1 = 一点不香，2 = 有点香，3 = 较香，4 = 很香，5 = 非常香），结果见表 8 – 52。试分析两种草莓的香气强度是否有差异。

表 8 – 52　　　　　　　　　　　　两种草莓的香气评价结果

评价员	1	2	3	4	5	6	7	8	9
A	4	3	3	4	5	5	3	4	4
B	2	2	4	4	4	3	4	3	3

1. 操作步骤

①在 SPSS 数据编辑窗口输入表 8 – 52 数据，选中 "Analyze → Nonparametric Tests → 2 Related Samples"，如图 8 – 60，弹出【Two – Related – Samples Tests】对话框，如图 8 – 61 所示。

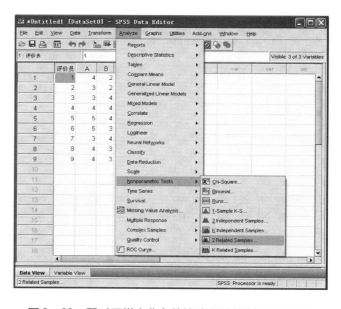

图 8 –60　配对双样本非参数检验 SPSS 数据编辑窗口

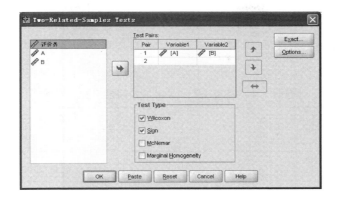

图 8 –61 【Two –Related –Samples Tests】 对话框

②将【Two – Related – Samples Tests】对话框左边 "A" "B" 选入右边 "Test Pairs" 栏中，选中 Wilcoxon、Sign，如图 8 – 61 所示，单击【OK】，即可分别输出 Wilcoxon 符号秩检验结果（Wilcoxon Signed Ranks）、符号检验结果（Sign）。

2. 结果分析

由表 8 – 53 可以看出，B – A 差值中负秩的有 6 个，秩和为 29，平均秩 4.83；正秩的有 2 个，秩和为 7，平均秩 3.50；零秩的有 1 个（两个评分相等）。由表 8 – 54 Wilcoxon 符号秩检验结果可以看出，$Z = -1.613$，$P = 0.107 > 0.05$，表明两种草莓的香气强度没有差异。

表 8 –53　　Wilcoxon 符号秩检验时的统计结果

		数据个数	平均秩	秩和
B – A	负秩	6[①]	4.83	29.00
	正秩	2[②]	3.50	7.00
	零秩	1[③]		
	总和	9		

注：①B < A；②B > A；③B = A。

表 8 –54　Wilcoxon 符号秩检验结果

	B – A
Z 值	– 1.613[*]
双侧显著性概率	0.107

注：* 基于正秩数据。

由表 8 – 55、表 8 – 56 可以看出，采用符号检验时 $P = 0.289 > 0.05$，结果同 Wilcoxon 符号秩检验。

表 8 –55　符号检验时的统计结果

		数据个数
B – A	负差值[①]	6
	正差值[②]	2
	零差值[③]	1
	总和	9

注：①B < A；②B > A；③B = A。

表 8 –56　　　符号检验结果

	B – A
双侧精确概率	0.289[*]

注：* 采用符号检验的二项分布。

（二） 独立两样本的非参数检验

[例8-18] 现测得克山病流行区的健康人13人和急性克山病患者11人的血磷值，结果见表8-57，试采用两样本Wilcoxon秩和检验方法检验健康人和急性克山病人之间的血磷含量有无显著差异。

表8-57　　　　　　　　健康人和急性克山病人之间的血磷含量测定结果

健康组	1.67	1.98	1.98	2.33	2.34	2.5	3.6	3.73	4.14	4.17	4.57	4.82	5.78
病例组	2.6	3.24	3.73	3.73	4.32	4.73	5.18	5.58	5.78	6.4	6.53		

1. 操作步骤

①在SPSS数据编辑窗口输入表8-57数据，选中"Analyze→Nonparametric Tests→2 Independent Samples"，如图8-62，弹出【Two-Independent-Samples Tests】对话框，如图8-63所示。

图8-62　独立双样本非参数检验SPSS数据编辑窗口

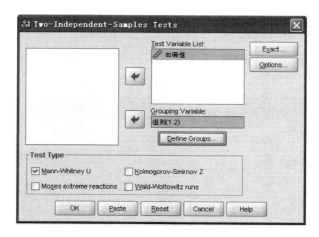

图8-63　【Two-Independent-Samples Tests】对话框

②将【Two - Independent - Samples Tests】对话框左边的"组别"选入右边"Grouping Variable"栏中,单击【Define Groups】,输入"1""2",按【Continue】返回【Two - Independent - Samples Tests】对话框;将"血磷值"指标选入右边"Test Variable List"栏中,选中"Mann - Whitney"(默认),如图 8 - 63 所示,单击【OK】,输出独立两样本的非参数检验结果(双样本 Wilcoxon 秩和检验结果(Wilcoxon rank sums test)、Mann - Whitney 检验结果、Z 检验结果)。

2. 结果分析

由表 8 - 58 可以看出,健康组有 13 个观测数据,秩和为 123.5,平均秩 9.50;病例组有 11 个观测数据,秩和为 176.5,平均秩 16.05。由表 8 - 59 的 Wilcoxon 秩和检验结果可以看出,Wilcoxon $W = 123.5$,显著性概率 $P = 0.024 < 0.05$,表明健康人和急性克山病人之间的血磷含量有显著差异。

表 8 -58   独立两样本非参数检验时的统计结果

组别	N	平均秩	秩和
健康组	13	9.50	123.50
病例组	11	16.05	176.50
总和	24		

表 8 -59   独立两样本的非参数检验结果

Wilcoxon W	Z 值	双侧显著性概率	单侧精确概率
123.500	-2.262	0.024	0.022

三、 多个独立样本的非参数检验

若进行多个独立样本的比较时,则采用 Kruskal - Wallis H 检验法,实质上它是两样本比较时的 Wilcoxon 方法在多于两个样本时的推广。对于完全随机化资料,除可用 Kruskal - Wallis 检验方法外,还可采用中位数检验方法,推断总体中位数有无差别。

[例 8 - 19]   某研究者欲研究 A、B 两个菌种对小鼠巨噬细胞吞噬功能的激活作用,将 60 只小鼠随机分为三组,其中一组为生理盐水对照组,用常规巨噬细胞吞噬功能的监测方法,获得三组的吞噬指数(表 8 - 60),试比较三组吞噬指数有无差别。

表 8 -60   三组处理的吞噬指数测定结果

组别	吞噬指数
对照组	1.3 1.4 1.5 1.5 1.6 1.6 1.7 1.7 1.7 1.7 1.7 2.1 2.3 2.3 2.3 2.4 2.4
A 菌组	1.8 1.8 2.2 2.2 2.2 2.2 2.3 2.3 2.3 2.66 2.66 2.68 2.68 2.7 2.8 2.8 3 3.1 3.1 3.1 3.1 3.2 4.3 4.3
B 菌组	1.5 1.8 1.8 2 2.3 2.3 2.4 2.4 2.4 2.4 2.5 2.5 2.6 2.6 2.6 2.7 2.7 3.1 3.1

1. 操作步骤

①在 SPSS 数据编辑窗口输入表 8 – 60 数据，选中 "Analyze → Nonparametric Tests → K Independent Samples"，如图 8 – 64，弹出【Tests for Several Independent Samples】对话框，如图 8 – 65 所示。

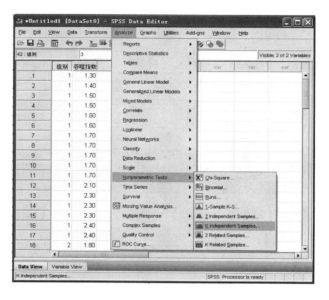

图 8 –64　多个独立样本非参数检验 SPSS 数据编辑窗口

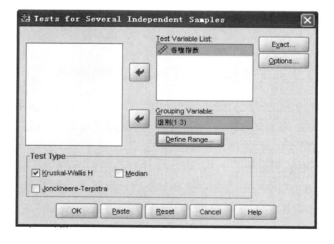

图 8 –65　【Tests for Several Independent Samples】对话框

②将【Tests for Several Independent Samples】对话框左边的 "组别" 选入右边 "Grouping Variable" 栏中，单击【Define Groups】，在弹出窗口的 "Minimum" 处输入 "1"，"Maximum" 处输入 "3"，按【Continue】返回【Tests for Several Independent Samples】对话框；将 "吞噬指数" 指标选入右边 "Test Variable List" 栏中，选中 "Kruskal – Wallis H"（默认），如图 8 – 65 所示，单击【OK】，输出多个独立样本的非参数检验结果。

2. 结果分析

由表 8 -61 可以看出，对照组有 17 个观测数据，其平均秩 14.03；A 菌组有 24 个观测数据，平均秩 39.85，B 菌组有 19 个观测数据，平均秩 33.42。Kruskal – Wallis H 检验统计量 $\chi^2 = 22.671$，自由度 $df = 2$，显著性概率 $P = 0.000$，小于 0.01，故可认为三组吞噬指数有极显著差别，不同菌种对小鼠巨噬细胞的吞噬指数作用有极显著影响。

表 8 -61　　　　　　　　　多个独立样本非参数检验时的统计结果

组别	数据个数	平均秩	项目	吞噬指数
对照组	17	14.03	卡方值	22.671
A 菌组	24	39.85	自由度	2
B 菌组	19	33.42	显著性概率	0.000
总和	60			

四、　多个相关样本的非参数检验

对于完全随机设计多个样本的非参数比较（t 个独立样本检验）采用 Kruskal – Wallis H 检验，而随机区组设计多个样本的比较（t 个相关样本检验），则采用 Friedman 检验。

[**例 8 – 20**]　欲用学生的综合评分来评价四种教学方式的不同，按照年龄、性别、年级、社会经济地位、学习动机相同和智力水平、学习情况相近作为配伍条件，将 4 名学生分为一组，共 8 组，每区组的 4 名学生随机分到四种不同的教学实验组，经过相同的一段时间后，测得学习成绩的综合评分，试比较四种教学方式对学生学习成绩的综合评分影响有无差异。

表 8 –62　　　　　　　　教学方式对学生成绩综合评分的影响

区组编号	教学方式 A	教学方式 B	教学方式 C	教学方式 D
1	8.4	9.6	9.8	11.7
2	11.6	12.7	11.8	12
3	9.4	9.1	10.4	9.8
4	9.8	8.7	9.9	12
5	8.3	8	8.6	8.6
6	8.6	9.8	9.6	10.6
7	8.9	9	10.6	11.4
8	8.3	8.2	8.5	10.8

本例属随机化区组设计，观察指标为连续型变量资料，各实验组（不同教学方式组）来自非正态总体，不宜做随机化区组设计方差分析，采用 Friedman 检验。

1. 操作步骤

①在 SPSS 数据编辑窗口输入表 8 – 62 数据，选中 "Analyze→Nonparametric Tests→K Related Samples"，如图 8 –66，弹出【Tests for Several Related Samples】对话框，如图 8 –67 所示。

②将【Tests for Several Related Samples】对话框左边的需分析的变量"A、B、C、D"一并选入右边"Test Variables"栏中，选中"Friedman"（默认），如图 8 – 67 所示，单击【OK】，输出多个相关样本的 Friedman 检验结果。

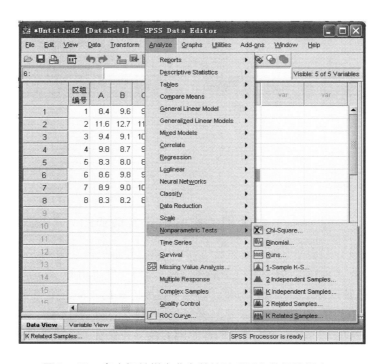

图 8 –66　多个相关样本非参数检验 SPSS 数据编辑窗口

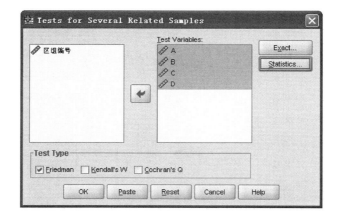

图 8 –67　【Tests for Several Related Samples】对话框

2. 结果分析

由表 8 – 63 可以看出，A 组平均秩 1.50，B 组平均秩 1.88，C 组平均秩 2.94，D 组平均秩 3.69。Friedman 统计量 $\chi^2 = 14.544$，自由度 $df = 3$，显著性概率 $P = 0.002$，小于 0.01，故可认为不同教学方式对学生的学习综合评分有极显著影响，D 组教学方法效果最好。

表 8 - 63　　　　　　　　　　多个相关样本非参数检验结果

教学方式	平均秩	项目	8
A	1.50	卡方值	14.544
B	1.88	自由度	3
C	2.94	显著性概率	0.002
D	3.69		

第六节　SPSS 在正交试验分析中的应用

正交试验设计简称正交设计（orthogonal design），是多因素试验的一种科学设计方法。正交试验的结果分析通常有极差分析和方差分析两种。极差分析简单明了，通俗易懂，通过手工计算就可以完成。本节主要介绍如何利用 SPSS 软件对正交试验结果进行方差分析，从而从有限的试验数据中挖掘出更为科学的结论。

一、　无重复正交试验结果的方差分析

这种试验结果的数据处理时，要求设计试验时，正交表必须考虑留有不排入因素或互作的空列用来估算试验误差。

[例 8 - 21]　某化工厂为了提高产品的转化率，研究了反应温度 A、反应时间 B 和用碱量 C 三个因素对产品转化率的影响，根据具体情况每个因素设置三个不同水平进行试验。拟通过正交试验找出各因素水平的适宜组合，并确定各因素对转化率影响的主次顺序。因素水平见表 8 - 64，试验方案及结果见表 8 - 65。

表 8 - 64　　　　　　　　　　因素水平

水平	A 反应温度/℃	B 反应时间/min	C 用碱量/%
1	80	90	5
2	85	120	6
3	90	150	7

表 8 - 65　　　　　　　　　　试验方案及结果

试验号	A 反应温度/℃	B 反应时间/min	C 用碱量/%	空列	转化率/%
1	1 (80)	1 (90)	1 (5)	1	31
2	1	2 (120)	2 (6)	2	54
3	1	3 (150)	3 (7)	3	38
4	2 (85)	1	2	3	53
5	2	2	3	1	49
6	2	3	1	2	42
7	3 (90)	1	3	2	57
8	3	2	1	3	62
9	3	3	2	1	64

1. 操作步骤

①将表 8 – 65 数据输入 SPSS Data Editor 窗口后，依次选中"Analyze→General Linear Model→Univariate…"，即可打开【Univariate】主对话框，如图 8 – 68 所示。

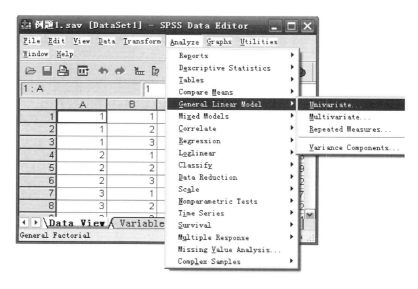

图 8 –68　SPSS 数据编辑窗口

②将左边"转化率"变量选入右边"Dependent Variable"（因变量列表），"A""B"和 "C"项目选入"Fixed Factor（s）"（自变量），而"空列"，用于估算试验误差，千万不要把 "空列"当作因子选入"Fixed Factor（s）"，否则 SPSS 无法完全正确分析。如图 8 –69 所示。

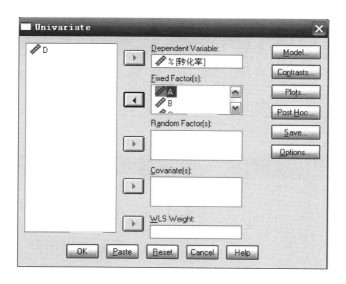

图 8 –69　【Univariate】对话框

③选择【Model…】按钮，打开【Univariate Model】子对话框，如图 8 – 70 所示。在此对 话框中选择"Custom"（自定义模型），将左边"A""B"和"C"项目选入"Model"中，按

【Continue】按钮返回【Univariate】主对话框。

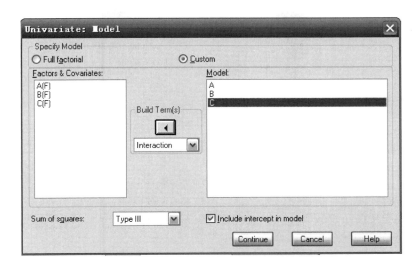

图 8 –70　【Univariate：Model】对话框

④选择【Post Hoc…】打开【Post Hoc Multiple Comparisons for…】对话框，将左边 "A" "B" 和 "C" 项目选入 "Post Hoc Tests for" 中。选择 "Duncan"，单击【Continue】返回 【Univariate】主对话框，如图 8 –71 所示。

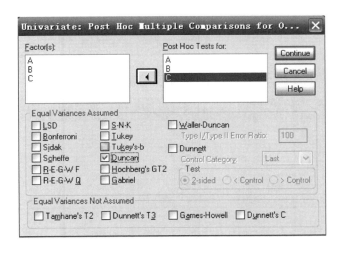

图 8 –71　【Univariate：Post Hoc Multiple
Comparisons for Observed Means】对话框

⑤单击【OK】输出统计结果。

2. 结果分析

表 8 –66 所示为正交试验方差分析结果。由表 8 –66 可知，$F_A = 34.33$，$F_B = 6.33$，$F_C = 13.00$，而只有因素 A 的显著水平 $P = 0.028$ 小于 0.05，因素 B、因素 C 的显著水平均大于 0.05，表明因素 A 对试验结果有显著影响，而因素 B 和因素 C 对试验结果影响不显著。

表 8 -66 正交试验方差分析结果

变异来源	平方和	自由度	均方	F 值	显著性
反应温度 A	618	2	309.0	34.33	0.028
反应时间 B	114	2	57.0	6.33	0.136
用碱量 C	234	2	117.0	13.00	0.071
误差 e	18	2	9.0		
总和	984	8			

由表 8 -67 ~ 表 8 -69Duncan 法多重比较结果可以看出，因素 A 的第三水平最好；因素 B 三个水平之间差异不显著，但以第二水平转化率较高；因素 C 的第二水平最好，即 $A_3B_2C_2$ 为优化试验组合。对于因素 B 是次要影响因素，且三个处理差异不显著，可根据操作方便、经济实惠等选取优化水平。

表 8 -67 因素 A 对转化率影响的 Duncan 多重比较结果

A	数据个数	子集	
		1	2
1	3	41.00	
2	3	48.00	
3	3		61.00
显著性		0.104	1.000

表 8 -68 因素 B 对转化率影响的 Duncan 多重比较结果

B	数据个数	Duncan 值
1	3	47.00
3	3	48.00
2	3	55.00
显著性		0.076

表 8 -69 因素 C 对转化率影响的 Duncan 多重比较表

C	N	子集	
		1	2
1	3	45.00	
3	3	48.00	48.00
2	3		57.00
显著性		0.345	0.067

二、　有重复正交试验结果的方差分析

[**例 8 – 22**]　　为了提高炒青绿茶的品质，研究了茶园施肥 3 要素的配合比例 A、鲜叶处理方法 B、制茶工艺 C 和肥料用量 D 4 个因素对茶叶感官质量的影响，每个因素均取 3 个水平，选用 $L_9(3^4)$ 正交表安排试验，每个水平组合试验重复 2 次。试验方案及结果见表 8 – 70，试对试验结果进行方差分析。

表 8 – 70　　　　　　　　　　　　　　　绿茶品质试验结果

试验号	A 配合比例	B 鲜叶处理方法	C 制茶工艺	D 肥料用量	品质评分 1	品质评分 2
1	1	1	1	1	78.9	78.1
2	1	2	2	2	77.0	77.0
3	1	3	3	3	77.5	78.5
4	2	1	2	3	80.1	80.9
5	2	2	2	1	77.6	78.4
6	2	3	1	2	78.0	79.0
7	3	1	3	2	76.7	76.3
8	3	2	1	3	81.3	82.7
9	3	3	2	1	79.5	78.5

1. 操作步骤

① 将表 8 – 70 数据按格式要求输入 SPSS 数据编辑窗口后，依次选中 "Analyze→General Linear Model→Univariate…"，即可打开【Univariate】主对话框，如图 8 – 72 所示。

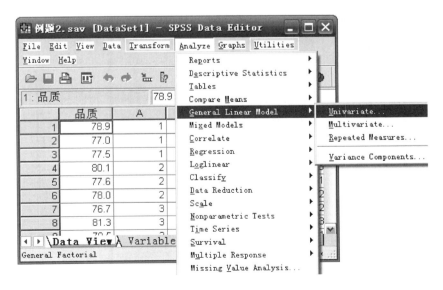

图 8 –72　SPSS 数据编辑窗口

②将左边"品质"变量选入右边"Dependent Variable"（因变量列表），"A""B""C""D"项目选入"Fixed Factor（s）"（自变量），如图 8 –73 所示。

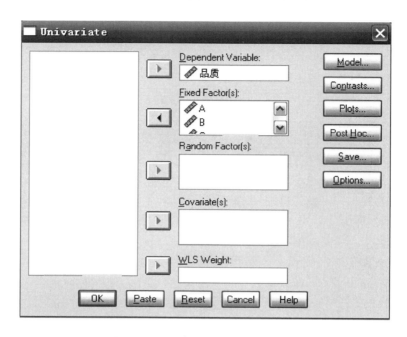

图 8 –73 　【Univariate】 对话框

③选择【Model...】按钮，打开【Univariate Model】子对话框，如图 8 –74 所示。在此对话框中选择"Custom"（自定义模型），将左边"A""B""C""D"项目选入"Model"栏中。按【Continue】按钮返回【Univariate】主对话框。

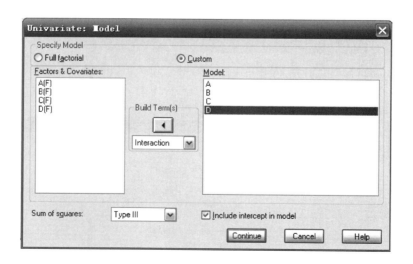

图 8 –74 　【Univariate：Model】 子对话框

④选择【Post Hoc...】打开【Post Hoc Multiple Comparisons for...】对话框，将左边"A""B""C""D"项目选入"Post Hoc Tests for"中。选择"Duncan"，单击【Continue】返回

【Univariate】主对话框,如图 8 – 75 所示。

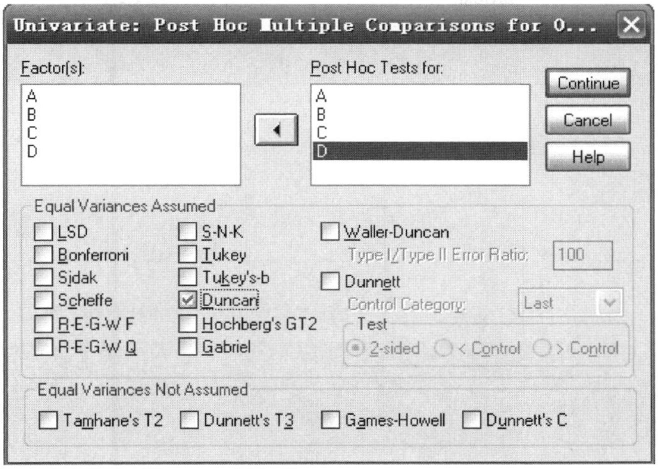

图 8 –75 【Univariate:Post Hoc Multiple Comparisons for Observed Means】对话框

⑤单击【OK】输出统计结果。

2. 结果分析

由表 8 – 71 方差分析结果可知,$F_A = 8.097$,$F_B = 1.278$,$F_C = 18.324$,$F_D = 31.108$,因素 A、因素 C、因素 D 的显著水平均小于 0.05($P_A = 0.010$,$P_C = 0.001$,$P_D = 0.000$),因素 B 的显著水平大于 0.05($P_B = 0.325$),表明配合比例、制茶工艺、肥料用量三个因素对茶叶品质有显著影响,而鲜叶处理方法对茶叶品质影响不显著。

表 8 –71 有重复试验结果的方差分析

变异来源	平方和	自由度	均方	F 值	显著性
配合比例 A	6.333	2	3.167	8.097	0.010
鲜叶处理方法 B	1.000	2	0.500	1.278	0.325
制茶工艺 C	14.333	2	7.167	18.324	0.001
肥料用量 D	24.333	2	12.167	31.108	0.000
误差 e	3.520	9	0.391		
总和	49.519	17			

由表 8 –72 ~ 表 8 –75 的 Duncan 多重比较可以看出,配合比例 A 的第 3 水平最好,鲜叶处理方法 B 的三个水平之间差异不显著,制茶工艺 C 的第 1 水平最好,肥料用量 D 的第 3 水平最好,即 $A_3C_1D_3$ 为最好的优化试验组合。鲜叶处理方法的影响是次要的,且三个处理差异不显著,可根据操作方便、经济实惠等选取其优化水平。

表8-72 配合比例对绿茶品质影响的 Duncan 多重比较结果

A	N	子集	
		1	2
1	6	77.833	
2	6		79.000
3	6		79.167
显著性		1.000	0.0655

表8-73 鲜叶处理方法对绿茶品质影响的 Duncan 多重比较结果

B	N	子集
		1
1	6	78.500
3	6	78.500
2	6	79.000
显著性		0.218

表8-74 制茶工艺对绿茶品质影响的 Duncan 多重比较结果

C	N	子集		
		1	2	3
3	6	77.500		
2	6		78.833	
1	6			79.667
显著性		1.000	1.000	1.000

表8-75 肥料用量对绿茶品质影响的 Duncan 多重比较结果

D	N	子集		
		1	2	3
2	6	77.333		
1	6		78.500	
3	6			80.167
显著性		1.000	1.000	1.000

三、 有交互作用正交试验结果的方差分析

[例 8 – 23]　为降低冬枣贮藏过程中的腐烂率，提高冬枣贮藏保鲜质量，研究了贮藏条件对腐烂率的影响。试验因素有贮藏时间 A、贮藏环境相对湿度 B 和氧气浓度 C 3 个，每个因素取 2 个水平，要求考虑贮藏时间 A、相对湿度 B、氧气浓度 C 以及它们之间的交互作用 $A \times B$、$A \times C$、$B \times C$、$A \times B \times C$ 对腐烂率的影响。选用 $L_8(2^7)$ 正交表安排试验，因素各个水平组合没有重复试验，试验结果如表 8 – 76 所示。试对试验结果进行统计分析。

表 8 – 76　　　　　　　　　　　　　　　　冬枣贮藏试验结果

试验号	贮藏时间 A	贮藏环境相对湿度 B	$A \times B$	氧气浓度 C	$A \times C$	$B \times C$	$A \times B \times C$	腐烂率/%
1	1	1	1	1	1	1	1	7.7
2	1	1	1	2	2	2	2	6.1
3	1	2	2	1	1	2	2	6.0
4	1	2	2	2	2	1	1	17.7
5	2	1	2	1	2	1	2	17.3
6	2	1	2	2	1	2	1	10.5
7	2	2	1	1	2	2	1	13.3
8	2	2	1	2	1	1	2	16.2
K_1	37.5	41.6	43.3	44.3	40.4	58.9	49.2	
K_2	57.3	53.2	51.5	50.5	54.4	35.9	45.6	
$\overline{K}_1$	9.38	10.40	10.83	11.08	10.10	14.73	12.30	
$\overline{K}_2$	14.33	13.30	12.88	12.63	13.60	8.98	11.40	
R	4.95	2.90	2.05	1.55	3.50	5.75	0.90	

这是一个没有重复的 2^3 正交试验。极差分析结果表明，影响冬枣腐烂率的因素主次顺序为 $B \times C > A > A \times C > B > A \times B > C > A \times B \times C$，由于交互作用 $B \times C$ 影响最大，为主要因素，而 $A \times B$、C、$A \times B \times C$ 影响较小，可以忽略，可用于试验误差估计来作方差分析。

1. 操作步骤

①将表 8 – 76 数据输入 SPSS 数据编辑窗口后，依次选中 "Analyze→General Linear Model→Univariate..."，即可打开【Univariate】主对话框，如图 8 – 76 所示。

②将左边 "腐烂率" 变量选入右边 "Dependent Variable"（因变量列表），A、B、AC、BC 项目选入 "Fixed Factor（s）"（自变量），将极差较小的 AB、C 和 ABC 三列用于估算试验误差。如图 8 – 77 所示。

③选择【Model...】按钮，打开【Univariate Model】子对话框，如图 8 – 78 所示。在此对话框中选择 "Custom"（自定义模型），将左边 A、B、AC、BC 项目选入 "Model" 栏中。按【Continue】按钮返回【Univariate】主对话框。

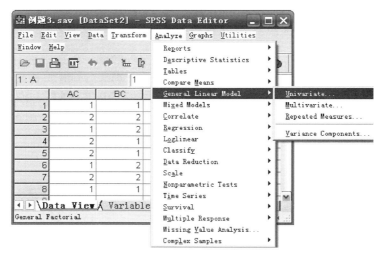

图8-76　SPSS数据编辑窗口

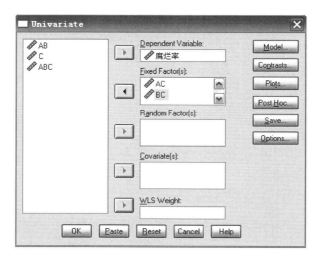

图8-77　【Univariate】对话框

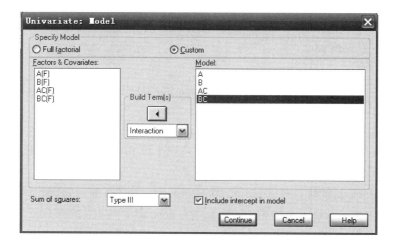

图8-78　【Univariate：Model】对话框

④单击【OK】完成有交互作用正交试验方差分析设置，输出统计结果。

2. 结果分析

方差分析结果见表 8 - 77。由表 8 - 77 可以看出，A 在 $\alpha = 0.10$ 水平上显著，$B \times C$ 在 $\alpha = 0.05$ 水平上显著，其余因素影响均不显著。就 A 因素而言，A_1 优于 A_2，选 A_1 为优水平；对于 B、C 因素，由于其交互作用 $B \times C$ 影响大于 B、C 各自的影响，所以需作 B、C 二元表来选取优化组合。B、C 二元表见表 8 - 78，根据试验指标的特性和研究目的，试验指标腐烂率越小越好，故选定 $B_1 C_2$ 为优化组合。综合上述，$A_1 B_1 C_2$ 为贮藏冬枣的理想条件，冬枣贮藏腐烂率最低。

表 8 - 77　　　　　　　　　　　正交试验结果的方差分析

变异来源	平方和	自由度	均方	F 值	显著性
贮藏时间 A	49.005	1	49.005	9.913	0.051
贮藏环境相对湿度 B	16.820	1	16.820	3.403	0.162
$A \times B^{\triangle}$	8.405	1	8.405		
氧气浓度 $C^{\triangle}$	4.805	1	4.805		
$A \times C$	24.500	1	24.500	4.956	0.112
$B \times C$	66.125	1	66.125	13.377	0.035
$A \times B \times C^{\triangle}$	1.620	1	1.620		
误差 $e^{\triangle}$	14.830	3	4.943		
总和	171.280	7			

表 8 - 78　　　　　　　　　　　　B、C 二元表

B	C	
	1	2
1	$\dfrac{7.7 + 17.3}{2} = 12.5$	$\dfrac{6.1 + 10.5}{2} = 8.3$
2	$\dfrac{6.0 + 13.3}{2} = 9.65$	$\dfrac{17.7 + 16.2}{2} = 16.95$

习　　题

1. 随机对某企业生产的袋装食品抽样，测定其净质量，结果见表。试用 SPSS 软件计算平均数、方差、变异系数、标准差、极差、最大值、最小值等统计量。

编号	1	2	3	4	5	6	7	8	9	10
净质量/g	50.0	52.0	53.5	56.0	58.5	60.0	48.0	51.0	50.5	49.0

2. 某奶粉企业生产规格为 500g 的罐装奶粉，其自动装罐机在正常工作时每罐净质量服从正态分布。现随机抽查 10 罐，测其净质量见表。试分析装罐机当天工作是否正常？

编号	1	2	3	4	5	6	7	8	9	10
净质量/g	505	512	497	493	508	515	502	495	490	510

3. 海关抽检出口罐头质量，发现有胀听现象，随机抽取了 6 个样品，同时随机抽取 6 个正常罐头样品测定其 SO_2 含量，测定结果见表。试分析两种罐头的 SO_2 含量有无显著差异。

正常罐头（x_1）	100.0	94.2	98.5	99.2	96.4	102.5
异常罐头（x_2）	130.2	131.3	130.5	135.2	135.2	133.5

4. 分别由 10 个制糖企业采集大米饴糖和玉米饴糖样品，测定其还原糖含量，结果见表，试比较两种饴糖的还原糖含量有无显著差异。

企业编号	1	2	3	4	5	6	7	8	9	10
大米饴糖/%	39.0	37.5	36.9	38.1	37.9	38.5	37.0	38.0	37.5	38.0
玉米饴糖/%	35.0	35.5	36.0	35.5	37.0	35.5	37.0	36.5	35.8	35.5

5. 对某地区 3 类海产食品中无机砷含量进行检测，测定结果见下表。试用 SPSS 软件分析不同海产品的无机砷含量差异是否显著。

类型	观察值/（mg/kg）				
鱼类	0.69	0.65	0.74	0.72	0.67
贝类	0.65	0.68	0.67	0.72	0.64
甲壳类	0.62	0.64	0.59	0.63	0.67

6. 在食品质量检查中，对 6 种不同品牌腊肉的酸价进行了随机抽样检查，由 5 个实验室参与测定分析，结果见表，试用 SPSS 软件分析 5 个实验室的测定结果有无显著差异，不同品牌腊肉之间的酸价有无显著差异。

实验室（A）	品牌腊肉（B）					
	B_1	B_2	B_3	B_4	B_5	B_6
A_1	1.6	1.7	0.9	1.8	1.2	1.0
A_2	1.5	1.9	1.0	2.0	2.2	1.8
A_3	2.0	2.0	1.3	1.7	1.9	1.6
A_4	1.9	2.5	1.1	2.1	1.5	2.5
A_5	1.3	2.7	1.9	1.5	2.0	1.4

7. 为研究操作压力和提取时间对天然活性成分提取率的影响，试验操作压力设置 A_1、A_2、A_3 三个水平，提取时间设置 B_1、B_2、B_3、B_4 四个水平，共 12 个试验组合，每个组合重复试验 3 次，活性成分提取率见表。用 SPSS 软件分析操作压力、提取时间以及交互作用对活性成分提取率有无显著影响。

提取时间（B）	操作压力（A）		
	A_1	A_2	A_3
B_1	10.4	8.2	9.8
	8.6	9.4	7.6
	7.8	10.6	8.4
B_2	9.6	10.0	7.2
	7.4	8.2	9.6
	7.8	6.0	9.4
B_3	6.8	7.2	7.4
	8.4	7.8	8.0
	7.6	8.8	6.4
B_4	9.0	8.8	8.6
	11.6	9.2	11.2
	8.4	12.0	8.2

8. 试验因素 x 与试验指标 y 之间有密切关系。试求出 y 关于 x 的一元线性回归方程。

x	49.2	50.0	49.3	49.0	49.0	49.5	49.8	49.9	50.2	50.2
y	16.7	17	16.8	16.6	16.7	16.8	16.9	17	17.0	17.1

9. 酶比活力和底物浓度之间的关系见表，试求 x 与 y 之间的米氏方程。

底物浓度 x/（mmol/L）	1.25	1.43	1.66	2.00	2.50	3.30	5.00	8.00	10.00
酶比活力 y	17.65	22.00	26.32	35.00	45.00	52.00	55.73	59.00	60.00

10. 猪肉胴体价格与胴体重、背膘厚度以及分割修整的腿肉和腰肉比率存在一定关系，试根据表中资料建立多元回归方程，并做显著性检验。

编号	y 胴体价格/元	x_1 胴体重/kg	x_2 背膘厚度/cm	x_3 修整的腿肉和腰肉比率/%
1	282.90	72.73	3.56	31.9
2	301.60	70.00	2.87	36.0
3	300.10	69.54	3.30	36.1
4	286.40	70.45	3.73	32.4
5	288.60	66.36	3.12	33.2
6	292.30	70.91	3.63	33.4
7	282.10	71.82	3.73	30.9
8	282.30	70.00	3.81	31.2

续表

编号	y 胴体价格/元	x_1 胴体重/kg	x_2 背膘厚度/cm	x_3 修整的腿肉和腰肉比率/%
9	286.00	71.82	4.50	32.3
10	282.40	72.73	4.39	31.4
11	289.30	76.36	3.63	32.7
12	288.70	70.45	3.30	33.1
13	282.40	73.64	3.99	31.7
14	287.20	71.36	4.06	32.3
15	280.10	68.64	3.48	30.4
16	294.70	71.36	3.23	34.6

11. 近年来市场调查发现消费者对葡萄酒、啤酒、白酒的满意度分别为 0.45、0.35 和 0.20。为分析当今消费者的喜好变化，随机对 600 名消费者对三种酒的喜好进行调查，要求选出各自最喜欢的酒品。结果发现 280 人选葡萄酒，200 人选啤酒，120 人选白酒。试分析消费者对三种酒品的喜好是否有改变。

12. 为研究高血压与抽烟的关系，随机选择 180 人进行调查分析，试验结果见表。试分析高血压与抽烟是否相关。

项目	不吸烟	吸烟但不多	严重吸烟
血压高	21	36	30
血压正常	48	26	19

13. 对某省三个地区的花生黄曲霉毒素 B_1 污染情况调查结果见表。试分析三个地区花生黄曲霉毒素 B_1 污染情况有无显著差异。

地区	污染样品	未污染样品	污染率/%
甲	23	6	79.3
乙	14	30	31.8
丙	3	8	27.3

14. 欲研究保健食品对小鼠抗疲劳作用的影响，将同种属的小鼠按性别和年龄相同、体重相近配成对子，共 10 对，并将每对中的两只小鼠随机分到两个不同的剂量组，喂养一段时间后将小鼠杀死，测得其肝糖原含量，结果见表。分析不同剂量组小鼠肝糖原含量有无差别。

小鼠	1	2	3	4	5	6	7	8	9	10
中剂量组/(mg/100g)	620.16	866.50	641.22	812.91	738.96	899.38	760.78	694.95	749.92	793.94
高剂量组/(mg/100g)	958.47	838.42	788.90	815.20	783.17	910.92	758.49	870.80	862.26	805.48

15. 某化工企业拟通过正交试验优化工艺条件来提高产品得率，试验方案及结果见表。试用 SPSS 软件进行方差分析，找出优化条件。

处理号	A 温度/℃	B 加碱量/kg	C 催化剂种类	空列	得率/%
1	1 (80)	1 (35)	1 (甲)	1	51
2	1	2 (48)	2 (乙)	2	61
3	1	3 (55)	3 (丙)	3	58
4	2 (85)	1	2	3	72
5	2	2	3	1	69
6	2	3	1	2	59
7	3 (90)	1	3	2	87
8	3	2	1	3	85
9	3	3	2	1	84

常用统计工具表

附表1 标准正态分布表

$$\Phi(x) = \frac{1}{\sqrt{2\pi}}\int_{-\infty}^{u} e^{-\frac{x^2}{2}}\mathrm{d}x \quad u \geqslant 0$$

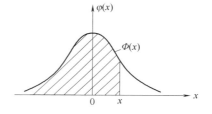

u	0.00	0.01	0.02	0.03	0.04	0.05	0.06	0.07	0.08	0.09
0.0	0.5000	0.5040	0.5080	0.5120	0.5160	0.5199	0.5239	0.5279	0.5319	0.5359
0.1	0.5398	0.5438	0.5478	0.5517	0.5557	0.5596	0.5636	0.5675	0.5714	0.5753
0.2	0.5793	0.5832	0.5871	0.5910	0.5948	0.5987	0.6026	0.6064	0.6103	0.6141
0.3	0.6179	0.6217	0.6255	0.6293	0.6331	0.6368	0.6406	0.6443	0.6480	0.6517
0.4	0.6554	0.6591	0.6628	0.6664	0.6700	0.6736	0.6772	0.6808	0.6844	0.6879
0.5	0.6915	0.6950	0.6985	0.7019	0.7054	0.7088	0.7123	0.7157	0.7190	0.7224
0.6	0.7257	0.7291	0.7324	0.7357	0.7389	0.7422	0.7454	0.7486	0.7517	0.7549
0.7	0.7580	0.7611	0.7642	0.7673	0.7704	0.7734	0.7764	0.7794	0.7823	0.7852
0.8	0.7881	0.7910	0.7939	0.7967	0.7995	0.8023	0.8051	0.8078	0.8106	0.8133
0.9	0.8159	0.8186	0.8212	0.8238	0.8264	0.8289	0.8315	0.8340	0.8365	0.8389
1.0	0.8413	0.8438	0.8461	0.8485	0.8508	0.8531	0.8554	0.8577	0.8599	0.8621
1.1	0.8643	0.8665	0.8686	0.8708	0.8729	0.8749	0.8770	0.8790	0.8810	0.8830
1.2	0.8849	0.8869	0.8888	0.8907	0.8925	0.8944	0.8962	0.8980	0.8997	0.9015
1.3	0.9032	0.9049	0.9066	0.9082	0.9099	0.9115	0.9131	0.9147	0.9162	0.9177

续表

u	0.00	0.01	0.02	0.03	0.04	0.05	0.06	0.07	0.08	0.09
1.4	0.9192	0.9207	0.9222	0.9236	0.9251	0.9265	0.9279	0.9292	0.9306	0.9319
1.5	0.9332	0.9345	0.9357	0.9370	0.9382	0.9394	0.9406	0.9418	0.9429	0.9441
1.6	0.9452	0.9463	0.9474	0.9484	0.9495	0.9505	0.9515	0.9525	0.9535	0.9545
1.7	0.9554	0.9564	0.9573	0.9582	0.9591	0.9599	0.9608	0.9616	0.9625	0.9633
1.8	0.9641	0.9649	0.9656	0.9664	0.9671	0.9678	0.9686	0.9693	0.9699	0.9706
1.9	0.9713	0.9719	0.9726	0.9732	0.9738	0.9744	0.9750	0.9756	0.9761	0.9767
2.0	0.9772	0.9778	0.9783	0.9788	0.9793	0.9798	0.9803	0.9808	0.9812	0.9817
2.1	0.9821	0.9826	0.9830	0.9834	0.9838	0.9842	0.9846	0.9850	0.9854	0.9857
2.2	0.9861	0.9864	0.9868	0.9871	0.9875	0.9878	0.9881	0.9884	0.9887	0.9890
2.3	0.9893	0.9896	0.9898	0.9901	0.9904	0.9906	0.9909	0.9911	0.9913	0.9916
2.4	0.9918	0.9920	0.9922	0.9925	0.9927	0.9929	0.9931	0.9932	0.9934	0.9936
2.5	0.9938	0.9940	0.9941	0.9943	0.9945	0.9946	0.9948	0.9949	0.9951	0.9952
2.6	0.9953	0.9955	0.9956	0.9957	0.9959	0.9960	0.9961	0.9962	0.9963	0.9964
2.7	0.9965	0.9966	0.9967	0.9968	0.9969	0.9970	0.9971	0.9972	0.9973	0.9974
2.8	0.9974	0.9975	0.9976	0.9977	0.9977	0.9978	0.9979	0.9979	0.9980	0.9981
2.9	0.9981	0.9982	0.9982	0.9983	0.9984	0.9984	0.9985	0.9985	0.9986	0.9986
3.0	0.9987	0.9987	0.9987	0.9988	0.9988	0.9989	0.9989	0.9989	0.9990	0.9990
3.1	0.9990	0.9991	0.9991	0.9991	0.9992	0.9992	0.9992	0.9992	0.9993	0.9993
3.2	0.9993	0.9993	0.9994	0.9994	0.9994	0.9994	0.9994	0.9995	0.9995	0.9995
3.3	0.9995	0.9995	0.9995	0.9996	0.9996	0.9996	0.9996	0.9996	0.9996	0.9997
3.4	0.9997	0.9997	0.9997	0.9997	0.9997	0.9997	0.9997	0.9997	0.9997	0.9998
3.5	0.9998	0.9998	0.9998	0.9998	0.9998	0.9998	0.9998	0.9998	0.9998	0.9998
3.6	0.9998	0.9998	0.9999	0.9999	0.9999	0.9999	0.9999	0.9999	0.9999	0.9999
3.7	0.9999	0.9999	0.9999	0.9999	0.9999	0.9999	0.9999	0.9999	0.9999	0.9999
3.8	0.9999	0.9999	0.9999	0.9999	0.9999	0.9999	0.9999	0.9999	0.9999	0.9999
3.9	0.999952	0.999954	0.999956	0.999958	0.999959	0.999961	0.999963	0.999964	0.999966	0.999967
4.0	0.999968	0.999970	0.999971	0.999972	0.999973	0.999974	0.999975	0.999976	0.999977	0.999978

注：$\Phi(x)$ 值 Excel 计算函数 NORMSDIST（u）。

附表 2　标准正态分布的双侧分位数表

$$\alpha = 1 - \frac{1}{\sqrt{2\pi}}\int_{-u_\alpha}^{u_\alpha} e^{-\frac{x^2}{2}}\mathrm{d}x$$

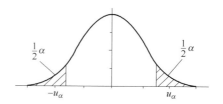

	0	0.01	0.02	0.03	0.04	0.05	0.06	0.07	0.08	0.09
0		2.576	2.326	2.170	2.054	1.960	1.881	1.812	1.751	1.695
0.1	1.645	1.598	1.555	1.514	1.476	1.440	1.405	1.372	1.341	1.311
0.2	1.282	1.254	1.227	1.200	1.175	1.150	1.126	1.103	1.080	1.058
0.3	1.036	1.015	0.994	0.974	0.954	0.935	0.915	0.896	0.878	0.860
0.4	0.842	0.824	0.806	0.789	0.772	0.755	0.739	0.722	0.706	0.690
0.5	0.674	0.659	0.643	0.628	0.613	0.598	0.583	0.568	0.553	0.539
0.6	0.524	0.510	0.496	0.482	0.468	0.454	0.440	0.426	0.412	0.399
0.7	0.385	0.372	0.358	0.345	0.332	0.319	0.305	0.292	0.279	0.266
0.8	0.253	0.240	0.228	0.215	0.202	0.189	0.176	0.164	0.151	0.138
0.9	0.126	0.113	0.100	0.088	0.075	0.063	0.050	0.038	0.025	0.013

注：双侧分位数 u_α 的 Excel 计算公式 $u_\alpha = \left| \mathrm{NORMSINV}\left(\frac{\alpha}{2}\right) \right|$。

附表3 t 值表

自由度 df		概率 P							
	单侧	0.25	0.20	0.10	0.05	0.025	0.01	0.005	0.0005
	双侧	0.50	0.40	0.20	0.10	0.05	0.02	0.01	0.001
1		1.000	1.376	3.078	6.314	12.706	31.821	63.657	636.619
2		0.816	1.061	1.886	2.920	4.303	6.965	9.925	31.599
3		0.765	0.978	1.638	2.353	3.182	4.541	5.841	12.924
4		0.741	0.941	1.533	2.132	2.776	3.747	4.604	8.610
5		0.727	0.920	1.476	2.015	2.571	3.365	4.032	6.869
6		0.718	0.906	1.440	1.943	2.447	3.143	3.707	5.959
7		0.711	0.896	1.415	1.895	2.365	2.998	3.499	5.408
8		0.706	0.889	1.397	1.860	2.306	2.896	3.355	5.041
9		0.703	0.883	1.383	1.833	2.262	2.821	3.250	4.781
10		0.700	0.879	1.372	1.812	2.228	2.764	3.169	4.587
11		0.697	0.876	1.363	1.796	2.201	2.718	3.106	4.437
12		0.695	0.873	1.356	1.782	2.179	2.681	3.055	4.318
13		0.694	0.870	1.350	1.771	2.160	2.650	3.012	4.221
14		0.692	0.868	1.345	1.761	2.145	2.624	2.977	4.140
15		0.691	0.866	1.341	1.753	2.131	2.602	2.947	4.073
16		0.690	0.865	1.337	1.746	2.120	2.583	2.921	4.015
17		0.689	0.863	1.333	1.740	2.110	2.567	2.898	3.965
18		0.688	0.862	1.330	1.734	2.101	2.552	2.878	3.922
19		0.688	0.861	1.328	1.729	2.093	2.539	2.861	3.883
20		0.687	0.860	1.325	1.725	2.086	2.528	2.845	3.850
21		0.686	0.859	1.323	1.721	2.080	2.518	2.831	3.819
22		0.686	0.858	1.321	1.717	2.074	2.508	2.819	3.792
23		0.685	0.858	1.319	1.714	2.069	2.500	2.807	3.768
24		0.685	0.857	1.318	1.711	2.064	2.492	2.797	3.745

续表

自由度 df		概率 P							
	单侧	0.25	0.20	0.10	0.05	0.025	0.01	0.005	0.0005
	双侧	0.50	0.40	0.20	0.10	0.05	0.02	0.01	0.001
25		0.684	0.856	1.316	1.708	2.060	2.485	2.787	3.725
26		0.684	0.856	1.315	1.706	2.056	2.479	2.779	3.707
27		0.684	0.855	1.314	1.703	2.052	2.473	2.771	3.690
28		0.683	0.855	1.313	1.701	2.048	2.467	2.763	3.674
29		0.683	0.854	1.311	1.699	2.045	2.462	2.756	3.659
30		0.683	0.854	1.310	1.697	2.042	2.457	2.750	3.646
35		0.682	0.852	1.306	1.690	2.030	2.438	2.724	3.591
40		0.681	0.851	1.303	1.684	2.021	2.423	2.704	3.551
50		0.679	0.849	1.299	1.676	2.009	2.403	2.678	3.496
60		0.679	0.848	1.296	1.671	2.000	2.390	2.660	3.460
70		0.678	0.847	1.294	1.667	1.994	2.381	2.648	3.435
80		0.678	0.846	1.292	1.664	1.990	2.374	2.639	3.416
90		0.677	0.846	1.291	1.662	1.987	2.368	2.632	3.402
100		0.677	0.845	1.290	1.660	1.984	2.364	2.626	3.390
∞		0.674	0.842	1.282	1.645	1.960	2.326	2.576	3.291

注：双侧检验 t 临界值 Excel 计算函数 TINV (α, df)。

附表4　χ^2 值表（一尾）

$$P\{\chi^2(n) > \chi^2_\alpha(n)\} = \alpha$$

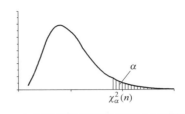

自由度	概率 P									
df	0.995	0.990	0.975	0.950	0.900	0.100	0.050	0.025	0.010	0.005
1	0.000	0.000	0.001	0.004	0.016	2.706	3.841	5.024	6.635	7.879
2	0.010	0.020	0.051	0.103	0.211	4.605	5.991	7.378	9.210	10.597
3	0.072	0.115	0.216	0.352	0.584	6.251	7.815	9.348	11.345	12.838
4	0.207	0.297	0.484	0.711	1.064	7.779	9.488	11.143	13.277	14.860
5	0.412	0.554	0.831	1.145	1.610	9.236	11.070	12.833	15.086	16.750
6	0.676	0.872	1.237	1.635	2.204	10.645	12.592	14.449	16.812	18.548
7	0.989	1.239	1.690	2.167	2.833	12.017	14.067	16.013	18.475	20.278
8	1.344	1.646	2.180	2.733	3.490	13.362	15.507	17.535	20.090	21.955
9	1.735	2.088	2.700	3.325	4.168	14.684	16.919	19.023	21.666	23.589
10	2.156	2.558	3.247	3.940	4.865	15.987	18.307	20.483	23.209	25.188
11	2.603	3.053	3.816	4.575	5.578	17.275	19.675	21.920	24.725	26.757
12	3.074	3.571	4.404	5.226	6.304	18.549	21.026	23.337	26.217	28.300
13	3.565	4.107	5.009	5.892	7.042	19.812	22.362	24.736	27.688	29.819
14	4.075	4.660	5.629	6.571	7.790	21.064	23.685	26.119	29.141	31.319
15	4.601	5.229	6.262	7.261	8.547	22.307	24.996	27.488	30.578	32.801
16	5.142	5.812	6.908	7.962	9.312	23.542	26.296	28.845	32.000	34.267
17	5.697	6.408	7.564	8.672	10.085	24.769	27.587	30.191	33.409	35.718
18	6.265	7.015	8.231	9.390	10.865	25.989	28.869	31.526	34.805	37.156
19	6.844	7.633	8.907	10.117	11.651	27.204	30.144	32.852	36.191	38.582
20	7.434	8.260	9.591	10.851	12.443	28.412	31.410	34.170	37.566	39.997

续表

自由度	概率 P									
df	0.995	0.990	0.975	0.950	0.900	0.100	0.050	0.025	0.010	0.005
21	8.034	8.897	10.283	11.591	13.240	29.615	32.671	35.479	38.932	41.401
22	8.643	9.542	10.982	12.338	14.041	30.813	33.924	36.781	40.289	42.796
23	9.260	10.196	11.689	13.091	14.848	32.007	35.172	38.076	41.638	44.181
25	10.520	11.524	13.120	14.611	16.473	34.382	37.652	40.646	44.314	46.928
30	13.787	14.953	16.791	18.493	20.599	40.256	43.773	46.979	50.892	53.672
31	14.458	15.655	17.539	19.281	21.434	41.422	44.985	48.232	52.191	55.003
32	15.134	16.362	18.291	20.072	22.271	42.585	46.194	49.480	53.486	56.328
33	15.815	17.074	19.047	20.867	23.110	43.745	47.400	50.725	54.776	57.648
34	16.501	17.789	19.806	21.664	23.952	44.903	48.602	51.966	56.061	58.964
35	17.192	18.509	20.569	22.465	24.797	46.059	49.802	53.203	57.342	60.275
36	17.887	19.233	21.336	23.269	25.643	47.212	50.998	54.437	58.619	61.581
37	18.586	19.960	22.106	24.075	26.492	48.363	52.192	55.668	59.893	62.883
40	20.707	22.164	24.433	26.509	29.051	51.805	55.758	59.342	63.691	66.766
50	27.991	29.707	32.357	34.764	37.689	63.167	67.505	71.420	76.154	79.490
60	35.534	37.485	40.482	43.188	46.459	74.397	79.082	83.298	88.379	91.952
70	43.275	45.442	48.758	51.739	55.329	85.527	90.531	95.023	100.425	104.215
80	51.172	53.540	57.153	60.391	64.278	96.578	101.879	106.629	112.329	116.321

注：χ^2 临界值 Excel 计算函数 CHIINV (α, df)。

附表 5　F 分布表

$$P\left\{F_{(df_1,df_2)} > F_{\alpha(df_1,df_2)}\right\} = \alpha$$

$\alpha = 0.05$

分母自由度 df_2	分子自由度 df_1																	
	1	2	3	4	5	6	7	8	9	10	12	15	20	24	30	40	60	∞
1	161.45	199.50	215.71	224.58	230.16	233.99	236.77	238.88	240.54	241.88	243.91	245.95	248.01	249.05	250.10	251.14	252.20	254.31
2	18.51	19.00	19.16	19.25	19.30	19.33	19.35	19.37	19.38	19.40	19.41	19.43	19.45	19.45	19.46	19.47	19.48	19.50
3	10.13	9.55	9.28	9.12	9.01	8.94	8.89	8.85	8.81	8.79	8.74	8.70	8.66	8.64	8.62	8.59	8.57	8.53
4	7.71	6.94	6.59	6.39	6.26	6.16	6.09	6.04	6.00	5.96	5.91	5.86	5.80	5.77	5.75	5.72	5.69	5.63
5	6.61	5.79	5.41	5.19	5.05	4.95	4.88	4.82	4.77	4.74	4.68	4.62	4.56	4.53	4.50	4.46	4.43	4.37
6	5.99	5.14	4.76	4.53	4.39	4.28	4.21	4.15	4.10	4.06	4.00	3.94	3.87	3.84	3.81	3.77	3.74	3.67
7	5.59	4.74	4.35	4.12	3.97	3.87	3.79	3.73	3.68	3.64	3.57	3.51	3.44	3.41	3.38	3.34	3.30	3.23
8	5.32	4.46	4.07	3.84	3.69	3.58	3.50	3.44	3.39	3.35	3.28	3.22	3.15	3.12	3.08	3.04	3.01	2.93
9	5.12	4.26	3.86	3.63	3.48	3.37	3.29	3.23	3.18	3.14	3.07	3.01	2.94	2.90	2.86	2.83	2.79	2.71
10	4.96	4.10	3.71	3.48	3.33	3.22	3.14	3.07	3.02	2.98	2.91	2.85	2.77	2.74	2.70	2.66	2.62	2.54
11	4.84	3.98	3.59	3.36	3.20	3.09	3.01	2.95	2.90	2.85	2.79	2.72	2.65	2.61	2.57	2.53	2.49	2.40
12	4.75	3.89	3.49	3.26	3.11	3.00	2.91	2.85	2.80	2.75	2.69	2.62	2.54	2.51	2.47	2.43	2.38	2.30

续表

$\alpha = 0.05$

分母自由度 df_2	分子自由度 df_1																	
---	1	2	3	4	5	6	7	8	9	10	12	15	20	24	30	40	60	∞
13	4.67	3.81	3.41	3.18	3.03	2.92	2.83	2.77	2.71	2.67	2.60	2.53	2.46	2.42	2.38	2.34	2.30	2.21
14	4.60	3.74	3.34	3.11	2.96	2.85	2.76	2.70	2.65	2.60	2.53	2.46	2.39	2.35	2.31	2.27	2.22	2.13
15	4.54	3.68	3.29	3.06	2.90	2.79	2.71	2.64	2.59	2.54	2.48	2.40	2.33	2.29	2.25	2.20	2.16	2.07
16	4.49	3.63	3.24	3.01	2.85	2.74	2.66	2.59	2.54	2.49	2.42	2.35	2.28	2.24	2.19	2.15	2.11	2.01
17	4.45	3.59	3.20	2.96	2.81	2.70	2.61	2.55	2.49	2.45	2.38	2.31	2.23	2.19	2.15	2.10	2.06	1.96
18	4.41	3.55	3.16	2.93	2.77	2.66	2.58	2.51	2.46	2.41	2.34	2.27	2.19	2.15	2.11	2.06	2.02	1.92
19	4.38	3.52	3.13	2.90	2.74	2.63	2.54	2.48	2.42	2.38	2.31	2.23	2.16	2.11	2.07	2.03	1.98	1.88
20	4.35	3.49	3.10	2.87	2.71	2.60	2.51	2.45	2.39	2.35	2.28	2.20	2.12	2.08	2.04	1.99	1.95	1.84
21	4.32	3.47	3.07	2.84	2.68	2.57	2.49	2.42	2.37	2.32	2.25	2.18	2.10	2.05	2.01	1.96	1.92	1.81
22	4.30	3.44	3.05	2.82	2.66	2.55	2.46	2.40	2.34	2.30	2.23	2.15	2.07	2.03	1.98	1.94	1.89	1.78
23	4.28	3.42	3.03	2.80	2.64	2.53	2.44	2.37	2.32	2.27	2.20	2.13	2.05	2.01	1.96	1.91	1.86	1.76
24	4.26	3.40	3.01	2.78	2.62	2.51	2.42	2.36	2.30	2.25	2.18	2.11	2.03	1.98	1.94	1.89	1.84	1.73
25	4.24	3.39	2.99	2.76	2.60	2.49	2.40	2.34	2.28	2.24	2.16	2.09	2.01	1.96	1.92	1.87	1.82	1.71
26	4.23	3.37	2.98	2.74	2.59	2.47	2.39	2.32	2.27	2.22	2.15	2.07	1.99	1.95	1.90	1.85	1.80	1.69
27	4.21	3.35	2.96	2.73	2.57	2.46	2.37	2.31	2.25	2.20	2.13	2.06	1.97	1.93	1.88	1.84	1.79	1.67
28	4.20	3.34	2.95	2.71	2.56	2.45	2.36	2.29	2.24	2.19	2.12	2.04	1.96	1.91	1.87	1.82	1.77	1.65
29	4.18	3.33	2.93	2.70	2.55	2.43	2.35	2.28	2.22	2.18	2.10	2.03	1.94	1.90	1.85	1.81	1.75	1.64
30	4.17	3.32	2.92	2.69	2.53	2.42	2.33	2.27	2.21	2.16	2.09	2.01	1.93	1.89	1.84	1.79	1.74	1.62
40	4.08	3.23	2.84	2.61	2.45	2.34	2.25	2.18	2.12	2.08	2.00	1.92	1.84	1.79	1.74	1.69	1.64	1.51
60	4.00	3.15	2.76	2.53	2.37	2.25	2.17	2.10	2.04	1.99	1.92	1.84	1.75	1.70	1.65	1.59	1.53	1.39
∞	3.84	3.00	2.60	2.37	2.21	2.10	2.01	1.94	1.88	1.83	1.75	1.67	1.57	1.52	1.46	1.39	1.32	1.00

α = 0.01

分母自由度 df_2	分子自由度 df_1																	
	1	2	3	4	5	6	7	8	9	10	12	15	20	24	30	40	60	∞
1	4052	4999	5403	5625	5764	5859	5928	5981	6022	6056	6106	6157	6209	6235	6261	6287	6313	6366
2	98.50	99.00	99.17	99.25	99.30	99.33	99.36	99.37	99.39	99.40	99.42	99.43	99.45	99.46	99.47	99.47	99.48	99.50
3	34.12	30.82	29.46	28.71	28.24	27.91	27.67	27.49	27.35	27.23	27.05	26.87	26.69	26.60	26.50	26.41	26.32	26.13
4	21.20	18.00	16.69	15.98	15.52	15.21	14.98	14.80	14.66	14.55	14.37	14.20	14.02	13.93	13.84	13.75	13.65	13.46
5	16.26	13.27	12.06	11.39	10.97	10.67	10.46	10.29	10.16	10.05	9.89	9.72	9.55	9.47	9.38	9.29	9.20	9.02
6	13.75	10.92	9.78	9.15	8.75	8.47	8.26	8.10	7.98	7.87	7.72	7.56	7.40	7.31	7.23	7.14	7.06	6.88
7	12.25	9.55	8.45	7.85	7.46	7.19	6.99	6.84	6.72	6.62	6.47	6.31	6.16	6.07	5.99	5.91	5.82	5.65
8	11.26	8.65	7.59	7.01	6.63	6.37	6.18	6.03	5.91	5.81	5.67	5.52	5.36	5.28	5.20	5.12	5.03	4.86
9	10.56	8.02	6.99	6.42	6.06	5.80	5.61	5.47	5.35	5.26	5.11	4.96	4.81	4.73	4.65	4.57	4.48	4.31
10	10.04	7.56	6.55	5.99	5.64	5.39	5.20	5.06	4.94	4.85	4.71	4.56	4.41	4.33	4.25	4.17	4.08	3.91
11	9.65	7.21	6.22	5.67	5.32	5.07	4.89	4.74	4.63	4.54	4.40	4.25	4.10	4.02	3.94	3.86	3.78	3.60
12	9.33	6.93	5.95	5.41	5.06	4.82	4.64	4.50	4.39	4.30	4.16	4.01	3.86	3.78	3.70	3.62	3.54	3.36
13	9.07	6.70	5.74	5.21	4.86	4.62	4.44	4.30	4.19	4.10	3.96	3.82	3.66	3.59	3.51	3.43	3.34	3.17
14	8.86	6.51	5.56	5.04	4.69	4.46	4.28	4.14	4.03	3.94	3.80	3.66	3.51	3.43	3.35	3.27	3.18	3.00
15	8.68	6.36	5.42	4.89	4.56	4.32	4.14	4.00	3.89	3.80	3.67	3.52	3.37	3.29	3.21	3.13	3.05	2.87
16	8.53	6.23	5.29	4.77	4.44	4.20	4.03	3.89	3.78	3.69	3.55	3.41	3.26	3.18	3.10	3.02	2.93	2.75
17	8.40	6.11	5.18	4.67	4.34	4.10	3.93	3.79	3.68	3.59	3.46	3.31	3.16	3.08	3.00	2.92	2.83	2.65
18	8.29	6.01	5.09	4.58	4.25	4.01	3.84	3.71	3.60	3.51	3.37	3.23	3.08	3.00	2.92	2.84	2.75	2.57
19	8.18	5.93	5.01	4.50	4.17	3.94	3.77	3.63	3.52	3.43	3.30	3.15	3.00	2.92	2.84	2.76	2.67	2.49
20	8.10	5.85	4.94	4.43	4.10	3.87	3.70	3.56	3.46	3.37	3.23	3.09	2.94	2.86	2.78	2.69	2.61	2.42
21	8.02	5.78	4.87	4.37	4.04	3.81	3.64	3.51	3.40	3.31	3.17	3.03	2.88	2.80	2.72	2.64	2.55	2.36

续表

α=0.01

分母自由度 df_2	分子自由度 df_1																	
	1	2	3	4	5	6	7	8	9	10	12	15	20	24	30	40	60	∞
22	7.95	5.72	4.82	4.31	3.99	3.76	3.59	3.45	3.35	3.26	3.12	2.98	2.83	2.75	2.67	2.58	2.50	2.31
23	7.88	5.66	4.76	4.26	3.94	3.71	3.54	3.41	3.30	3.21	3.07	2.93	2.78	2.70	2.62	2.54	2.45	2.26
24	7.82	5.61	4.72	4.22	3.90	3.67	3.50	3.36	3.26	3.17	3.03	2.89	2.74	2.66	2.58	2.49	2.40	2.21
25	7.77	5.57	4.68	4.18	3.85	3.63	3.46	3.32	3.22	3.13	2.99	2.85	2.70	2.62	2.54	2.45	2.36	2.17
26	7.72	5.53	4.64	4.14	3.82	3.59	3.42	3.29	3.18	3.09	2.96	2.81	2.66	2.58	2.50	2.42	2.33	2.13
27	7.68	5.49	4.60	4.11	3.78	3.56	3.39	3.26	3.15	3.06	2.93	2.78	2.63	2.55	2.47	2.38	2.29	2.10
28	7.64	5.45	4.57	4.07	3.75	3.53	3.36	3.23	3.12	3.03	2.90	2.75	2.60	2.52	2.44	2.35	2.26	2.06
29	7.60	5.42	4.54	4.04	3.73	3.50	3.33	3.20	3.09	3.00	2.87	2.73	2.57	2.49	2.41	2.33	2.23	2.03
30	7.56	5.39	4.51	4.02	3.70	3.47	3.30	3.17	3.07	2.98	2.84	2.70	2.55	2.47	2.39	2.30	2.21	2.01
40	7.31	5.18	4.31	3.83	3.51	3.29	3.12	2.99	2.89	2.80	2.66	2.52	2.37	2.29	2.20	2.11	2.02	1.81
60	7.08	4.98	4.13	3.65	3.34	3.12	2.95	2.82	2.72	2.63	2.50	2.35	2.20	2.12	2.03	1.94	1.84	1.60
∞	6.64	4.61	3.78	3.32	3.02	2.80	2.64	2.51	2.41	2.32	2.19	2.04	1.88	1.79	1.70	1.59	1.47	1.00

注：F 临界值 Excel 计算函数 FINV (α, df_1, df_2)。

附表 6　*q* 值表

自由度 *df*	α	\multicolumn{19}{c}{*K*（检验极差的平均数个数，即秩次距）}
		2	3	4	5	6	7	8	9	10	11	12	13	14	15	16	17	18	19	20
3	0.05	4.50	5.91	6.82	7.50	8.04	8.84	8.85	9.18	9.46	9.72	9.95	10.15	10.35	10.52	10.84	10.69	10.98	11.11	11.24
	0.01	8.26	10.62	12.27	13.33	14.24	15.00	15.64	16.20	16.69	17.13	17.53	17.89	18.22	18.52	19.07	18.81	19.32	19.55	19.77
4	0.05	3.39	5.04	5.76	6.29	6.71	7.05	7.35	7.60	7.83	8.03	8.21	8.37	8.52	8.66	8.79	8.91	9.03	9.13	9.23
	0.01	6.51	8.12	9.17	9.96	10.85	11.10	11.55	11.93	12.27	12.57	12.84	13.09	13.32	13.53	13.73	13.91	14.08	14.24	14.40
5	0.05	3.64	4.60	5.22	5.67	6.03	6.33	6.58	6.80	6.99	7.17	7.32	7.47	7.60	7.72	7.83	7.93	8.03	8.12	8.21
	0.01	5.70	6.98	7.80	8.42	8.91	9.32	9.67	9.97	10.24	10.48	10.07	10.89	11.08	11.24	11.40	11.55	11.68	11.81	11.93
6	0.05	3.46	4.34	4.90	5.30	5.63	5.90	6.12	6.32	6.49	6.65	6.79	6.92	7.03	7.14	7.24	7.34	7.43	7.51	7.59
	0.01	5.24	6.33	7.03	7.56	7.97	8.32	8.61	8.87	9.10	9.30	9.48	9.65	9.81	9.95	10.08	12.21	10.32	10.43	10.54
7	0.05	3.34	4.16	4.68	5.06	5.36	5.01	5.82	6.00	6.16	6.30	6.43	6.55	6.66	6.76	6.85	9.94	7.02	7.10	7.17
	0.01	4.95	5.92	6.54	7.01	7.37	7.68	9.94	8.17	8.37	8.55	8.71	8.86	9.00	9.12	9.24	9.35	9.46	9.55	9.65
8	0.05	3.26	4.04	4.53	4.89	5.17	5.40	5.60	5.77	5.92	6.05	6.18	6.29	6.39	6.48	6.57	6.65	6.73	6.80	6.87
	0.01	4.75	5.64	6.20	6.62	4.96	7.24	7.47	7.68	7.86	8.03	8.18	8.31	8.44	8.55	8.66	8.76	8.85	8.94	9.03
9	0.05	3.20	3.95	4.41	4.76	5.02	5.24	5.43	5.59	5.74	5.87	5.98	6.09	6.19	6.28	6.36	6.44	6.51	6.58	6.64
	0.01	4.60	5.43	5.96	6.35	6.66	6.91	7.13	7.33	7.49	7.65	7.78	7.91	8.03	8.13	8.23	8.33	8.41	8.49	8.57
10	0.05	3.15	3.88	4.33	4.65	4.91	5.12	5.30	5.46	5.60	5.72	5.83	5.93	6.03	6.11	6.19	6.27	6.34	6.40	6.47
	0.01	4.48	5.27	5.77	6.14	4.43	6.67	6.87	7.05	7.21	7.36	7.48	7.60	7.71	7.81	7.91	7.99	8.08	8.15	8.23

续表

K（检验极差的平均数个数，即秩次距）

自由度 df	α	2	3	4	5	6	7	8	9	10	11	12	13	14	15	16	17	18	19	20
11	0.05	3.11	3.82	4.26	4.57	4.82	5.03	5.20	5.35	5.49	5.61	5.71	5.81	5.90	5.98	6.06	6.13	6.20	6.27	6.33
	0.01	4.39	5.15	5.62	5.97	6.25	6.48	6.67	6.84	6.99	7.13	7.25	7.36	7.46	7.56	7.65	7.13	7.81	7.88	7.95
12	0.05	3.08	3.77	4.20	4.51	4.75	4.95	5.12	5.27	5.39	5.51	5.61	5.71	5.80	5.88	5.95	6.02	6.09	6.15	6.21
	0.01	4.32	5.05	5.55	5.84	6.10	6.32	6.51	6.67	6.81	6.94	7.06	7.17	7.26	7.36	7.44	7.52	7.59	7.66	7.73
13	0.05	3.06	3.73	4.15	4.45	4.69	4.88	5.05	9.19	5.32	5.45	5.53	5.63	5.71	5.79	5.86	5.93	5.99	6.05	6.11
	0.01	4.26	4.96	5.40	5.73	5.98	6.19	6.37	6.53	6.67	6.79	6.90	7.01	7.10	7.19	7.27	7.35	7.42	7.48	7.55
14	0.05	3.03	3.70	4.11	4.41	4.64	4.83	4.99	5.13	5.25	5.36	5.46	5.55	5.64	5.71	5.79	5.85	5.91	5.97	6.03
	0.01	4.21	4.89	5.32	5.63	5.88	6.08	6.26	6.41	6.54	6.66	6.77	6.87	6.96	7.05	7.13	7.20	7.27	7.33	7.39
15	0.05	3.01	3.67	4.08	4.37	4.59	4.78	4.94	5.08	5.20	5.31	5.40	5.49	5.57	5.65	5.72	5.78	5.85	5.90	5.96
	0.01	4.17	4.84	5.25	5.56	5.80	5.99	6.16	6.31	6.44	6.55	6.66	6.76	6.84	6.93	7.00	7.07	7.14	7.20	7.26
16	0.05	3.00	3.65	4.05	4.33	4.56	4.74	4.90	5.03	5.15	5.26	5.35	5.44	5.52	5.59	5.66	5.73	5.79	5.84	5.90
	0.01	4.13	4.79	5.19	5.49	5.72	5.92	6.08	6.22	6.35	6.46	6.56	6.66	6.74	6.82	6.90	6.97	7.03	7.09	7.15
17	0.05	2.98	3.63	4.02	4.30	4.52	4.70	4.86	4.99	5.11	5.21	5.31	5.39	5.47	5.54	5.61	5.67	5.73	5.79	5.84
	0.01	4.10	4.74	5.14	5.43	5.66	5.85	6.01	6.15	6.27	6.38	6.48	6.57	6.66	6.73	6.81	6.87	6.94	7.00	7.05
18	0.05	2.97	3.61	4.00	4.28	4.49	4.67	4.82	4.96	5.07	5.17	5.27	5.35	5.43	5.50	5.57	5.63	5.69	5.74	5.76
	0.01	4.07	4.70	5.09	5.38	5.60	5.79	5.94	6.08	6.20	6.31	6.41	6.50	6.58	6.65	6.73	6.79	6.85	6.91	6.97
19	0.05	2.96	3.59	3.98	4.25	4.47	4.65	4.49	4.92	5.04	5.14	5.23	5.31	5.39	5.46	5.53	5.59	5.65	5.70	5.75
	0.01	4.05	4.67	5.05	5.33	5.55	5.73	5.89	6.02	6.16	6.25	6.34	6.43	6.51	6.58	6.65	6.72	6.78	6.84	6.89
20	0.05	2.95	3.58	3.96	4.23	4.45	4.62	4.77	4.90	5.01	5.11	5.20	5.28	5.36	5.43	5.49	5.55	5.61	5.66	5.71
	0.01	4.02	4.64	5.02	5.29	5.51	5.69	5.84	5.97	6.09	6.19	6.28	6.37	6.45	6.52	6.59	6.65	6.71	6.77	6.82

df	α																			
24	0.05	2.92	3.53	3.90	4.17	4.37	4.54	4.68	4.81	4.92	5.05	5.10	5.18	5.25	5.32	5.38	5.44	5.49	5.55	5.59
	0.01	3.96	4.55	4.91	5.17	5.37	5.54	5.69	5.81	5.92	6.02	6.11	6.19	6.26	6.33	6.39	6.45	6.51	6.56	6.01
30	0.05	2.89	3.49	3.85	4.10	4.30	4.46	4.60	4.72	4.82	4.92	5.00	5.08	5.15	5.21	5.27	5.33	5.38	5.43	6.47
	0.01	3.89	4.45	4.80	5.05	5.24	5.40	5.54	5.65	5.76	5.85	5.93	6.01	6.08	6.14	6.20	6.26	6.31	6.36	6.41
40	0.05	2.86	3.44	3.79	4.04	4.23	4.39	4.52	4.63	4.73	4.82	4.90	4.98	5.04	5.11	5.16	5.22	5.27	5.31	5.36
	0.01	3.82	4.37	4.70	4.93	5.11	5.26	5.39	5.50	5.60	5.69	5.76	5.83	5.90	5.96	6.02	6.07	6.12	6.16	6.21
60	0.05	2.83	3.40	3.74	3.98	4.16	4.31	4.44	4.55	4.65	4.73	4.81	4.88	4.94	5.00	5.06	5.11	5.15	5.20	5.24
	0.01	3.76	4.28	4.59	4.82	4.99	5.13	5.25	5.36	5.45	5.53	5.60	5.67	5.73	5.78	5.84	5.89	5.93	5.97	6.01
∞	0.05	2.77	3.31	3.63	3.86	4.03	4.17	4.29	4.39	4.47	4.55	4.62	4.68	4.74	4.80	4.85	4.89	4.93	4.97	5.01
	0.01	3.64	4.12	4.40	4.60	4.76	4.88	4.99	5.08	5.16	5.23	5.29	5.35	5.40	5.45	5.49	5.54	5.57	5.61	5.65

附表 7　Duncan's 新复极差检验的 SSR 值

自由度 df	α	检验极差的平均数个数（K）													
		2	3	4	5	6	7	8	9	10	12	14	16	18	20
1	0.05	18.0	18.0	18.0	18.0	18.0	18.0	18.0	18.0	18.0	18.0	18.0	18.0	18.0	18.0
	0.01	90.0	90.0	90.0	90.0	90.0	90.0	90.0	90.0	90.0	90.0	90.0	90.0	90.0	90.0
2	0.05	6.09	6.09	6.09	6.09	6.09	6.09	6.09	6.09	6.09	6.09	6.09	6.09	6.09	6.09
	0.01	14.0	14.0	14.0	14.0	14.0	14.0	14.0	14.0	14.0	14.0	14.0	14.0	14.0	14.0
3	0.05	4.50	4.50	4.50	4.50	4.50	4.50	4.50	4.50	4.50	4.50	4.50	4.50	4.50	4.50
	0.01	8.26	8.5	8.6	8.7	8.8	8.9	8.9	9.0	9.0	9.0	9.1	9.2	9.3	9.3
4	0.05	3.93	4.0	4.02	4.02	4.02	4.02	4.02	4.02	4.02	4.02	4.02	4.02	4.02	4.02
	0.01	6.51	6.8	6.9	7.0	7.1	7.1	7.2	7.2	7.3	7.3	7.4	7.4	7.5	7.5
5	0.05	3.64	3.74	3.79	3.83	3.83	3.83	3.83	3.83	3.83	3.83	3.83	3.83	3.83	3.83
	0.01	5.70	5.96	6.11	6.18	6.26	6.33	6.40	6.44	6.5	6.6	6.6	6.7	6.7	6.8
6	0.05	3.46	3.58	3.64	3.68	3.68	3.68	3.68	3.68	3.68	3.68	3.68	3.68	3.68	3.68
	0.01	5.24	5.51	5.65	5.73	5.81	5.88	5.95	6.00	6.0	6.1	6.2	6.2	6.3	6.3
7	0.05	3.35	3.47	3.54	3.58	3.60	3.61	3.61	3.61	3.61	3.61	3.61	3.61	3.61	3.61
	0.01	4.95	5.22	5.37	5.45	5.53	5.61	5.69	5.73	5.8	5.8	5.9	5.9	6.0	6.0
8	0.05	3.26	3.39	3.47	3.52	3.55	3.56	3.56	3.56	3.56	3.56	3.56	3.56	3.56	3.56
	0.01	4.74	5.00	5.14	5.23	5.32	5.40	5.47	5.51	5.5	5.6	5.7	5.7	5.8	5.8

		1	2	3	4	5	6	7	8	9	10	11	12	13	14
9	0.05	3.20	3.34	3.41	3.47	3.50	3.51	3.52	3.52	3.52	3.52	3.52	3.52	3.52	3.52
	0.01	4.60	4.86	4.99	5.08	5.17	5.25	5.32	5.36	5.4	5.5	5.5	5.6	5.7	5.7
10	0.05	3.15	3.30	3.37	3.43	3.46	3.47	3.47	3.47	3.47	3.47	3.47	3.47	3.47	3.48
	0.01	4.48	4.73	4.88	4.96	5.06	5.12	5.20	5.24	5.28	5.36	5.42	5.48	5.54	5.55
11	0.05	3.11	3.27	3.35	3.39	3.43	3.44	3.45	3.46	3.46	3.46	3.46	3.46	3.47	3.48
	0.01	4.39	4.63	4.77	4.86	4.94	5.01	5.06	5.12	5.15	5.24	5.28	5.34	5.38	5.39
12	0.05	3.08	3.23	3.33	3.36	3.48	3.42	3.44	3.44	3.46	3.46	3.46	3.46	3.47	3.48
	0.01	4.32	4.55	4.68	4.76	4.84	4.92	4.96	5.02	5.07	5.13	5.17	5.22	5.24	5.26
13	0.05	3.06	3.21	3.30	3.36	3.38	3.41	3.42	3.44	3.45	3.45	3.46	3.46	3.47	3.47
	0.01	4.26	4.48	4.62	4.69	4.74	4.84	4.88	4.94	4.98	5.04	5.08	5.13	5.14	5.15
14	0.05	3.03	3.18	3.27	3.33	3.37	3.39	3.41	3.42	3.44	3.44	3.45	3.46	3.47	3.47
	0.01	4.21	4.42	4.55	4.63	4.70	4.78	4.83	4.87	4.91	4.96	5.00	5.04	5.06	5.07
15	0.05	3.01	3.16	3.25	3.31	3.36	3.38	3.40	3.42	3.43	3.44	3.44	3.45	3.47	3.47
	0.01	4.17	4.37	4.50	4.58	4.64	4.72	4.77	4.81	4.84	4.90	4.94	4.97	4.99	5.00
16	0.05	3.00	3.15	3.23	3.30	3.34	3.37	3.39	3.41	3.43	3.44	3.44	3.45	3.47	3.47
	0.01	4.13	4.34	4.45	4.54	4.60	4.67	4.72	4.76	4.79	4.84	4.88	4.91	4.93	4.94
17	0.05	2.98	3.13	3.22	3.28	3.33	3.36	3.38	3.40	3.42	3.44	3.44	3.45	3.47	3.47
	0.01	4.10	4.30	4.41	4.50	4.56	4.63	4.68	4.72	4.75	4.80	4.83	4.86	4.88	4.89
18	0.05	2.97	3.12	3.21	3.27	3.32	3.35	3.37	3.39	3.41	3.43	3.43	3.45	3.47	3.47
	0.01	4.07	4.27	4.38	4.46	4.53	4.59	4.64	4.68	4.71	4.76	4.79	4.82	4.84	4.85
19	0.05	2.96	3.11	3.19	3.26	3.31	3.35	3.37	3.39	3.41	3.43	3.44	3.46	3.47	3.47
	0.01	4.05	4.24	4.35	4.43	4.50	4.56	4.61	4.64	4.67	4.72	4.76	4.79	4.81	4.82
20	0.05	2.95	3.10	3.18	3.25	3.30	3.34	3.36	3.38	3.40	3.43	3.44	3.46	3.46	3.47
	0.01	4.02	4.22	4.33	4.40	4.47	4.53	4.58	4.61	4.65	4.69	4.73	4.76	4.78	4.79

续表

自由度 df	α	2	3	4	5	6	7	8	9	10	12	14	16	18	20
22	0.05	2.93	3.08	3.17	3.24	3.29	3.32	3.35	3.37	3.39	3.42	3.44	3.45	3.46	3.47
	0.01	3.99	4.17	4.28	4.36	4.42	4.48	4.53	4.57	4.60	4.65	4.68	4.71	4.74	4.75
24	0.05	2.92	3.07	3.15	3.22	3.28	3.31	3.34	3.37	3.38	3.41	3.44	3.45	3.46	3.47
	0.01	3.96	4.14	4.24	4.33	4.39	4.44	4.49	4.53	4.57	4.62	4.64	4.67	4.70	4.72
26	0.05	2.91	3.06	3.14	3.21	3.27	3.30	3.34	3.36	3.38	3.41	3.43	3.45	3.46	3.47
	0.01	3.93	4.11	4.21	4.30	4.36	4.41	4.46	4.50	4.53	4.58	4.62	4.65	4.67	4.69
28	0.05	2.90	3.04	3.13	3.20	3.26	3.30	3.33	3.35	3.37	3.40	3.43	3.45	3.46	3.47
	0.01	3.91	4.08	4.18	4.28	4.34	4.39	4.43	4.47	4.51	4.56	4.60	4.62	4.65	4.67
30	0.05	2.89	3.04	3.12	3.20	3.25	3.29	3.32	3.35	3.37	3.40	3.43	3.44	3.46	3.47
	0.01	3.89	4.06	4.16	4.22	4.32	4.36	4.41	4.45	4.48	4.54	4.58	4.61	4.63	4.65
40	0.05	2.86	3.01	3.10	3.17	3.22	3.27	3.30	3.33	3.35	3.39	3.42	3.44	3.46	3.47
	0.01	3.82	3.99	4.10	4.17	4.24	4.30	4.31	4.37	4.41	4.46	4.51	4.54	4.57	4.59
60	0.05	2.83	2.98	3.08	3.14	3.20	3.24	3.28	3.31	3.33	3.37	3.40	3.43	3.45	3.47
	0.01	3.76	3.92	4.03	4.12	4.17	4.23	4.27	4.31	4.34	4.39	4.44	4.47	4.50	4.53
∞	0.05	2.77	2.92	3.02	3.09	3.15	3.19	3.23	3.26	3.29	3.34	3.38	3.41	3.44	3.47
	0.01	3.64	3.80	3.90	3.98	4.04	4.09	4.14	4.17	4.20	4.26	4.31	4.34	4.38	4.41

检验极差的平均数个数（K）

附表8　百分数反正弦 $\sin^{-1}\sqrt{x}$ 转换表

%	0.0	0.1	0.2	0.3	0.4	0.5	0.6	0.7	0.8	0.9
0	0.00	1.81	2.56	3.14	3.63	4.05	4.44	4.80	5.13	5.44
1	5.74	6.02	6.29	6.55	6.80	7.04	7.27	7.49	7.71	7.92
2	8.13	8.33	8.53	8.72	8.91	9.10	9.28	9.46	9.63	9.81
3	9.98	10.14	10.31	10.47	10.63	10.78	10.94	11.09	11.24	11.39
4	11.54	11.68	11.83	11.97	12.11	12.25	12.39	12.52	12.66	12.79
5	12.92	13.05	13.18	13.31	13.44	13.56	13.69	13.81	13.94	14.06
6	14.18	14.30	14.42	14.54	14.65	14.77	14.89	15.00	15.12	15.23
7	15.34	15.45	15.56	15.68	15.79	15.89	16.00	16.11	16.22	16.32
8	16.43	16.54	16.64	16.74	16.85	16.95	17.05	17.16	17.26	17.36
9	17.46	17.56	17.66	17.76	17.85	17.95	18.05	18.15	18.24	18.34
10	18.44	18.53	18.63	18.72	18.81	18.91	19.00	19.09	19.19	19.28
11	19.37	19.46	19.55	19.64	19.73	19.82	19.91	20.00	20.09	20.18
12	20.27	20.36	20.44	20.53	20.62	20.70	20.79	20.88	20.96	21.05
13	21.13	21.22	21.30	21.39	21.47	21.56	21.64	21.72	21.81	21.89
14	21.97	22.06	22.14	22.22	22.30	22.38	22.46	22.55	22.63	22.71
15	22.79	22.87	22.95	23.03	23.11	23.19	23.26	23.34	23.42	23.50
16	23.58	23.66	23.73	23.81	23.89	23.97	24.04	24.12	24.20	24.27
17	24.35	24.43	24.50	24.58	24.65	24.73	24.80	24.88	24.95	25.03
18	25.10	25.18	25.25	25.33	25.40	25.48	25.55	25.72	25.70	25.77
19	25.84	25.92	25.99	26.06	26.13	26.21	26.28	26.55	26.42	26.49
20	26.56	26.64	26.71	26.78	26.85	26.92	26.99	27.06	27.13	27.20
21	27.28	27.35	27.42	27.49	27.56	27.63	27.69	27.76	27.83	27.90
22	27.97	28.04	28.11	28.18	28.25	28.32	28.38	28.45	28.52	28.59
23	28.66	28.73	28.79	28.86	28.93	29.00	29.06	29.13	29.20	29.27
24	29.33	29.40	29.47	29.53	29.60	29.67	29.73	29.80	29.87	29.93

续表

%	0.0	0.1	0.2	0.3	0.4	0.5	0.6	0.7	0.8	0.9
25	30.00	30.07	30.13	30.20	30.26	30.33	30.40	30.46	30.53	30.59
26	30.66	30.72	30.79	30.85	30.92	30.98	31.05	31.11	31.18	31.24
27	31.31	31.37	31.44	31.50	31.56	31.63	31.69	31.76	31.82	31.88
28	31.95	32.01	32.08	32.41	32.20	32.27	32.33	32.39	32.46	32.52
29	32.58	32.65	32.71	32.77	32.83	32.90	32.96	33.02	33.09	33.15
30	33.21	33.27	33.34	33.40	33.46	33.52	33.58	33.65	33.71	33.77
31	33.83	33.89	33.96	34.02	34.08	34.14	34.20	34.27	34.33	34.39
32	33.45	34.51	34.57	34.63	34.70	34.76	34.82	34.88	34.94	35.00
33	35.06	35.12	35.17	35.24	35.30	35.37	35.43	35.49	35.55	35.61
34	35.67	35.73	35.79	35.85	35.91	35.97	36.03	36.09	36.15	36.21
35	36.27	36.33	36.39	36.45	36.51	36.57	36.63	36.69	36.75	36.81
36	36.87	36.93	36.99	37.05	37.11	37.17	37.23	37.29	37.35	37.41
37	37.47	37.52	37.58	37.64	37.70	37.76	37.82	37.88	37.94	38.00
38	38.06	38.12	38.17	38.23	38.29	38.35	38.41	38.47	38.53	38.59
39	38.65	38.70	38.76	38.82	38.88	38.94	39.00	39.06	39.11	39.17
40	39.23	39.29	39.35	39.41	39.47	39.52	39.58	39.64	39.70	39.76
41	39.82	39.87	39.93	39.99	40.05	40.11	40.16	40.22	40.28	40.34
42	40.40	40.46	40.51	40.57	40.63	40.69	40.74	40.80	40.86	40.92
43	40.98	41.03	41.09	41.15	41.21	41.27	41.32	41.38	41.44	41.50
44	41.55	41.61	41.67	41.73	41.78	41.84	41.90	41.96	42.02	42.07
45	42.13	42.19	42.25	42.30	42.36	42.42	42.48	42.53	42.59	42.65
46	42.71	42.76	42.82	42.88	42.94	42.99	43.05	43.11	43.17	43.22
47	43.28	43.34	43.39	43.45	43.51	43.57	43.62	43.68	43.74	43.80
48	43.85	43.91	43.97	44.03	44.08	44.14	44.20	44.25	44.31	44.37
49	44.43	44.48	44.54	44.60	44.66	44.71	44.77	44.83	44.89	44.94
50	45.00	45.06	45.11	45.17	45.23	45.29	45.34	45.40	45.46	45.52
51	45.57	45.63	45.69	45.75	45.80	45.86	45.92	45.97	46.03	49.09
52	46.15	46.20	46.26	46.32	46.38	46.43	46.49	46.55	46.61	46.66
53	46.72	46.78	46.83	46.89	46.95	47.01	47.06	47.12	47.18	47.24
54	47.29	47.35	47.41	47.47	47.52	47.58	47.64	47.70	47.75	47.81

续表

%	0.0	0.1	0.2	0.3	0.4	0.5	0.6	0.7	0.8	0.9
55	47.87	47.93	47.98	48.04	48.10	48.16	48.22	48.27	48.33	48.39
56	48.45	48.50	48.56	48.62	48.68	48.73	48.79	48.85	48.91	48.97
57	49.02	49.08	49.14	49.20	49.26	49.31	49.37	49.43	48.49	49.54
58	49.60	49.66	49.72	49.78	49.84	49.89	49.95	50.01	50.07	50.13
59	50.18	50.24	50.30	50.36	50.42	50.48	50.53	50.59	50.65	50.71
60	50.77	50.83	50.89	50.94	51.00	51.06	51.12	51.18	51.24	51.30
61	51.35	51.41	51.47	51.53	51.59	51.65	51.71	51.77	51.83	51.88
62	51.94	52.00	52.06	52.12	52.18	52.24	52.30	52.36	52.42	52.48
63	52.53	52.59	52.65	52.71	52.77	52.83	52.89	52.95	53.01	53.07
64	53.13	53.19	53.25	53.31	53.37	53.43	53.49	53.55	53.61	53.67
65	53.73	53.79	53.85	53.91	53.97	54.03	54.09	54.15	54.21	54.27
66	54.33	54.39	54.45	54.51	54.57	54.63	54.70	54.76	54.82	54.88
67	54.94	55.00	55.06	55.12	55.18	55.24	55.30	55.37	55.43	55.49
68	55.55	55.61	55.67	55.73	55.80	55.86	55.92	55.98	56.04	56.11
69	56.17	56.23	56.29	56.35	56.42	56.48	56.54	56.60	55.66	56.73
70	56.79	56.85	56.91	59.98	57.04	57.10	57.17	57.23	57.29	57.35
71	57.42	57.48	57.54	57.61	57.67	57.73	57.80	57.86	57.92	57.99
72	58.05	58.12	58.18	58.24	58.31	58.37	58.44	58.50	58.58	58.63
73	58.69	58.76	58.82	58.89	58.95	59.02	59.08	59.15	59.21	59.28
74	59.34	59.41	59.47	59.54	59.60	59.67	59.74	59.80	59.87	59.93
75	60.00	60.07	60.13	60.20	60.27	60.33	60.40	60.47	60.53	60.60
76	60.67	60.73	60.80	60.87	60.94	61.00	61.07	61.14	61.21	61.27
77	61.34	61.41	61.48	61.55	61.62	61.68	61.75	61.82	61.89	61.96
78	62.03	62.10	62.17	62.24	62.31	62.37	62.44	62.51	62.58	62.65
79	62.72	62.80	62.87	62.94	63.01	63.08	63.15	63.22	63.29	63.36
80	63.44	63.51	63.58	63.65	63.72	63.79	63.87	63.94	64.01	64.08
81	64.16	64.23	64.30	64.38	64.45	64.52	64.60	64.67	64.75	64.82
82	64.90	64.97	65.05	65.12	65.20	65.27	65.35	65.42	65.50	65.57
83	65.65	65.73	65.80	65.88	65.96	66.03	66.11	66.19	66.27	66.34
84	66.42	66.50	66.58	66.66	66.74	66.81	66.89	66.97	67.05	67.13

续表

%	0.0	0.1	0.2	0.3	0.4	0.5	0.6	0.7	0.8	0.9
85	67.21	67.29	67.37	67.45	67.54	67.62	67.70	67.78	67.86	67.94
86	68.03	68.11	68.19	68.28	68.36	68.44	68.53	68.61	68.70	68.78
87	68.87	68.95	69.04	69.12	69.21	69.30	69.38	69.47	69.56	69.64
88	69.73	69.82	69.91	70.00	70.09	70.18	70.27	70.36	70.45	70.54
89	70.63	70.72	70.81	70.91	71.00	71.09	71.19	71.28	71.37	71.47
90	71.56	71.66	71.76	71.85	71.95	72.05	72.15	72.24	72.34	72.44
91	72.54	72.64	72.74	72.84	72.95	73.05	73.15	73.26	73.36	73.46
92	73.57	73.68	73.78	73.89	74.00	74.11	74.21	74.32	74.44	74.55
93	74.66	74.77	74.88	75.00	75.11	75.23	75.35	75.46	75.58	75.70
94	75.82	75.94	76.06	76.19	76.31	76.44	76.56	76.69	76.82	76.95
95	77.08	77.21	77.34	77.48	77.61	77.75	77.89	78.03	78.17	78.32
96	78.46	78.61	78.76	78.91	79.06	79.22	79.37	79.53	79.69	79.86
97	80.02	80.19	80.37	80.54	80.72	80.90	81.09	81.28	81.47	81.67
98	81.87	82.08	82.29	82.21	82.73	82.96	83.20	83.45	83.71	83.98
99	84.26	84.56	84.87	85.50	85.56	85.95	86.37	86.86	87.44	88.19

注：百分数反正旋转换 Excel 计算公式 $y = \dfrac{\text{ASIN}\left(\sqrt{\dfrac{x}{100}}\right) \times 180}{\pi}$。

附表 9　r 临界值表

概率 α = 0.05					概率 α = 0.01				
自由度 df	变量个数 M				自由度 df	变量个数 M			
	2	3	4	5		2	3	4	5
1	0.997	0.999	0.999	0.999	1	1.000	1.000	1.000	1.000
2	0.950	0.975	0.983	0.987	2	0.990	0.995	0.997	0.997
3	0.878	0.930	0.950	0.961	3	0.959	0.977	0.983	0.987
4	0.811	0.881	0.912	0.930	4	0.917	0.949	0.962	0.970
5	0.754	0.836	0.874	0.898	5	0.875	0.917	0.937	0.949
6	0.707	0.795	0.839	0.867	6	0.834	0.886	0.911	0.927
7	0.666	0.758	0.807	0.838	7	0.798	0.855	0.885	0.904
8	0.632	0.726	0.777	0.811	8	0.765	0.827	0.860	0.882
9	0.602	0.697	0.750	0.786	9	0.735	0.800	0.837	0.861
10	0.576	0.671	0.726	0.763	10	0.708	0.776	0.814	0.840
11	0.553	0.648	0.703	0.741	11	0.684	0.753	0.793	0.821
12	0.532	0.627	0.683	0.722	12	0.661	0.732	0.773	0.802
13	0.514	0.608	0.664	0.703	13	0.641	0.712	0.755	0.785
14	0.497	0.590	0.646	0.686	14	0.623	0.694	0.737	0.768
15	0.482	0.574	0.630	0.670	15	0.606	0.677	0.721	0.752
16	0.468	0.559	0.615	0.655	16	0.590	0.662	0.706	0.738
17	0.456	0.545	0.601	0.641	17	0.575	0.647	0.691	0.724
18	0.444	0.532	0.587	0.628	18	0.561	0.633	0.678	0.710
19	0.433	0.520	0.575	0.615	19	0.549	0.620	0.665	0.697
20	0.423	0.509	0.563	0.604	20	0.537	0.607	0.652	0.685
21	0.413	0.498	0.552	0.593	21	0.526	0.596	0.641	0.674
22	0.404	0.488	0.542	0.582	22	0.515	0.585	0.630	0.663
23	0.396	0.479	0.532	0.572	23	0.505	0.574	0.619	0.653
24	0.388	0.470	0.523	0.562	24	0.496	0.565	0.609	0.643

续表

概率 $\alpha = 0.05$					概率 $\alpha = 0.01$				
自由度	变量个数 M				自由度	变量个数 M			
df	2	3	4	5	df	2	3	4	5
25	0.381	0.462	0.514	0.553	25	0.487	0.555	0.600	0.633
26	0.374	0.454	0.506	0.545	26	0.479	0.546	0.590	0.624
27	0.367	0.446	0.498	0.536	27	0.471	0.538	0.582	0.615
28	0.361	0.439	0.490	0.529	28	0.463	0.529	0.573	0.607
29	0.355	0.432	0.483	0.521	29	0.456	0.522	0.565	0.598
30	0.349	0.425	0.476	0.514	30	0.449	0.514	0.558	0.591
31	0.344	0.419	0.469	0.507	31	0.442	0.507	0.550	0.583
32	0.339	0.413	0.462	0.500	32	0.436	0.500	0.543	0.576
33	0.334	0.407	0.456	0.494	33	0.430	0.493	0.536	0.569
34	0.329	0.402	0.450	0.488	34	0.424	0.487	0.530	0.562
35	0.325	0.397	0.445	0.482	35	0.418	0.481	0.523	0.556
40	0.304	0.373	0.419	0.455	40	0.393	0.454	0.494	0.526
45	0.288	0.353	0.397	0.432	45	0.372	0.430	0.470	0.501
50	0.273	0.336	0.379	0.412	50	0.354	0.410	0.449	0.479
60	0.250	0.308	0.348	0.380	60	0.325	0.377	0.414	0.442
100	0.195	0.241	0.274	0.299	100	0.254	0.297	0.327	0.351
120	0.178	0.221	0.251	0.275	120	0.232	0.272	0.300	0.322

附表 10　Wilcoxon 符号秩检验 T 临界值表

n	$P(2)$	0.10	0.05	0.02	0.01
	$P(1)$	0.05	0.025	0.01	0.005
5		0			
6		2	0		
7		3	2	0	
8		5	3	1	0
9		8	5	3	1
10		10	8	5	3
11		13	10	7	5
12		17	13	9	7
13		21	17	12	9
14		25	21	15	12
15		30	25	19	15
16		35	29	23	19
17		41	34	27	23
18		47	40	32	27
19		53	46	37	32
20		60	52	43	37
21		67	58	49	42
22		75	65	55	48
23		83	73	62	54
24		91	81	69	61
25		100	89	76	68

附表 11 独立双样本比较的秩和检验 T 临界值表

n_1 (较小 n)	单侧	双侧	0	1	2	3	4	5	6	7	8	9	10
									$n_2 - n_1$				
2	$P=0.05$	$P=0.10$				3~13	3~15	3~17	4~18	4~20	4~22	4~24	5~25
	$P=0.025$	$P=0.05$							3~19	3~21	3~23	3~25	4~26
3	$P=0.05$	$P=0.10$	6~15	6~18	7~20	8~22	8~25	9~27	10~29	10~32	11~34	11~37	12~39
	$P=0.025$	$P=0.05$			6~21	7~23	7~26	8~28	8~31	9~33	9~36	10~38	10~41
	$P=0.01$	$P=0.02$					6~27	6~30	7~32	7~35	7~38	8~40	8~43
	$P=0.005$	$P=0.01$							6~33	6~36	6~39	7~41	7~44
4	$P=0.05$	$P=0.10$	11~25	12~28	13~31	14~34	15~37	16~40	17~43	18~46	19~49	20~52	21~55
	$P=0.025$	$P=0.05$	10~26	11~29	12~32	13~35	14~38	14~42	15~45	16~48	17~51	18~54	19~57
	$P=0.01$	$P=0.02$		10~30	11~33	11~37	12~40	13~43	13~47	14~50	15~53	15~57	16~60
	$P=0.005$	$P=0.01$			10~34	10~38	11~41	11~45	12~48	12~52	13~55	13~59	14~62
5	$P=0.05$	$P=0.10$	19~36	20~40	21~44	23~47	24~51	26~54	27~58	28~62	30~65	31~69	33~72
	$P=0.025$	$P=0.05$	17~38	18~42	20~45	21~49	22~53	23~57	24~61	26~64	27~68	28~72	29~76
	$P=0.01$	$P=0.02$	16~39	17~43	18~47	19~51	20~55	21~59	22~63	23~67	24~71	25~75	26~79
	$P=0.005$	$P=0.01$	15~40	16~44	16~49	17~53	18~57	19~61	20~65	21~69	22~73	22~78	23~82

注：各组 1 行、2 行为单侧 $P=0.05$、$P=0.025$，双侧 $P=0.10$、$P=0.05$；3 行、4 行为单侧 $P=0.01$、$P=0.005$，双侧 $P=0.02$、$P=0.01$。

6	28~50	29~55	31~59	33~63	35~67	37~71	38~76	40~80	42~84	44~88	46~92
	26~52	27~57	29~61	31~65	32~70	34~74	35~79	37~83	38~88	40~92	42~96
	24~54	25~59	27~63	28~68	29~73	30~78	32~82	33~87	34~92	36~96	37~101
	23~55	24~60	25~65	26~70	27~75	28~80	30~84	31~89	32~94	33~99	32~104
7	39~66	41~71	43~76	45~81	47~86	49~91	52~95	54~100	56~105	58~110	61~114
	36~69	38~74	40~79	42~84	44~89	46~94	48~99	50~104	52~109	54~114	56~119
	34~71	35~77	37~82	39~87	40~93	42~98	44~103	45~109	47~114	49~119	51~124
	32~73	34~78	35~84	37~89	38~95	40~100	41~106	43~111	44~1117	45~122	47~128
8	51~85	54~90	56~96	59~101	62~106	64~112	67~117	69~123	72~128	75~133	77~139
	49~87	51~93	53~99	55~105	58~110	60~116	62~122	65~127	67~133	70~138	72~144
	45~91	47~97	49~103	51~109	53~115	56~120	58~126	60~132	62~138	64~144	66~150
	43~93	45~99	47~105	49~111	51~117	53~123	54~130	56~136	58~142	60~148	62~154
9	66~105	69~111	72~117	75~123	78~129	81~135	84~141	87~147	90~153	93~159	96~165
	62~109	65~115	68~121	71~127	73~134	76~140	79~146	82~152	84~159	87~165	90~171
	59~112	61~119	63~126	66~132	68~139	71~145	73~152	76~158	78~165	81~171	83~178
	56~115	58~122	61~128	63~135	65~142	67~149	69~156	72~162	74~169	76~176	78~183
10	82~128	86~134	89~141	92~148	96~154	99~161	103~167	106~174	110~180	113~187	117~193
	78~132	81~139	84~146	88~152	91~159	94~166	97~173	100~180	103~187	107~193	110~200
	74~136	77~143	79~151	82~158	85~165	88~172	91~179	93~187	96~194	99~201	102~208
	71~139	73~147	76~154	79~161	81~169	84~176	86~184	89~191	92~198	94~206	97~213

附表12　三样本比较秩和检验用 *H* 临界值表

n	*n₁*	*n₂*	*n₃*	P	
				0.05	0.01
7	3	2	2	4.71	
	3	3	1	5.14	
8	3	3	2	5.36	
	4	2	2	5.33	
	4	3	1	5.21	
	5	2	1	5.00	
9	3	3	3	5.60	7.20
	4	3	2	5.44	6.44
	4	4	1	4.97	6.67
	5	2	2	5.16	6.53
	5	3	1	4.96	
10	4	3	3	5.73	6.75
	4	4	2	5.49	7.04
	5	3	2	5.25	6.83
	5	4	1	4.99	6.95
11	4	4	3	5.60	7.14
	5	3	3	5.65	7.08
	5	4	2	5.27	7.12
	5	5	1	5.13	7.31
12	4	4	4	5.69	7.65
	5	4	3	5.63	7.44
	5	5	2	5.34	7.27
13	5	4	4	5.42	7.76
	5	5	3	5.71	7.54
14	5	5	4	5.64	7.79
15	5	5	5	5.78	7.98

附表 13 多样本随机区组 Friedman 检验用 M 临界值表（$P = 0.05$）

区组数	处理组数 k													
b	2	3	4	5	6	7	8	9	10	11	12	13	14	15
2	—	—	20	38	64	96	138	192	258	336	429	538	664	808
3	—	18	37	64	104	158	225	311	416	542	691	865	1063	1292
4	—	26	52	89	144	217	311	429	574	747	950	1189	1460	1770
5	—	32	65	113	183	277	396	547	731	950	1210	1512	1859	2254
6	18	42	76	137	222	336	482	664	887	1155	1469	1831	2253	2738
7	24.5	50	92	167	272	412	591	815	1086	1410	1791	2233	2740	3316
8	32	50	105	190	310	471	676	931	1241	1612	2047	2552	3131	3790
9	24.5	56	118	214	349	529	760	1047	1396	1813	2302	2871	3523	4264
10	32	62	131	238	388	588	845	1164	1551	2014	2558	3189	3914	4737
11	40.5	66	144	261	427	647	929	1280	1706	2216	2814	3508	4305	5211
12	32	72	157	285	465	706	1013	1396	1862	2417	3070	3827	4697	5685
13	40.5	78	170	309	504	764	1098	1512	2017	2618	3326	4146	5088	6159
14	50	84	183	333	543	823	1182	1629	2172	2820	3581	4465	5479	6632
15	40.5	90	196	356	582	882	1267	1745	2327	3021	3837	4784	5871	7106

附表 14　Spearman 秩相关检验临界值表

n	概率 P			
	单侧 0.05	0.025	0.01	0.005
	双侧 0.10	0.05	0.02	0.01
4	1.000			
5	0.900	1.000	1.000	
6	0.829	0.886	0.943	1.000
7	0.714	0.786	0.893	0.929
8	0.643	0.738	0.833	0.881
9	0.600	0.700	0.783	0.833
10	0.564	0.648	0.745	0.794
11	0.536	0.618	0.709	0.755
12	0.503	0.587	0.678	0.727
13	0.484	0.560	0.648	0.703
14	0.464	0.538	0.626	0.679
15	0.446	0.521	0.604	0.650
16	0.429	0.503	0.582	0.635
17	0.414	0.503	0.582	0.635
18	0.414	0.485	0.566	0.615
19	0.401	0.472	0.550	0.600
20	0.380	0.447	0.520	0.570
21	0.370	0.435	0.508	0.556
22	0.361	0.425	0.496	0.544
23	0.353	0.415	0.486	0.532
24	0.344	0.406	0.476	0.521
25	0.337	0.398	0.466	0.511

续表

n	概率 *P*				
	单侧	0. 05	0. 025	0. 01	0. 005
	双侧	0. 10	0. 05	0. 02	0. 01
26		0. 331	0. 390	0. 457	0. 501
27		0. 324	0. 382	0. 448	0. 491
28		0. 317	0. 375	0. 440	0. 483
29		0. 312	0. 368	0. 433	0. 475
30		0. 306	0. 362	0. 425	0. 467
31		0. 301	0. 356	0. 418	0. 459
32		0. 296	0. 350	0. 412	0. 452
33		0. 291	0. 345	0. 405	0. 446
34		0. 287	0. 340	0. 399	0. 439
35		0. 283	0. 335	0. 394	0. 433
36		0. 279	0. 330	0. 388	0. 427
37		0. 275	0. 325	0. 382	0. 421
38		0. 271	0. 321	0. 378	0. 415
39		0. 267	0. 317	0. 373	0. 410
40		0. 264	0. 313	0. 368	0. 105
41		0. 261	0. 309	0. 364	0. 400
42		0. 257	0. 305	0. 359	0. 395
43		0. 254	0. 301	0. 355	0. 391
44		0. 251	0. 298	0. 351	0. 386
45		0. 248	0. 294	0. 347	0. 382
46		0. 246	0. 291	0. 343	0. 378
47		0. 243	0. 288	0. 340	0. 374
48		0. 240	0. 285	0. 336	0. 370
49		0. 238	0. 282	0. 333	0. 366
50		0. 235	0. 279	0. 329	0. 363

附表15 常用正交表

（1）$L_4(2^3)$

试验号	列号			试验号	列号		
	1	2	3		1	2	3
1	1	1	1	3	2	1	2
2	1	2	2	4	2	2	1

注：任意两列间的交互作用出现于另一列。

（2）$L_8(2^7)$

试验号	列号						
	1	2	3	4	5	6	7
1	1	1	1	1	1	1	1
2	1	1	1	2	2	2	2
3	1	2	2	1	1	2	2
4	1	2	2	2	2	1	1
5	2	1	2	1	2	1	2
6	2	1	2	2	1	2	1
7	2	2	1	1	2	2	1
8	2	2	1	2	1	1	2

$L_8(2^7)$ 二列间的交互作用表

列号	1	2	3	4	5	6	7
1	(1)	3	2	5	4	7	6
2		(2)	1	6	7	4	5
3			(3)	7	6	5	4
4				(4)	1	2	3
5					(5)	3	2
6						(6)	1
7							(7)

（3）$L_{12}(2^{11})$

试验号	列号										
	1	2	3	4	5	6	7	8	9	10	11
1	1	1	1	1	1	1	1	1	1	1	1
2	1	1	1	1	1	2	2	2	2	2	2
3	1	1	2	2	2	1	1	1	2	2	2
4	1	2	1	2	2	1	2	2	1	1	2
5	1	2	2	1	2	2	1	2	1	2	1
6	1	2	2	2	1	2	2	1	2	1	1
7	2	1	2	2	1	1	2	2	1	2	1
8	2	1	2	1	2	2	2	1	1	1	2
9	2	1	1	2	2	2	1	2	2	1	1
10	2	2	2	1	1	1	1	2	2	1	2
11	2	2	1	2	1	2	1	1	1	2	2
12	2	2	1	1	2	1	2	1	2	2	1

（4）$L_{16}(2^{15})$

试验号	列号														
	1	2	3	4	5	6	7	8	9	10	11	12	13	14	15
1	1	1	1	1	1	1	1	1	1	1	1	1	1	1	1
2	1	1	1	1	1	1	1	2	2	2	2	2	2	2	2
3	1	1	1	2	2	2	2	1	1	1	1	2	2	2	2
4	1	1	1	2	2	2	2	2	2	2	2	1	1	1	1
5	1	2	2	1	1	2	2	1	1	2	2	1	1	2	2
6	1	2	2	1	1	2	2	2	2	1	1	2	2	1	1
7	1	2	2	2	2	1	1	1	1	2	2	2	2	1	1
8	1	2	2	2	2	1	1	2	2	1	1	1	1	2	2
9	2	1	2	1	2	1	2	1	2	1	2	1	2	1	2
10	2	1	2	1	2	1	2	2	1	2	1	2	1	2	1
11	2	1	2	2	1	2	1	1	2	1	2	2	1	2	1
12	2	1	2	2	1	2	1	2	1	2	1	1	2	1	2
13	2	2	1	1	2	2	1	1	2	2	1	1	2	2	1
14	2	2	1	1	2	2	1	2	1	1	2	2	1	1	2
15	2	2	1	2	1	1	2	1	2	2	1	2	1	1	2
16	2	2	1	2	1	1	2	2	1	1	2	1	2	2	1

$L_{16}(2^{15})$ 二列间的交互作用表

列号	1	2	3	4	5	6	7	8	9	10	11	12	13	14	15
1	(1)	3	2	5	4	7	6	9	8	11	10	13	12	15	14
2		(2)	1	6	7	4	5	10	11	8	9	14	15	12	13
3			(3)	7	6	5	4	11	10	9	8	15	14	13	12
4				(4)	1	2	3	12	13	14	15	8	9	10	11
5					(5)	3	2	13	12	15	14	9	8	11	10
6						(6)	1	14	15	12	13	10	11	8	9
7							(7)	15	14	13	12	11	10	9	8
8								(8)	1	2	3	4	5	6	7
9									(9)	3	2	5	4	7	6
10										(10)	1	6	7	4	5
11											(11)	7	6	5	4
12												(12)	1	2	3
13													(13)	3	2
14														(14)	1
15															(15)

（5）$L_9(3^4)$

试验号	列号				试验号	列号			
	1	2	3	4		1	2	3	4
1	1	1	1	1	6	2	3	1	2
2	1	2	2	2	7	3	1	3	2
3	1	3	3	3	8	3	2	1	3
4	2	1	2	3	9	3	3	2	1
5	2	2	3	1					

注：任意两列间的交互作用出现于另外二列。

（6）$L_{27}(3^{13})$

试验号	列号												
	1	2	3	4	5	6	7	8	9	10	11	12	13
1	1	1	1	1	1	1	1	1	1	1	1	1	1
2	1	1	1	1	2	2	2	2	2	2	2	2	2
3	1	1	1	1	3	3	3	3	3	3	3	3	3

续表

试验号	列号												
	1	2	3	4	5	6	7	8	9	10	11	12	13
4	1	2	2	2	1	1	1	2	2	2	3	3	3
5	1	2	2	2	2	2	2	3	3	3	1	1	1
6	1	2	2	2	3	3	3	1	1	1	2	2	2
7	1	3	3	3	1	1	1	3	3	3	2	2	2
8	1	3	3	3	2	2	2	1	1	1	3	3	3
9	1	3	3	3	3	3	3	2	2	2	1	1	1
10	2	1	2	3	1	2	3	1	3	2	1	2	3
11	2	1	2	3	2	3	1	2	1	3	2	3	1
12	2	1	2	3	3	1	2	3	2	1	3	1	2
13	2	2	3	1	1	2	3	2	1	3	3	1	2
14	2	2	3	1	2	3	1	3	2	1	1	2	3
15	2	2	3	1	3	1	2	1	3	2	2	3	1
16	2	3	1	2	1	2	3	3	2	1	2	3	1
17	2	3	1	2	2	3	1	1	3	2	3	1	2
18	2	3	1	2	3	1	2	2	1	3	1	2	3
19	3	1	3	2	1	3	2	1	2	3	1	3	2
20	3	1	3	2	2	1	3	2	3	1	2	1	3
21	3	1	3	2	3	2	1	3	1	2	3	2	1
22	3	2	1	3	1	3	2	2	3	1	3	2	1
23	3	2	1	3	2	1	3	3	1	2	1	3	2
24	3	2	1	3	3	2	1	1	2	3	2	1	3
25	3	3	2	1	1	3	2	3	1	2	2	1	3
26	3	3	2	1	2	1	3	1	2	3	3	2	1
27	3	3	2	1	3	2	1	2	3	1	1	3	2

$L_{27}(3^{13})$ 二列间的交互作用表

列号	1	2	3	4	5	6	7	8	9	10	11	12	13
1	(1) {	3	2	2	6	5	5	9	8	8	12	11	11
		4	4	3	7	7	6	10	10	9	13	13	12
2	(2) {		1	1	8	9	10	5	6	7	5	6	7
			4	3	11	12	13	11	12	13	8	9	10

续表

列号	1	2	3	4	5	6	7	8	9	10	11	12	13
3			(3)	1	9	10	8	7	5	6	6	7	5
				2	13	11	12	12	13	11	10	8	9
4				(4)	10	8	9	6	7	5	7	5	6
					12	13	11	13	11	12	9	10	8
5					(5)	1	1	2	3	4	2	4	3
						7	6	11	13	12	8	10	9
6						(6)	1	4	2	3	3	2	4
							5	13	12	11	10	9	8
7							(7)	3	4	2	4	3	2
								12	11	13	9	8	10
8								(8)	1	1	2	3	4
									10	9	5	7	6
9									(9)	1	4	2	3
										8	7	6	5
10										(10)	3	4	2
											6	5	7
11											(11)	1	1
												13	12
12												(12)	1
													11

（7）$L_{16}(4^5)$

试验号	列号					试验号	列号				
	1	2	3	4	5		1	2	3	4	5
1	1	1	1	1	1	9	3	1	3	4	2
2	1	2	2	2	2	10	3	2	4	3	1
3	1	3	3	3	3	11	3	3	1	2	4
4	1	4	4	4	4	12	3	4	2	1	3
5	2	1	2	3	4	13	4	1	4	2	3
6	2	2	1	4	3	14	4	2	3	1	4
7	2	3	4	1	2	15	4	3	2	4	1
8	2	4	3	2	1	16	4	4	1	3	2

注：任意两列间的交互作用出现于其他三列。

（8）$L_{25}(5^6)$

试验号	列号 1	2	3	4	5	6	试验号	列号 1	2	3	4	5	6
1	1	1	1	1	1	1	14	3	4	1	3	5	2
2	1	2	2	2	2	2	15	3	5	2	4	1	3
3	1	3	3	3	3	3	16	4	1	4	2	5	3
4	1	4	4	4	4	4	17	4	2	5	3	1	4
5	1	5	5	5	5	5	18	4	3	1	4	2	5
6	2	1	2	3	4	5	19	4	4	2	5	3	1
7	2	2	3	4	5	1	20	4	5	3	1	4	2
8	2	3	4	5	1	2	21	5	1	5	4	3	2
9	2	4	5	1	2	3	22	5	2	1	5	4	3
10	2	5	1	2	3	4	23	5	3	2	1	5	4
11	3	1	3	5	2	4	24	5	4	3	2	1	5
12	3	2	4	1	3	5	25	5	5	4	3	2	1
13	3	3	5	2	4	1							

注：任意两列间的交互作用出现于其他四列。

（9）$L_8(4 \times 2^4)$

试验号	列号 1	2	3	4	5	试验号	列号 1	2	3	4	5
1	1	1	1	1	1	5	3	1	2	1	2
2	1	2	2	2	2	6	3	2	1	2	1
3	2	1	1	2	2	7	4	1	2	2	1
4	2	2	2	1	1	8	4	2	1	1	2

（10）$L_{12}(3 \times 2^4)$

试验号	列号 1	2	3	4	5	试验号	列号 1	2	3	4	5
1	1	1	1	1	1	7	2	2	1	1	1
2	1	1	1	2	2	8	2	2	1	2	2
3	1	2	2	1	2	9	3	1	2	1	2
4	1	2	2	2	1	10	3	1	1	2	1
5	2	1	2	1	1	11	3	2	1	1	2
6	2	1	2	2	2	12	3	2	2	2	1

（11）$L_{12}(6^1 \times 2^2)$

试验号	列号			试验号	列号		
	1	2	3		1	2	3
1	2	1	1	7	1	2	1
2	5	1	2	8	4	2	2
3	5	2	1	9	3	1	1
4	2	2	2	10	6	1	2
5	4	1	1	11	6	2	1
6	1	1	2	12	3	2	2

（12）$L_{16}(4^1 \times 2^{12})$

试验号	列号												
	1	2	3	4	5	6	7	8	9	10	11	12	13
1	1	1	1	1	1	1	1	1	1	1	1	1	1
2	1	1	1	1	1	2	2	2	2	2	2	2	2
3	1	2	2	2	2	1	1	1	1	2	2	2	2
4	1	2	2	2	2	2	2	2	2	1	1	1	1
5	2	1	1	2	2	1	1	2	2	1	1	2	2
6	2	1	1	2	2	2	1	1	1	2	2	1	1
7	2	2	2	1	1	1	1	2	2	2	2	1	1
8	2	2	2	1	1	2	2	1	1	1	1	2	2
9	3	1	2	1	2	1	2	1	2	1	2	1	2
10	3	1	2	1	2	2	1	2	1	2	1	2	1
11	3	2	1	2	1	1	2	1	2	2	1	2	1
12	3	2	1	2	1	2	1	2	1	1	2	1	2
13	4	1	2	2	1	1	2	2	1	1	2	2	1
14	4	1	2	2	1	2	1	1	2	2	1	1	2
15	4	2	1	1	2	1	2	2	1	2	1	1	2
16	4	2	1	1	2	2	1	1	2	1	2	2	1

注：$L_{16}(4^1 \times 2^{12})$、$L_{16}(4^2 \times 2^9)$、$L_{16}(4^3 \times 2^6)$、$L_{16}(4^4 \times 2^3)$ 均可由 $L_{16}(2^{15})$ 并列得到。

（13）$L_{16}(4^4 \times 2^3)$

试验号	列号						
	1	2	3	4	5	6	7
1	1	1	1	1	1	1	1
2	1	2	2	2	1	2	2
3	1	3	3	3	2	1	2
4	1	4	4	4	2	2	1
5	2	1	2	3	2	2	1
6	2	2	1	4	2	1	2
7	2	3	4	1	1	2	2
8	2	4	3	2	1	1	1
9	3	1	3	4	1	2	2
10	3	2	4	3	1	1	1
11	3	3	1	2	2	2	1
12	3	4	2	1	2	1	2
13	4	1	4	2	2	1	2
14	4	2	3	1	2	2	1
15	4	3	2	4	1	1	1
16	4	4	1	3	1	2	2

参 考 文 献

［1］Montgomery D. C. Design and analysis of experiments（8th ed. ）［M］. John Wiley & Sons, Inc. , 2012.

［2］Bower J. Statistical methods for food science：introductory procedures for the food practitioner［M］. Blackwell Publishing Ltd, 2009.

［3］Lyman Ott R. Longnecker M. An introduction to statistical methods and data analysis（6th ed. ）［M］. Brooks/Cole, Cengage Learning, 2010.

［4］陈魁. 试验设计与分析［M］. 北京：清华大学出版社，2005.

［5］杜双奎，李志西. 食品试验优化设计［M］. 北京：中国轻工业出版社，2011.

［6］方开泰，马长兴. 正交与均匀试验设计［M］. 北京：科学出版社，2001.

［7］李云雁，胡传荣. 试验设计与数据处理（第2版）［M］. 北京：化学工业出版社，2008.

［8］林维宣. 试验设计方法［M］. 大连：大连海事大学出版社，1995.

［9］刘魁英. 食品研究与数据分析（第4版）［M］. 北京：中国轻工业出版社，2015.

［10］刘文卿. 实验设计［M］. 北京：清华大学出版社，2005.

［11］茆诗松，周纪芗，陈颖. 试验设计［M］. 北京：中国统计出版社，2004.

［12］明道绪. 生物统计附试验设计（第3版）［M］. 北京：中国农业出版社，2002.

［13］莫惠栋. 农业试验统计［M］. 上海：上海科学技术出版社，1984.

［14］谭荣波，梅晓仁. SPSS 统计分析实用教程［M］. 北京：科学出版社，2007.

［15］王颉. 试验设计与 SPSS 应用［M］. 北京：化学工业出版社，2007.

［16］王万中. 试验的设计与分析［M］. 北京：高等教育出版社，2004.

［17］王钦德，杨坚. 食品试验设计与统计分析（第2版）［M］. 北京：中国农业大学出版社，2010.

［18］徐中儒. 回归分析与试验设计［M］. 北京：中国农业出版社，1998.

［19］袁志发，周静芋. 试验设计与分析［M］. 北京：高等教育出版社，2000.

［20］孙建同，孙昌言，王世进. 应用统计学（第2版）［M］. 北京：清华大学出版社，2015.